U0546260

作者／**理查‧迪威特**　譯者／**唐澄暐**
審訂／台師大物理系 **姚珩** 教授

世界觀
WORLDVIEWS
An Introduction to the History and Philosophy of Science

現代年輕人
必懂的科學哲學
與科學史

Richard DeWitt

【推薦序】

科學哲學：讓人類反思科學的本質

美國夏威夷大學哲學系教授／成中英

身為現代人，科學知識很重要。然而一般人對於科學，只知訊息，而非真正知道科學知識，更遑論對於科學哲學的了解。

什麼是科學？什麼是科學哲學？對大學以上的讀者來說，至少要有一般的認識，原因在於：第一、了解科學哲學，能讓我們更加掌握科學的本質是一種對於真實的詮釋；第二、科學提供人類文化進步的動力，然而這進步不只在技術層面，更在於知性的價值；科學哲學讓我們深入思考科學發展和人類的關係。

西方世界從希臘時代，便開始對天文宇宙做出系統性的觀察。隨著對於宇宙、自然、太陽和五顆行星認識愈多，托勒密逐漸從經驗的觀察，發展出一套理論，試圖說明觀察到的現象。事實上，科學一開始的出發點，就是經驗觀察加上理論概念的說明。

科學的發展，就是在觀察的事物愈來愈廣泛和深刻下，不斷改進理論的解釋力，建立更精確的理論和說明，發展出更精準的預測能力而來的。科學理論不僅要能說明現有的現象，還要能說明更多未知的現象，增加人類對於普遍真理的掌握和預測能力。此外，科學方法也要求讓我們反推回去，檢視科學理論和說明的前提，是否有現象背後的本體和假設，如此更深刻增加我們對於知識的掌握度，讓科學理論成為人類掌握未來的重要工具。

西方世界從托勒密天文時代開始，就注重實際觀察。然而天動說的托勒密系統，因無法以簡潔方式說明行星逆行現象，而有了致命缺點，最終導致哥白尼革命，整個天動說替換成了地動說。哥白尼革命對人類來說非常重要，在其基礎上，

牛頓發現了三大運動定律和萬有引力定律，自此世上所有事物的運動，在萬有引力的理論架構下，都能獲得根本的說明。

然而，之後愛因斯坦相對論和量子理論的興起，再次挑戰了牛頓力學所建構的世界觀。在這樣理論更新與汰換的過程中，科學一次又一次地展現其本質：一方面根據推理假設找尋真實；另一方面則透過實際探測來描述真實。科學永遠在探尋最終的真實，想用更根本的概念說明現實，這就是科學之所以進步的原因。

科學、科學史和科學哲學之間的複雜關係，總是引人入勝。科學透過觀測收集證據，以理論說明現象；科學史記錄科學發展過程的整個軌跡；科學哲學則探索科學推理的結構以及概念的意義，說明為何我們需要科學定律，且科學定律如何而來。

也因此，科學哲學很重要，就跟科學一樣重要。了解科學哲學，才知道科學到底是怎麼一回事，也才能了解科學和其他領域，如宗教、文化、藝術的關連，而做出更深刻的觀察和思考。尖端科學技術讓人類生活更加現代化，推動人類文明進步，然而人類若無法掌握科學的真價值，恐怕會濫用科技的成果，對世界造成危害。透過科學哲學帶來的反思，期盼人類能好好掌握科學技術，讓科學為人類服務。

【推薦序】

理解科學，是人人都該從事的工作

國立台灣大學哲學系教授／苑舉正

　　我在台大教授科學哲學好幾年，一直對於這個科目所涵蓋的困難議題深感其擾。議題的困難性來自於科學本身的技術性，科學發展的歷史性，以及科學做為一個哲學題目的反思性。我總是想，如果能夠有一本書把科學技術、科學歷史與科學哲學這三部分，用很輕鬆的文字、明確的例證以及深入的分析，呈現科學本質於世人面前的話，這將會是一項多麼重要的成就啊！

　　對於現代社會而言，了解科學的本質、發展以及反思科學的價值，太重要了。我們日常生活中的一切，包含食衣住行育樂等，莫不與科學相關，都是在科技的基礎上，達到所謂追求進步的目的。但是在標榜所謂的「進步」口號之下，我們對於科學所帶來的風險，又知道多少呢？或許有人會認為，理解科學的風險是專家的事情，而應用科學的成果是一般人的權益。這個觀念是錯誤的。做為一個現代人，就有權利知道科學的風險。這不但是一項義務，更是做為社會一份子必要的責任。畢竟一旦科技的風險發生在你我周遭時，無人得以倖免。

　　因此，理解科學是一件人人都應該從事的工作。可是，在專業的知識之外，我們要如何掌握科學的本質，反思科學的價值，以及認知科學的限制呢？在這些質疑中，本書扮演了一個非常重要的角色。在幫助我們理解科學是什麼的過程中，這一本書從全面的觀點，注意到科學哲學與科學史的三個不同層面。第一，科學哲學的基本概念；第二，科學歷史的連續發展；第三，當代重要科學理論的介紹。

　　科學哲學，是一門相對而言比較困難的學科。困難的主要原因，就是因為它

牽涉到許多哲學概念。在日常生活中,我們不會用這些概念來指涉任何東西,但若不能理解它們,則完全無從掌握科學的本質與定義。這些概念包含,世界觀、真理、證據、科學方法、論證、經驗事實、概念性事實、可證偽性、工具主義與實在主義。坦白說,當我在前言看到這些概念時,我不禁捏一把冷汗。誰能夠理解這些學術性的概念啊?不過,在閱讀本書後,我發現本書作者,總是能用與生活貼切的例子做說明,讓讀者理解這些概念其實就是我們日常對話中的另外一種說法。理解它們,是我們進一步掌握科學歷史的前置條件。例如說,在第三章介紹的經驗事實與哲學概念性事實,作者很技巧地呈現所謂日常經驗與哲學概念之間的關連性,讓我們因此可以發現,思考的對象其實都是來自於日常生活之中。第八章,談到工具主義與實在主義時,作者更是以簡單易懂的方式,讓我們知道科學理論的價值,就是做為工具,或是用來解釋世界。

我建議讀者不妨費一點心思,仔細閱讀第一到第八章,然後對於第二部分,也就是有關於科學史的發展,就會有明確的掌握。從亞里斯多德的世界觀開始,人們就不斷地以追求真理的期待,論證我們應當接受什麼樣的經驗事實。在提出各種證據的過程中,科學家們不斷以理論來預測、解釋,以及證實各種自然現象發生的規律。在以理論做為世界觀的過程中,後來的科學家不斷地透過證據,否證先前的理論,而這個批判與否定的過程不但帶來了科學的進步,也讓人理解如何透過理論建構而掌握宇宙的哲學深度。

人用理論來理解宇宙的哲學思維,在當代的發展中出現了幾乎可以用「不可思議」來形容的突破與成就。本書的第三部分,就是介紹這些重大突破的理論。作者舉了四項例子:狹義相對論、廣義相對論、量子理論與演化論。在呈現這幾種理論的過程中,作者不但能夠深入淺出地介紹它們,也能夠不斷地以哲學的視野,告訴我們這些理論的最重要成就就在於它們完全顛覆了我們對於外在世界的傳統認知。外在世界不再是一個以人為中心、以絕對的觀念、以肯定的結論做為定論的認知對象。相反地,所有這些傳統認知態度都在相對論、量子論以及演化

論的成就中,面對了被全面翻轉的命運。我個人對於本書從演化論的發展,轉接到元倫理學的討論這一部份,感到特別有興趣。主要的原因正是,當科學以中立、普遍、客觀的態度改寫人類認知的同時,卻最終在作者的巧妙安排下,又回到倫理學最根本的議題:為什麼人會是擁有道德意識的動物?

所以,我要向所有對科學本質有興趣的人推薦本書。這不但是一本內容豐富的科學哲學的書,也是一本反省當代社會科技發展的書。正是因為我們已經活在一個全面科技化的社會中,所以我們需要了解科技化的意義;唯獨如此,我們才能夠對於未來的科技發展,具有信心、維持好奇心,並保有不斷求知的心。

【推薦序】

近代物理反駁對科學方法和其精確性過分樂觀

台灣師範大學物理系教授／姚珩

「人類文明裡真正的創造物實為科學」，這是愛因斯坦曾說過的一句話。今天電腦、手機等科技產品，更是進入每個人的生活圈裡，幾乎一日不能沒有它們；而一個國家的強弱與否，更與該國國民的科學能力及素養密切相關。科學誠然已席捲全球，為大眾所共同接受，並成為積極發展的知識領域。

高科技工業的基礎奠定在科學上，而科學的誕生，所有專家皆指向西元前5世紀的希臘，當這些智者提出「宇宙的起源」與「世界的構成」不是由神所造的，而是由物質組成之主張時，便宣告西方文明開始脫離神話時期，進入了理性思惟的時代，一直持續至今。如此，也可看出西方哲學思想的根基即是自然哲學，也就是科學哲學；而西方理性文明的發展歷史，則近似於一部科學史。

本書作者使用了「世界觀」的用語，精緻地統合科學哲學與科學史的核心內容。「世界觀」此概念可對應於科學史家孔恩的「典範」，及科學哲學家奎因的「信念網」，基本上，西方世界觀依時代發展大致可分為三種：亞里斯多德與托勒密的世界觀，牛頓的機械觀，及近代相對論與量子論的世界觀。而此世界觀的建立，與自然哲學家們欲掌握了解萬物背後的「實體」（reality）之追求密不可分。

亞里斯多德認為，實體是由其「本性」來呈現，萬物之本性皆有其最後之目的因。個人成長變化之目的是欲成為一位有智慧的人，重物運動變化之目的是要朝向世界的中心地球，亞氏引用目的因統合了宇宙學、物理學、哲學與倫理學，

由此形成了他的世界觀，並成為日後托勒密地心說之依據。其學說宏偉一貫、層次分明，他的世界觀因而持續了近兩千年之久，未曾衰減。

直到文藝復興時期之後，哥白尼、伽利略與克卜勒全力主張實體是由「數」來呈現，簡單、和諧、對稱的幾何結構才是真正的實體。牛頓將此數學觀結合上笛卡兒的機械論——自然現象應由，且只可由，質點與運動來詮釋，加上他的創見——力概念與運動三定律，而將天體與地表兩個截然不同的現象結合起來。他所建立的機械論世界觀取代了目的論世界觀，開啟了創造力十足及成果輝煌的科學世紀。這兩個世界觀的內涵和轉換，在本書第二部分有很清晰、生動的描述和討論。

早在西元前 350 年，亞里斯多德便完成了史上第一本「物理學」著作，物理學在自然科學中是成形最早，結構最完整，理論最嚴謹的學科，這也是為何科學史與科學哲學探討的對象，絕大部分會以物理學的知識結構，及其理論和實驗的發展做為最牢固、最值得信靠的根基。作者在第三部分，也是全書最具特色之處，便著手討論近代物理的相對論及量子論之內容，及其哲學意義。

作者以極其簡潔有趣的圖示和實例，介紹了狹義相對論中的時間膨脹及長度收縮，推翻了每個人長期以來所認定的絕對時間與不變距離，並以時空的幾何結構，詮釋自遠處恆星所發出無質量的光線，在通過太陽附近時，會受到引力的影響而偏轉，修正了牛頓世界觀中的重力觀點。

書中第一部分介紹有關科學哲學基本問題裡，作者特別在第八章提出了科學的本體論與知識論，也就是實在主義和工具主義。兩者皆主張理論要能預測並解釋現象，但前者認為，理論還要能反映事物背後的實體；而後者則認為，理論能否反映實體並非重要考量。愛因斯坦乃為最典型的實在論者，他於 1935 年提出 EPR 思想實驗，主張量子論是不完整的，因為有某些「隱含的變量」沒有被掌握住，並認為量子理論違反了最基本的「局部性」原理——物體僅可能受到緊鄰附近的環境所影響。

此論戰與困擾一直到三十年之後，才先後由貝爾定理及阿斯佩實驗所釐清：物理上因果性的影響與統計上的相關性有別，從而指出愛因斯坦的局部性原理是錯誤的，主張遙遠的兩位置上所發生的事件，彼此之間可以互相影響。因此，目前尚無人可確證量子理論是一個不完整的理論。

少有科學哲學的大眾讀物能像本書，對相當困難不易說明的物理主題，如相對論及量子論，做如此充分清楚的探討。其中的數學運算部分，亦可作為欲深入研究科學哲學專業的參考；若先略過這些運算，對初接觸科學史與科學哲學有興趣的讀者而言，本書又是一本豐富易懂的科普讀物。

量子理論雖然放棄追求實體，但他在描述與預測微觀世界的現象上，不僅相當成功，且不斷在進步。量子論中的機率意涵及不確定原理，已明顯地反駁對科學方法和其精確性，持過分樂觀之信心。波耳認為這些事實的浮現，來自於在科學誕生之前，人類所使用的「語言」本身不足的問題。在許多地方科學並無法發現實體，有其限制，而非絕對萬能。在不能說清楚的地方，一如維根斯坦之建議，「應保持沉默」。科學的理論不僅是由於知識的累積而逐漸茁壯，「想像力與創造力更勝於知識」（愛因斯坦語），在那裡科學呈現其藝術性，也豐富了人類的生命內涵。

目錄 Contents

【推薦序】科學哲學：讓人類反思科學的本質 / 成中英　　003
【推薦序】理解科學，是人人都該從事的工作 / 苑舉正　　005
【推薦序】近代物理反駁對科學方法和其精確性過分樂觀 / 姚珩　　008

致謝　　014
前言　　015

Part I 基本問題

第 1 章　世界觀　　020
第 2 章　真理　　031
第 3 章　經驗事實與哲學性 / 概念性事實　　048
第 4 章　確證或否證的證據和論證　　054
第 5 章　奎因—杜亨論題與科學方法的含意　　063
第 6 章　哲學序曲：歸納的問題與難題　　077
第 7 章　可證偽性　　087
第 8 章　工具主義和實在主義　　093

Part II 從亞里斯多德的世界觀到牛頓世界觀的轉變

第 9 章　亞里斯多德世界觀中的宇宙結構　　102

第 10 章	托勒密天文學大成前言	109
第 11 章	天文資料：經驗事實	123
第 12 章	天文資料：哲學性／概念性事實	131
第 13 章	托勒密系統	139
第 14 章	哥白尼系統	150
第 15 章	第谷系統	162
第 16 章	克卜勒系統	165
第 17 章	伽利略和來自望遠鏡的證據	177
第 18 章	面對亞里斯多德世界觀的問題總結	196
第 19 章	新科學發展的哲學與概念連結	202
第 20 章	新科學與牛頓世界觀的概觀	207
第 21 章	哲學插曲：什麼是科學定律？	215
第 22 章	1700 年至 1900 年間牛頓世界觀的發展	225

Part III 科學與世界觀的近代發展

第 23 章	狹義相對論	240
第 24 章	廣義相對論	263
第 25 章	量子理論的經驗事實與數學概觀	272
第 26 章	量子理論詮釋的概觀	293
第 27 章	量子理論與局部性：EPR、貝爾定理和阿斯佩實驗	315

第 28 章 演化論概要 334
第 29 章 演化的哲學與概念含意 359
第 30 章 世界觀：總結 395

章節注解和建議閱讀 404
參考書目 423
中英名詞對照 430

致謝

本書的初版與二版都有賴眾多人士貢獻心力，貢獻或多或少，但都十分重要。在這兩個版本中，許多匿名的評論者提供了有益的回饋，有時直指錯誤，有時為了釐清討論內容，而提供了不錯的建議，在此感謝他們的貢獻。

多年來我的科學哲學學生們讀過先前本書的多個草稿版本，以及後來增補章節的草稿，他們針對書中哪些點子可行或不可行，以及哪些解釋清楚與否，都提供了令人驚嘆的回饋。在此要感謝的名字眾多，我只能一併感謝所有人。

同樣地，我也無法一一指名，但我也要感謝所有與我討論問書中問題、試讀草稿、幫助我釐清觀點，且不時指正我眾多想法的同事們。我想再次強調德魯里大學的查爾斯・艾斯以及華盛頓大學的馬克・蘭吉這兩位的貢獻，他們讀過了本書初版的全部草稿（這些草稿多半包含在本書此版中），並提供了極其詳盡而有幫助的評論建議（助我避免幾個難堪的錯誤，更不在話下。）

此外，我也要感謝紐約大學人類起源研究中心的陶德・迪索泰爾以及雪拉・白雷，他們兩位在 2009 年一場充滿活力的演化論研習會上，協助我釐清了演化要素、研習會的財務支援，以及紐約大學的教職員資源網路。

最後我想再次感謝我的編輯傑夫・狄恩，他再一次協助了本著作的內容，也促使本著作能順利成書。

前言

本書主要寫給第一次接觸科學史與科學哲學的人，若此描繪符合你，竭誠歡迎你來探索這塊迷人的領域。這領域包含某些最深奧、困難且根本的問題。但同時，這「科學的鏡頭」更清楚聚焦在那些通常沒那麼清楚聚焦的問題上，希望你能像我一樣享受這個領域，更希望能引發你回來深入探索這些主題的欲望。

此種引導工作有著獨特的挑戰，一方面想忠於史實、哲學以及這兩者的相互關連；另一方面，又想避免過於細微的層次，恐怕初次探索這主題的人會因此而卻步。像我們這些全職研究科學史與科學哲學的人——多數是學者——往往會沉浸在學術細節中，以至於常會忽略了某些主題細節在初學者看來原是什麼樣子。面對這些微小細節，初學者常會留下「怎麼會有人在乎這些？」的想法後而離去。

這些問題並非不能理解，微小細節固然很重要，但其重要性又只能在更宏觀的脈絡中才能被了解。儘管本書描繪了較為概括的宏觀景象，且至少還算是精準，但無可否認地，還是省略了不少細節。

歷史、科學和哲學的關連永遠是複雜迷人的，如前所述，我希望引起你的求知欲，使你想更詳盡地探索這些問題，甚至能領略並享受其中的細節。我更樂見你讀完本書後，會去書店或打開網頁，買下你想進一步探索這些主題的相關著作。

關於本書架構的說明

茲簡略概述本書，我的步驟是：一、介紹科學史與科學哲學某些最根本的問題；二、探索亞里斯多德世界觀到牛頓世界觀的轉變；三、探索近代發展，特別

是相對論、量子理論和演化論對西方世界觀帶來的挑戰。

為了達到這些目標，本書分成三部分。第一部分，介紹科學史與科學哲學的一些基本問題，包括了世界觀的概念、科學方法和論證、真理、證據，經驗事實和哲學性／概念性事實的對照、可證偽性，以及工具主義和實在主義。這些主題的關連會在第二和第三部分充分運用。

第二部分中，我們將探索從亞里斯多德世界觀到牛頓世界觀的變化，並指出在這段變化期間，一些哲學性／概念性問題扮演的角色。特別把重心放在亞里斯多德世界觀裡某些核心的哲學性／概念性事實所引起的作用。討論這些信念，有助於說明第一部分的議題，也為第三部分的討論打下基礎，屆時我們會發現，考量近代發現後，我們自己的某些哲學性／概念性事實也必須要放棄。

第三部分，介紹近代的發現與發展，尤以相對論、量子理論和演化論為首。探索這些主題時就可察覺，這些新發現和發展大幅改變了西方世界每個人從小接受的關鍵信念；就如同第二部分曾強調過的哲學性／概念性信念在亞里斯多德世界觀中所發揮的影響力，現在已經可以知道，有些長久以來被看作明顯的經驗事實，根據近代的發現，已被證明只是錯誤的哲學性／概念性「事實」。

此時已很清楚，當人們普遍識別出這些錯誤的哲學性／概念性信念時，我們對世界的整體觀點便需要變化。這時很難斷定這些變化會以什麼形式出現，但愈來愈明顯的是，我們的以子孫將承繼一個和我們截然不同的世界觀。希望你不只樂在探索和思考過去發生的變化，也能探索並思考自己身處其中的變化。

在本書結尾的章節摘要和建議書單中，我會針對討論過的主題，提供進一步的資訊，並建議讀者何處去尋找與這些主題的補充資料。如前所述，我尤其樂見你讀到尾聲時，發現自己有興趣進一步探索的議題。

最後，關於本書的架構：儘管我希望本書能被看作一個整體來閱讀，且本書的三個主要部分，如上所述彼此相連，但其實一、二、三部分也可以分開閱讀。舉例來說，如果你對17世紀科學革命和牛頓科學的發現，或對牛頓世界觀較有

興趣，而對科學哲學相關問題較沒興趣者，可以從第九章，也就是第二部分的開頭讀起。不過，我還是鼓勵大家至少快速瀏覽一下第一、三、四、八章。同樣地，對較近代科學發現，尤其是相對論、量子理論和演化論較有興趣的讀者，可以直接從第二十三章，也就是第三部分閱讀起。我建議你至少先快速瀏覽第三和第八章。

再次，希望你能享受你的探索。

Part I
基本問題

在這一部分,我們將探索科學史和科學哲學相關初步的與基本的問題,著重討論世界觀、真理、證據、經驗事實與哲學性／概念性事實的對比、論證常見類型、可證偽性,以及工具主義和實在主義。當在第二部分,探索亞里斯多德世界觀到牛頓世界觀的轉變,以及第三部分,探索挑戰我們世界觀的近代發現時,這些主題都可提供給我們必要的基本背景。

第一章
世界觀

本章主要目標是介紹*世界觀*的概念。就如本書探討的大部分主題一樣，世界觀的概念最終會比初見時複雜得多。首先我們會簡單定義這個概念。隨著本書進展，我們就會進一步了解亞里斯多德世界觀與我們自己的世界觀，並更明瞭其中的複雜性。

儘管「世界觀」一詞已被廣泛使用超過百年，這個詞仍然沒有標準定義。因此有必要花點時間澄清我如何使用這個單詞。最簡單來說，我將用「世界觀」指出一個有如拼圖一樣，互相拼湊連結的信念體系。也就是說，世界觀並不只是把分散、獨立、無關的信念湊在一起，而是一個緊密交織的信念體系。

通常最能了解一個新概念的方式就是舉例。謹記此點，且讓我們先看看亞里斯多德的世界觀。

亞里斯多德的信念和亞里斯多德世界觀

所謂亞里斯多德世界觀，在西元前 300 年至西元 1600 年間，曾主宰著西方世界的信念體系，這個世界觀奠基於一套由亞里斯多德（BC384～BC322）明確闡釋的信念。這裡必須指出，所謂「亞里斯多德世界觀」指的多半不只是他本人親口宣示的信念，而是在他死後，基於他的信念出發，為大部分西方文化共享的一整套信念。

要了解亞里斯多德世界觀，最好先從亞里斯多德本人的信念開始，我們將討論這些信念在亞里斯多德死後幾個世紀中，是經由什麼樣途徑演變而來的。

亞里斯多德的信念

亞里斯多德秉持的眾多信念,和我們現存的信念有著根本上的差異。以下是一些例子:

1. 地球位於宇宙的中心。
2. 地球是靜止的,也就是說,地球不繞行任何天體(例如太陽),也不依軸心自轉。
3. 月球、行星、太陽繞著地球轉,大約每二十四小時一周。
4. 在月下區域,也就是月球與地球之間(包括地球本身)的區域中,有四種元素:土、水、氣、火。
5. 在超月區域,也就是月球之上,包括月球、太陽、行星和恆星所在的區域,是由第五元素以太所構成。
6. 每一種基本元素都有一種本質,此本質就是該元素為何如此運作的理由。
7. 每一種基本元素的本質,反映在元素運動的趨勢上。
8. 土元素的本性也朝向宇宙中心運動。(因此石頭會直直落下,因為地心為宇宙的中心)
9. 水元素的本性朝向宇宙中心,但其趨勢不如土元素。(所以水與土混合之後,雖然兩者都往下沉,但最終水會在土之上)
10. 氣元素的本性朝向在地與水之上、火元素以下的地帶。(因此空氣吹入水中會成為泡泡浮出水面)
11. 火元素的本性趨向遠離宇宙中心。(因此火會向上燃燒、穿過空氣)
12. 構成行星、恆星的以太元素,其本性趨向進行完美的圓周運動。(所以行星和恆星會持續以圓周運動繞著地球,也就是繞著宇宙中心運動)
13. 在月下區域中,正在移動的物體將自然地趨於停止,一方面是因為其構

成元素已經抵達它們在宇宙中的自然位置，或因為某些東西（比如地球表面）阻止這些物體繼續朝它們的自然位置前進。

14. 除非有其他運動源頭（不管是自發運動，比如說朝向宇宙中的自然位置前進，或者源自外部的運動源頭，就像把筆推過桌面一樣），否則靜止的物體會持續維持靜止。

這些信念只是亞里斯多德許多觀點的極小部分，他的研究範圍廣泛，對於倫理道德、政治、生物學、心理學，以及進行科學研究的適當方法，都有其觀點。亞里斯多德和我們一樣抱持著大量信念，但許多都與我們相異。

重要的是，亞里斯多德的信念絕不是雜亂無章的集合而已。當我說這些信念不是雜亂無章，有一部分是指他有充足的理由相信這些信念，而且這些信念絕不幼稚。雖然上述的每個信念最終都被證明是錯誤的，但以當時所具有的資料而言，每一個信念都十分正當。如在亞里斯多德年代，當時最好的科學資料，指明了地球在宇宙的中心，這個信念雖然最後證明是錯誤的，但並不幼稚。

當說這些信念並非雜亂無章，指出這些信念形成了一套互相連結交織的信念*體系*。要描述亞里斯多德信念交織連結的方式，可以想像底下兩種分別是正確的方式和錯誤的描繪方式。

首先是錯誤的情況，茲以購物清單作比喻來說明，多數人寫購物清單時，只是把去雜貨店想買、能買的東西雜亂地全都寫下。我們可以組織一下購物清單，可能一邊寫的是乳品，另一邊寫的是烘焙品之類的，但大多數人懶得這麼麻煩，結果就是清單上的物品雜亂無章，彼此沒有特殊關連。

當你想到亞里斯多德的信念時，不要把這些信念想成這樣的購物清單。也就是說，不要把亞里斯多德的信念集合想像成圖 1.1 那樣雜亂的清單。這裡有一個比較好的構想：想像一下信念集合有如一張拼圖。每一片拼圖都是一個獨特的信念，彼此持續連貫、互相連結，就像每片拼圖互相嵌合一樣。也就是說，亞里斯

(1) 地球位於宇宙的中心。
(2) 地球是靜止的。
(3) 月球、行星、太陽繞著地球轉，大約每二十四小時一周。
(4) 月下區域的東西由四種元素組成：土、水、氣、火。
(5) 超月區域的東西由第五元素以太所構成。
(6) 每一種基本元素都依照其本質而運作。
(7) 每一種基本元素的本質，反映在元素運動的趨勢上。
(8) 土元素的本性朝向宇宙中心運動。
(9) ……
(10) ……

圖 1.1　亞里斯多德信念的「購物清單」

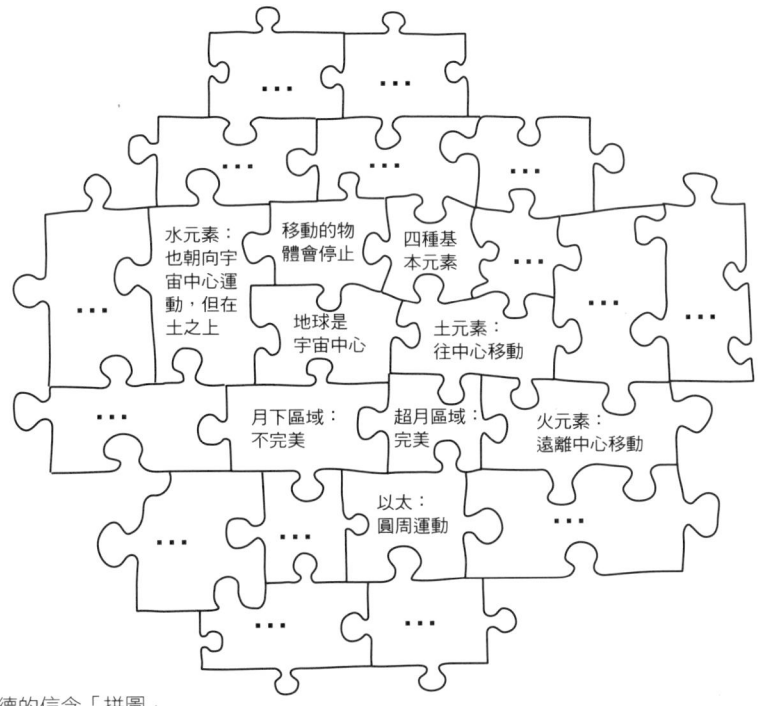

圖 1.2　亞里斯多德的信念「拼圖」

多德的信念體系要更接近圖 1.2。

拼圖的比喻說明了我使用世界觀概念的關鍵特點，首先，每一片拼圖並非各自孤立，而是片片相接。每一片拼圖都和旁邊的拼圖吻合，旁邊的再和更旁邊的吻合……。所有的拼圖都相連相關，合起來便是一個嵌合了個別片段而連貫一致的全面體系。

同樣地，亞里斯多德的信念彼此相合，形成一個連貫一致的體系，每一個信念都緊緊與周圍的信念連繫，並環環相連下去。

再舉一個例子說明亞里斯多德的信念是如何相合的，試想地球是宇宙中心這個信念，此信念與土元素本性朝向宇宙中心運動的信念相符。畢竟，地球主要就是由土元素構成，所以土元素朝向宇宙中心移動，以及地球是宇宙中心這兩個信念，就可以完美嵌合。

同樣地，這兩個信念又與「物體要有運動來源才會移動」這樣的信念有緊密的關係。就像我的筆除非外物推動，否則它會保持靜止，地球也是一樣。地球很久以前就已經移動到宇宙中心，或是已盡其所能接近中心，因此組成地球的重元素現在都保持靜止，因為沒有任何足夠強大之物可以推動像地球這麼大的物體。這些信念又反過來與基本元素有其本質的信念，以及物體會依其所含元素的本質運作的信念緊密相連。整體重點仍然在於，亞里斯多德的信念就如拼圖那樣，緊密互相連結在一起。

此外還要注意，在一整張拼圖中，核心的拼圖片和外圍的拼圖片是不一樣的。由於互相相接，除非把整張拼圖換掉，否則中間那片拼圖不能隨便替換。然而，替換掉外圍的拼圖，只要稍為更動一下其他拼圖就好了。

依照同樣的脈絡，我們可以把亞里斯多德的信念，區分為核心的信念和外圍的信念。外圍的信念可以在整個世界觀不做大幅度變動的情況下替換。比如說，亞里斯多德相信有五個行星（不包括太陽、月球、地球），這五個行星是不依靠近代技術就能以肉眼辨認出的行星。但如果出現了新證據，比如說第六個行星，

亞里斯多德便可在不大更動整體信念體系之下，輕易吸納這個新信念。這個改變不至於大規模更動整體信念體系，這就是外圍信念的典型特色。

相反地，來想想地球靜止，並位於宇宙中心這樣的信念。在亞里斯多德的信念體系中，這是核心的信念。它之所以成為核心信念，並不是因為亞里斯多德對此信念有多信服，而是因為這就像拼圖最靠近中間的那一片一樣，若要換掉這個信念，所有相連結的信念必定都要大幅改變，最終他的整體信念體系都將徹底翻新。

為了說明這個狀況，假設亞里斯多德試圖把地球是宇宙中心的信念，替換成好比說太陽才是宇宙中心的信念，那他能否單單移除這個信念、這片拼圖，用太陽為中心的信念拼圖來替換，但還可維持整面拼圖中其他部分的完整？

答案是不行的！因為太陽是宇宙中心這個新信念，無法和其他拼圖片吻合。譬如，重的物體明顯朝向地心掉落，但如果地球不是宇宙中心，那亞里斯多德所謂「重的物體（主要由土和水兩種重元素構成）有朝向宇宙中心趨進的本質」這信念，也必須替換。這樣又得替換眾多其他相關連的信念，例如物體會依其本質運行。簡單來說，企圖替換一個信念，就得替換所有與其相關連的信念，整體而言，這就等於要重新打造一個全新的信念拼圖。

這再次強調了亞里斯多德的信念絕非雜亂隨機的信念拼湊，而是有如拼圖互相連接的信念體系。這種個別信念互相吻合，形成連貫一致信念體系的概念，是我使用世界觀這個概念時隱含的關鍵想法。簡單來說，當我提到世界觀時，請想想上述的拼圖比喻。

亞里斯多德世界觀

迄今，我們已初步討論亞里斯多德的信念，可以得到的一個印象是，世界觀涉及某一特定個人的信念拼圖。有一種概念是，人人都有某種和別人不一樣的信

念體系，以及稍微不同的世界觀。而我們個別的信念體系，當然也就是讓我們成為個體的因素之一。

但對本書來說，「世界觀」更重要的含意是更為普遍的概念，比如，自亞里斯多德死後一直到 17 世紀，幾乎整個西方世界都共享著亞里斯多德觀看世界的方式。並不是說每個人都完全相信亞里斯多德那一套，也不是說這段期間，這套信念體系都沒有任何增補修訂。

舉例而言，在這段期間內，猶太教、基督教、伊斯蘭教的哲學神學家，曾多次將亞里斯多德信念和宗教信念融合，這樣的融合說明了亞里斯多德信念，在他死後數世紀內如何改變。也有一些團體明顯採用非亞里斯多德的宇宙觀，他們的信念更接近柏拉圖（AD428～AD348）而非亞里斯多德，而此種基於柏拉圖信念的體系，則提供了和亞里斯多德世界觀相異的另一個選擇。（順帶一提，柏拉圖是亞里斯多德的老師，但亞里斯多德的觀點與柏拉圖大大分歧）

即便亞里斯多德的信念有了這些改變，以及仍有抱持非亞里斯多德世界觀的團體存在，從西元前 300 年至 17 世紀這一段漫長的時代裡，大部分西方世界的信念系統，還是本著亞里斯多德的精神。地球位於宇宙中心的信念，物體有本質與天然趨勢的信念，月下區域的非完美性及月上區域的完美性等信念，都是大西方世界有共識的部分。這些集體信念就如個人信念一樣彼此完美嵌合，形成一個互相聯繫且連貫一致的信念體系。當我提及「亞里斯多德世界觀」時，心裡浮現的想法也就是這個本於亞里斯多德拼圖似的集體信念。

牛頓世界觀

我們稍稍瀏覽一個不同的信念體系，作為與亞里斯多德世界觀對比的例子。17 世紀早期新的證據（主要透過新發明的望遠鏡）出現了，它指出地球繞著太陽運行。如前所述，在亞里斯多德的拼圖上，要替換中間那片「地球為宇宙中

心」的拼圖，不可能不更動整張拼圖，這個發現意味著亞里斯多德世界觀將不再成立。此過程相當複雜而引人入勝，本書將在後頭詳細探索，現在只要先知道，到了最後一個新的信念體系已浮現。尤其重要的是，這個新體系包含了地球在運動的信念。

這個最終取代亞里斯多德世界觀的叫做*牛頓世界觀*。這個世界觀是基於以薩克·牛頓（1642～1727）及其同輩科學家的研究成果，但多年來也有許多增添。就如亞里斯多德觀點，牛頓世界觀也和大量信念有關。以下是一些示例：

1. 地球沿軸心自轉，每一圈約二十四小時。
2. 地球和行星以橢圓形軌道環繞著太陽。
3. 宇宙中約有一百多種基本元素。
4. 物體主要依外在力量運行。（比如說重力，石頭因此會往下落）
5. 構成行星和恆星等天體的元素和地球一樣。
6. 描述地球上物體運行的法則（比如，運動的物體傾向於持續運動）於行星和恆星也是相同的。

此外，還有上千個信念構成了牛頓世界觀。

這是西方世界大多數人從小就接受的世界觀。牛頓世界觀形成的歷程和亞里斯多德世界觀形成的歷程相似，也包含了一整組有如拼圖一樣互相關連的信念，形成了一個一致，且互相連結的信念體系。儘管亞里斯多德和牛頓信念體系都具有連貫一致的性質，它們都是完全不同的拼圖，其核心信念也大異其趣。

從亞里斯多德世界觀到牛頓世界觀的改變是劇烈的，本書第二部分大部分都在談這個轉變，我們將看到，這個轉變主要是由 17 世紀早期的新發現所推動。接下來在第三部分，我們將探索一些相當驚人的近代發現。就像 17 世紀的新發現，需要改變既有的信念拼圖一樣，近代的發現也需要對我們的信念拼圖做些改變。

結語

在總結這篇世界觀概念的簡介之前，我想做兩個快速的檢視，第一個是支持我們現有世界觀信念的證據，另一個是這些信念中明顯的常識本質。

| 證據 |

前面我們講了許多關於信念的事，想必人們是基於某些理由支持這些信念的。也就是說，我們會以某些*證據*來支持我們的信念。

比如說，假設你相信亞里斯多德錯了，地球並不是宇宙的中心，那麼你很可能相信太陽才是我們這個太陽系的中心，地球及其他行星則繞著太陽運轉。我猜你有充分證據支持這信念，但我也猜你的證據並不是你以為的那樣。暫停一下，且問問自己「為什麼我相信地球繞著太陽轉，我有什麼證據？」說真的，我們先來深思這個問題。

準備好了嗎？首先，想想你是否有任何直接證據，可證明地球繞著太陽運轉？當我說「直接證據」時，我想的是：當我騎腳踏車，我就有自己在運動的直接證據。我感受到腳踏車的移動、我感受到風吹在臉上、我看到自己行經其他物體，諸如此類。對於地球繞著太陽轉，你有這樣的直接證據嗎？似乎沒有吧。我們不覺得自己在移動，也沒有感覺到一貫的強風吹在臉上。實際上，我們看著窗外，不管是往哪裡看，地球都像是靜止的。

如果你仔細思考自己相信地球在運動的理由，我想你會發現完全找不到地球繞太陽的直接證據。但你的信念的確是合理的，且你一定是基於某種證據才相信的，但你的證據並非直接證據，而比較像是這樣：試著花一分鐘去相信地球沒有繞著太陽在轉，你是否發現這個信念無法吻合你的其他信念？比如，這個信念就不符合「老師多半有告訴你真相」這樣的信念；也不符合「你在權威書籍中讀到

的多半正確」這樣的信念；也不符合「你認為社會中的專家，不可能在基礎知識上錯得這麼離譜」這樣的信念，諸如此類。

一般來說，你相信地球繞著太陽，是因為這個信念吻合你信念拼圖的其他部分，而與之相反的信念並不吻合。也就是說，你這個信念的證據緊繫於你的信念拼圖，緊繫於你的世界觀。

順帶一提，如果想說即便我們沒有地球繞著太陽的直接證據，但想必天文和相關領域的專家有，這樣也不會不合理。但在接下來的章節中我們會發現，連專家都沒有這樣的直接證據。這絕對不是說，沒有有力證據證明地球繞著太陽走，的確有很好的證據，但這證據比一般人想像的還要不直接，而我們許多（甚至大多數的）信念其實都是如此。

總之，我們的信念有直接證據的其實少得驚人，對於我們多數的信念（甚至可說全部的信念）而言，我們會相信，是因為這些信念吻合大量互相連結的信念組合。也就是說，我們相信什麼，主要是看我們的信念能否吻合我們的世界觀。

| 常識 |

我們多數人從小都是接受牛頓的世界觀長大的，提到牛頓世界觀的信念，就有如常識一般；但再想想，這樣的信念根本不是常識。比如，怎麼看都不像是地球繞著太陽轉。就如之前所提，當你看著窗外，你會看到地球顯然是徹底靜止的，太陽、恆星和行星再怎麼看都像每二十四小時就繞著地球一周。

再想想你在小時候就學習的信念：動者恆動。我認識的大多人都認為這是明顯的真理，但在我們日常經驗中，移動的物體才不會這樣。比如說，飛盤不會持續移動，它會很快落地停住；丟出去的球也不會恆動，即便沒人接住，球最後也會滾到停下來。在我們的日常經驗中，*沒有任何東西會一直運動著*。

我的意思是，整體來說，即便我們有這樣的信念，這些來自牛頓世界觀的信念並不是我們從普通知覺經驗中，所能得到的信念。但我們從小都接受牛頓世界觀長大，所以這些信念對我們來說是顯而易見的正確信念。但想想：如果我們從小接收亞里斯多德世界觀長大，那麼亞里斯多德信念對我們來說是不是也會如同常識？

簡單來說，不管從哪種世界觀的觀點來看，那個世界觀裡的信念顯然都會是正確的。所以，在從我們的基礎信念看來如此正確，且像是常識的事實，並不能證明信念為正確的證據。

這又引出接下來這個有趣的題目：現在亞里斯多的世界觀無疑錯得離譜，地球不是宇宙中心，物體不會因為其內在「本質」而運行。重要的是，這並不只是說這些個別的信念錯誤，而是說，由這個信念體系構成的拼圖是一*整面*錯誤的拼圖。我們現在認為的宇宙，完全不像亞里斯多德世界觀概念化的模樣，但即便錯了，這些信念形成了一致的信念體系，而這整個信念體系整整兩千年都被看成正確，如同常識一般。

有沒有可能我們的拼圖、我們的世界觀，最終和這一樣被證明是錯誤的，即便我們的信念體系看起來如此一貫，且正確有如常識？無疑地，我們的某些信念最後會證明是錯的。但我要問的是，我們看待世界的方式，會不會像亞里斯多德世界觀最後被歸為一整面錯誤拼圖一樣，整個被當成是觀看世界的錯誤方式？

也可以換個方法問：當我們看亞里斯多德世界觀時，許多信念在我們看來是陳舊而詭異的，但如果想想我們的後代，好比幾百年後的子孫，或者我們自己的孫子或曾孫，有沒有可能我們的信念，那些你我都覺得如此明顯正確如同常識般的信念，在他們看來也是陳舊而詭異的呢？

這些都是有趣的問題。在本書結尾，我們將探索一些近代的發現，指出我們的世界觀中，有部分可能最後會證明是錯誤看待世界的方式。但現在我們將問題留待之後慢慢深思，現在先進入下一個主題。

第二章
真理

　　本章及下一章關注兩個相關主題，分別是真理和事實。在任一本討論科學史與科學哲學的書籍中，此主題並不常見，但為了消除常見的誤解和過度簡化，我認為這兩個主題仍值得盡早思考。

　　一般似乎皆認為，累積事實是一種相對而言比較直接的過程，而科學至少在絕大部分時候，是以產生可以說明事實的正確理論為目標推進。但這兩個看法都是對事實、真理及其與科學關連的嚴重錯誤概念。這兩章的其中一個目標是呈現出這些問題比一般以為的更複雜；此外，就如我們將在此二章看到的，也如本書將逐漸闡明的，事實、真理和科學之間的關係，遠比上述的簡單想法——認為科學就是可產生能詮釋直接事實的真確理論——要來得更複雜且充滿爭議。

初步議題

　　我們認為，我們世界觀中地球繞著太陽轉的這個信念是正確的；而亞里斯多德世界觀中的普遍信念，認為地球靜止而太陽繞著轉，則是錯誤的。在我們的信念體系中，地球繞著太陽轉是明顯無誤的，且有數不清的事實可證明這信念是正確的。但在亞里斯多德世界觀中，地球靜止也一樣明顯無誤，這個信念體系中也同樣有許多事實可以證明地球不在運動。但這兩組信念有何不同？如果我們對地球的信念真的是正確的，而他們的信念是錯誤的，是什麼讓一個正確而讓另一個錯誤呢？那麼普遍而言，什麼才是真理？

對這個問題的通常反應是，事實讓信念得以正確。比如說，常常可以聽到，有事實可以證明地球繞著太陽轉，就是這些事實，讓這信念正確。有趣的是，事實和真理常常這樣彼此互相定義。問到「什麼是真理？」時，人們常說「有事實支撐的便是真確的信念」；但問到「什麼是事實？」，又說「正確無誤的東西就叫做事實」。事實上（這三個字沒有雙關含意），在我的字典中，真理是「已被證明或無可爭議的事實」，並反過來定義事實是「已知為真確的事」。

但這樣的循環——藉著事實定義真理，又藉著真理定義事實——無法釐清我們的問題。什麼是真理？什麼是事實？正確的／事實的信念和錯誤的／非事實的信念有什麼差別？是什麼讓某些信念成為正確的／事實的，而讓其他信念成為錯誤的／非事實的？

在直接解決這些問題之前，試著反思一下，我們竟然把真理看得如此理所當然。我們都有很多信念，並覺得這些信念是正確的，不然我們幹麼要相信呢？如果你不相信這本書講的絕大部分是正確的，你應該就不會買這本書了。如果你是為了大學課程而讀這本書，你應該花了不少時間和金錢進大學，如果你不認為自己能在這段期間學到很多正確的道理，你就不會這樣做。再想想歷史或現代，兩者都充滿各種事件，比如說戰爭、暗殺、宗教迫害等，而這些事件多半起於人們堅信某些信念是正確或錯誤的。所以，就算你還沒有好好想過真理的問題，這顯然對你已十分重要。真理是某種我們時時刻刻習以為常，且往往帶來極重要後果的東西。

但我們很少反思真理，如前所述，本章主要目標之一是釐清真理，並檢視其間所涉及的複雜性。我們並不會明確回答真理的問題，有些問題至少從哲學與科學誕生時就開始爭辯了，既然過去兩千多年都沒有達成明確共識，本章恐怕也難產生什麼共識。但這些年來也產生了一些關於真理的標準觀點，我們也至少可以概略了解這些標準觀點，並藉此檢視其複雜性。

澄清問題

為了探究這類問題，最好是弄清並牢記那些要提出的問題，也應該將這樣的問題，和其他可能相關的問題區別開來。

當我問「什麼是真理？」時，我的中心命題是：是什麼讓正確的陳述或信念成為正確？而又是什麼讓錯誤的陳述（和信念）成為錯誤？換句話說，正確的陳述（或信念）有什麼共同點，可以使其正確，而錯誤的陳述（或信念）有什麼共同點，可以使其錯誤？

關於真理的中心問題，往往會和認識論對真理的問題搞混。一般而言，認識論研究知識，是哲學重要的分支。認識論對真理的一個關鍵問題是，我們怎麼知道哪個陳述和信念是正確的？這是一個重要問題，然而，不是我們這邊關注的關鍵問題。

打個比方來說，假設我們有一整片森林，我們想知道這森林中哪幾棵是橡樹。在此例中，我們的主要問題是認識論的：我們怎能知道哪些樹是橡樹？尋求森林專家協助是一個解決問題的好方法，我們可以藉著專注於森林專家說的話，來知道哪些樹是橡樹。而森林專家認定一棵樹是橡樹，並不是一棵樹之所以是橡樹的因素。換句話說，「我們如何知道哪些樹是橡樹？」和「讓一棵樹成為一棵橡樹的是什麼？」是不同的問題。

想必有什麼是橡樹所共有，而能使之為橡樹；同樣地，一定也有什麼是正確的陳述（或正確的信念）所共有，而能使之正確的。這就是我們感興趣的關鍵問題：正確的陳述（或信念）共同具有些什麼，而能讓它們正確？

多年來，已有的大量真理理論可能是我們這核心問題的答案，這些理論多半可歸納到一兩個類別。第一類可以稱作*真理符應論*，第二類可稱作*真理融貫論*。這兩類並不是唯二提出的真理理論，但這兩項幾乎全部涵蓋了這個領域，且能用於說明許多圍繞著真理的複雜性。另外值得一提的是，此時我們不會一一關注

每個符應論或融貫論的理論版本，我們將適切提及一些較為著名的理論。首先就由真理符應論開始。

真理符應論

簡單來說，根據真理符應論，正確信念之所以正確，在於該信念符合並能對應真實。錯誤信念之所以錯誤，是因該信念無法符合並對應真實。

例如，如果「地球繞著太陽」是正確的（就如我們絕大多數人認為的），它之所以為正確，是因為實際上地球就是繞著太陽。也就是說，信念之所以為正確，是因為它符合事情實際上的情況。同樣地，如果「地球固定不動，太陽繞著轉」是錯誤的，它之所以錯誤就是因為無法符合真實。

「真實」有很多用法，要了解真理符應論，關鍵在於檢視這個詞是怎麼用的。在此處，「真實」絕不是指你我相信真實的那個模樣，一般而言，你我相信真實是什麼，完全不影響真實真正是什麼。同樣地，我們最優秀的科學家相信真實是什麼，或多數人口相信真實是什麼，又或者一個悟道的瑜珈大師相信真實是什麼，都不影響真實實際上是什麼。應用在真理符應論時，「真實」不是「你的真實」、「我的真實」、「堤摩西・利里的真實」，或我所認識一個受強烈迷幻藥影響的人的真實。相反地，「真實」指的是「真的」真實：一個完全客觀、整體獨立於我們之外，且全然不仰賴於任何人相信是什麼樣子，而存在的真實。

當然，我們的某些信念是有可能以很不有趣的方式，影響某些真實的模樣。例如，也許我相信我的起居室太熱，便用控溫器調低溫度。這樣，我的信念便可能造成真實的某些面貌，也就是我房間的溫度改變。但一般而言，符應論的支持者可能還主張，我們的信念並不影響真實。

總結一下：根據真理符應論，信念之所以為正確，是因為它能符合一個獨立的客觀真實。錯誤的信念來自它無法符合這個真實。

真理融貫論

根據真理融貫論，信念之所以為正確，是因為信念連繫或者一致於其他信念。比如想想地球繞太陽運轉的信念，我傾向相信在權威天文學書籍中讀到的，這些書向我保證，地球確實繞著太陽運轉，我傾向相信這領域專家的說詞，而這些專家同樣也說地球繞著太陽運轉。整個來說，我關於地球環繞太陽運轉的信念依附在其他信念上，且根據真理融貫論，這樣的依附就是正確信念之所以為正確的因素。

回想一下第一章用來討論世界觀的拼圖比喻，記得世界觀是像一片片拼圖那樣互相嵌合的信念系統，同樣的類比也可以用來說明真理融貫論。一個正確的信念就像一片拼圖，也就是說，就像一片拼圖合於整面拼圖一樣，一個特殊的信念如果能夠合於整個信念的拼圖，那就是正確的。而一個錯誤的信念，就會像一個無法合於拼圖的拼圖片一樣。

綜上所述，根據真理融貫論，一個信念之所以為正確，是在於依附某個整體的信念集合；而一個信念之所以錯誤，是因為無法依附於整體的信念集合。

｜不同版本的融貫理論｜

迄今，我們都以非常一般的方式來談論融貫論。我們必須花點時間去了解可能有多少不同種類的融貫論。就像說，福特車是一種汽車，且又有眾多不同款型的福特車一樣，融貫論是一種理論，但又有多種不同的版本。

不同版本融貫論的差異，主要在於誰的信念能算在信念拼圖中。我們是否只需關注個別的信念，只要它對特定個人來說是真確的，如「地球繞著太陽」這信念只要和那人其他信念一致就可以了呢？還是說我們講的是團體信念，所以為了成為正確，「地球繞著太陽」必須和那團體的集體信念一致呢？如果我們講的是

團體的信念,那誰算是團體成員呢?是住在某一個地理區域的所有人?還是一群共享某一世界觀的人們?是否就是科學家或其他專家的社群?

回答這問題的方式,就決定了能有多少種不同版本的融貫論。比如,如果信念是個體的信念,那我們就可以說有了一個*個人主義融貫論*。在這個理論中,一個信念如果能適合莎拉的其他信念,那對莎拉而言就是正確的;一個信念如果能適合福列德的其他信念,那對福列德而言就是正確的,如此類推。我們可以很清楚看出,在個人主義融貫論中,真理與該個體相關。也就是說,莎拉的正確可能對福列德來說就不是正確的。

如果我們選擇集結一個特殊團體的眾多信念,那我們就有了另一個融貫論的版本,也許可以叫做*團體版融貫論*。為了說明這情形,假設我們抱持的科學相關信念,要適合西方科學家團體的集體信念才是正確。為了方便,我們稱這樣的觀點為融貫論的*科學奠基版*。

要注意的是,儘管個人主義版本和科學版本都是真理融貫論的不同類型,但他們是很不一樣的理論。為了看出這一點,想像一下我有一個朋友叫史蒂夫。史蒂夫深信月球比太陽離地球還要遠,且月球有人居住,還常常有宴會和各種狂歡活動。(史蒂夫的信念大部分根基於某個宗教經文嚴謹的文字解釋。他的信念和其他宗教經文文字解釋出的信念相比,有沒有更合理,這已經超過這章討論的範圍。但必須一提的是,宗教經文的文字解釋通常會導致不尋常的信念集合,比如說地平協會或是地球中心論協會,這些會員就抱持著不尋常的信念集合,而相信地球是宇宙的中心。)

史蒂夫的信念拼圖,即便和我的信念拼圖相當不同,可能也和你的相當不同,但仍形成了一個互相完美結合的信念體系。特別是史蒂夫相信月球住著智慧生物的信念與他其他的信念相符。所以在個人主義版的融貫論中,史蒂夫關於月球的信念是正確的。重要的是,史蒂夫的信念對他來說,就像你我各自對月球的信念一樣正確。

另一方面，根據科學奠基版的融貫論，史蒂夫關於月球的信念是錯誤的，因為這些信念和西方科學家的整體信念不符。簡單來說，個人主義版本和科學奠基版本儘管都是融貫論的一種，卻是兩種不同的真理理論。

呈現這兩個版本，主要是要說明融貫論可以有多種版本。既然不同的融貫論理論主要差別在誰的信念算數，而要認定誰的信念才算數的方法有千百種，那麼顯然融貫論也就會有千百種。

| 真理符應論的問題與困惑 |

乍看之下，符應論似乎頗有道理，畢竟，有什麼比說「正確的信念就是那些反應事物真正樣子的信念」還要更自然的呢？然而一些關於這個問題的想法，卻認為真理符應論是有一些難題的。

目前為止主要的難題是怎麼訴諸真實，為了描述這個難題，我們先離題一下來描述*知覺再現理論*。稱為「知覺理論」也許有點浮誇，因為一般人都認為知覺就是這麼運作，這不過是常識罷了。不過，既然已經叫做「知覺再現理論」，我們就這樣稱呼好了。

要了解這個知覺理論，也許可以利用這個圖像。假想有個朋友，就叫她莎拉，而我們能夠窺看她的意識，借用一下漫畫家讓我們看見角色想法的技巧，就會有如圖 2.1 這樣的呈現。

知覺再現理論是一個牽涉我們全部感官知覺的普遍理論，包括影像、聲音、味道等。然而，專注於視覺是最容易說明的，所以接下來的例子多半會以視覺為例，但要記得，對於其他感官知覺來說也是一樣的。

簡略來說，當莎拉看著樹，她便得到一個有樹、太陽、蘋果等等的影像。這些影像就是樹的再現。同樣地，如果你我看著樹，我們也會有樹、太陽等等類似的視覺再現。

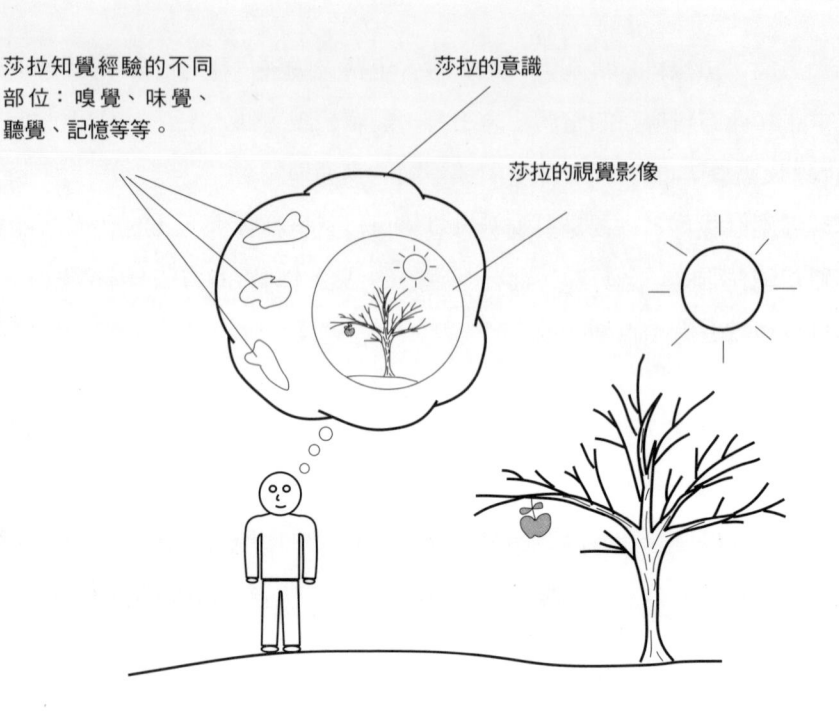

圖 2.1 一窺莎拉的意識

　　實際上，這些就是知覺再現理論的一切：我們的感覺提供外在世界的再現（在視覺的例子中，再現其實有點像圖片）。再一次地，這幾乎是每個人都視為理所當然的觀點，但這觀點隱含著耐人尋味的含意，而這將直接影響真理符應論。

　　從某方面來說，這含意最重要處在於意味著，我們全都與這世界隔絕，特別是我們無從得知感官提供的再現是不是準確的。上面這句──我們無法得知我們的再現是不是準確的──是個很強硬的主張，所以我會花些時間來替它辯護。

　　我將特別呈現兩個解釋來說明，如果知覺再現理論是正確的，為什麼我們會無從得知感官提供的再現準不準確。第一個解釋專注於我們如何著手評估再現的準確性；第二個解釋則圍繞著一個我稱作「魔鬼總動員情境」的情形。

評估再現的準確性

想想我們怎麼著手評估一個平常再現的準確性，如一張照片、一張街道地圖之類。假設在眼前我們已經有了一份平常的再現，比如魔鬼塔的照片。（魔鬼塔是個有趣的地貌，位於懷俄明州東北部，看起來像從地面升起的圓柱。）最明顯能評估這張照片準確性的方式，就是去懷俄明州，並將照片和實體比對。同樣地，要評估紐約市街景地圖的準確性，你可以將地圖和地圖要指出的真實地點做比較。若要評估其他地形地圖的準確性，則可把地圖上的該地形特色和地圖要呈現的真實地形做比對。

總之，要評估再現的準確性，我們必須比較(1)再現，比如說魔鬼塔的照片，和(2)被再現的東西，比如說魔鬼塔本身。

如果我們的感官提供我們外在世界的再現，有個合理的問題是：這種再現是否是正確的？就如我們剛剛所見，要評估由我們感官所提供的再現的準確性，我們必須將這些再現和被再現物做比較。

但回頭看看圖 2.1 中的莎拉，假設莎拉想要評估她視覺再現中那顆蘋果的準確性，要這樣的話，她必須把她對蘋果的視覺再現和蘋果本身做比較。可是莎拉不可能做到這一點。莎拉之所以無法將她對蘋果的視覺再現與蘋果相比較，是因為她無法跳脫她自己的意識之外，從莎拉的觀點來看，她僅有的就只在她的意識中。為了說明這情形，想像圖 2.2 來說明她的觀點——那就是莎拉僅有的。

圖 2.2 莎拉的意識經驗

她絕對無法跳脫她自己的意識經驗,來比對她經驗內之物和讓她產生經驗之物。簡單來說,顯然莎拉沒有辦法比對她對蘋果的視覺再現和蘋果本身,也就無法評估,她對蘋果的視覺再現是否為正確。

那莎拉能否交錯比對自己對蘋果的視覺影像,感覺到蘋果時接收到的觸覺,以及蘋果的氣味,然後從此結論她對蘋果的視覺再現是準確的?

莎拉當然可以將她的視覺影像和她的觸覺比較,也可以和她聞到蘋果時接收的嗅覺一起比較。然而要注意到她的觸覺也是一種再現,嗅覺也是。所以當莎拉將她對蘋果的視覺影像,和接觸蘋果的觸覺,以及聞到蘋果的嗅覺做比對時,她是將再現與再現互相比對。但要評估視覺再現的準確性,她必須將再現和企圖再現物比較,而不是將再現拿來互比。

這情形就很像,想要藉著比對魔鬼塔的照片、地形圖和魔鬼塔附近的街道地圖,來評估魔鬼塔照片的準確性。在這情形中,被拿來比對的是一個再現和另一個的再現。真正需要的比對——將再現與被再現物的比對——沒有進行。

言外之意便是,我們絕對沒有辦法評估自己的感知所帶來的再現的準確性;或換句話說,我們不可能確定實體真正是什麼樣子。

|《魔鬼總動員》情境 |

為什麼知覺再現理論若是正確,我們就無從得知我們對這世界的再現正確與否?第二種解釋方法是想想《魔鬼總動員》的情境。《魔鬼總動員》是一部科幻片。這部影片的背景在未來——好比說 24 世紀末吧——在那個時代,如果想度假,但錢不夠,有一個便宜的選擇,就是把度假的經驗植入心中。也就是說,有些公司專攻這種虛擬假期。你付了錢,公司把你連在一個儀器上,直接在你心中植入一個完全真實,且由你選擇的假期經驗。這種虛擬實境的經驗實在太真實了,根本無法與實際區分。(雖然這並非我們討論的關鍵,但這部電影的情境牽

涉了主角無力分辨其意識經驗是真實,還是植入心中的虛擬影像為真實。另一部有類似主題的大作就是《駭客任務》。這個點子絕不是好萊塢發明的,之後我們會稍微討論,笛卡兒在 17 世紀就已經仔細思考過這點子。)

記著這一點,然後回到圖片 2.1,想想莎拉的意識經驗。莎拉相信她的蘋果影像、蘋果的觸感和蘋果的滋味和香氣等,是因為那裡真的有一棵樹、一個蘋果及其他。但如果莎拉是在《魔鬼總動員》的情境中,這些感知植入她的心中,她的意識經驗也還是一模一樣。以圖來說明這情形就會像圖 2.3。要注意到不管是在圖 2.1 那種「普通」的常態,或是在圖 2.3 那種《魔鬼總動員》情境中的狀態,莎拉的意識經驗都是一樣的。她無法確定她不是在《魔鬼總動員》情境中。也就是說,她無法確定她的意識經驗是圖 2.1 那樣的外在世界造成的,還是像圖 2.3 那樣的外在世界造成的。簡單來說,莎拉無從得知實體究竟是什麼樣子。

當然,同樣的情形對你來說也是一樣。假設你住在 24 世紀,而你是一個專精 21 世紀早期的歷史學家,你決定要透過《魔鬼總動員》的情境,企圖體驗 21

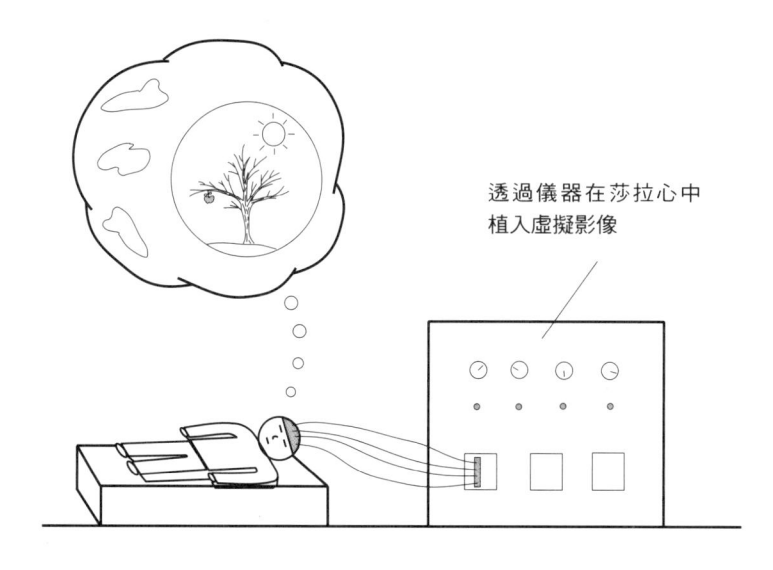

圖 2.3 《魔鬼總動員》劇情

世紀初期的生活模樣。這個《魔鬼總動員》情境中可能會有閱讀（或說讓你覺得自己在閱讀）一本那年代關於科學史與科學哲學的書。你現在的經驗——這些字句、書頁、整本書，你現在周圍的環境——可能都是《魔鬼總動員》情境的一部分，如果是的話，你也無從得知。

總之，儘管我們都相信我們的經驗來自於「正常」的真實，但我們仍無從確認這些經驗不是來自某種《魔鬼總動員》情境創造的真實。簡單來說，我們無法確認實體的真正面貌。

| 警語 |

小心不要誤會了上述的討論，且不該結論說實體和我們相信的徹底不同，適當的結論應該是，我們無法確認實體是什麼樣子。如果我們無法確認實體是什麼樣子，而真理符應論是正確的，那我們便永遠無法確認任何信念（至少任何關於外在世界的信念）是正確的。

這不代表說真理符應論是錯的，或是無法接受的，或是不一致的。記得真理符應論是一個關於「是什麼讓信念正確或錯誤」的理論，而準確性的討論和《魔鬼總動員》的討論，則從認識論的觀點為「我們可以知道什麼」立論。且就像我們先前討論的，「是什麼讓信念正確或錯誤」這問題，和上述關於知識的認識論問題並不一樣。準確性的討論和《魔鬼總動員》情境，確實說明了一個比較有趣的符應論面向，這方面的符應論是許多人覺得此理論不吸引人的地方之一。

真理融貫論的問題與困惑

我們先來看個人主義版本的融貫論，記得在這個理論中，一個信念如果與某一個體的整體信念總集相合，那這個信念對該個體來說就是正確的，如果與該信

念總集不相合，就是錯誤的。所以什麼對我的朋友史蒂夫（前面提到的）來說是正確的，和什麼對我來說是正確的，是兩種很不一樣的東西。舉例來說，對史蒂夫而言，月亮上有人是正確的，但對我而言，月亮上不能住人才是正確的。對史蒂夫而言，月亮離地球比太陽還遠是正確的，但對我而言，相反的才是正確的。簡單來說，並沒有獨立的真理；真理是依個體而異。

重要的是，個人主義版本並沒有「好」真理和「壞」真理的區分。（對史蒂夫而言）他認為月亮有人的信念就有如（對我而言）我認為月亮不能居住的信念一樣正確。所有的信念對於抱持這些信念的個體來說，都是同等地正確。在個人主義版本的融貫論中，不可能說我的信念比史蒂夫的信念要更正確。

簡短來說，個人主義版本便成了一種極端的「什麼都行」的相對主義。這無法確鑿地證明個人主義版本是不正確的，但仍應指出多數人會認定這種相對性是不能接受的。

現在想想團體版的融貫論。回想一下這些一貫理論中，一個信念如果和某些團體（哪些團體才算數要看個別的理論）的整體信念集合相符，那這信念就是正確的。但這類理論的問題在於：

(1) 它不容許一個團體抱持的信念有錯誤的可能；
(2) 無法準確指定誰才能算是團體的一員；
(3) 不管什麼團體，都不可能共享完全一致的一整套信念。

我們來仔細看一看其中每一個問題。

以(1)來說，假如有人成功誣陷莎拉進行了她沒做的犯行，當我說有人成功誣陷莎拉，我指的是這個團體的成員（比如說，美國社會）堅信莎拉確實有罪。想必接下來「莎拉有罪」符合這個團體其他人的信念，所以根據這個團體版本的融貫論，「莎拉有罪」是正確的。但莎拉是被誣陷的，而我們希望說這個團體對

莎拉有罪的信念是錯的。但要注意到在團體版本的融貫論中，這個團體沒有錯——「莎拉有罪」是正確的。事實上，是莎拉抱著錯誤的信念，在這個版本的真理中，當莎拉認為「我沒罪」，她的信念因為不符合該團體整體的信念集合，所以是錯的。換句話說，這個版本的真理顯然讓這個案子徹底倒退。整個來說，在團體版本的融貫論中，很難看出一個團體如何可能出錯。這個版本的真理就會產生這種十分古怪的結果。

觀察 (2) 會發現，團體並不是一個界定清晰的集合。比如說，想像一個團體版本的融貫理論，其中的團體為西方科學家，根據這個理論，一個信念是否正確是要看其是否符合西方科學家團體的整體信念集合。但誰算是西方科學家呢？想像一下吉姆，我另一個有不尋常信念的朋友。吉姆相當誠摯地相信，地球是宇宙的中心。（順帶一提，我和我絕大多數的友人都抱持相當主流的信念，但能和主流外的個體保持連繫，是很有幫助的。）特別值得一提，吉姆同時也是一個從業的物理學家，獲得一間著名學術機構的物理博士學位，且在主流物理期刊發表過其研究成果，但他對宇宙結構抱持不尋常的信念。那我們應該將他視為西方科學家團體的成員嗎？同樣的問題會在個別的個體間引發，整體來說，許多個體應不應該被列入某個團體，顯然是不明確的。團體有著非常模糊的邊界，要精確區分團體的成員並不容易。

回想一下，根據團體版本的融貫論，一個信念與團體的整體信念相合才是正確的，但如果這個團體無法明確定義，那這個真理的理論也就無法明確被定義。簡單來說，一個團體版本的融貫論能不能看作一個融貫論，也就很不明確。

最後來看看 (3)，就算我們能克服誰算是團體成員的難題，但要注意團體就是一種沒有一致的信念集合。一個團體內的成員可能相信這個，但另一個成員可能相信相反的情形，這在任何人群、團體、組合中都是常態。如果一個團體的成員之間沒有一致的一套信念，那這團體就沒有一致的信念拼圖；如果沒有一致的信念拼圖，那這個假設有一致信念拼圖的團體版本融貫論，也就無法好

好定義了。

總之,個人主義版本的融貫論似乎會退步成無法接受的相對主義,團體版本的融貫論雖然避開了相對主義的問題,但卻會產生新的嚴重問題。所以不管真理融貫論或是真理符應論,都沒能夠對我們主要關於真理的問題,提供完全令人滿意的答案。

哲學反思:笛卡兒和「我思」

結束本章之前,應該值得花點時間去想一個本章曾討論過,又能激發出更普遍之哲學議題的主題。在本章看到如果知覺的平常觀點是正確的——即感知運作被視為常識的知覺再現理論——便隱含一個重要意義:我們無法確定實體的真正面貌。這是一個不尋常的廣泛主張,而有鑑於這個結論,讓我們可以合理地懷疑是不是沒有*任何事情*是我們可以確認的。

雷奈·笛卡兒(1596～1650)針對這問題進行的探索應該是最為人所知的。笛卡兒在好幾種脈絡下思考這個問題,而最廣為人知的就是在《第一哲學沉思集》(或稱《沉思集》)裡的討論。在《沉思集》中,笛卡兒的一個早期目標是想為建構知識找到一個絕對確信的基礎;也就是,他希望找到一個或更多信念,可以讓他完全確定,然後小心且有邏輯地在這確切的基礎上建構其他知識。

在這個我們可能覺得像某種「確定性的石蕊測試」探索中,笛卡兒採用了一個相當類似前述《魔鬼總動員》的情境。就如《魔鬼總動員》,笛卡兒思考著實體可能完全不像自己意識經驗中的樣子,他使用了某個強大的「邪惡欺騙精靈」的點子,認為此精靈可以直接在他心中植入想法和知覺。如果他能找到一個即便邪惡欺騙精靈存在,但仍能清楚確定的信念,那這個信念就是笛卡兒所需要用來作為一切基礎的確切信念。(笛卡兒「邪惡欺騙精靈」的作用,就類似圖2.3中將想法和知覺植入莎拉心中的機器,也像前述《魔鬼總動員》和《駭客任務》電

影中用來製造虛擬真實的設備。）

所以，笛卡兒尋找的是一個可以通過邪惡欺騙精靈考驗的信念，也就是一個即便有邪惡欺騙精靈存在，笛卡兒自己也能確信的信念。很清楚地，我們多數的信念都不會通過這個考驗，比如說，相信有張桌子在我面前的信念，就沒辦法通過考驗，如果真有那樣的欺騙精靈，它很容易就能讓我想著我看見了一張桌子，即便根本沒有桌子。即使「我相信我有一個身體」這樣的信念，都沒辦法通過考驗，欺騙精靈可能已經在我脫離現實的腦袋或心靈中，植入這個畫面。

那這樣的話，有任何信念可以通過考驗，也就是說，有任何信念是我們可以完全確信的嗎？笛卡兒認為他至少發現了一個，而這個信念就在他著名的「Cogito, ergo sum.」也就是「我思，故我在」之中，笛卡兒聲稱，這個信念是他絕對可以確信的一個信念。

順帶一提，嚴格來說，「我思，故我在」並沒有寫在《沉思集》裡，儘管這句話確實出現在笛卡兒別的著作中。他在《沉思集》中是說「我是，我存在」這句話，只要在他想到時都必定是真的。換言之，他存在，至少身為一個思考者而存在，是他可以完全確信的信念。要注意他不是說他的身體必然存在（《魔鬼總動員》的機器和笛卡兒的邪惡欺騙精靈，都可以使我們錯信自己有身體）。笛卡兒說，他確信每當他想到「我是，我存在」時，他至少是以一個思考者的狀態存在。想當然耳，當想著「我是，我存在」時，他就應該有在思考，如此才能有這樣的想法，這就是為什麼他至少是以思考者的狀態存在。順帶一提，聖奧古斯丁（354～430）早就以「有功，才能償」這話表達了類似觀點，儘管現在這個觀點常與笛卡兒聯繫在一起。

這合理證明了笛卡兒的「我是，我存在」確實是一個我們可以絕對確認的信念，所以也許我們至少可以確定我們自己的存在。也許，相對於一開始看起來的狀態，至少還有些什麼是我們可以絕對確定的。

我們現在回到笛卡兒的基礎戰略，回想一下他的想法是要找到某些可以小心

演繹出其他信念的明確信念,然後基於這個絕對確信的基礎,來建造知識架構。在這一點上,你大概可以猜到笛卡兒要面對的主要問題:這基礎太小了。我們可以合理證明自己的存在(至少作為一個在思考的東西而存在),也許也可以支持一些其他信念(比如說,也許我們可以確定一些極度符合、就正如乍看之下那樣的信念,比如說,我面前的一張桌子)。但可以保險地說,笛卡兒找到了一些(也許只有一個)他可以絕對確信的信念,但最後會證明,這個基礎實在小到沒辦法往上增添。

笛卡兒的基礎計畫的確值得一試,儘管整個計畫並未成功,但笛卡兒確實找到了至少一個我們可以確信的信念。

結語

儘管我們稍微跳出範圍來討論「有沒有我們能確認的信念」這個問題,本章的主題還是真理的議題。真理是個令人費解的概念,就如本章開頭所言,真理的理論過去已討論了兩千年,並沒有產生共識。本章的目標是簡單描繪一些真理的主要理論,並說明為何這些觀點,以及環繞著真理的普遍議題,都如此困難費解。

本章開頭曾提到,科學是以產生出能說明直接事實的正確理論為目標在推進,這看起來是一個相當普遍的觀點。現在可以清楚發現,其實沒有辦法將科學、科學史與科學哲學,都看作是一個「科學為產生更廣大的正確信念和正確理論」之簡單歷程。就像我們在本章所看到的,也是將在第二部開始深入科學史時繼續看到的,這議題其實複雜的多。下一章,我們將探索另一個相關、且同樣複雜的課題,即環繞著事實概念的議題。

第三章
經驗事實與哲學性／概念性事實

在上一章，我們發現「真理」的問題比一般所見的還要複雜，在這個簡短的章節中，我們將探索與其相關的「事實」。

事實和科學無疑緊緊相連，不管對科學理論有什麼期許，必須能說明相關的事實是對科學理論的共識。但事實的概念比一般所認為的更複雜，在這一章我們將探索其中部分的複雜性。首先來觀察那些讓我們將某些信念視為明顯事實的理由。

初步觀察

我會先慢慢講一個鉛筆、書桌和抽屜的例子，雖然這例子初見十分平凡，但請稍微忍耐。要認識科學史和科學哲學的問題，這一個例子十分微妙且重要。

想像一個最簡單的事例，假設你坐在書桌前，在桌上放了一隻鉛筆，這就有如你所能找到再明確不過的事實。你可以看到、感受到鉛筆，你拿它敲桌子也聽得到聲音，你要聞一聞、嚐嚐看也未嘗不可。對於鉛筆在桌上這件事，你有簡單、直接的觀測證據。

這樣根據觀察的事實，通常稱為經驗事實。但等下就會發現，經驗事實並不如乍看之下那麼明確。此外就如上一章討論的，有一種觀念是，你無法確認真實就如你感知的那樣；有鑑於此，你無法確認眼前桌上是否有一隻鉛筆。不過，這次的情況是你有最直接簡單的觀察證據，如果有什麼能稱作經驗事實的，那就是鉛筆在你面前的桌上，像這樣有直接簡單觀察證據支持的事實，就是經驗事實的

最佳範例。

現在想想另一種情況，你放了另一隻鉛筆在書桌上。再次地，你可以看見、感覺到、聽到，並（如果你想的話）聞到、嚐到這兩隻筆，有兩隻筆在你面前的書桌上是一個再簡單不過的經驗事實。

現在，把其中一枝鉛筆放進書桌抽屜並闔上，這樣你就看不到、感覺不到，也就是感知不到這隻筆了。很可能你會相信這隻筆即便感知不到，但仍然持續存在。也就是說，你相信這隻筆存在於抽屜裡是個事實。

現在想想你如此相信的理由，請特別注意，你相信抽屜裡有一隻鉛筆的理由，和你相信桌上有一隻鉛筆的理由不可能相同。你相信桌上有鉛筆是基於直接觀察證據，而你相信抽屜裡有鉛筆，卻不可能基於這種直接觀察證據。畢竟你又沒有看到、摸到，或以任何其他方式觀察到抽屜裡的鉛筆，也就是沒有直接的觀察證據，那為什麼你仍堅信抽屜裡有鉛筆呢？

我猜你會這樣相信，是因為你看世界的方式。絕大多數人無法想像，東西一旦沒被觀察到就不復存在，我們對這世界的信念，就是我們相信鉛筆在抽屜裡的根——我們相信世上絕大多數的東西，是即便沒被觀察到，也持續存在的穩定物體。

所以請注意，相信筆在桌上和相信筆在抽屜裡的理由有著巨大差異，前者基於直接觀察的證據，後者基於我們對我們所居住的世界的觀感。儘管我們往往對兩者——鉛筆在桌上和抽屜裡——都深信不疑，但相信的理由卻是天差地別。

這和科學史與科學哲學有什麼關係呢？前面提到，科學理論必須遵守相關事實。但察看科學史中的種種理論，再看看那些理論必須遵守的事實，便能清楚發現，其中一些事實——儘管人們當時相信那是合理清楚的經驗事實——其實比較是，基於那些人對這世界的哲學性／概念性上的信念。

舉個例子，從古希臘到西元 1600 年，普遍相信行星（以及其他天體）都是作正圓等速運動，比如火星的運動即是如此，人們相信這種運動是等速的，也就

是速度始終一致，既不變快也不變慢。

然而，根據目前（有著充分證據支持）的理論，火星這樣的行星是以橢圓形（而非圓形）軌道環繞太陽，而在軌道各處的速度也不一致。所以上述的兩個信念——「正圓事實」和「等速運動事實」其實都是錯的。

這兩個事實在現代人聽起來彷彿異類，第一次聽到這兩個「事實」的普遍反應都是納悶「為什麼會有人相信這種事？」但很重要的是要了解這兩個事實在歷史上有相當長時間，都被認為是這世界的明顯事實。如第一章所言，天上的物體是由第五元素「以太」所構成，此元素必然的天性就是以正圓和等速運動，也因此，太陽、恆星、行星也明顯地應該如此做正圓等速的運動。所以抽屜裡看不到的鉛筆依舊存在，看起來像是個明顯事實，就如同我們祖先會認為，天體以正圓等速運動是理當如此的明顯事實。

這類事實，也就是最後證明是奠基於我們對世界的哲學性／概念性觀點，且被強力信念所支持，我通常稱為「哲學性／概念性事實」。此處我們仍須謹慎以對。

重要的是經驗事實和哲學性／概念性事實並不是絕對的分類，多數的信念並不會純粹只是其中一種，反而是基於經驗、觀察證據和更多普遍觀點的混合。例如上面討論的正圓等速運動，儘管這些信念和其他像以太本質、天堂是完美區域之類的信念牢牢相繫，但這些信念也有觀察經驗佐證。回到最當初，人們觀察到星星在天上是以正圓等速運動，此事實就是牢牢根據經驗觀測而來的，所以連正圓等速運動的事實都至少有一些經驗元素在其中。

根據這樣的考量，把這看作一種光譜會比較妥當。光譜其中一端是最簡單的經驗事實，比如說桌上有鉛筆，光譜的另一頭是最哲學性／概念性的事實，比如說正圓等速運動。

我們絕大多數的信念，也就是我們當成事實的信念，都坐落在光譜最明確的經驗事實的例子和哲學性／概念性事實的例子之間。亦即，多數的信念都有部分

是從觀測和經驗而來的證據，也有一部分是我們整體信念拼圖中的一小片。

我們將會看到，某些哲學性／概念性事實，包括了正圓等速運動的事實，曾在科學史與科學哲學中有著重要影響。在本書第三部分要探討的內容中，還可看到在西方世界中被當作明顯經驗事實而發揚的許多信念，在近代發現中反而成了錯誤的哲學性／概念性「事實」。

術語的提醒

在上述討論中，你可能發現我提到那些如今確定有誤的信念為「事實」，比如說，我將天體運行的正圓等速稱為「事實」（儘管是哲學性／概念性事實）。通常我們並不以此方式使用「事實」這個詞，因為當發現先前的信念是錯誤時，就應不再稱它為事實，所以我必須簡短討論使用這個詞的情形。

我們沒有一個正確的詞可以妥適地指涉，那些牢固（至少在當時的脈絡下）正當但後來被證明錯誤的信念，比如天體運行的絕對等速和完美正圓。我曾想到另外兩個名詞，如「假設」或「信念」來稱呼這種觀點，但還是不太對。

這些觀點不僅僅是假設而已，如先前所討論的，以及我們將在第九章更完整討論的，前人關於天體正圓等速運動的信念，在那個時代的脈絡中是正當無誤的信念。後來這些信念被證明是錯的，因此把這些信念僅僅稱為假設是嚴重誤導。

要說明這一點，請再想一下「抽屜裡的鉛筆依舊存在」的信念，這個信念只是假設嗎？這樣指稱這個信念似乎不恰當。就如我們討論過的，相信鉛筆持續存在主要是基於我們對自己所居住宇宙的整體觀感。但我們的祖先相信天體的正圓與等速，同樣深深基於他們對其所居宇宙的整體觀感。既然將我們對鉛筆持續存在的信念稱為「假設」並不妥當，那先人們對天體完美運行的信念，也不適合稱為假設。

「信念」這個字也一樣。區分事實和信念差異的說法，認為兩者有合理清

晰的差異，事實是事實、信念是信念，但兩者之間沒有那麼明顯的差異，至少在單一個人的生命或是單一個人的世界觀中（再次想想鉛筆在桌上和抽屜裡的情形吧）都沒那麼明顯。堅信無疑且證據確鑿的信念，在一個人的世界觀中，顯然就是事實。

簡單來說，沒有一個現有的詞是完全正確的。我認為最好的還是之前所使用的——若要談到堅信且正當確定的信念，就把那些比較基於合理直接觀察證據的稱為經驗事實，而把那些基於一個人整體世界觀的稱為哲學性／概念性事實。即便我們和前人都會遇到一種情況，就是有些堅定的信念最後還是被證明為錯誤，我仍然會稱其為哲學性／概念性事實，以提醒我們在這個相連的世界觀裡，這些事實比假設、信念和意見，還要有更多的意義。

結語

結束本章前，值得花點時間對經驗事實與哲學性／概念性事實做點最後的觀察。

為了再次強調先前的論點，請勿將經驗事實和哲學性／概念性事實當成絕對的分類。多數的信念基礎混合了一些經驗證據和更多對世界的整體觀。一如前面所提，最好是把這兩類事實當做光譜的兩極，一頭是明確基於經驗的信念範例（桌上的鉛筆），另一頭是明確基於整體哲學性／概念性觀點的信念範例（比如說完美的天體運行）。

另外，小心不要把哲學性／概念性事實當成一種陳舊幼稚的思考方式。先人相信的正圓等速運動雖然錯了，但這信念並不幼稚。就和各種哲學性／概念性事實常見的情形一樣，正圓等速運動完全合乎這個信念的整體系統，牢牢嵌於整個信念拼圖之上，這些信念雖然錯了，但並不幼稚。

因此可以推論，把一種信念稱做哲學性／概念性事實，並不是主張說抱持信

念的人們不該有，或當時沒有充分的理由相信這事實。如前所述，天體的正圓等速運動，之後雖被證明是錯了，但那年代的人有很充分的理由去相信這些事實。

同樣地，也不要以為身處現代科學的我們，就能避開相信哲學性／概念性事實的陷阱。這種事實仍存在於現代過程中，本書的第三部分將會探討20世紀科學的發展，將可發現有些長期以為是簡單經驗事實的東西，因為近代的發現而被證明為錯誤的哲學性／概念性事實。

此外，被稱做哲學性／概念性事實的事實，並不代表不正確。許多過去的哲學性／概念性事實確實已證明是錯了，有些我們自己的哲學性／概念性事實，未來無疑也會被發現是錯的。但我們希望多數的事實將會承受時代的考驗，而被證明是稍微正確的。反之同理，經驗事實和哲學性／概念性事實的差別也不取決於對錯，而是取決於我們相信事實的理由有何不同。

最後必須指出，在日常生活中，通常不對這兩種事實多作區分。以事後觀點觀察過去的文化，總是比較容易看出哪些信念比較偏向經驗，而哪些比較偏向哲學性／概念性。但在我們自身時代的框架中，事實在我們看來就是事實，全部都差不多，只有在小心反思，且遭遇重重困難的情況下，我們才能看出哪些信念比較基於經驗，哪些信念比較基於哲學性／概念性。

第四章
確證與否證的證據和論證

本章主要目的是探索在科學中發現的一些最常見的論證議題，我們會特別觀察一種最普遍的，用來支持科學理論的證據和論證類型。當然，也會探索另一面，就是那些指出理論不正確的證據和論證議題。為了連繫本書一再提及的主題，我們會看到相關的議題，比初見時更為複雜。

科學中（以及日常生活中）的發現、證據、論證通常都很複雜，我們的策略是先專注在一些較為直接的證據和論證上，以呈現即便這些較簡單的案例也意外複雜。我們將先觀察科學中（以及每日生活中）發現的兩種證據與邏輯論證的普遍類型，為了方便，我將稱這兩個類型為*確證論證*和*否證論證*。我們將從這兩個論證的簡單描繪開始，接著探索其微妙之處。

確證論證

大約一百年前，愛因斯坦提出了廣義相對論，它是一個富有爭議的理論，且在某些方面和其他已被接受的理論互相衝突。值得注意的是，若使用相對論可能會產生不尋常的預測——因為其他理論不會做出同樣的預測，所以稱不尋常。例如，愛因斯坦的理論預測，像太陽這般巨大物體的重力效應可以扭曲星光，在日全食時則有可能可以觀察到這樣的光線扭曲。而在 1919 年 5 月的日全食提供了一個測試預測的機會，結果這些預測是正確的，這被視為支持（也就是說，協助確認）愛因斯坦相對論的證據。換句話說，愛因斯坦理論做出了正確的預測，尤其是其他理論未做出正確預測的這事實，都被看作相對論正確的證據。

要注意到，這樣的論證並不是什麼科學獨有的事，我們整天都用同樣的方式在論證。一般來說，當我們基於某個理論做預測，而預測最後正確，便至少提供了一些證據，證明這理論正確。如果我們用 T 呈現一個理論，用 O 來代表 T 理論所預測的一個或者多個觀察結果，我們可以用以下的式子來示意：

若 T，則 O
O
所以　（有可能）T

要注意上述的愛因斯坦例子以及剛剛列出的式子，都是相當簡化的確證論證。但此時我們只專注於簡介這種推理。接下來，我們會想像一個否證論證的簡短描繪，然後再看看是什麼因素，讓這種論證比初見時更複雜。

否證論證

要了解否證論證，還是一樣用舉例最容易。在 1980 年代晚期，兩個信譽良好的科學家聲稱發現可在低溫下達到核融合的方法（稱做冷核融合），這個主張令人振奮但也相當有爭議，因為一般的共識是核融合需要極度高溫。假設他們的主張（基本上就是聲稱核融合在低溫下是可行的，且他們掌握了能達成這種核融合的核心概念）叫做「冷核融合理論」好了。

通常，可以基於這冷核融合理論做出某些預測，例如，如果冷核融合理論正確，應該可以預期過程中會放射出大量中子，然而結果並未偵測到預期的中子數，這就被看作是反對冷核融合理論的證據。同樣地，這種論證並沒有什麼不尋常，一般來說，當我們根據某個特定理論做預測，而那些預測最後證明不正確，我們就將這證據看作反對這理論。若再次用 T 來代表理論，用 O 來代表一個或

多個 T 所預測的觀測結果；我們可以以底下式子來呈現：

若 T，則 O
非 O
所以　非 T

再次值得強調這個論證示意是過分簡化的，只應當作一個否證論證的初步模擬。我們接著將思考一些確證論證和否證論證中的複雜因素，就從歸納和演繹論證的區別開始。

歸納和演繹論證

確證論證是一種歸納論證，而否證論證則是一種演繹論證。確證論證的歸納本質和否證論證的演繹本質都有重要的含意，要了解這些含意，首先我們必須清楚了解歸納論證和演繹論證的差別。

你可能聽過歸納論證是從特例推到一般，而演繹論證則是從一般推到特例。儘管這適用於某些歸納和演繹論證的情況，但整體來說並不正確，所以這不是一個定義歸納論證和演繹論證的好方法。

這裡有一個更直接、更正確，也更有見地的方法來定義歸納論證和演繹論證。想像下面這是一個典型的歸納論證例子：

當地大學的男子籃球隊從沒贏過 NCAA 冠軍。實際上，在這隊伍少數幾次 NCAA 參賽中，從來沒有通過第一輪比賽。今年的隊伍和往年的也沒什麼不同，男籃的課程也沒有什麼急劇的變化。有鑑於這些因素，今年這隻男籃隊極不可能贏得今年的 NCAA 錦標。

這是個可信的歸納論證絕佳範例，有鑑於論證的前提，結論多半就是如此。然而（這也就是歸納論證的明確特色），即便所有的前提和證據都正確，結論仍然可能是錯的。就算再怎麼不可能，這個男籃隊贏得本年度 NCAA 錦標的可能性依舊存在。這就是歸納論證的定義：在一個好的歸納論證中，即便所有的前提是正確的，結論仍然有可能錯誤。

相對地，在一個好的演繹論證中，正確的前提保證一個正確的結論。也就是說，在一個好的演繹論證中，如果所有的前提都是正確的，那結論也應該是正確的。想想這個從電影《軍官與間諜》借來的例子：

那晚在琳達公寓裡的人殺了琳達，而不管誰殺了琳達他就是尤里。法洛少校是那晚在琳達公寓裡的人，所以，法洛少校就是尤里。

這個論證和歸納範例有著有趣的不同。特別是，這個論證的前提如果是正確的，就保證了結論是正確的。這便定義了演繹論證：在一個好的演繹論證中，正確的前提保證了正確的結論。

記住此點，讓我們回到確證論證和否證論證的討論上。記得確證論證是一種歸納論證。就因為確證論證是歸納的，這個論證的實例便無法保證結論。也就是說，確證論證頂多支持一個理論，但不管有多少已確認的觀測案例，理論實際上是錯誤的可能性永遠存在，只是因為這種論證的歸納本質如此。

確證論證的歸納本質，就是你偶爾會聽到有人聲稱科學理論永遠無法證明（至少不是嚴格定義中的「證明」）的理由之一。多數的科學理論主要都是由歸納證據所支持，因此，一個理論不管有多少確證證據，就因為其推理涉及的歸納本質，所以永遠有可能證明是錯誤的。科學理論的正確永遠無法免於懷疑，這事實並不是理論的缺陷，也不是科學本身的缺陷；而是因為確證論證是廣泛用來支持理論的推理方式，且確證論證是種歸納論證所造成的結果。

另外也值得注意，實際上理論中牽涉到的因素和推理，通常都比目前討論中提到的要複雜許多，且相互糾纏。就以一個例子來說明：回頭想想愛因斯坦理論所預測的扭曲星光，這看來會是個相當簡單的預測和觀察，每個人都同意愛因斯坦的理論預測了星光扭曲，而日食提供了觀察這種扭曲的機會。所以在下一次日食的時候出門，去看看星光有沒有彎曲吧。這個觀測也許不是無關緊要，但聽起來確實十分直截了當。

但實際上這個案例一點也不直截了當。舉例來說，為了要進行足以預測彎曲光線和未彎曲光線位置差異的計算，必須要做出許多簡化（嚴格來說不正確）的假設。在1919年5月的實際觀測中，為了讓計算容易處理，太陽被視為一個完美球形，且不會轉動的天體，未受任何外力影響（比如說來自地球、月球及其他行星等天體的重力效應）。當然，事實上太陽並不是正球體，它會旋轉，且眾多外在影響作用其上。簡單來說，每個人都知道這些假設是錯誤的，但每個人也都知道如果不做這樣的簡化假設，必要的計算就無法進行。

多數（但並非所有）熟悉1919年星光彎曲觀測的人都同意，這些簡化的假設，並未改變整個觀測的意義。換句話說，這個觀測結果為愛因斯坦的理論提供了確證證據。不過，我想要強調的是，確證證據的實際案例常會牽涉比一般所意識的更複雜因素。

這個情形並不罕見，檢查一個預測是否被觀測到，往往牽涉了多層的重要理論和資料。簡單來說，確證證據的實際案例通常非常複雜，所以確證論證的歸納本質，不僅意味著這樣的論證無法證明（在較嚴謹的「證明」定義下）一個理論是否正確，更代表實際上的證據和論證總是以複雜的方式交纏，就像確證證據的案例通常不像一開始看起來那麼直接。

如果不可能證明（還是在較為嚴謹的「證明」定義下）一個理論正確，那能不能至少證明某些理論是不正確的呢？乍看之下，答案似乎是「能」。畢竟否證論證是一種演繹論證，如上所述，在好的演繹論證中前提保證了結論。所以乍看

之下,似乎否證論證可以用來證明一個理論是不正確的,但一如往常,第一眼印象總是會誤導。

試想下例,就能說明為什麼使用否證論證證明一個理論錯誤,並不像看起來那麼直接。任何一個上過實驗課(比如化學或生物學)的人都會有類似下面的經驗,假設在一個化學實驗室中,教授給你一個裝乙醇的燒杯,並指示你找到沸點。現在假設(當然,當教授沒有在看的時候)你偷看了隨便哪本標準參考書,得知乙醇的沸點是攝氏 78.5 度。現在你進行你的實驗,深信最後會得出沸點是 78.5 度的結果。不幸地,最後這個樣本似乎沒有在 78.5 度時沸騰。你該怎麼辦?

這看來是一個否證論證可以應用的案例。否證論證的論證策略將帶著你作如下論證:

>如果燒杯裡的樣本是乙醇,那我應該會觀察到樣本在攝氏 78.5 度沸騰。
>我沒有觀察到樣本在攝氏 78.5 度沸騰。
>
>所以 燒杯裡的樣本不是乙醇。

在這情況下,你的結論會是教授弄錯了,而燒杯裡裝的不是乙醇嗎?應該不會吧,你反而比較會去設想讓沸點不在攝氏 78.5 度的其他解釋。比如說,壞掉的溫度計、髒掉的玻璃器皿、受到污染的樣本、實驗室不尋常的氣壓,或其他各種可能的解釋。簡單來說,根據手上的少數證據就冒出一個結論可不是件好事。精準來說,你在這個案例中的論證會如下:

>如果燒杯裡的樣本是乙醇,且溫計運作正常、且我的器皿是乾淨的、且樣本沒有遭到污染、且實驗室的氣壓是正常、且(隨便多少個其他條件)的話,我應該觀察到樣本在攝氏 78.5 度沸騰。

我沒有觀察到樣本在攝氏 78.5 度沸騰。

所以 燒杯裡的樣本不是乙醇，或我的溫度計沒有運作正常、或我的器皿不是乾淨的、或樣本遭到污染、或實驗室的氣壓不正常、或（隨便多少個其他條件）。

這告訴我們上述式子所呈現的否證論證是過度簡化的。就像以下要看到的，否證論證在下面式子所呈現的便較為準確：

如果 T，且 A1、且 A2、且 A3……且 An，則 O
非 O
則 非 T，或非 A1、或非 A2、或非 A3……，或非 An

這是較精準的呈現，而以下是我在提到否證論證時將牢記在心的。

在上述的式子中，A1、A2 所代表的，一般稱做*輔助假設*。輔助假設是任何否證論證例子中都很關鍵的一部分，但通常缺乏說明。輔助假設的重要性在於，如果沒有它們，我們根本無從期待得到觀察結果，把重點稍稍修正一下，某方面來說，輔助假設是將陳述從*如果*變成*則*的時候所需要的。也就是說*如果*情況是這個那個，*且*所有的輔助假設都正確，*則*我們才能預期觀察到如此這般。

如乙醇燒杯實例所說明的，在任何一個理論用來做預測，結果卻不正確的情形中，有可能（確實，在許多案例中是很可能）是理論沒問題，而是一個或多個的輔助假設弄錯了。

輔助假設的同一種情形也曾發生（並仍存在）於冷核融合的例子中。譬如，應該在冷核融合中預期觀測到的大量中子，實際上沒有被觀測到，但是預期中的大量中子仰賴「冷核融合的步驟多少類似一般（熱）核融合」的輔助假設。這個理論的支持者可以選擇──也真的選擇了──保留他們對冷核融合的信念，而駁

回冷核融合類似一般核融合的輔助假設。

在冷核融合的情形中,最後否證論證數量增加,現在仍接受冷核融合理論的人相對就少了(但仍有一些人持續堅持冷核融合理論,並駁回所有存在的輔助假設)。但是一般來說,何時該面對否證論證,並駁回理論才算合理;或是反過來說,何時該駁回一個或多個輔助假設才合理,是個特別困難的問題。而且很重要的是,沒有標準答案。

簡短來說,關於否證證據和論證有兩個最重要的要點。第一,當一個人面對似乎要否定一個理論的證據,保持原本對理論的信念,並駁回其中一個輔助假設,這樣的做法不只是一種選擇,更是一個比較合理的作法。第二,何時駁回一個理論比較合理,或是何時駁回一個或多個輔助假設才合理,這樣的論點並沒有一個早就寫好的標準答案。

結語

來複習一下本章的主要論點:不管在科學或科學外的範圍,確證和否證論證都是普遍的兩種推理類型。確證論證,只因為事實上是一種歸納論證,永遠無法排除對理論正確的懷疑。所以,不管一個科學理論有多少確證證據,永遠都還是有理論錯誤的可能性。此外,實際案例中進行的歸納證據和論證,一般來說都是更為複雜交纏的。確證證據和論證總不像乍看之下那麼直截了當。

另一方面,否證論證是一種演繹論證。然而,實際上的否證證據例子通常也傾向複雜。特別是,總是有眾多輔助假設牽涉於否證論證中。所以,否證證據只能指出要不是該理論錯誤,要不就是(也通常是)一個或多個輔助假設不正確。所以,否證證據和論證也不像乍看之下那麼直截了當。

我們每天不管是在科學範圍之內或之外,都使用著確證論證和否證論證。在接下來幾章將可看到,剛剛提到的要點在科學史中扮演著重要的角色。讓我們重

申本章的重點並做個結論，在科學（和每日生活中）發現的證據和論證都是出乎意料地複雜。在下一章，我們將探索兩個和上述主題密切相連的議題，也就是奎因—杜亨論題，以及有關科學方法的議題。

第五章

奎因—杜亨論題與科學方法的含意

在前面幾章，我們看了世界觀、真理、事實和論證，以及各種與這些主題相關的問題。本章將看到，這些問題多半與所謂的奎因—杜亨論題（或者有時稱做杜亨—奎因論題，反應了杜亨先於奎因的事實）有密切關連。奎因—杜亨論題是現代科學哲學中一個較為人知的觀點，也因此值得探究。此外，這論題給我們一個機會，讓我們更能看出前面幾章討論過的問題，是怎樣交織的；更重要的是，這些討論能夠為接下來幾章建立基礎，我們會在那些章節中看到這些交織的問題，是怎麼在科學案例中運作的。

另一個值得注意的是，這些問題可引導出對科學方法的眾多觀點。故全章將會思考有關科學方法的許多提議。如此作有兩個目標：第一，可讓我們從歷史的角度看出，以合適方式呈現出的一些觀點如何指導科學。例如，可看到亞里斯多德派的科學途徑，為何會和現在普遍的正式途徑這麼不同。第二，科學方法的討論可讓我們有機會了解與科學方法論相關的課題，而這些在科學史上被使用過（通常令人驚訝的）的方法，將有助於往後章節的討論。

奎因—杜亨論題

奎因—杜亨論題是科學哲學中廣為人知的觀點，也涉及許多相互交織且富爭議的問題。先簡單介紹最重要的參與者，皮耶·杜亨（1861～1916）是倍受尊崇的法國物理學家，他對廣泛的問題有強烈興趣，包括檢測科學假說和理論的問題；威拉德·奎因（1908～2000）則是20世紀最有影響力的哲學家之一，

終生對科學哲學問題抱持著興趣。

本節將回顧三個和奎因—杜亨論題有關的關鍵想法，也就是：(1) 我們的信念並非單獨，而是以整體在面對著「經驗的審判庭」（這是從奎因借來的用語）；(2) 並沒有能決定兩個互相競爭或抵觸的理論，何者正確的「關鍵性實驗」；(3) 不充分決定論的觀點，亦即通常無法從可供使用得資料裡，選出唯一的正確理論。

｜信念的集合體與經驗的審判庭｜

回想前一章，面對否證證據時，幾乎總是有關鍵的（但通常未被提起）輔助假設牽涉其中，也總是可能駁回輔助假設，而不駁斥主要觀點。

有鑒於輔助假設起的作用，當我們進行一個實驗，想必是測試一個特定的假設，但我們並不是真的只測試那個假設而已。相反地，有一個重要的意義是，這個測試更像是在測試主要假設，加上伴隨的輔助假設。所以我們通常測試的其實是一個信念的*集合體*，面對否證證據時，其中每一個都可以被駁回或調整。而這就是奎因—杜亨論題的一個關鍵元素，亦即一個假設通常無法單獨地被測試。被測試的反而是一整組的主張。若實驗結果不如預期，任一個都可以被駁回或修改，這就是前面所提到的奎因那個用語背後的關鍵想法，我們的信念並非單獨，而是整體地面對經驗的審判庭。

這理所強調的「信念的集合體」，令人聯想到第一章討論的世界觀，的確，奎因—杜亨論題的這個面向是和世界觀的概念緊密相連。要了解這一點，請回想我們第一章提到的信念互連體系，我們曾用拼圖來比喻這個信念的集合。奎因企圖把這樣的信念集合稱做「信念網」，可聯想類比到蜘蛛網，在蜘蛛網上，網外的改變對較為中間的領域，只會以較小的方式產生影響。同樣地，「信念網」上較偏向外部邊緣的信念，只要較為中間的信念稍做調整，就可以整個改變（在第一章的討論中，這種信念稱做周邊信念）。相反地，蛛網中心的變化可能會造成

整個網的變化;與此相似地,修改中央信念(核心信念)可讓一個人的整個信念改變。

從上面我們注意到,根據奎因—杜亨論題,對一個假設的檢驗通常不是針對該單一假設的檢驗,而是對一整組信念集合的檢驗。我們這裡提到的一整組信念有多大呢?舉例來說,如果我們設計一個實驗來檢驗一個假設,我們實際上檢驗的信念組合有多大呢?我們只是在檢驗整套信念的組合(或拼圖)中一個相對較小的部分?或是更根本的,我們做的每一個實驗和檢驗在某些方面來說,真的都是為針對我們整體的(信念網的,或世界觀的)拼圖在做檢驗嗎?

這些問題都沒有共識,當時奎因是捍衛著較為激進的觀點,主張一個人的全部信念網(也就是整個互連的信念集合)是以一個整體來面對著經驗的審判庭。而且當面對與我們所支持觀念相左時的證據,沒有任何信念能夠免於被修改,就算是核心信念也不例外。當然,我們通常會比較願意去改變比較邊緣的信念,但奎因的論點是,原則上任何信念都可以被修訂。檢驗就是對整體的檢驗。然而,杜亨在這一點上就比較保留,在他的觀念中,儘管檢驗會涉及信念的龐大組合,但通常不是我們整個的信念組合,或我們的整個世界觀,被拿出來檢驗。

儘管奎因和杜亨的觀點在細節上有些差異,一般還是同意:檢驗不是單獨對一個假設進行檢驗,而是對龐大的信念集合體進行檢驗,一般也都把這當成是奎因—杜亨論題的主要內涵。

| 關鍵實驗 |

另一個奎因—杜亨論題的面向,和我們剛剛討論的有緊密關連,也和科學中關鍵實驗的概念有關。關鍵實驗的想法至少可以回溯至法蘭西斯・培根(1561～1626),認為當面對兩個相互競爭的理論時,應該可以設計出一個關鍵實驗,讓這兩個理論得出衝突或不同的預測。理想中,既然兩個對立理論的預測相衝

突，這樣的實驗至少應該可以呈現其中一個理論有誤。因為從上一章提到的確證論證之議題裡，確證證據頂多能支持一個理論，但無法證明理論是絕對正確的，所以這樣的實驗將無法呈現出「能做出正確預測的理論必定是正確的理論」。雖然如此，重要的是，一個關鍵實驗即便無法顯示兩個對立理論中有一個必定正確，但至少可以排除其中一個。

然而，如果典型的檢驗是針對一整組信念集合來進行，且遇到否證證據時，又總可以選擇駁回輔助假設，而非最重要的理論，那麼關鍵實驗一般來說便似乎不可行。理由很清楚：任何一個能讓兩個對立理論，至少有一個會與結果預測錯誤的設計實驗，對於做出錯誤預測者，只要駁回其中一個輔助假設，就還能保留下它的理論。正如上一章所強調的，駁回一個輔助假設，而非駁斥最重要的理論，通常都是圓滿合理的選擇。

值得注意的是，這種關於關鍵實驗可能性的懷疑論，可以用很多種方式來了解，有些方式比較有道理，有些則較有爭議。在某些案例中，對會有衝突預測的對立理論，有時做出的實驗結果能同時適用於該兩個理論，這是沒有爭議的。比如，早期冷核融合實驗中未觀測到大量中子出現的結果，很明顯地可以兼容於一般熱核融合理論，但在上一章可看到，這個結果在排除了輔助假設之後，又兼容於冷核融合理論。如果我們用相對較寬鬆的意義，來接受奎因—杜亨懷疑論對關鍵實驗的看法，只主張互相競爭的理論常常會一起適用於關鍵實驗的結果，那麼這個主張就相當沒有爭議。科學史上有很多例子（冷核融合只是其中之一），能夠支持這個主張的寬鬆說法。

另一個對奎因—杜亨論題這個面向的解讀，將論題的這部分解釋為不管*任何*實驗結果，都可以符合任何理論，這是此論題較為極端且爭議的說法。對於這個極端的主張，在科學史中很難找到支持的明確例子。然而，奎因的確有時會這樣講，不意外地，這個較為極端的主張也較少人同意。簡而言之，普遍認為奎因—杜亨論題的主要內涵，是要對關鍵實驗有著一定的懷疑態度，至於這個主張應解

釋得多麼極端，就沒有那麼大的共識。

|不充分決定論|

另一個常在科學哲學中討論的問題，一般稱做「不充分決定」理論。試回想上面討論到的，理論普遍可以在面對否證證據時保留，且不太可能設計出一個關鍵實驗，可將互相競爭的理論分出高下。把前面一章對確證證據的討論加進來，我們當時強調，由於確證證據的歸納本質，這樣的證據頂多能支持一個理論，但永不能斷言一個理論是正確無誤的。

把這些因素放在一起，我們便可得到一個觀點：現有的資料，包括所有相關實驗的成果，都無法完全斷定某個理論是正確無誤的。所有的資料和實驗結果，也永遠無法能絕對肯定與其競爭的理論是不正確的。簡單而言，許多互相競爭的理論通常都能與所有現有的證據相符。這讓我們做出理論在現有資料中是不充分決定的這個結論。

值得一提的是，在上面討論的奎因—杜亨論題裡，不充分決定的概念可以用很多不同的方法解讀，有些比其他的更為極端，而有爭議。毫無疑問的，某些時候現有資料不能單獨指向一個、兩個或更多的競爭理論。再用冷核融合為例，1980年代晚期的資料就無法清楚指出冷核融合或是已經存在的熱核融合（也就是，核融合仰賴極端高溫的一般觀點）何者正確。冷核融合和熱核融合理論都符合當時所有資料。用這個相對平和的方式，可以了解理論在這個意義下無疑是不充分決定的。

在光譜的另一頭，相較於不充分決定性這個較平和的意義，不難看見對不充分決定性有著更激進的討論。在這個更極端激進的不充分決定觀點中，科學理論和科學知識都被視為「社會建構」，大致上就是相關社群的發明。根據這個觀點，科學理論被看作連繫且反映社會狀態，而非物理世界。在這個明顯更激進而有爭

議的不充分決定性概念中,不再有唯一堅定且客觀正確的科學理論,而只剩一整套唯一堅定且客觀正確的餐桌禮儀。在這個觀點下,餐桌禮儀和科學理論都是社會的反映,且在任何深刻或客觀的「正確」字面定義下,理論都不能稱其為唯一「正確」的理論。

簡單來說,儘管一般同意不充分決定論是奎因—杜亨論題的一個關鍵面,但不充分決定論的概念仍以多種方式詮釋。如前所述,其中有些方法比其他方法更為極端,更有爭議。

總結一下,再想想奎因—杜亨論題相關的重要議題:不充分決定論、假設通常無法單獨被檢驗,關鍵實驗普遍並不可能。至少在比較寬鬆的解釋下,這些都沒有什麼爭議。這個主張可以詮釋到有多廣泛,如此廣泛的主張能否由實際案例來支持,就比較有爭議。在進入本書第二部分,討論如地心宇宙觀與日心宇宙觀的歷史爭論之案例後,可再回顧此議題。我們將會看到,此爭論牽涉的問題範圍,意外地廣泛,包括會牽涉到奎因—杜亨論題的核心。

對科學方法的含意

前面提到所討論過的上述問題,對科學方法的觀點有某些有趣的含意,在結束本章之前,簡單端看曾被視為可指導科學活動適當方式的幾種提議。我們將有機會看到科學方法,在亞里斯多德世界觀中是怎麼被看待的(尤其會注意到,這和今日一般看待科學方法的方式有多麼不同)。這些也會幫助我們為第二部分的科學史討論做準備。

在你就學期間,你可能已經好好學過什麼是一般所說的「科學方法」。儘管這個方法實際上的構成在每一本書、每一間學校講的都不一樣,但一般而言,這個方法通常都會提到 (1) 收集相關事實,(2) 產生假設來解釋事實,然後 (3) 測試假說。通常是藉由做實驗,看是肯定或否定(利用類似前面討論的確證或否證論

證模式）假說。

　　鑒於先前的討論，尤其是第三章所提到的事實本質、上一章關於確證論證和否證論證的性質，以及前面提到的奎因—杜亨論題的相關問題，我們可以合理懷疑剛剛提到的科學方法，會不會也不像乍看之下那麼直接。接著，我們來看一些曾被提出的科學活動進行方式，也會探討與這些方法相關的議題。我們不會調查每一個提過的科學方法，但會大致領略到，會使那些想獲得單一的、確定的科學方法之目標變得更為複雜的一些因素。我們且先看看亞里斯多德對這主題的一些想法。

｜亞里斯多德公設化的趨近法｜

　　在亞里斯多德世界觀中，科學一般是被看作要能夠產生確立的知識，也就是說，認為科學知識「必然」是正確的，不能只是「可能」而已。如果問說要怎麼獲得這樣必然正確的知識，那似乎只有一條可能的途徑，就是用基於「必然正確基礎原則」的演繹論證。如果能找到這種「必然正確的基礎原則」，且如果使用的是演繹法，那麼結論（也就是科學知識）就會「繼承」基本原則的確定性，便可說，我們因此獲得了必然正確的科學知識。

　　這樣的途徑通常稱做公設化的趨近法，也就是說，這方法奠定在演繹論證，而論證來自於某種意義上確實或必然正確的基礎原則。亞里斯多德是這種方法的支持者，而在亞里斯多德世界觀當道的時期，亞里斯多德式尋求科學知識的途徑，一般也視為正確的途徑。觀察亞里斯多德的趨近法，可以發現這樣的科學方法主宰了大半的（至少有紀錄的）西方歷史。且能讓我們清楚看到，在企圖產生必然真實科學知識時，都要面對的根本問題。

　　亞理斯多德把邏輯當作一個用於調查的工具，包括（但不限於）科學調查。事實上，對亞里斯多德來說，提供科學解釋本質上是提供某一類的邏輯論證。我

們通常不會把科學解釋和邏輯論證當成那麼相像的東西，但實際上這兩者確實緊密相關。為了說明，請想想下面的例子（這個例子因為比較簡單而選作解釋，既然它使用了亞里斯多德身後許久才發現的概念，它便不是亞里斯多德本人所能夠提出的例子。）

你很好奇為什麼銅可以導電。假設有人解釋說，是因為銅含有自由電子，而有自由電子就會導電，這就是為何銅導電。請注意這個解釋與下面的論證有多麼相關：

<u>所有的銅都包含自由電子。</u>
<u>所有含有自由電子的東西都能導電。</u>
所以　所有的銅都能導電。

事實上，除了表達的方法以外，上一段的解釋和其後的論點還是有一點點不同。

剛剛那樣的論點，包含了兩個前提和一個結論，稱做*三段論*。對亞里斯多德來說，一個妥當的科學解釋包含了一個揭示，本質上是一連串的三段論，而整串三段論中最後一個的結論，則是被解釋的項目。（我必須提醒，嚴格來說，亞里斯多德的三段論是兩個前提的論證，滿足某個根據陳述有關的形式，和安排的特定情況。同樣地，嚴格來說揭示中的狀況比剛剛提到的還多。然而，這些附加細節在這邊不需理會。）

如前面所強調，對亞里斯多德來說，科學知識必須是確信的知識。換句話說，一連串三段論中最後一個的結論得必然是真實的。要注意到這和當代科學知識概念有著重要差異。現在一般認為，科學能產生可能正確的理論，但我們不期待科學能產生保證正確無誤的理論（也不認為有可能）。但對亞里斯多德來說不是的，對於 17 世紀以前普遍的科學知識觀來說也不是。科學知識過去是確實的

知識,其確實性與演繹推導密切相關。

　　但這種演繹法怎麼能保證其結論不只是正確,而且是必然正確?前面提到,只有一個辦法,那就是使用本身必然真實的前提,所以結論就會繼承了前提所謂的確定性。

　　但這就出現了一個問題,前提的必然性又來自何處。一個解決方法是透過在三段論整串連鎖中更高層次的三段論,從另一個必然正確的前提來導出這個前提。的確,這就是亞里斯多德設想整個科學解釋持續前進的方法。也就是,在三段論的連鎖中,最後的三段論會包含一個必然正確的結論,因為它是從必然正確的眾多前提導出的。而這些前提本身通常也是這串連鎖中某個先前的三段論的結論,而那個三段論的前提也必然正確。

　　當然,這樣的三段論連鎖不能永遠持續下去,所以在某個點上應該有一個不是從更早的三段論導引出來,且必然是正確的前提。這個起始點本身即為必然正確的前提,一般稱做*第一原則*。第一原則被設想為世界的基本、必然的正確事實,但要怎麼意識到第一原則,特別是要怎麼知道第一原則是必然正確的?一個幾何的類比或許有所幫助。

　　想像一下歐幾里得幾何學的公理,平面上有一條直線,和一個不在那條直線上的點,便只能畫出一條線通過該點且和該直線平行。這句公理可以用圖 5.1 說明,在圖中,頁紙代表平面,上方的實線代表原本的直線,有一點落在平面上,虛線則代表那條能通過該點,且與原本直線平行的線。這公理無法在歐幾里得幾何學中證明,因此它(或是與此處描述方式等價的公理)被當成歐幾里得幾何學中一個基礎,一個無法證明的起始點(一個公理,或一個假設)。儘管這樣的主張無法證明,但顯然如果一個人有著充足的教養和智慧,並了解其中涉及的詞彙,那他應該可以簡單就「看」出這個公理是正確的。(順帶一提,19 世紀非歐幾里得幾何學的發現,強烈懷疑了討論這種公理在任何意義上的「正確」,到底合不合理。)

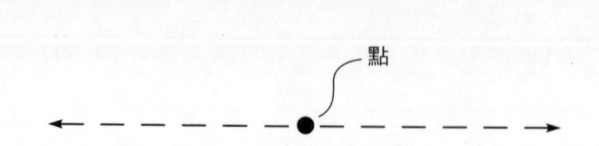

圖 5.1 歐幾里得的公理

在一種類似上面提到的，我們想必能「看」到公理為真的方式，如果一個人有充足的教養、智慧、訓練，以及一定程度對於科學的靈敏度，那麼根據亞里斯多德的說法，這個人便能輕易「看見」某些關於世界的基本事實，不只是正確的，且是必然正確的。大致而言，這就是一個人如何了解第一原則的。

此刻，你應該很清楚看出這途徑根本不可行，基本的問題就在第一原則。再想一下前面幾章我們關於世界觀、真理、經驗事實和哲學性／概念性事實的討論，有鑑於我們在這些章節所見，關於什麼能構成基本事實這點就很難達到一致性，更不用說構成的基本事實還得必然正確。所以這種以亞里斯多德的方法想像的演繹途徑，基本問題就在這方法的起始點。

前面提到，亞里斯多德將科學設想為導出理論，並主張這不僅是可能的，且是確實的理論。這種奠基於必然真實的第一原則之公設化趨近法，看來也是這種科學知識唯一可能達到的目標。你應該也猜得到，上面提到的問題，也就是想找到一致同意、且必然真實的起點，將成為所有這類方法的普遍問題。因為這理由，現在我們普遍的共識是：沒有辦法保證哪個科學主張和理論是正確的。如前章所言，這並不是科學的挫敗，只是多數科學論證中歸納本質的結果。然而，在繼續思考其他途徑之前，另一個公設化的趨近法，也就是笛卡兒的方法，是值得思考的。

笛卡兒的公理化趨近法

在第二章結尾曾討論過笛卡兒，他以有志於找到必然正確的信念，做為建立確信知識的基礎。在很多方面來說，笛卡兒對於引領科學適當方法的觀點，和亞里斯多德是類似的（儘管笛卡兒不把自己限制在亞里斯多德那種純粹的三段論方法）。特別是笛卡兒對於使用演繹論證，從必然正確的起始點導出確信的知識，也充滿著興趣。

跟亞里斯多德一樣，當笛卡兒企圖尋找認可的起點時，幾乎同樣的問題也出現了，他發現顯然沒有我們可確切知道的、能一致同意的有關描述世界之基本原理。所以關於世界的基本起始點，笛卡兒的途徑也掉進和亞里斯多德基本上一樣的問題裡。

但在第二章曾看出一點，笛卡兒在尋找必然正確起始點時，關注了自己的內心。在該章中看到，他的「我是，我存在」必然正確，所以笛卡兒可能至少發現了一個（一般來說）普遍同意、必然正確的信念，可以做為一個起始點。

然而，就如在第二章結尾中所討論過的，基本問題仍在於這並不足夠做為知識的基礎。簡單來說，想要尋找世界的必然正確起點，笛卡兒和亞里斯多德遇到同樣的問題，也就是似乎並不存在被一致同意、必然正確的起始點。即便說一個人在主張自身的存在（至少做為一個思考者）時，至少可找到一些確定性，且獲得較多同意，但也證明這個起始點過於狹小，無法作為建立知識的基礎。

波普爾的證偽主義

卡爾・波普爾（1902～1994）是最有名的*證偽法*擁護者。波普爾本人並沒有把證偽主義當成決定性的科學方法；事實上，他並不認為有單一明確的科學方法。然而，他確實把證偽當成科學的一個關鍵元素，也當成一個分辨科學理論與

非科學理論的關鍵準則。底下將端看波普爾觀點的概要。

　　一般來說，波普爾認為科學必須注重理論的駁斥，而非注重理論的論證。根據波普爾所言，要替眾多理論找到確證證據實在太簡單。以波普爾的一個例子來說，想想佛洛依德精神分析，這個理論做出的「預測」太一般了，以至於幾乎任何事件都可能被解釋為確證的實例。因此，對波普爾來說，這個理論確證證據就不那麼緊要了。

　　反過來說，想想愛因斯坦的相對論，如在第四章所提，愛因斯坦的相對論預測，當星光從像太陽這樣的大星體附近經過時會彎曲。如果這樣的星光彎曲確定會發生，便可在日食時被觀測到，如此愛因斯坦的理論就做出了一個具體的、戲劇性的，且無法被競爭理論提出的預測。既然愛因斯坦的理論做了這樣一個戲劇性的預測，且結果相當有可能為不正確，愛因斯坦的理論便冒了一個很大的風險。

　　某方面來說，對波普爾而言，理論風險愈大，就愈具科學姓。例如，因為上述的理由（愛因斯坦理論做了具體而戲劇化的預測，而有著很快就被證明錯誤的風險），愛因斯坦的理論就是一個比佛洛依德精神分析更好的科學理論實例。一般來說，對波普爾而言這是一個好科學的標誌，亦即，科學應該注重證偽多過於確證，且應該致力於有風險的理論。

　　剛剛提到，波普爾對確證證據並不十分重視。對他來說，評價一個成功的科學理論並不在於有大量確證證據，而是強調：一個科學理論的成功，在於它可通過企圖反駁的種種特殊而戲劇化的預測，而完成測試。像這樣的證偽方法，也就是注重證偽理論而非確證，就是波普爾的中心觀點。

　　這是波普爾觀點的簡單概要，但應足以讓你對他偏好的科學趨近法有些概念。你也可能猜到，我們前面討論過的否證推論問題，以及奎因—杜亨論題討論的問題，在這裡都特別有關連。我們前面注意到，否證的表面案例很少，或者不像看起來那樣簡單，反而是，如果有一個理論的預測結果不如預期，總是可以選

擇去駁斥輔助假設，而非最重要理論本身，通常這也是比較合理的選擇。簡單來說，儘管否證證據的案例在科學中起重要作用，這是毫無疑問的，但關於否證證據的問題已足夠複雜，以至於否證——也就是證偽——不太可能被視為科學的主要特色。

假設演繹法

還有一個常被引用的稱為假設演繹法，由於它相當突出，假設演繹法的確值得在此討論。但我們的討論將很簡短，因為實際上這個假設演繹法和我們所討論的問題沒有太大關連。

假設演繹法的基本想法是，從一個或一組假設（或廣義來說，理論）推論出觀察結果，然後去測試這些結果是否曾被觀測過。如果有的話，由前面索討論的與確證推論的理由，這就被視為支持該假設。如果結果沒有被觀測到，由前面所討論關於否證論證的理由，這個可被當成反對假設的證據。

簡短來說，假設演繹法一般不被關注假設本身是怎麼產生的，而是在於假設的驗證或確證。在科學哲學中，這種區別（假設怎麼被產生對應於假設怎麼被證明）通常被描述為*發現脈絡*和*證驗脈絡*。發現脈絡一般被認為是兩者中比較複雜的，會在接下來幾章中看到，發展出實際的假設或理論的方法是意外地多元且複雜。然而我們也將看到，即便是證驗脈絡——大致來說，就是我們怎麼驗證或確認假說或理論——本身就已經很複雜。

無疑地，確證和否證論證在科學中扮演重要角色，有鑑於論證和假設演繹法的模式如此緊密相連，可以說這個方法在科學中有重要作用。然而，再想想我們所討論過的問題——確證論證的歸納本質、面對否證論證時駁回輔助假設的可能性、理論的不充分決定性、可能情況下設計關鍵實驗的困難度、假設往往是整體而非單一接受檢驗的概念等，科學藉著相對簡單的過程，從假設產生預測，然後

根據預測是否被觀測到,來決定接受或駁回假設,此種觀點經過剛才的討論,可看出是過度簡化科學了。

假說演繹法——本質上就是確證和否證論證——無疑地在科學中產生重要作用。但有鑑於前面探討的問題,儘管假說演繹法是一種用在科學的方法,但要把它稱為*唯一的*一種科學方法,就是種誤導。

結語

奎因—杜亨論題,以及圍繞著科學方法課題的種種問題,說明了在科學與科學哲學是以錯綜複雜的方式呈現出這些議題的。本章開頭曾提到,我們的主要目標是把這些問題提出來,這樣我們就可找到一個立足點,來評價在科學史實例中這些議題的呈現方法。在第二部中將會回到這些實例,然而在此之前,必須想一些更基本的問題,接下來將看有關歸納論證的難題。

第六章

哲學序曲：歸納的問題與難題

大致而言，本書第一部分要討論的議題是有關科學史與科學哲學的基本主題，以及為第二及第三部分要探討的主題提供背景素材。本章我們選取一段哲學序曲，這裡我們要探索的難題主要是哲學的，是由哲學家所提出並討論的，而非對日常科學工作有著實際影響的議題。這些主題也提供某種意義上的插曲，也就是說，不同於前面幾章的主題，這些議題並不是接下來幾章所必須的背景材料。不過，我們討論的難題是為了一般的興趣，其中可揭示出最基本的科學論證中，一些最令人困擾的地方。

該提醒一下，這些問題並非企圖以深刻、困惑或深奧來打擊第一次聽到的讀者。想起多年前我第一次學習這些問題時，面對這些問題的反應，總覺得這些問題看起來只是包含了哲學的胡說八道。我最初並沒有因為其深刻或困難，而受到打擊——我的第一個想法是，這些並不需要什麼深思熟慮就可以解決。

但過一陣子之後，便會發覺這些問題並不接受簡單的答案，反而會帶出深刻困難的議題。本章的首要目標就是介紹一些這種哲學問題，這些問題都是關於歸納論證。我鼓勵你讓這些問題沉澱一下，藉此（希望）可以看出這些問題有多困難。我們會特別看看休謨的歸納難題、亨佩爾的烏鴉悖論，以及古德曼的歸納新謎題。首先就由休謨的問題開始。

休謨的歸納問題

大衛・休謨（1711～1776）應該是第一個意識到歸納論證複雜迷惑的人，

他的觀察現在一般被稱做休謨歸納問題。了解休謨的論點需要達到那種「啊哈……」的時候，如果你真的把握了休謨的要點，你會發現這是我們每天最普通的論證中一個異常困難的問題，特別是關於未來的推理。總之，我們先從一個關於論證的快速點開始。

舉例來說，當我們論證呈現或考慮論點時，我們的論點幾乎總是包括著隱含的前提。隱含的前提正如其名，是讓論證合理，但總是隱含而沒被明確指出的必要前提。比如，假設我們同意這週日在市區見面吃午餐，但你的車子要修理，所以你不確定要怎麼到餐廳。又假設我告訴你說有一班公車從你家開到餐廳，所以你可以搭這班公車來見面吃午餐。隱含在這個非正式論證中，沒有被明確說出的，是公車週日也要行駛的前提。如果我們用括號來指出隱含的前提，論證就可總結如下：

有一班公車從你家開到餐廳。
［公車週日有行駛。］
所以　你週日可以搭公車前來見面吃午餐。

幾乎所有論證都包括隱含前提，這個事實並沒有什麼特別驚人或不尋常的。

如前所述，休謨的歸納難題考慮了關於未來的推理，所以現在思考一個關於未來的典型推理。想像一下，接下來這個再尋常不過的歸納論證：

在我們過去的經驗中，太陽總會從東方升起。
所以　未來，太陽也應該會繼續從東方升起。

注意這個論證中的邏輯形式，便是：

在我們過去的經驗中，☐ 總是（至少規律地）發生。

所以　未來☐也應該會繼續發生。

到目前為止,這個論證沒有什麼特別不尋常的。我們就只是有一個日常用的,具備相當普通邏輯形式的典型歸納推理。但休謨顯然是第一位注意到這種論證有點耐人尋味,特別是,他注意到這種論證包含了接下來這個隱含,但關鍵的前提:

未來還是會繼續像過去一樣。

有鑑於此,我們再用式子來表達隱含的前提,上述的論證就更精準列為:

在我們過去的經驗中,太陽總是會從東方升起。
未來還是會繼續像過去一樣。
所以　未來,太陽也應該會繼續從東方升起。

更一般來說,上述的論證形式若寫成這樣,則更精準:

在我們過去的經驗中,☐總是(至少規律地)發生。
[未來還是會繼續像過去一樣。]
所以　未來,☐也應該會繼續發生。

第一個要注意的重點是,為什麼這隱含的前提有其必要。這個隱含前提之所以在任何關於未來的推理中都有必要,只是因為如果未來不會繼續像過去一樣,那就沒有理由認定過去的經驗能引導出未來經驗會成為相同樣子。換句話說,如果上面提到的那句「未來還是會繼續像過去一樣」不正確的話,那麼過去的經驗就不會是未來的指南,這樣的話,關於未來的推理就不可信。

了解這一點非常關鍵，所以我們要暫停一下把這問題弄清楚。為了幫助說明，想一下羅伯特‧海萊因的小說《約伯大夢》。在小說中，兩個關鍵角色每次醒來都發現自己在一個和昨天稍微不同的世界裡。例如，某天他們可能在一個貨幣和昨日些許不同的世界中醒來（因此他們前一天留下的錢如今都一文不值）；某天他們可能處在一個人人都遵守交通規則的世界裡，明天醒來卻發現違反交通規則才是世界的準則。總括來說，每天他們的世界都和前一天不同。既然他們居住的世界不斷變化，他們每天就不知道該預期什麼。對他們來說，未來就不像過去那樣，因此，他們就沒辦法對未來做出我們習以為常的那種歸納推理。（他們唯一能對未來做的歸納推理就是，未來不會持續像過去一樣。這當然不是個特別有幫助的推理。）

　　所以要了解休謨歸納問題，第一個必須意識到的關鍵點是：上述關於未來會持續像過去一樣的陳述，雖然普遍沒被意識到，卻是每一個對未來的論證中都必要的隱含前提。

　　現在，如果「未來將持續像過去一樣」這句話，在任何有關未來的論證中都是一個必要的隱含前提，那很明顯地，我們對於有關未來的推理的可信程度，便緊緊仰賴於我們對於上面這句話的可信度。下一個很明顯的問題便是：我們有什麼理由認為未來會繼續像過去一樣？

　　我們相信未來會繼續像過去一樣的主要（可能也是唯一）理由，似乎歸結為今天挺像昨天（重物今天仍會落下，太陽又從東方升起，夜晚接著白天出現，諸如此類）這樣的事實。昨天挺像前天，前天又挺像大前天，諸如此類。簡單來說，在我們過去的經驗中，每天多少都像是前一天，這顯然就是我們相信未來多少會像過往一樣的基礎。簡單來說，如果我們問「為什麼相信未來會繼續像過去一樣？」我們最好的理由可以總結成下面的推理：

　　　　在我們過去的經驗中，未來會像過去一樣。

所以　未來應該也會繼續像過去一樣。

但要注意到這推理是一個關於未來的推理。再一次地，任何關於未來的推理，包括上面的在內，都仰賴於未來將會繼續像過去一樣的隱含前提。一旦揭露這個隱含前提，上述的推理應該要呈現為這樣：

在我們過去的經驗中，未來會像過去一樣。
[未來會繼續像過去一樣。]
所以　未來應該也會繼續像過去一樣。

但這個論證很明顯在循環，也就是說作為它自己的前提，它假定了它嘗試建立的最後結論。換句話說，上面總結的這個推理，賴於自身的結論就是真實的這個假設。很明顯的，這是一個循環論證，也因此沒有提供給任何讓人接受此結論的正當性。

綜上所述，休謨認為每一個歸納論證的例子，都仰賴未來將繼續和過去一樣的隱含前提。但要證明這個隱含前提的主要（顯然也是唯一的）方法卻是循環的，因此，這個關鍵的隱含前提顯然沒辦法證明。既然關於未來的推理仰賴了一個無法證明的假設，那就沒有辦法以邏輯證明。

在結束這段之前，還有幾個最後的意見。首先，請注意休謨的論點有多麼普遍。這論點涵蓋了*所有*關於未來的推理，不管是平凡的推理（比如說太陽從東邊升起）或是關於科學法則能否在未來持續的推理，或是關於數學的未來能否與過去一致的信念等等。

接著——這是一個了解休謨的重點——休謨*並*不是要說服我們說我們不應該做有關未來的推理。他認為做有關未來的推理是我們的天性——我們不可能停止做有關未來的推理，就有如我們不可能自願停止呼吸。他的問題是，我們能否

以*邏輯證明*我們對未來的推理，而他的答案是不能。

亨佩爾的烏鴉悖論

卡爾‧亨佩爾（1905～1997）是20世紀一位影響力深遠的哲學家，其主要領域在科學哲學。你也許可以猜到，他的烏鴉悖論最初是以烏鴉當例子，儘管我們如果用別的例子，可能比較容易看出這悖論的相關處。舉一個描述亨佩爾烏鴉悖論的例子，想像你和我都是天文學家，我們主要的計畫是收集類星體的資料。簡單提供一下背景資料，類星體是較晚近的發現，大概四十年前才第一次被發現。即便經過四十年的研究，關於類星體所知還是有限（儘管最近發展出一些關於類星體有趣而合理的理論）。不管怎樣，類星體的一些基礎事實包括它們似乎會放射大量能量，且似乎都位在離地球相當遙遠的地方。

現在想像我們處在研究類星體的早年，假設我們注意到最先發現的幾個類星體，都位在離地球十分遙遠的地方，而我們開始對一個問題感興趣，是否所有的類星體都位在離地球相當遙遠的地方？多年過去，我們（和其他天文學家）持續觀察更多的類星體，注意到每一個我們觀察到的都位在遙遠處。目前為止，算很好。我們似乎面對的是一個相當普遍的狀況，我們的觀測對「所有的類星體都位於離地球很遙遠的地方」這陳述，提供了歸納性支持。

目前為止描述的情況沒有什麼特別迷惑的，當我們思考一個像這樣關於類星體的概括陳述，且我們觀測到大量符合這個陳述的例子，且沒有一個例子與之相反，那我們往往就會把這些視為對這陳述的歸納支持。

正如亨佩爾提到，當我們思考一個像是「所有的類星體都位於離地球很遙遠的地方」這種普遍陳述的邏輯架構時，令人迷惑處就出現了。像這樣的普遍陳述在邏輯上等價於其對立面的陳述，也就是等價於「所有離地球不是很遙遠的物體都不是類星體」這樣的陳述。換句話說，

(1) 所有的類星體都位於離地球相當遙遠的地方。

上面這句陳述,和下面這句

(2) 所有離地球不是很遙遠的物體都不是類星體。

在邏輯上是等價的陳述。

我們從上面注意到,每次我們觀察一個位於離地球很遠的地方的類星體(再次假設,我們沒有觀察到與這陳述相反的例子)時,每一次的觀察都支持了所有類星體都位於離地球遙遠的地方這樣的陳述。出於一致,那麼我們每次觀察到一個東西不是位在離地球很遠的地方且不是類星體,我們便要接受這個觀察支持了 (2),也就是所有離地球不是很遙遠的物體都不是類星體。

這個本身也算不上什麼問題或是謎題。但現在回想一下我們上面提到的,也就是說,(1) 和 (2) 是等價的。如果 (1) 和 (2) 是等價的,那任何支持 (1) 的也得算是等價地支持 (2),同樣地,任何支持 (2) 的也得算是等價地支持 (1)。這就進入了難題的核心:每當我們有一個支持 (2) 的觀測時,那似乎這個觀測也等同於支持 (1)。

所以,舉例來說,我們手上的這本書是一個離地球不是很遠的地方的物體且也不是一個類星體,所以觀察這本書便支持了 (2)。根據上述的理由,這個觀測應該等價地支持 (1)。但這聽起來很瘋狂——你不可能用手上的書這種平凡無奇的觀察結果,來協助確認一個關於類星體的實質科學陳述。

就如休謨的問題一樣,不應該誤解亨佩爾的論點。他絕不是陳述關於面前一本書的平凡觀察,確實能協助支持一個關於類星體的龐大科學陳述。他是指出,看似最基本的歸納論證模式裡有一些奇怪的地方。如上所述,亨佩爾的烏鴉悖論也不是要構成實際問題,畢竟一般來說這不會是一個影響實際科學操作的問題。但不可否認的是,像是所有的類星體都位於離地球很遙遠的距離,這種支持普遍陳述的歸納論證,是科學中很重要的成分。而亨佩爾的烏鴉悖論認為,這種論證在本質上就有一些深刻的困惑處。

古德曼的綠藍色問題

上面討論過的休謨歸納問題，現在有時被稱做歸納的「舊」問題，以對比尼爾森・古德曼提出的歸納「新」問題。古德曼（1906～1998）是一位涉獵廣泛的哲學家，範圍包括邏輯、認識論及藝術。他可能是第一個注意到某些類型的歸納論證中有另一個古怪特色的人，我們現就專注在此問題上。

想像一個陳述像是「所有的綠寶石都是綠色的」，這樣的陳述看起來強烈受經驗支持，特別是：每一個我們觀測過的綠寶石都是綠色的；此外我們從來沒有觀測過一個不是綠色的綠寶石。關於綠寶石，「綠」這個謂詞看來會是古德曼所稱的「可投射」謂詞，意即一個根據我們過去所有觀測到的綠寶石，都是綠色的經驗，而可以投射出未來所有觀察到的綠寶石，也會是綠色的謂詞。

現在，定義一個新的謂詞，古德曼稱之為「綠藍」。有好幾種方法可以定義「綠藍」，但為了我們的目的（這緊緊跟隨著古德曼的公式），就說一個物體如果是綠色的，且是在 2020 年元旦之前第一次被觀察到；或是如果是藍色、且是在那天之後第一次觀察到的，就稱作「綠藍」。如上所述，目前所有觀測到的綠寶石都是綠色的，而沒有一個不是綠色。再一次地，這似乎給了我們理由去想說，未來每一個觀測到的綠寶石，也將會是綠色的。

但現在注意每個至目前為止觀測到的綠寶石都是綠色的，而且都是在 2020 年元旦以前第一次被觀測的。換句話說，目前為止每一個被觀測過的綠寶石都是綠藍色的，而且沒有一個觀測到的不是綠藍色。又換句話說，至少如果說起目前為止觀測的綠寶石，給「未來所有觀測的綠寶石將會是綠色」這陳述的歸納性支持，也完全同等於給「未來所有觀測的綠寶石將會是綠藍色」這陳述的歸納性支持。

但當然，我們永遠無法推理說，未來所有觀測的綠寶石將會是綠藍色的。也就是說儘管我們覺得，認為「我們未來觀測的綠寶石會持續是綠色」令我們覺得

正當，但我們也確認未來我們觀測的綠寶石（特別是那些 2020 年元旦之後第一次觀測的綠寶石）不會是綠藍色的。

但如果 2020 年元旦之後觀察的綠寶石很明顯會是綠色，而非綠藍色的話，那「綠色」和「綠藍色」這兩個謂詞一定得有些不同。前者，利用上面提過的術語來說，就是古德曼所謂的可投射謂詞（**再一次地，是一個我們可以正當地對未來綠寶石投射應用的謂詞**），但後面那一個就不是一個可投射謂詞。但一般來說，可投射和不可投射謂詞到底有什麼不同呢？

這個問題，乍看之下似乎很容易描述，但其實已被證明是相當困難的。會立即出現在心中的反應──比如說「綠藍」這樣的謂詞是設計出來的，而非「自然」謂詞，或這個謂詞不像尋常謂詞那樣參考了時間或其他物──因而無法承受審視。所以，儘管有眾多用來區分可投射謂詞，和不可投射謂詞的主張，但沒有一個主張有機會成為共識觀點。

就如休謨的歸納問題和亨佩爾的烏鴉悖論一樣，不要誤解古德曼的重點是很重要的。他並不是說，我們要相信所有未來觀測的綠寶石都持續會是綠藍色的，顯然是不會。但有鑑於「綠」和「綠藍」這兩個謂詞之間看起來的差異有多明顯，就會覺得，找到一個合理區分可投射謂詞和不可投射謂詞的說法應該很簡單。古德曼的主要問題是：差異是什麼？前面提到，即便一開始問題看起來很好解決，但數十年來提出的解決方法中，沒有任何一個提案提供了充足的解決方式。所以，儘管古德曼的新歸納問題也不是一個實際問題，也不影響每日的科學工作，但這個問題為歸納論證，尤其是為可投射至未來的謂詞，和那些不能投射至未來的謂詞之間，這個我們自以為很好區分的差異，提出了令人難解的問題。

結語

注意到在本章開始時，上述討論的問題是明確的哲學問題，而不是影響實作

中科學家的問題。這些問題往往第一次看起來很容易解決，然而事實上這些問題卻抗拒解答，即便經過數十年或是更廣泛的討論，仍然指出我們最基本的歸納論證有著強烈令人迷惑之處。

同時，在本章開頭已提到，一般來說都需要花些時間看待這些問題。記住此點，我鼓勵你將這些問題放在心中沉澱一下。同時，我們將繼續去討論會在科學史例子中反覆出現的議題，就是關於可證偽性觀點的議題。

第七章
可證偽性

在這一章，我們要介紹*可證偽性*的概念。第一眼看去，可證偽性的相關議題似乎再簡單直接不過，但事實上，尤其應用在真實生活的案例中，它們可以變得相當複雜。本章將從一個簡化的可證偽性情況開始，接著再去思考一些複雜的因素。之後的章節，尤其是當我們檢驗一些科學史的案例時，我們會看到一些涉及此概念、且更為複雜的議題。

基本理念

可證偽性是非常太直截了當的，它是一種面對理論的態度，特別是容許某個理論有可能錯誤的態度。比如說，如果莎拉是一個相信「宇宙起源的大霹靂理論」的物理學家，如同多數物理學家一樣，她的信念並非武斷。但如果有足夠的新證據出現，提供認為大霹靂理論並不正確的可靠理由，莎拉就會願意放棄對大霹靂理論的信念。簡單而言，儘管莎拉相信大霹靂理論是正確的，她仍願意承認這有可能是錯誤的，我們可說她看待理論的態度是可證偽的。

相反地，假設喬是地平說學會的成員，該學會是由一群堅信地表是平的的成員所組成的團體。假設喬相信地表是平的，另外，不管提出什麼證據指出這理論是錯誤的，喬都有辦法閃躲。例如說，假設我們指出幾乎每個人都相信地表是球狀的，喬會（也許不是不理性地）駁斥說大眾意見並非真理。所以我們把一張太空梭航程中拍的照片拿給喬看，喬駁斥說有充分理由相信太空計畫整個都是騙局，那些照片和電視報導都是捏造的，而且對我們被這種詐騙報導愚弄感到同

情。我們辯稱史書記載眾多航海家環繞地球的報告，除了地球是球體之外，絕無其他可能。喬告訴我們，他最近讀到一篇文章說，在扁平的地表上，當一個人接近地表邊緣時，羅盤方位會歪斜，而像麥哲倫這樣的航海家遇到的情形便是如此，他們其實是順著扁平地表的邊緣繞了一個大圈，且由於歪斜的羅盤方位，他們誤以為自己以直線在球體上航行了一周。

我們很快發現，不管拿出多少證據指出地平說錯誤，喬都會堅持他的理論。不像莎拉一樣，喬顯然不願意承認他的理論可能是錯誤的，所以喬對待理論的方式便是不可證偽的。

描寫或講述可證偽性的時候，有些作者會傾向把可證偽性，講成彷彿理論本身的特性；也就是說，有一種常見但很不好的講法是，這個或那個理論是可證偽的或是不可證偽的。但稍作反思，就可以清楚發現這並非最適當的說法。一般來說，可證偽性是一個人面對一個理論時，所抱持的態度，而不是那個理論本身的特性。例如，地平理論本身並沒有任何讓這理論不可證偽的東西。我們可以簡單想像兩個都相信地平說的人，但其中一個被說服接受這理論是錯誤的，但另一個（就像喬）不管給予多少證據都拒絕放棄此理論。在這兩個情形中，理論都一樣，差異在於個別的人對該理論的態度不同。所以，說理論本身不可證偽是不正確的，關鍵在於面對理論的態度；應該是一個人的態度，決定了他看待理論是可證偽的或是不可證偽的。

複雜的因素

到這邊，可證偽性的概念可能看起還蠻簡單的，一個人看待理論是否為可證偽性，似乎也頗為直截了當。但在很多情況下，尤其是科學史上理論急遽變化的情形中（比如從地心說改變為日心說），很難界定什麼時候看待理論的方式，算是不可證偽的。讓我們來考慮為何此議題是困難的理由。

在描述上面的莎拉時，我們說如果有「足夠量的」新證據提供理論錯誤的「可信理由」，她願意放棄大霹靂理論。在第四章討論過，反對一個理論的證據通常是以預測不正確的形式出現。也就是說，當一個理論用來做預測，且那些預測最後錯誤時，該理論變出現了問題。然而，也如第四章討論過的，不正確的預測通常導因於不正確的輔助假設，而非不正確的理論。所以面對不正確的預測時，通常駁回一個或多個輔助假設，會比駁回理論本身更為合理。

既然一個人可以（通常也應該會）駁回一個或多個輔助假設，一個極為困難的問題就出現了：什麼算是「足夠量」駁回理論的證據？一個人要在什麼情況下才會有「可信理由」，認為一個理論（而不是一個或多個輔助假設）是錯的？

這些問題沒有明確的答案。當問題一出現時就放棄一個理論顯然是不合理的；但另一方面，對某些理論來說會有一個時間點，屆時反駁理論的證據將累積到讓支持理論成為不理性的。

第四章的冷核融合範例提供了一個很好的說明，最初在1980年代，有些有趣的實驗結果認為核融合的確在低溫下發生。此外，發表這些成果的兩位科學家絕非古怪或邊緣的科學家。這些都是備受尊敬、著作等身、聲譽良好的科學家發表（儘管是透過媒體而非主流科學期刊）出的引人注目之實驗結果。然而，在隨後的幾個月中，冷核融合的問題開始浮現，特別是用冷核融合理論做出某些預測，但其中多數的預測並沒有被觀察到。最初冷核融合的支持者用駁回輔助假設的方式處理這些問題——比如說，冷核融合設備使用不對的材料製成，實驗沒有給冷核融合設備足夠的時間來補充能量等。一年一年過去，否證的證據持續累積，此外，冷核融合最初那個有趣的結果有了其他合理的解釋。到了1990年代末期，就在最初的冷核融合發表的十年後，冷核融合支持者的數量已萎縮到必須訴諸愈來愈複雜的輔助假設。至少對理論的某些辯護者來說，這些輔助假設，包括了冷核融合碰到的問題來自於大石油公司打壓新能源的陰謀的結果。

重點是，用駁回各種輔助假設來持續相信冷核融合理論，在最初是合理可行

的。但當要訴諸陰謀論來拯救理論時，就已經跨越了從理性進入不理性的界線，但重要的是，這條界線並非精準明確的。結果便是，很難準確地說一個人什麼時候開始以不可證偽來看待一個理論。

要是回想起更之前關於證據和世界觀的討論，問題就變得更困難了。再來想像第二章第一次出現的朋友史蒂夫，史蒂夫對某些吠陀經的片段採取了極端的字面解釋。由於他對這些經文可靠度的信念，他相信月球上住著智慧生命，且已離地球比太陽離地球還遠，而阿波羅登陸月球則是假造的。我的學生和我都就此與史蒂夫討論多次，形式通常都是呈現證據給他看，證明他的信念是錯誤的。史蒂夫贊成經文上的證據，而駁回了所有這些證據。對我們來說，有鑑於我們看世界的方式，史蒂夫對這些問題的觀點，為他看待觀點的不可證偽提供了很清楚的案例。畢竟，即便有我們提供的壓倒性證據，他仍拒絕改變他的觀點。

但現在，認真地從*史蒂夫的觀點來看這問題*，在我們和史蒂夫的討論中，他常常呈現給我們的是他認為經文正確的可信證據。如果他的經文是正確的，那史蒂夫的信念也就是對的，而我們的信念才是錯的。但要注意的是，無論史蒂夫提出多少能支持其觀點的壓倒性證據，我們並不接受他的證據，拒絕改變我們的觀點。這樣特別是從史蒂夫的觀點來看，是*我們*以不可證偽的態度對待*自己的觀點*。

另外值得一提的，從史蒂夫的觀點來看，他對待自己的理論*的確*是可證偽的，且同意如果面對了足夠數量的證據，就願意放棄他的觀點。但史蒂夫認為的相關證據，和我以及我多數朋友認為的相關證據，其實相當不一樣，我和我多數朋友最強調的，是我們看作經驗證據的東西——來自物理、天文學、宇宙學等等的證據；但對史蒂夫來說，最重要的證據來自他的經文。所以，如果史蒂夫從經文得到證據（也許來自新發現的經文，或是舊有的經文有了更新更好的翻譯等等），他便會輕易同意他能夠改變他的觀點。因此從他的觀點而言，他確實只要面對足夠數量的證據，便願意放棄他的觀點，所以說從他的觀點來看，他對待他

的理論的態度確實是可證偽的。

這裡的關鍵難題是，什麼才算是相關證據？這是一個微妙的重點，在科學的歷史與哲學中一而再、再而三地出現。有鑑於其重要性，我要再說明一次：在幾乎所有的真實生活案例中，「分歧」的要點並不是一個團體或另一個團體在面對充足證據時，願不願意放棄理論，而是什麼才算是最相關、最重要的證據。

主要是一個人把什麼當成最相關、最重要的證據，和那個人的整體世界觀密切相關。史蒂夫對經文的信任是他拼圖中的核心，除非他大幅改變並更換整個拼圖，否則不可能讓他放棄對經文的信任。我也可以很誠實地說，我對我所謂適當經驗證據的著重，也像是我拼圖的核心。換句話說，我們個別的信念體系，都強烈地影響我們把什麼當作相關證據，這便強烈影響了我們認為誰看待自己的理論是不可證偽的觀點。

結語

在結束前，我要強調一個重點，在上述討論中，我*並非*主張這樣的相對主義是正確的，也非主張所有的證據和世界觀都是同等合理的，更不是主張史蒂夫的觀點是合理的。我認為史蒂夫的觀點根本不合理，我絕對樂於主張說，用宗教經文的字面閱讀，來奠基證據是糟糕過時的想法，而像史蒂夫這樣的人看待觀點的方式絕對是不可證偽的。

我想要主張的是，不管一個人對待理論是不是不可證偽，如果他是的話，「為什麼這麼做」是一個比平常看來更為微妙的問題。在史蒂夫的案例說明中，我們無法僅僅聲稱因為他拒絕接受我們的證據，就結論說他看待他的理論的方式是不可證偽的。他也可以用同樣的方法來說我們——我們拒絕接受他的證據。所以既然我們要證明史蒂夫看待他的理論是不可證偽的，我們必須做得比這還要好。

同樣地，固執己見地斷言，我們偏好的證據就是正確的證據類型，也並不理性。亦即，我們不能固執己見地斷言我們的證據是正確的證據類型，就聲稱史蒂夫對待他的理論是不可證偽的。

　　要證明史蒂夫對待他的理論是不可證偽的，需要設想一些相關連的問題，比如，訴諸經驗證據是否比仰賴古代經文來得更合理，這是可以證明的。也就是說，當這些因素都設考慮到之後，我不認為說「史蒂夫確實以不可證偽的方式對待他的理論」這樣的結論還有什麼問題。雖然此處的重點是，要證明這一點，遠比只說某人不接受別人的證據要來得更複雜。

　　所以，就如本章開頭所言，可證偽性最終是一個比一開始看起來更為微妙而複雜的議題。探索底下章節時，在許多科學史上的重大發現，都還可以再審視這些議題。

第八章
工具主義和實在主義

本章目標是介紹兩個面對科學理論的態度，這兩個態度一般稱做*工具主義*（或操作主義）和*實在主義*。將先討論兩個和科學理論相關的中心問題，也就是預測和解釋。

預測和解釋

如果問「我們要科學理論做什麼？」無疑地，做出正確預測的能力是我們要求科學理論能具有的一個特點。如第四章討論的，當愛因斯坦在 20 世紀早期提出相對論時，支持這理論的一點是它在 1919 年的日食中，正確預測了應要觀測到的情形，而其他理論都沒有做到。明顯地，像這樣做出正確預測的能力是一種我們所渴望的特色。

此外，一般普遍同意，解釋相關資料的能力是另一個我們期待理論達成的特色。然而，儘管一般都同意解釋是一個重要的特色，但什麼才算是充分的解釋，就比較沒有一致看法。舉例來說，一個事件能不能有超過一個正確的解釋，還是一個事件只能有一個正確的解釋？一個充分的解釋是否得要確切指出哪一系列的事件製造了資料？一個理論指出能觀察到*那個*資料就足夠，還是必須進一步指出事件*如何*或*為什麼*發生？這些問題，以及有關「解釋」的本質問題，都十分困難而富爭議。

為了幫助釐清這其中的問題，科學哲學家有時把一邊稱做*解釋*（或有時稱做「正規解釋」），另一邊稱做*理解*。在這樣的區分中「解釋」的用法是相當極簡主義的。更具體來說，如果一個人能從理論中預測資料，那就可說某個理論

「解釋」了某一部分現有的資料或觀測結果。鑒於這樣的使用方式，解釋可算是一種追溯式的預測。

有一個例子也許可以幫助我們說明解釋的概念。在 20 世紀早期，人們注意到，在幾十年來水星的軌道有一些特殊的地方。愛因斯坦的相對論在這水星軌道的觀測出來前還沒有出現，但如果愛因斯坦的相對論在這些觀測出現前出現，理論便可以用來預測這些將被觀測到的特殊現象。換句話說，當愛因斯坦的理論在 20 世紀早期發展時，它可以用來解釋（再一次地，是在這種極簡主義及追溯特質下的「解釋」）這些特殊性。能夠解釋特殊資料，確實是愛因斯坦相對論的一大長處。

相對地，而且是比較寬鬆地說，「理解」是用來指一種對資料和觀察更徹底的了解。例如說，想想某觀測物體以大約十公尺／秒平方的加速度落下。可以用牛頓的重力理論和方程式呈現這個落體會出現的加速度。也就是說，牛頓的物理學可以用來解釋（在上述極簡主義的「解釋」定義下）這資料。現在如果你把重力視為是真實存在的，且為作用於物體上的力（也就是說，你在面對牛頓的重力概念上，採取了一個所謂實在主義者的態度，等下會更完整介紹），那你可能會說你不只知道*那個*物體會以約十公尺／秒平方的加速度落下，你也知道為*什麼*會這樣（因為它們都在重力的影響下），也就是說，你同時有了對這個資料的解釋，也有了對這個資料的理解。

解釋的概念（也是在上述的某種極簡主義的意義下）是個相當直接而不太有爭議的概念，而理解的問題就相當複雜而有爭議了。造成這複雜性的許多理由會隨著本書進展而出現。但現在，為了讓討論維持相對的直截了當，我們選擇上述極簡主義的「解釋」概念，也就是說，如果一個理論曾經可以用來預測一個存在的資料或觀察結果的一部分，那我們就說一個理論解釋了那個資料或觀察結果。

如前所述，一般普遍同意，預測和解釋對任何充足的理論都十分重要。當解釋和預測是理論最重要的特色時，也要注意他們並不是唯一可取的特色。例如

說，簡單、優雅、美感這些特色也常會訴諸於理論的辯論中。在下文中，我通常會只關注在預測和解釋，因為一般都同意這是最重要的特色，但大家對於剛剛提到的其他屬性也要有點印象。

所以，一般同意科學理論需要提供正確的預測和解釋。但這樣的特色就夠了嗎？還是說是像愛因斯坦所相信的（至少，是老一點的愛因斯坦——年輕一點的愛因斯坦並不堅信這觀點）真實是物理的職責（以及，當然也是其他科學的事）？這也就是說，到底理論反映或形塑真實是不是那麼重要？

這個問題——我們是否要理論反映事物真正的形象——是一個有爭議的問題。這也區分了工具主義者和實在主義者的議題。對一個工具主義者來說，充分的理論能夠預測並解釋，至於理論能否反映或形塑真實並非重要考量。而對一個實在主義者來說，一個充分的理論必須不只預測並解釋，還要能夠反映事物真正是什麼。

為了說明工具主義者和實在主義者的不同，來看一個實際的理論應該有所幫助，讓我們來看看托勒密天文系統的某些現象。

托勒密系統是由克勞狄烏斯·托勒密在西元150年前後所建立的。托勒密的方法是一種地心說，即太陽、行星和恆星都繞著地球轉。他思考了每一個天體，如月球、太陽、行星，並為這些天體指定了可以預測並解釋其觀測位置的數學算式。

其中一個比較有趣的是托勒密使用了本輪的方法，他並沒有發明本輪的技術，但他比前人擴大了其使用範圍。要了解本輪的概念，可以用圖8.1來幫忙。要注意這是過度簡化的托勒密描述法的圖片，在之後的章節才會觀察托勒密方法的細節。然而，這張圖片應足以說明本章所需的要點。大略來說，像火星這樣的行星繞著一個點轉圈（圖表中的A），而這個點繞著地球轉圈。火星繞著點A轉的圓周軌道稱做本輪。簡單來說，本輪就是一個行星打轉的小圈圈，而那個小圈圈的圓心則會繞著另一個點（通常但不絕對是整個系統的中心）。

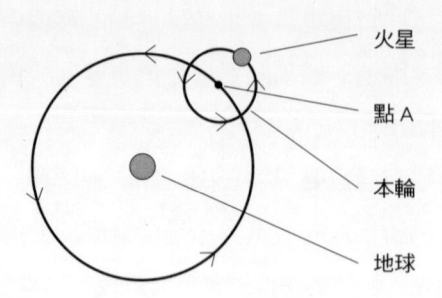

圖 8.1 托勒密系統中火星的運動

在一個地心觀的宇宙中，本輪，或是一個（至少對我們的眼睛來說）跟本輪一樣複雜且古怪的東西，對於預測和解釋相關資料的理論而言是必要的。在這個實例中，相關資料包含了夜空中大量行星（以及其他天體）位置的觀測，例如，想想那個我們稱作火星的光點，這個光點在夜空中觀測到的位置每夜每週每年都不一樣。像托勒密這樣的理論必須準確預測並解釋這個資料，為了要做到這點，托勒密的理論（以及任何其他地心說）需要本輪，或者至少和它一樣複雜的東西。我們晚一點再談為什麼地心系統需要這樣的複雜度，此刻請先相信我：一個沒有本輪（或類似的東西）的地球中心宇宙模型，無法正確預測並解釋行星的動態。

所以托勒密系統（以及任何其他地心系統）要是沒有本輪，就會因無法充分解釋及預測，而無法被接受。反過來說，托勒密系統有了本論就能好好解釋並預測。事實上，托勒密系統是個傑出的數學模型，得以用高超的準確度，解釋並預測所有可見的行星和恆星的運行。它的預測和解釋雖不完美（少有理論是完美的），但已經非常好，而且遠比當時任何其他方法都還要好。

因此，就解釋和預測而言，有著奇特本輪的托勒密系統是很傑出的。但本輪究竟是真的，還是說只是因為它在預測和解釋天體運行上，有其必要而獲得接納？

假設我們回到西元 2 世紀，並思考火星是不是真的繞著點 A 轉圈圈。假設

我們的看法是，唯一重要的是有了本輪的托勒密系統，在預測和解釋上都十分高明，而火星是不是真的在本輪上運行並不重要。這樣的態度在托勒密時代並沒有什麼不尋常，甚至在今日也是。科學家和科學哲學家有很高比例接受科學理論，其主要任務是去解釋並預測相關資料，一個理論（或理論的一部分）是否反映事物「真正是什麼樣」根本不重要。如上所述，這個對科學理論的態度一般稱為工具主義，接受這個態度的人通常被視為工具主義者。

相反地，實在主義者雖然同意科學理論的解釋，並預測相關資料，但他們另外還要求一個好的科學理論應該是真實的，也就是說，要能反映真實事物的樣子。

對一個西元 150 年的工具主義者來說，「本輪是不是真的？」不會是一個重要問題。托勒密的理論正確預測且解釋了相關資料，這樣就夠了。相反地，對一個實在主義者來說這個問題就很重要。即便托勒密的理論正確預測且解釋，實在主義者還會要求它反映事物的真相。所以如果火星實際上並沒有按照本輪轉，也就是說，如果本輪不是真的，那托勒密的系統就是無法接受的。

順帶一提，關於「本輪是不是真的？」這個問題，托勒密會怎麼回答並不清楚。在最近關於托勒密系統的著作中，托勒密幾乎總是被描繪成一個工具主義者，然而這不完全正確。確實一般而言托勒密關切解釋和預測，很少討論他的系統是否反映事物的真正樣貌。當托勒密這樣說的時候（多半時候是這樣），他感覺像是一個工具主義者。但是，托勒密在一些片段中討論了像是行星在本輪上運行的機制之類的問題，這樣的討論只有在實在主義者的觀點中才是有道理的，如果托勒密徹底抱持工具主義者的態度，就很難解釋說他為什麼要接納這樣的討論。我認為最正確的觀點是，托勒密就像我們多數人一樣，抱持著混合工具主義者和實在主義者的態度。

這些態度的混合並非不常見。對一個理論的某些部分抱持著實在主義者的態度，同時對理論的其他部分抱持工具主義者的態度，這當然是可能的。舉例來

說，在 17 世紀之前，一個人對托勒密系統中地心說的部分，抱持著實在主義者的態度，同時對其中關於本輪的理論抱持著工具主義者的態度，並不是什麼不尋常的事。也就是說；在 17 世紀之前，相信地球真的是宇宙中心，是普遍且合理的事；因此，人們一般會把托勒密理論中的地心說看做是反映事物真正的面貌。這群人中的許多人（可能是多數人），對於托勒密系統中的本輪採取的都是工具主義者的態度。

一個人以實在主義者的態度面對科學某一分支的理論，然後又以工具主義者的態度面對另一分支，這也是很常見的。例如，實際上我認識的人都對目前太陽系以太陽為中心的模型，抱持著實在主義的態度。然而同樣是這群人，對於量子理論卻抱持著工具主義者的態度。

也有人可能分別以工具主義者和實在主義者的態度，去同時接受兩個相互競爭的理論。舉例來說，哥白尼系統（一種以太陽為中心的系統）在 1550 年發表，而在 16 世紀晚期，歐洲各大學同時教導托勒密和哥白尼系統，也沒什麼異常。在發明望遠鏡之前（1600 年左右），有充分理由相信地球確實是宇宙的中心。所以人們通常對托勒密系統（或至少是對系統中的地心說）採取實在主義的態度。同時由於在某些方面，哥白尼系統比較容易使用，所以對它採取了工具主義者的態度。也就是說，人們並沒有認為哥白尼系統反映事物的真實樣貌，卻仍接受這系統，並廣泛將其當作一種能預測並解釋的方便理論。簡單來說，在 1550 至 1600 年間，托勒密和哥白尼系統和平共處，面對前者一般採取了實在主義者的態度，面對後者則採取工具主義者的態度。這個相對和平共處的情形在望遠鏡發明，以及發現證據指出地心說錯誤之後，便大幅改變了。但這是接下來幾章的事。

總之，工具主義和實在主義是面對理論的態度，工具主義者和實在主義者都同意一個充分的理論必須正確預測並能解釋相關資料。但實在主義者另外要求，一個充分的理論必須能描繪或形塑事物真正的樣貌。最後，工具主義者和實在主

義者的混合態度,或是一個人面對某些理論抱持實在主義,但面對其他理論抱持工具主義者的態度,這些都並不矛盾也不罕見。

結語

我將以兩個快速的註解來結束。就像前一章討論過的可證偽性概念一樣,有些作者常會把工具主義和實在主義說得像是科學理論的特色,但工具主義和實在主義應該要被當作*面對科學理論的態度*,而不是理論本身的外觀;也就是說,就像一般理論本質上不會是可證偽的或是不可證偽的一樣,一般理論本質上也不會是工具主義者或是實在主義者。反而是一個人面對理論的態度,才該被分類為工具主義者或是實在主義者。

在第二章討論過真理符應論和真理融貫論,符應論的支持者將真理視為一種和現實相符的信念,而融貫論的支持者將真理視為一種和整體信念相符合或相依附的信念。也許有人會想說,符應論和融貫論和實在主義及工具主義有沒有什麼相應之處。

但要注意,真理的理論和工具主義、實在主義之間,並沒有什麼必然的連結。例如,一個真理融貫論的支持者,面對理論的態度是實在主義者,這在邏輯上並沒有矛盾;同樣的,身為一個真理符應論的支持者,面對理論的態度是一個工具主義者,這在邏輯上也沒有矛盾。

然而,工具主義者/實在主義者的態度和真理融貫論/真理符應論毫不意外地確實有一些連動。回想第二章,真理融貫論的支持者通常會被有關真實的疑慮,或者更精準地說,被有關我們對真實知識的疑慮所刺激。如果有人在思考真理理論時對真實有疑慮,卻在工具主義和實在主義的脈絡下,堅持認為理論形塑或反映了事物真正的模樣,這樣是蠻奇怪的(然而嚴格來說,並不矛盾)。所以如果真實融貫論的支持者比較願意支持工具主義,這也不令人意外。

同樣地,如果真實符應論的支持者必較願意支持實在主義,這也不令人意外。原因本質上一樣——如果有人把真理視為符應事物真實模樣,他很自然會堅持科學理論同樣要形塑或反映事物真正的模樣。

我們對這些科學史與科學哲學的初步與基本問題之探討到此告一段落。了解這些,我們在探索本書下一主題(從亞里斯多德到牛頓世界觀的轉變)時,就能有較佳的狀態。

Part II
從亞里斯多德的世界觀到牛頓世界觀的轉變

第二部分我們將探索從亞里斯多德世界觀到牛頓世界觀的轉變。這轉變主要是由 17 世紀早期的新發現所開創。在這段轉變中，本書第一部分探索的問題——世界觀、經驗與哲學性／概念性事實、確證與否證證據、輔助假設、可證偽性、工具主義、實在主義——都以有趣而複雜的方式交織其中。關於這轉變的討論以及其涉及的問題，將為我們在第三部分的探討，也就是近代發現對我們世界觀帶來的挑戰打好基礎。

第九章
亞里斯多德世界觀中的宇宙結構

在本書第二部分,我們將探討從亞里斯多德世界觀,到牛頓世界觀的轉變。眼前這章的主要目標,是大略了解西元前 300 年至西元 1600 年間,人們看待宇宙的典型方式,包括對宇宙物理結構的觀點,以及我們居住在何種宇宙的概念信念。我們就從宇宙物理結構的概略描述開始。

宇宙的物理結構

如前所述,亞里斯多德的世界觀在西元前 300 年至西元 1600 年間,一直是主宰西方世界的世界觀。當我說這是主宰的世界觀,我指的是,這個強烈根植於亞里斯多德觀點的信念體系(儘管和他本人觀點不完全一致),是西方世界最主要的信念體系。這個世界觀絕不是當時唯一的信念體系(不管在哪個時代,都會有眾多不同且互相競爭的信念體系),但亞里斯多德式信念系統是當時最普遍的。

在亞里斯多德世界觀中,人們相信地球是宇宙的中心。有別於人們常做的假設,其實當時的人們並非僅出於自我中心而相信地心說;也就是說,地心說並不是基於(至少最初不是基於)「人類很特別,所以應該是一切的中心」這樣的觀念。的確,「人類獨一無二」的觀點很合乎地心說;但這觀點起初是一個紮實且基於經驗的論證所產生出的結果。下一章會看到其中的一些理由。

同樣和一般假設相反的是,在亞里斯多德世界觀中,地球被視為球體,而不是平的。甚至在亞里斯多德之前,我們的祖先就很清楚,地球幾乎已確定是球體。

同樣地，下一章將看到抱持這信念的理由，這理由其實和我們的理由大半重疊。

月球、太陽、恆星和行星的觀點則如下：月球當然是最靠近地球的天體。人們認為月球與地球中間的區域（月下區域）和月球以外的領域（超月區域），有著關鍵性的差異。待會兒我們會討論其中的一些差異。

在月球以外，太陽與其他行星的排序一般共識如下：水星、金星、太陽、火星、木星、土星，然後是所謂的恆星球面。接下來是關於這些行星和恆星的說明。

先以火星為例來思考一下。在我們的時代，當我們想到火星，我們浮現的畫面是個岩石星體，有點像地球，有荒蕪的地表和比地球更紅的土壤。無論如何，我們傾向於認為火星基本上像地球——一個在太空中移動的大岩石星體。

我們對火星的觀感主要被現有科技所渲染。我們看過火星地表的照片，看過探訪火星的太空船送來的資料，可能還透過望遠鏡觀察過火星，諸如此類。簡單來說，我們對火星的觀感強烈受到科技的影響。

這種科技在亞里斯多德世界觀的年代並不存在。事實上，那時關於恆星和行星的信念，只能透過肉眼觀察。一個人能用肉眼把行星和恆星觀察得多清楚呢？不多。事實上，沒有現代科技，恆星和行星看起來差不多。基本上，恆星和行星都是夜空中的光點，一般恆星和這五顆被稱做行星（至少五顆肉眼看得到的行星）的光點，觀測結果的主要差異，在於恆星和行星在夜空中移動的方式不一樣。行星和恆星的不同動態，是分辨兩者的最主要方式。

因此，活在亞里斯多德世界觀的人們，無論如何都沒有理由認為行星會像地球一樣。事實上，在亞里斯多德世界觀中，人們認為太陽、恆星和行星是由相似的物質構成，但不是任何地球上能找到的物質。人們認為，這種稱做以太的物質只能在超月區域找到，而且具有一種能解釋天體為何如此運作的不尋常性質。

在宇宙邊緣的是恆星所在的球面。一般認為所有的恆星都與地球有同樣的距離，鑲嵌在一個球體的內面上。這個球面按自己的軸心旋轉，約每二十四小時轉一圈。當球面轉動時就帶動上面的恆星，這就解釋了星星看起來每二十四小時，

以圓周繞著地球旋轉的觀測事實。

最後提一下宇宙的大小。在亞里斯多德世界觀中，人們認為宇宙有多大的問題，就是恆星的球面距離地球有多遠的問題。這裡必須要小心，因為以當時的標準看，宇宙是相當大的；但現今的我們所設想的宇宙，遠比他們想的還要大上太多，甚至可能是無限的，所以以現代標準來說，他們宇宙觀裡的宇宙，相對於我們的宇宙而言十分小。換句話說，儘管他們設想的宇宙並不小，但他們並不知道後來實際上的宇宙會有那麼大。

關於宇宙的概念信念

當我們從宇宙物理結構的信念，轉而思考更為概念化的信念時，兩個最重要的概念信念是*目的論和本質主義*。也就是說，宇宙被視為有目的，且有本質的存在。宇宙的目的論和本質主義緊密糾纏，簡直到了硬幣兩面的程度。接下來簡單解釋一下這些概念。

要了解目的論，可以先從了解*目的論的解釋*這概念開始。假如我們問說「為什麼結實植物會結果實？例如，為什麼蘋果樹會結蘋果？」很明顯地，答案和繁殖有關，也就是蘋果包含種子，而種子是蘋果樹繁殖的手段，所以很明顯地，蘋果和繁殖有些關連。但要注意，多數植物並不用果實來包住種子，那為什麼結實植物要這樣做？順帶一提，和我們平常所想的相反，水果並不提供種子養分（從這點來看，水果和堅果非常不同，堅果的內部就是營養來源）。所以這成了個好問題──蘋果樹花費了很多資源來結蘋果，並把種子放在蘋果中，然而蘋果並不直接提供種子養分。那為什麼蘋果樹要這麼大費周章又浪費地把種子封在蘋果裡呢？

一個很好的答案是，蘋果提供了散布種子的手段。用比較擬人的方法來說，我們從蘋果樹的觀點來看。記住，植物不會動，所以如果直直地把種子落下去，

它們會掉在已被佔據的土地上，因此可說需要有一些把種子弄離自己比較遠一點的方法。大部分的植物都有這種問題，解決的方法也各異其趣。有些植物把種子放在又輕又蓬鬆的結構裡被風吹走；有些把種子裝在帶刺的容器裡，就能刺在經過的動物身上被帶走；有些把種子裝在像直升機一樣的結構裡，可以盤旋著離開植物，諸如此類。結實植物把種子裝在對動物而言是美食的結構裡，當動物吃下水果便吃下種子，一兩天後動物排泄出種子時，已經離親樹有段距離了（同時附贈了便利的肥料，這也值得一提。）

簡而言之，如果我們問「為什麼蘋果樹有蘋果？」一個不錯的回答是蘋果樹結出蘋果以散布種子，這就是目的論解釋的根本範例。接下來再舉幾個例子來說明：為什麼心臟會跳？為了輸送血液。為什麼你要看這本書？想要學習科學史和科學哲學。為什麼劍龍背上有巨大的骨板？為了調節熱量。

總括來說，舉凡依據一個想得到滿足的目標、目的和功能所做出的解釋，就是目的論的解釋。上述例子中，目標、目的或功能都很明確：散播種子、輸送血液、學習，以及調節熱量，這些都是目標、目的或功能。

現在我們把上面的詮釋和機械論的詮釋做比較。機械論的詮釋是一種不依據目標、目的或功能來提出解釋。例如，假設我丟下一個石塊，若問「石塊為什麼掉下去？」自 17 世紀晚期以來，標準的解釋是石塊因重力而掉落。要注意到這個解釋裡沒有提示──完全沒有提示──任何目標、目的或功能。石塊的掉落沒有任何目標或目的，也不涉及任何功能，它單純是一個受到外力影響的物體。這樣無目標、無目的、無功能的詮釋，就是機械論的詮釋。所以一般來說，目的論的詮釋是依據目標、目的或功能而作出的詮釋；而機械論的詮釋是不使用目標、目的或功能的解釋。

要注意到許多問題同時承認目的論和機械論的詮釋。上例中，蘋果樹為了散布種子而結出蘋果，是目的論的詮釋。但同一個問題也能有一個完美的機械論詮釋：在蘋果樹的演化史中，現代蘋果樹的祖先中，能夠結出蘋果（或是那些蘋果

的前身）的，比那些不能結出蘋果的更能生存並繁殖，因此結蘋果的蘋果樹（或這些蘋果樹的前身）在數量上就佔優勢。簡短來說，為什麼蘋果樹有蘋果的答案，就只是一個關於不同生存繁殖速率的演化紀事。

要注意這個演化紀事，並不利用任何目標、目的或功能。而這也是一個對於為何蘋果樹有蘋果的極精準解釋。概括而論，問題通常同時承認目的論和機械論的詮釋。

我對目的論的解釋花了些篇幅，是因為這種解釋說明了我們和前人概念化宇宙方式的重要差異。在亞里斯多德世界觀中，目的論的詮釋被看作一種適當的科學解釋，這和當代科學中機械論主宰的情形有著鮮明對比。目的論的詮釋被當作適當科學解釋的理由很直接：在亞里斯多德世界觀中，宇宙真的是被設想為有目的的；也就是說，目的論不只是解釋的一種特徵，而是被當作整個宇宙的特徵。

有些例子可以用來說明。假設我們回到剛剛石塊掉落的例子。前面提到，現代對於石塊為何掉落的解釋是重力。但重力的概念（以我們現代對這個詞的想法）17世紀以前都未出現，所以不管在亞里斯多德世界觀中石塊掉落的解釋是什麼，都不可能是我們現在概念中的重力。（順帶一提，「重力」這個詞常常出現在17世紀以前的文章中，但完全不是我們現在的用法。在17世紀以前，「gravity」一般是指重物往下移動的趨性。）在亞里斯多德世界觀中，石塊下落，是因為它主要是由較重的土元素構成，第一章提過，土元素有朝宇宙中心運動的本性。換個比較簡略的說法，土元素的本性趨向完成特定目標，也就是要位在宇宙中心。

每一個基本元素都有抵達它們在宇宙中自然位置的天然目標，而這個天然目標解釋了為何物體會那樣移動。火向上燃燒，是因為火元素有朝向邊緣、遠離中心運動的天然目標。其他天然移動的情形也是如此。（至於施力動作，比如說把一塊石頭往上丟，那就另當別論了，在這裡並不直接相關。）

同樣的情形也適用於超月區域。以太元素有以正圓運動的天然目標，這就解

釋了太陽、恆星和行星等天體的圓周運動。總括來說，整個宇宙被視為一個目的論的宇宙，充滿了天然的目標和目的。

隨著目的論而來的，是上面提過的另一個關鍵概念，也就是本質主義。自然物體被視為擁有本質，而這些本質是物體會如此行動的原因。所有物體都是由物質以某種方式組合起來的，基於一個物體由什麼物質組成，以及那個物質組成的方式，該物體就會有某種天然能力和天然趨向，我們便可總結那是該物體的本質。最簡單的物體──基礎元素──當然有最簡單的本質，它們的本質包含的就只有朝向它們自然位置運動的趨向。

重要的是，要注意目的論和本質主義有多麼緊密相連。一個物體的本質就是目的論的本質，這讓我們再次看到，目的論和本質主義就像一枚銅板的兩面。

更複雜的物體有更複雜的本質，但基本道理是一樣的。例如，想想一個橡實。一個橡實，它就如其他物體一樣，是由以某幾種物質以某種方式構成的，且如上所述，因為其構成的物質，以及那幾種物質的組成方式，橡實便有了某種天然的能力和趨向；換句話說，橡實便有了本質，而這個本質便是橡實之所以如此的根本原因。一個橡實天然的目標是成為成熟的橡樹，在適當的條件下，橡實便會成長為橡樹，最後藉著再生出橡實來繁殖。這一切仍是橡實藉由其物質和物質的組織方式，所具有的本質。

再次注意，橡實的本質和它基於目標、有目的而產生的行為之間有多麼緊密的關連。概要而論，橡實的本質緊緊連繫於它的生長、成熟和最終的繁殖；換句話說，橡實的本質是一個有目的的本質，即成長與繁殖。

在亞里斯多德世界觀中，自然科學家的工作主要是了解分門別類的物體，有什麼目的和本質的天性。譬如，一個生物學家會想了解各種動物的本質，這項任務通常不會簡單無奇，但任務的綱領卻是非常明確的。他必須了解一個物體是由什麼物質構成、該物質如何組織成這個物體，以及這個物體的本性趨向以及其天然目標或功能等等。藉此，他便可以了解物體存在的目的及本質。

總結這節重點：所有自然物體都有其本質；本質是目的論的；本質是物體之所以如此的原因。簡單來說，整個宇宙被視為一個目的論的、本質主義的宇宙。

結語

總之，關於宇宙的物理結構，是地球位居宇宙的中心，而月球、太陽、恆星和行星繞著地球轉動。下一章會看到，這些都是被當時所有的證據穩固支持的信念。

以比較概念化的詞語來說，亞里斯多德世界觀認為，宇宙是目的論及本質主義的。整個宇宙充滿了天然的目標和目的，而了解這些目標和目的，是自然科學家在了解宇宙時的關鍵任務。

在西方世界中，這種宇宙概觀有很長一段時間——幾乎有兩千年——都是普遍觀點。不用說在這麼長的一段時間裡，這個世界觀必然會有許多增補修訂。其中，西方世界的主要宗教（猶太教、基督信仰、伊斯蘭）各自都有些貢獻。但這些貢獻仍包含在亞里斯多德的整體框架中。也就是說，仍在地心、本質主義、目的論宇宙的框架中。

第十章

托勒密《天文學大成》前言：
球形、靜止、位於宇宙中心的地球

上一章我們檢視了亞里斯多德世界觀中，關於宇宙整體架構的信念。這一章我們會探討這些信念背後的理由；我們會特別檢視支持地球是球形、靜止、位於宇宙中心這些信念的論點。

本章的主要目標是說明亞里斯多德世界觀的信念，雖然和我們的信念極為不同，卻是受到充分支持的信念。有一種令人惋惜的思考趨向，往往將前人的信念視為幼稚不成熟，但在這一章中我們將會看到，事情並非如此。當你思考本章呈現的論點時要注意，一般來說這些都是很好的論點。雖然多數（除了地球是球形以外）結果是錯誤的，但只是以微妙的方式發生錯誤，且起因於一些完全不明顯的理由。事實上，要發現這些論證中缺陷的根源，得要靠科學史上最知名的一群人（包括伽利略、笛卡兒和牛頓，這還只是其中幾個而已）的通力合作才能達成。

我們將思考的多數論點，都可在亞里斯多德的《天論》和托勒密的《天文學大成》的開頭找到。這兩本書中的論點多數類似，然而托勒密的文字，一般來說比較易讀，所以這章會專注在他的著作所呈現的問題。

最後值得一提，我們這裡專注的，只是亞里斯多德世界觀中的一小組論點，即被托勒密拿來支持地球是球形、靜止且位在宇宙中心等信念的論點。但同樣的準則適用亞里斯多德世界觀的其他多數信念；儘管那些信念和我們的不一樣，而且多數到最後證明是錯誤的，但當時支持這些信念的人，有很充分的理由這麼做。我們先從一些針對托勒密《天文學大成》的初步評論開始。

《天文學大成》是在西元 150 年左右發行的。這是一部極有技巧的作品，

圖文兼具，以現代印刷方式會有約七百頁，是一本龐大而困難的作品。

我們要思考的論點來自《天文學大成》的前言，這是整本書技術層面最少的一塊（事實上沒有什麼技術層面）。在這段前言中，托勒密呈現了宇宙總體架構和運作的一些論點。這一章我們會專注在支持宇宙架構的信念上，接下來幾章，則會思考托勒密關於宇宙運作的一些論點（例如「讓太陽、恆星和行星運動的信念」之支持論證）。我們先從支持地球是球形的論點開始。

地球是球形的

有個普遍但錯誤的信念是，在16世紀之前，人們傾向相信地球是平的。事實上，至少從古希臘以來（柏拉圖和亞里斯多德所在的西元前400年左右），受過教育的人當中，只有極少數人相信地球是平的。為什麼這個關於前人的誤解如此廣泛流傳，這是另外一個有趣的問題，不過由於這偏離我們的焦點，所以我們只需知道前人至少早在西元前400年，就已有充分理由相信地球是球形就好。舉例來說，思考一下下面節錄自托勒密《天文學大成》前言中的一段話（以下所有引文除了另外注記，否則都來自托勒密的前言。括號內的數字，比如說[1]，是我用來提到某特定片段的加註記號。）

第四節　地球做為一個整體，可想而知地是球形的

現在，地球做為一個整體可想而知是球形的，這樣我們才最有可能徹底想通[1]。……我們可以看到地球上各處的觀察者，並沒有在同一時間看見太陽、月球和其他星星起落，但那些住在靠近東方的，總是看到得比較早一些，而西方的總是晚一些。[1]我們發現，在各地同時發生的蝕缺現象，尤其是月蝕，每個人紀錄的時間都不一致……[3]既然時

間的差異和各地的距離成等比,我們便可以合理假設地球的表面是球狀的,以至於整體一致的曲率,保證了覆蓋地表的每一部分都依循這個比例。只要形狀是任何其他形狀便不可能發生,這可以在接下來的思考中看到。

[4] 如果它 [地球]……是平的,所有人將在同樣時間看到星星起落……但這類情形從未發生。[5] 進一步思考也很清楚,它也不可能是圓柱形的……[因為] 我們愈靠近北極,愈南方的星星便藏了起來,而北方的星星便出現。所以這裡很明顯地,地表覆蓋範圍的曲率在斜面方向也是一致的,證明了從每一個角度來說都是球形的。[6] 再一次地,舉凡我們從任一角度、往任一方向,航向任何高山或高處,我們都會看到其體積一點一點增加,有如從海中升起,且由於水平面的曲率,而在看見之前有如沉沒在水中。(Munitz 1957, pp.108-9)

托勒密首先提到,在我稱做 [1] 的片段中,太陽、月球和星星在不同時間升落,取決於觀察者在地球的什麼地方。舉例來說,想想今天早上升起的太陽,我想你有注意到,今早當太陽在你眼前的位置升起時,其實它早就從遠在你東邊的人那頭升起,且還沒在你西邊的人眼前升起。托勒密和他的同輩也注意到這個事實,而地球為球形就是解釋這情形最直截了當的方式,而在 [3] 中,他提到既然時間的差異和觀測距離成等比,那地球的曲率應該也相當一致。

要注意到托勒密的隱含論證是,我們在第四章討論過的確證論證典型;也就是說,托勒密在 [1] 中隱含的論證是,如果地球是球狀的,一個人便能觀察到太陽、月球和星星,對那些比較東方的人來說升起得比較早,對比較西方的人來說就比較晚。既然這就是觀測到的情形,便支持了地球是球形的觀點。類似的思考也支持了 [2] 和 [3],也就是這些思考也透過直接的確證論證,支持了地球是一

致的球形的結論。

接著，托勒密在 [4] 中轉變為一種否證論證的模式，認為如果地球是球形以外的形狀的話，那我們就不會觀測到我們現在實際觀測到的情形。舉例來說，托勒密指出，如果地球是平的，那我們便會觀測到太陽、月球和星星，每天在每一個地方都是同時升起，但既然我們沒有觀測到這個現象，那麼地球是平的就有了否證證據。

要注意到，到目前為止，托勒密的論點只展現了，地球在東西向呈現了一致的曲線。換句話說，目前為止托勒密的觀測，也和一個南北向的圓柱形地球一致。所以，為了結束這一段，托勒密思考了地球不可能是圓柱形的證據。他說，在北半球的我們，可以看見我們稱做北極星的恆星，而在南半球的人看不見這顆恆星。同樣地，在南半球的人可以看見南十字星這星座，在北半球就不行。如果地球是球形，這恰巧就是預期會出現的情形。相形之下，地球若是任何其他形狀，便不可能預期出現這情形。最後，在 [6] 中，托勒密指出一個久為人知的事實：在海中航行接近陸地時，最先看到的陸地會是山頂，然後較低的部分才會隨著船靠近陸地逐漸浮現。這又是扁平地球的否證證據，但也恰巧就是地球若為球形就該出現的情形。

總之，地球最有可能是球形的論點確鑿且難以撼動。接著，我們要來思考地球是靜止不動的論點（儘管是紮實的論點，最後仍證明為誤）。

地球是靜止不動的

17 世紀之前，有充分理由可以相信地球靜止不動，也就是相信地球沒有依軌道繞行其他天體（比如說太陽），也沒有沿自己的軸心旋轉。儘管這樣的論點最後證明錯了，但這些錯誤是起因於一些微妙的理由。

早在古希臘時代，人們就思考過地球運動的可能，不管是繞著太陽還是自

己旋轉（或兩者同時）。亞里斯多德和托勒密都思考過這些可能性，他們及其他人都清楚意識到，像太陽繞著地球這樣明顯的每日運動，不論是假設地球靜止不動、太陽每天繞地球一圈，或是太陽不動、地球一天沿著軸心自轉一圈，都可以解釋這個現象，亦即這兩個假說都可以解釋每日太陽繞著地球的明顯動作。而在《天文學大成》中我們看到，托勒密明確地思考了後者的可能性。

但托勒密的結論卻認為，不管是地球沿軸心自轉或繞著太陽，都和其他紮實的證據對立；也就是說，地球靜止是比較有根據的觀點。托勒密提出了一些我稱為*常識論點*的東西，以及另外兩個較難但更有力的論點。後面這兩個論點我稱為*來自運動物體的論點*和*來自恆星視差的論點*。我們先從常識論點開始。

| 常識論點 |

要注意到，一個靜止不動的地球，是我們（以及我們前人）都能從常識得出的觀點。例如，如果看看窗外，就會發現地球顯然是靜止不動的。畢竟如果我在動的話——比如說，在汽車或火車、或我的機車上——我可以明確感覺到我在運動。就算在相對較慢的速度下運動，比如騎腳踏車，我也能感受到運動帶來的振動，我感覺到風吹在我臉上，諸如此類。或者你在一台敞篷車上以每小時七十英哩的速度沿著州際公路行進，毫無疑問地你心中知道你在運動，你也感覺到振動和風的吹拂。整體而言，正在運動這件事，有可以直接觀測到的結果。

現在想像一下地球正在運動，首先思考地球一天沿軸心自轉一圈的可能性。地球圓周約兩萬五千英哩（托勒密時代的人或回溯到古希臘時代的人，已經對地球尺寸有了接近正確的認知）。有鑑於這樣的周長，如果地球一天沿軸心自轉一圈，那地球表面赤道一帶的人便是以每小時一千英哩以上的速度（這是地表得在二十四小時內行進兩萬五千哩的速度）在運動。簡單來說，如果地球一天沿軸心自轉一圈，那你和我在地球表面上，目前正以每小時一千英哩的速度運動著。

我們就算以相對較慢的速度運動,也就是在腳踏車上或甚至在州際公路上的敞篷車上,都能清楚知道運動的效果。所以很確定地,如果我們正以每小時一千英哩的速度運動,我們應該會注意到運動的效果。既然我們(同樣地,在托勒密時代的人)都沒有觀測到這樣的效果,這就提供了地球沿軸心自轉的否證證據。

如果我們思考,地球繞著太陽一年繞行一周的可能性,情況就更戲劇化了。我們知道地球行經的軌道半徑幾乎是一億英哩。(順帶一提,托勒密時代的人們並不清楚太陽與地球的距離,即便如此,他們仍知道這距離很大。)有鑑於地球和太陽的距離,地球必須以每小時七萬英哩的速度運動,才能一年繞行太陽一周。但我們已經知道駕駛每小時七十英哩的敞篷車奔馳的劇烈效果,我們臉上感覺到每小時七十英哩的風,我們感覺到運動所造成的震動,我們如果打算在車上站起來,可能會整個翻跟斗……。很肯定地,如果我們以每小時七萬英哩的速度運動,我們應該會感覺到這運動帶來的一些影響吧。可是每小時七萬英哩的風呢?這麼劇烈的運動造成的震動去哪了呢?人怎麼可能站在以每小時七萬英哩運動的地球上呢?

簡單來說,如果地球在運動,這些會是我們預期要觀測到的明顯效果,有鑑於我們並沒有觀測到這樣的效果,我們就有很充分的理由相信,地球並沒有在運動。

再想一個普遍的論點,也是托勒密提出的。我的前院有一個大小適中的圓石,大約是四呎高、三呎寬。圓石就固定在那裡一動也不動,除非有人來推動它,否則它就不會動。此外,如果我要讓它運動,好比說用拖拉機推動它好了,只要我持續推動這塊圓石,它就會持續運動;只要我停止推動,它就不會繼續運動。

現在想像一下地球。地球看起來基本上也是一塊大石頭,遠比院子裡的圓石來得大而重,就如圓石一般,除非有人動它,否則它不會運動;地球如果沒有外力讓它運動,地球也不會運動。除非有什麼持續讓圓石運動,它才會持續運動;所以除非有什麼持續讓地球運動,地球也才會持續運動。但一開始顯然沒有哪種

夠大的力量能讓地球運動，即便真的有，也沒有什麼能讓地球持續運動。所以相信地球沒在運動，怎樣來說都是比較合理的。

總而言之，基本而常識性的論點，都為地球的靜止提供了充分理由。既然我們現在知道，地球同時沿著自己的軸心轉動並繞行太陽運動，那麼這些論點便是有缺陷的。不過這些常識論證看起來並沒有明顯缺陷，所以我們的前人得用盡天分並努力數十年甚至數百年，才得知我們怎麼可能在以上述那種速度運動下，卻無法觀測到預期該出現的結果。這是接下來幾章的故事。

｜來自運動物體的論點｜

來自運動物體的論點，是支持地球靜止的最有力證據之一，這個論點也是基於簡單的觀測。托勒密指出，一個落體會垂直掉落在地球表面上。此處，我將修改托勒密的論點，改用一個直直被上拋到天空的物體，然後把重點放在這物體會垂直地表上升後，以同樣與地表垂直的方向直直落下。此例背後的想法和托勒密完全一樣，雖然我認為用丟上天空的物體舉例，比較容易看出要點。我們將看到，一個物體垂直掉向地球的事實，以及一個被上拋的物體直上直下的事實，均意味著地球應該是靜止不動的。

要了解這個論點，我們得先討論運動中物體行進方式的普遍觀點，例如那些上拋而運動的物體該怎麼行進。請思考被拋出物體的兩種可能，並問問自己，哪一個比較接近實踐發生的情形。

在兩種可能中，都想像莎拉拿著一顆球，在滑板上、從左到右運動。當她這樣行進時，她將一顆球直直上拋，且在這段時間內都保持繼續行進。關鍵的問題是：當球在空中時，（在滑板上運動的）莎拉會從球下方離去，然後球會在她背後落地？還是球會在空中以弧形運動，最後落在她手中（或至少落在她手的附近？）

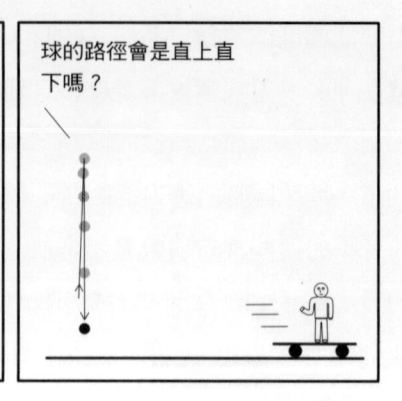

圖 10.1 球會按照這路徑落下嗎？

圖 10.2 還是球會按照這路徑落下？

　　這兩個選擇分別呈現在圖 10.1 和 10.2。現在問題是，球會像圖 10.1 描述的那樣，當球在空中時，莎拉會從球下方離去，然後球在她背後落地；還是會像圖 10.2 那樣，球會在空中以弧形運動，最後約莫回到她手掌一帶？再問問自己，在兩個選擇中，哪一個是你相信丟出去的球會發生的事。概括而言，這問題可說是，當我們在行進中朝正上方拋出一物體，那個物體會掉在我們後面？還是在空中以弧線運動後回到我們手上或手附近？

被問到這問題，多數人會選擇圖 10.1 的描繪，的確這看起來也比較像運動的常識觀點。但重要的是，如果你相信這是正確的運動觀點，那以邏輯一致性來說，*你應該也相信地球是靜止不動的*。

以下是原因。上圖中不管莎拉是站在直排輪上、運動中的汽車上、腳踏車踏板上，或是隨便什麼上面，結果都會一樣。這麼一來，我們可以說，如果莎拉這動作是站在運動中的地球表面做的，也會有一樣的結果。換言之，如果莎拉是站在運動的地表上，且她上拋的物體是像 10.1 那樣運動的話，那麼當莎拉站在她的前院，並把一顆球上拋，她就會從球的下方離去（因為她的運動來自她站在運動的地表上），球則會在她後方落下。但當我們把一個物體直直向上拋（或者在托勒密的例子中，我們讓一個物體直直落下），物體並不會在我們後方落地。這就是地球並沒有在運動的有力證據。

這又是一個否證論證的案例。如果地球在運動的話，那麼直直上拋的物體會在我們後方落地，但我們並沒有觀察到，上拋物體在我們後方落地；那麼，地球就沒有在運動。

如第四章所提示的，輔助假設幾乎總是出現在否證論證的案例中。在這個案例中，關鍵的輔助假設牽涉到運動的觀點。一般來說，這個論點若包含了什麼關鍵輔助假設，那就應該是：如果地球在運動，且圖 10.1 中描述的運動觀點是正確的，那麼上拋的物體就會在我們後方落地；但因為上拋的物體並沒有在我們後方落地，所以要不是地球沒有在運動，就是圖 10.1 中所描述的運動觀點是不正確的。

最終的結果是，地球確實是在運動，而圖 10.1 描述的運動觀點是不正確的。但圖 10.1 的運動觀點即便到了今日，也還是一個普遍（但錯誤的）被接受的運動觀點，在亞里斯多德世界觀更是主宰了大半時期。發現更正確的運動觀點是個耗費大量天分、努力和時間的任務，這會是後面幾章的主題。然而這邊要再次強調，儘管托勒密的論點最後證明是錯的，但這個錯誤依舊奠基於微妙而（即便到

今日也是）困難的運動問題上。

| 恆星視差的論點 |

在前言的第六段中，托勒密提到星星的「角度差異」總是不變，而在下一段中，他則指出這個關於星星的事實，支持了地球靜止不動的觀點。這論點又是另一個引人注目的地球靜止論點，我們需要花點工夫來了解。

托勒密提出恆星的角度差異在任何地方都一樣，這角度差異我們稱為「恆星視差」。托勒密指出，我們不可能觀測到恆星視差，而這支持了地球是靜止不動的觀點。要了解托勒密的論點，我們先來了解什麼是視差。

視差是因為你的運動（而不是物體的運動）而造成物體的明顯位置變化。舉例來說，把一支筆垂直舉在你眼前手臂的長度之外。筆不要動，你的頭往左右兩邊運動，接著留意筆和背景之間明顯的位置變化，這個明顯的物體位置變化，當然來自於你頭部的運動，而不是筆或背景物體的運動，這就是視差。提醒一下，這個明顯的物體位置變化起因於你的動作。

前面提到，當托勒密提起恆星的角度差異，在地球上每個地方都一樣時，他指的是我們無法觀測到恆星視差這個事實。如果發生恆星視差，代表星星的位置因為我們的運動而有了明顯改變（也就是說，星星彼此的相對位置有了變化）。托勒密的論點是，如果地球在運動，不管是沿軸心自轉還是繞行太陽運動，我們都應該會觀察到恆星視差。既然沒有，那地球就沒有在運動。

要把這道理看得更清楚，想像地球正沿著軸心自轉。前面提到，地球的周長大略是兩萬五千英哩，所以如果地球沿著軸心自轉，我們每小時應該會行進一千英哩。想像我們晚上出門，並小心標記數顆星星的位置，然後在幾小時後再一次小心標出那幾顆星星的位置。在這兩次觀察之間，我們（如果地球沿軸心自轉的話）已經走了好幾千英哩，而既然我們已經運動了數千英哩，我們就應該觀測到

先前標記的數顆星星有了明顯的位置變化（這改變是來自於星星彼此相對位置的改變）。也就是說，我們應該能觀測到恆星視差；但我們完全無法觀測到這視差。所以（這就是托勒密的重點），地球應該沒有沿著自己的軸心自轉。

這個情形如果考慮地球繞著太陽運轉的可能性，就更為戲劇化了。前面提到，在托勒密的時代，還無法精準預測地球到太陽的距離，但現在我們知道是將近一億英哩，不過他們至少知道那距離非常大。用我們目前所知的距離來說明好了，如果地球繞行太陽，那我們從此處抵達軌道上最遠一點，就大約行進了至少兩億英哩。現在回想一下前述筆和背景物體的視差例子。在那個例子中，光是你的頭運動了幾英吋，就會導致清晰可察覺的視差；所以如果我們行進了兩億英哩，那顯然不可能觀察不到恆星視差。但又如托勒密指出，我們並沒有觀測到這樣的視差，所以我們應該沒有在運動。簡單來說，托勒密恆星視差的論點，為地球沒有在運動提供了一個極為有力、邏輯紮實且根據經驗的論證。

這又是一個否證論證的例子，因此就像平常一樣，會有多個輔助假設潛伏在表面下。在繼續往下閱讀之前，你可能會想暫停一下，看看自己是否能認出這個案例中的關鍵輔助假設。

在此情形中，關鍵的輔助假設牽涉到距離。你可能已經注意到，在探討視差例子時（比如筆），視差的量會因物體和你的距離而有很大的變化，當物體愈遠，變化的幅度就愈小。所以缺乏恆星視差的另一個解釋是，星星和我們之間的距離是難以置信地遠。但是（這是了解我們前人論證的一個要點）要記得，如果地球繞行太陽，那從軌道這頭到另一頭最遠端的距離就很長，幾乎有兩億英哩。而我們行進了這麼長的距離，卻仍然沒有可偵測到的恆星視差，那星星離我們實在非常（我是說難以置信、不可思議）地遠。

因此，這裡牽涉的論證其實像下面這麼長：如果地球在運動，而星星不是不可思議地遠，那我們應該觀察得到恆星視差；但我們沒有觀察到這樣的視差，所以要不是地球沒有在運動，不然就是星星在不可思議的遠處。

本節結束前提供一個重點。回想一下前面幾章描述過關於前人對宇宙大小的觀點。在他們的觀點中，他們設想的宇宙相當大，但絕對比不上我們今日所想像的那麼大。你我都不難接受宇宙如此之大，因為你我都是在一個大宇宙信念符合世界觀的情況下接受教育長大的。然而，宇宙如此巨大的信念，難以符合亞里斯多德的信念拼圖。有鑑於當時的世界觀，難以想像的巨大宇宙概念並非一個可行的選擇。從這個角度來看，恆星視差的論點為靜止的地球，提供了另一個相當有力的論點。

本節真正的最後要點是，最後科學家還是觀測到恆星視差了，儘管第一個準確的測量一直要到 1838 年，也就是托勒密寫下《天文學大成》後的一千七百年才出現。但事實上，恆星視差的偵測為地球確實繞著太陽運轉，提供了某些最有力的經驗證據。

地球是宇宙的中心

如果一個人接受地球是球形且靜止不動的觀點，那麼他會認為地球位於宇宙的中心，似乎也很自然。的確，地球位於宇宙中心的觀點是一個最能和其他相關信念相符的信念。《天文學大成》前言的第五節，特別處理了托勒密將地球視為中心的理由。在該段中，他提到一些《天論》裡亞里斯多德的論點，很顯然地，托勒密在為亞里斯多德的論點背書。接下來，將呈現亞里斯多德與托勒密的混合論點。

其論點提出，地球顯然是宇宙的中心。月球、太陽、恆星和行星似乎都繞著地球轉，那很自然地就能想到，它們繞行的共同點——也就是地球——就是宇宙的中心。換句話說，地心觀點是最直截了當的選擇。（順帶一提，月球和太陽似乎繞著地球轉是廣為人知的，但恆星和行星也繞著地球轉，就沒有那麼多人知道了。下一章會更完整討論這部分。）

此外，回想一下在亞里斯多德世界觀中，土元素的天性趨向朝著宇宙中心運動，而火元素的天性趨向朝著邊緣運動而遠離中心。這就是石塊掉落而火焰向上燃燒的原因。既然地球主要由土元素構成，而該元素的自然位置就是宇宙中心，那地球很自然就位居宇宙中心。

回想一下前面關於運動物體的討論。一個物體，如前院的一個圓石，除非有東西去推動它，否則它不會運動。既然地球基本上是由土元素所構成，自然會位在宇宙中心，除非有東西去推它（就像前院的圓石），否則地球不會運動；況且似乎沒有什麼東西可以推動地球（同樣地，請見前面討論），那最合理的結論就是，地球自然位於宇宙中心，而且不會從這裡移走。

重物有朝向宇宙中心運動的天然趨向，這觀點引起另一支持地心說的想法。既然地球是球形的（請見前面討論），有鑑於前面觀測到，掉落的物體會垂直落到地表上，很立刻讓人聯想到地球的中心應該就是宇宙的中心。要看出這個，想像一下全球各地不同的落體。這些物體都朝著宇宙的中心運動，它們下落路徑形成的直線，應該都朝向宇宙的中心。既然各條直線（延伸的假想線）會合於地球中心，那麼地球的中心就是宇宙的中心。

正如地球靜止不動的論點，要注意到這論點如何企圖和亞里斯多德世界觀的其他信念互相連結與依存。例如，許多剛剛提到的論點，都緊密仰賴物體在宇宙中有自然位置的觀點。這再一次強化了第一章的論點，也就是在整個信念拼圖中的個別信念都會互相緊密聯繫，且很難在不全盤改變整塊拼圖的情況下，改變其中的許多信念。

結語

回到本章開頭舉出的論點，我們的前人有充分理由相信地球是球形、靜止不動且位居宇宙中心。關於地球是球形的論點，最後證明是完全正確的。但關於地

球靜止不動和位居宇宙中心則被證明是錯的，但是錯在一些微妙且一點也不明顯的地方。就如前面提到的，必須結合科學史上最知名的人物，經過幾十年甚至幾百年的努力，才能找出一個與運動中地球兼容的新信念體系。

這裡完成我們對支持地球是球體、靜止不動、位於宇宙中心的主要論點的調查。最終新證據會出現，並指出後面兩個信念是錯誤的，而這會對亞里斯多德世界觀造成很嚴重的衝擊。而且前面也提及，最終，這個世界觀將被牛頓世界觀所取代。從亞里斯多德世界觀到牛頓世界觀的轉變，和許多宇宙結構的理論有著重要關係。有鑑於此，接下來探討的領域便是這些理論所引用的資料，然後我們會直接觀察這些天文理論本身。

第十一章
天文資料：經驗事實

接下來幾章，我們將開始觀察托勒密、哥白尼、第谷和克卜勒的天文理論，一邊了解從較舊的亞里斯多德觀看宇宙的方式轉變到較新的牛頓宇宙觀時，所涉及的一些因素和問題。這個轉變與剛剛提到的天文理論密切相關，所以作為理解這些理論的背景，我們必須先了解，這些理論當初設計出來時，企圖處理哪些資料。

就如前面所討論的，不管我們對理論還有什麼要求，它們至少都得解釋並預測相關資料。換句話說，一般來說會有一群事實和某特定理論相關，而那個理論可以解釋並預測那些事實。

此外，如第三章討論過的，「事實」的概念並不像初見那麼直截了當。某些事實是相對直接的經驗事實，最明確的例子就是直接觀測，比如觀測我住在哪裡，或是太陽早上六點三十三分出現在東方地平線上；但也有一些哲學性／概念性事實，也就是那些普遍受到強力支持，且經常看起來像是經驗事實的信念，但最終證明其實是基於個人的世界觀，而非直接的經驗觀察。

接下來這兩章的主要目標，是解釋和托勒密、哥白尼、第谷和克卜勒的天文理論有關的主要事實，同時也包括了經驗和哲學性／概念性事實。本章我們將專注於一些較重要的經驗事實上，下章則會談到哲學性／概念性事實。

托勒密、哥白尼、第谷和克卜勒的理論是天文理論，所以這些理論要解釋並預測的相關事實，首先是天文事件。當我說「天文事件」時，我指的是關於天體，比如月球、太陽、恆星和行星的事件，這些事件主要和它們被觀察到的運動有關。接下來要呈現的，儘管並非這些天體全部的運行目錄，但仍能讓我們好好了解各

種天文理論必須解釋和預測的經驗之事實範圍。

重要的是，這一章是談到相關的經驗事實，所以當我們談到運動時，我們強調的是*觀測到的*太陽、月球、恆星和行星的運動。例如，當我們提到火星的運動，不是在問火星走的是橢圓形軌道、圓形軌道還是任何形狀的軌道，重點在於觀測到的火星運動。更具體來說，夜空中有個可見光點，一般約定稱作「火星」，這個光點以某種特殊的方式運動（等下會有更完整的描述）。當我們提到火星運動時，我們在講的是那個光點如何經過夜空，就是這樣直截了當出於經驗，且可直接觀察的事實。

記住這點，那就從觀察到的恆星運動開始。

恆星的運動

恆星似乎以一種規律的模式運動，大約每二十四小時重複一次。例如，假設你在北半球，你晚上九點出門觀測恆星。假設你專注在我們稱作北斗七星的幾個光點上，整個晚上你將注意到北斗七星繞著我們稱作北極星的光點，作反時針圓周運動。如果你站在原地整整二十四小時，你當然會在白天失去北斗七星的蹤跡，但夜幕重新低垂時，你將看到北斗七星似乎又持續它繞著北極星的圓周路線。二十四小時後第二天晚上九點鐘，你會注意到北斗七星非常接近前晚九點鐘的位置。簡單來說，北斗七星以及其他靠近北極星的恆星，似乎以北極星為中心做圓周運動。此外，這樣的恆星似乎約每二十四小時就繞行北極星一圈。

假設隔天晚上你出門觀察那些離北極星較為遙遠的恆星，比如那些近黃昏時接近東方地平線的恆星。當夜色漸深，你會看到這些恆星以弧線（很像太陽越過天空的弧線）運動，最後在西方地平線落下。再一次地，如果你觀察整整二十四小時，你會看到同樣的恆星大致來說，會位在和前晚在幾乎同樣的位置。

南邊天空的恆星也循著這條弧線經過天空，從東南方地平線升起，從西南方

落下。再一次地,這些恆星二十四小時後可在接近原來位置之處找到。

最後兩點也值得一提。首先,前面的觀察假定你是從北半球觀察恆星。如果你在南半球,你會看見不同的恆星(比如說,你就無法看見北極星),但運動的模式與上述類似。

第二,當每顆特定的恆星經過天空時(除北極星以外,北極星的運動微乎其微),它和其他恆星的相對位置保持不變。也就是說,恆星以一整組的形式越過夜空。如果你挑選一顆特定的恆星觀察,這顆被你標出路徑的恆星,在空中相對於其他恆星,總會維持相同位置。這就是為什麼恆星傳統上被稱作「固定星」(fixed stars)。它們不是真的固定在原位——它們似乎每二十四小時繞地球一圈——但它們會整組一起運動,和彼此保持固定的相對位置。

總之,我們稱作恆星的光點,以某種可預測的模式運行,而這模式遠在有歷史紀錄之前就被察覺到了。接著,我們來思考太陽的運動。

太陽的運動

太陽最清楚而直接的運動,就是每日穿過天空的運動。太陽從東方升起,以弧線跨過天空後朝西方落下,約莫二十四小時重複這個過程一次。

此外,太陽從東方地平線升起的點,一年當中會做南北向的運動。冬至當天(這是冬天之始,整年白日最短,約在每年 12 月 22 日前後),太陽從東方地平線升起的點最為偏南。接下來幾個月,升起的點逐漸北移,到了 3 月 22 日前後(春分,即春季第一天),太陽幾乎在正東方升起,白晝和黑夜將接近一樣長(因為一些複雜的理由,和一般認為的相反,白晝和黑夜在春分那天並沒有那麼均等,但這裡可以暫時忽略)。接著幾個月後,地平線上的升起點持續北移,直到夏至當天(夏季第一天,整年當中白晝最長的一天,約在 6 月 21 日前後)抵達其最北端。接著日出點又開始南移,在秋分當天(秋季第一天,接近 9 月 22 日)

抵達正東方。最後，接下來幾個月日出點持續南移，到了 12 月 22 日左右又抵達最南端，開始冬季的第一天。這樣的循環一年年重複，遠從我們知道以來都是如此。（順帶一提，要再次注意我描述的是北半球觀點，南半球也能觀測到太陽同樣的運動，但上面的某些描述會不一樣，比如說季節。）

太陽的運動還不只於此。太陽在天空中相對於恆星的位置每天都不一樣，儘管好像無法直接標記太陽和恆星的相對位置，但其實這並不難。如果你在日落時出門，然後在落日後立刻記下在西方地平線上有哪些可見的恆星，你會注意到每個傍晚恆星的位置都稍微不同。以恆星做參考點，太陽相對恆星似乎每日都朝東飄移一些。換句話說，太陽相對於恆星，每天位置都稍微向東飄移一些。（接下來我們也會發現，行星也會這樣飄移。這就是為什麼在天文學中，會描述太陽和行星一年會出現在不同星座上。舉例來說，當太陽相對於恆星朝東飄移，也許有一個月會靠近摩羯座，因此在占星師就說太陽位在摩羯宮，接著下個月在雙子宮等等。）

太陽較為明顯的動作在此描述完畢，接著來簡短思考月球的運動。

月球的運動

月球的運動更複雜，但我們只會簡略描述一些較明顯的運動。月球在晚上（多數是在晚上，但絕不是所有晚上）可以看到，像太陽一樣從東方升起，以和太陽類似的弧形跨過天空，然後在西方落下（不一定要在天黑時）。不像恆星和太陽，月球不會在二十四小時後重新升起，而是每一夜都比前一夜再晚一些升起（延遲的時間每年都不同，但平均來說是比一小時短一些）。

月球也會經歷不同的月相，大約略多於二十九天完成一個月相循環。也就是說，月球有時會是新月，有時是弦月，有時是盈凸月，有時是滿月……。而且不管今晚是什麼月相，每過二十九天又多一些，就會回到同樣的月相。

就像太陽一樣，以恆星為標準來看，月球也會向東飄移，但飄移的速度比太陽快。以恆星為準，月球大約每二十七天便會回到同樣的起落點。換句話說，如果你今晚出去標記月球相對於恆星的位置，大約在二十七天多一些便會回到同樣的相對位置。

　　如前所述，這也不是月球唯一的運動，但這是較為明顯的運動。現在我們進入更複雜的行星運動。

行星的運動

　　討論行星運動時要小心。你我都生長於科技主宰的時代，生來就藉著哈伯太空望遠鏡或那些飛近、甚至降落在行星上的驚人科技，而有幸一睹行星照片。

　　因此我們立即浮現的行星印象，和現代科技尚未出現前人們的行星印象非常不同。但先記得兩個重點：首先，我們進行這個討論，作為討論托勒密、哥白尼、第谷、克卜勒天文系統的基礎，他們沒有一個使用過我們所擁有的科技。第二，我們討論的是經驗事實，在多數明確的案例中包含了直接觀測資料。

　　所以問題是，我們對行星有什麼樣的直接觀測資料？換句話說，如果我們限制自己以肉眼直接觀測，那行星的事實是什麼？

　　第一點要注意，在任一個晚上，一個稱作行星的光點看起來與一個稱作恆星的光點，並沒有什麼可鑑別的差異。概括而言，恆星和行星看起來相當像。

　　順帶一提，你可能聽說過恆星會閃爍、行星不會，確實這有一點點正確。但我從沒遇過哪個不夠精通夜空的人，可以光透過光點閃爍與否，就分辨出恆星和行星。一個人只有在學會了如何分辨恆星和行星——靠著其他標準——之後，才會開始注意到閃爍／不閃爍的面向。

　　此外，在任一個夜晚的範圍內，我們稱作恆星的光點以及那些稱作行星的光點，是以類似的方式運動；也就是所有的光點，不管是恆星還是行星，每晚都以

前面段落中所描述的恆星運動方法橫越夜空。

簡單來說，如果一個人不知道怎麼分辨恆星和行星，那不管哪個晚上他都沒辦法找到任何差異。然而回到信史時代之前，我們的前人就已分辨出夜空中的五個光點和其他數以萬計光點之間的差異。差異一開始是基於這五個光點的運動方式，不是一個晚上的運動路徑，而是許多晚上運動方式所連成的路線。（順帶一提，我們一般認為有九大行星。但在 18 世紀望遠鏡進步之前，已知的行星只有肉眼可看見的幾個，分別是水星、金星、火星、木星和土星。）

前面提到，單靠一個晚上的觀察，一顆行星（至少以肉眼來說）通常和一顆恆星沒什麼不同。例如，你連續觀察木星的路徑好幾個鐘頭，你會看見它和固定的恆星一起運動，一般來說看起來和恆星沒有不同。但如果你連續好幾天或好幾週仔細觀察木星路徑，你將會注意到，木星就像月球和太陽一樣，相對於恆星，它的位置會飄移。一般來說，相對於恆星的位置，木星每晚相較前個晚上會極小量地東移，而經過幾週或幾個月後，木星相對於恆星會很明顯地向東飄移。

也值得一提的是，行星不像恆星，它們的亮度會因時間不同而有明顯變化。譬如，當金星看得見的時候通常都相當明亮，但某些時候就是比其他時候亮（最亮時，金星接近飛機起降燈那麼亮）。其他行星的亮度差異沒有像金星那麼劇烈，但是五個肉眼看得見的行星，亮度都各自因時間而有明顯不同。

一般來說，這是行星和恆星唯一的明確觀測差異。至少從信史以來，成千上萬個被稱作恆星的光點，彼此相對都維持在固定位置上。且一般來說，每顆恆星的亮度也始終幾乎一樣，但這五個我們稱作行星（以希臘文的「流浪者」命名）的光點相對於其他恆星，它們會飄移，且在不同時間有著亮度變化。

任何一個充分的天文理論都應該能說明這些觀測。比如說，這樣一個理論必須能說明木星的亮度變化和飄移，也要能預測一年後木星會出現在夜空的何處。

行星飄移的天性讓預測行星位置，相較起預測恆星位置，要來得難多了。但情形還更複雜，例如，儘管一般來說木星相對於恆星，每晚都會稍稍向東飄移一

些，但一年中有一次會停止飄移幾天，然後開始往「錯」的方向飄移，也就是說向西飄移。在向西飄移數週後，它會再次停止飄移幾天，然後重新開始一如往常地整年向東飄移。

這個詭異的行星「掉頭」飄移稱作*逆行運動*。所有的行星都會出現逆行運動，儘管間隔並不一樣。木星和土星大約一年出現一次逆行運動，火星大約每兩年，金星大約一年半，水星一年大約三次。

行星的運動，尤其是詭異的逆行運動，讓行星成了發展精準解釋預測的天文理論時最麻煩的項目。等下會看到，即便如此，能夠在解釋和預測上表現傑出的理論還是發展了出來。

在結束前，還有一些關於行星最後的經驗事實值得一提，這些事實看起來並不重要，某方面來說也的確如此，但之後會在判定相互競爭天文理論的對錯時，卻發揮出重要作用。首先，水星和金星從不遠離太陽；也就是說，不管太陽在天空何處，水星和金星都很靠近太陽。如果你在手臂距離外拿一把一呎長的尺，那這就是金星看起來在空中離太陽最遠的距離，而水星距離更近。

關於這事實的一個推論是，你只能在太陽升起前不久或剛落下後看到水星和金星。舉例來說，有時金星跟在太陽後面，所以日落後金星就會在西方天空的不遠處。剛剛提到，金星永遠不會在西方地平線上比一把尺還高的高度以上，且會在日落後幾小時內就在西方地平線落下。或者一年中有些時候，金星在凌晨日出前升起，有幾小時可以看到金星，直到太陽跟著升起。

另一個似乎不重要，但也在判定相互競爭天文理論的對錯時起重要作用的事實，是關於火星、木星和土星的明顯亮度，還有這些行星出現逆行運動的時間。前面提到，所有行星顯現出的亮度都各有不同。以火星來說，每兩年就會明顯地更亮。前面提到火星每兩年就會出現一次逆行運動，結果發現，火星的逆行運動和火星最明亮的時間是密切相關的。也就是說，火星總是在逆行運動的同時最為明亮。木星和土星也一樣，它們總在出現逆行運動的同一段期間最為明亮。

不同的天文系統會以不同的方式解釋這些看起來不重要的事實。接下來幾章會看到，有些系統能用比較自然的方式解釋這些事實，而這將在哪一個天文系統最為適合的爭辯中成為考量因素。

結語

天文理論必須注重的經驗事實不管怎樣都不簡單，但相對而言是比較直接簡明的。人們很早就知道這些事實——有一些最早的、數千年前的主要文明，已經很熟悉這些事實。不過我們會發現，要在一個天文理論中說明這些事實並不簡單；也就是說，要發展出一個能準確預測這些事實的理論，已證明並不簡單。在繼續思考這些理論之前，我們必須探討這些理論必須注重的其他事實，即關於月球、太陽、恆星和行星的哲學性／概念性事實，這些事實在天文理論的辯論中扮演重要的角色。這些哲學性／概念性事實是下一章的課題。

第十二章
天文資料：
哲學性／概念性事實

這一章我們要觀察和我們思考過的天文理論相關的關鍵哲學性／概念性事實。其中扮演最重要角色的兩個事實，是我們稍早提過的正圓事實和等速運動事實，這部分曾在第三章討論過，現在會更小心地探討它們。

正圓事實和等速運動事實按理來說很容易陳述。正圓事實是說，像月球、太陽、恆星、行星這些天體，都以正圓形運動（而不會有其他類型的運動，比如說橢圓形）。等速運動事實是說，這些天體的運行速度是一致的，也就是說它們不會加速也不會變慢，總以同樣的速度運動。

儘管這樣的事實比較容易陳述，但如果不了解這些事實的脈絡，就沒有辦法真正了解這些事實，以及先人對這些事實的信念有多深。所以本章的主要目標不只是了解正圓和等速運動事實，更要看這些事實如何符合更廣的信念脈絡。探討這個主題也讓我們更了解，亞里斯多德拼圖有多少片能夠互相符合。

我們先從思考一個前人遇到的科學大難題開始，接著會看看正圓和等速運動事實，如何符合這問題的解答。

關於天體運動的一個科學難題

在我們受教育的某些時刻（在很多情況下是多數時刻），我們常被要求背誦慣性原理，即牛頓第一運動定律。由於背誦的方法太有效，我認識的人大半在多年後仍可無誤地背出該定律。慣性定律通常被這樣陳述：

慣性原理：運動中的物體會維持直線運動，靜止的物體會維持靜止，除非受到外力作用。

這個原理在 17 世紀以前都沒有被意識到，是在花了相當多努力，經過多年之後，才被清楚正確地陳述出來。伽利略幾乎要找到它，接著笛卡兒成為第一個清楚陳述這原理的人。牛頓跟隨笛卡兒的陳述，把它合併到自己的科學中做為他的第一運動定律。

為什麼這條幾乎最廣為人知（至少最廣為人背誦）的科學原理要過這麼久才能誕生？最主要的原因是，這和我們的經驗相違背。想想我們日常經驗中的運動物體，你印象中有哪一次一個運動中的物體是持續運動的？在日常經驗中，事實上運動的物體從不持續運動，它們最後總是會停下。丟出去的棒球、飛盤，落下的物體，腳踏車、汽車、飛機、樹上掉下的橡子、蘋果，一般來說，所有我們熟悉的物體，除非有什麼讓它繼續運動，否則最後都會停下來。

簡單來說，我們的日常經驗會使我們見識另一種非常不同的運動原理，這種運動原理是從亞里斯多德直到 17 世紀，看起來都明顯正確的運動觀。方便起見，我簡單用這句話來說明 17 世紀以前的運動原理。

1600 年以前的運動原理：一個運動的物體終將停止，除非有什麼維持它運動。

這個運動原理看起來蠻正確的，既符合我們的日常經驗，也合乎亞里斯多德世界觀的觀點，也就是物體自然會朝向宇宙中的自然位置運動。舉例來說，想像一塊掉落的岩石，這塊岩石主要由土元素構成，所以擁有和土元素一樣朝向宇宙中心前進的天然趨向。所以當一塊岩石落下時，讓它持續落下的是其內在朝向自然位置運動的天性。它終究會停下來，但通常是因為被地表擋住。即便沒有像地

表這類東西擋住它,它最後還是會在抵達自然位置(也就是宇宙中心)時停下來。簡單來說,一個運動物體除非有外力讓它持續移動,否則就會停下來,不只是日常經驗支持這樣的觀點,這觀點也和亞里斯多德信念拼圖中的其他信念相符。

目前為止都很好。但還有一種運動是有問題的,那就是像月球、太陽、恆星、行星這些天體的運動。在我們每天的經驗中,這些是唯一會持續運動、永不停止的物體。這些物體從信史以來,就以規律而持續的模式(如前章所述)在運動。

但如果天體在持續運動,且如果運動中的物體除非有什麼外力讓它持續運動,否則就會停下來。那麼,我們很快便會想到,一定有什麼讓這些天體持續移動。這個運動的源頭是什麼?什麼會讓月球、太陽、恆星、行星持續運動?

針對運動源頭的問題,我們可以導出一個立即的結論。不管那是什麼,如果這個運動源頭是物體本身的運動,這結論就沒辦法提供我們對天體運動的徹底了解。要了解這一點,想像一下一種常見的運動起因,就像我用手指推筆移過桌面的情形一樣。在這個情形中,運動的源頭——我的手指——自己在動,但在這種情形下,我手指的動作自身必須要有動機,所以要完全了解筆的運動,我們不能只了解筆被我的手移動了,還要了解我手指的運動源頭。

總括來說,如果有個運動源頭是它本身在移動,那麼那個運動源頭本身一定另有一個運動源頭。所以一個完整的了解,包括了了解運動源頭本身怎麼運動。

有鑑於此,我們無法訴諸任何一種本身會移動的原因,來解釋天體運動。那麼,能造成天體移動的應該是一個本身不*運動*的運動源頭,且只有一種運動源頭本身不會運動。這樣的運動源頭不是那種忽然就能想到的,可能要以舉例的方式來說明。

假設我在一個公園裡,我看見我太太遠遠在公園另一頭。「啊,親愛的!」我呼喊著走向我太太。要注意到她本身可能沒有在移動,她甚至可能沒發覺我的存在。但即便她沒有動,也沒有意識到我的存在,她仍然是我運動的原因。她藉著成為一個欲望的對象而造成了我的運動,這樣她便成了一個本身不移動的運動

源頭。

另一個例子：假設你在房間另一頭的地板上看到二十元美鈔，你想要拿到它，便朝它走去。你想要鈔票的欲望是你運動的源頭，藉此錢便成了本身不會移動的運動源頭。

當然，恆星和行星並不是因為對我太太的欲望或是對錢的欲望而運動，但這樣的例子似乎是本身不會移動的運動源頭的唯一情況，所以這個——一個關於欲望對象的案例——應該也是符合天體運動的同一種運動源頭。

什麼樣的欲望對象會是天體的運動源頭？亞里斯多德繼承了一種傳統，這傳統可以回溯到連我們都不確定源頭的過去，就是把天空視為一個完美之處。完美深植於天空絕不會改變的本質，唯一的改變只在月球、太陽、恆星和行星的位置。就如亞里斯多德在《天論》中提到的：「在整個過去中，根據世代相傳的紀錄，不論是整個遙遠天空的整體或是其中一部分，我們都沒有找到任何改變的跡象。」

既然天空是個幾乎完美不變的地方，那麼唯一一種絕對完美就是神祇們的完美。所以就像我出於想接近太太的欲望而移動一樣，天體的移動也應該是出於一種想要效仿神祇之完美的欲望。而天體要效仿神祇之完美的最好方式，就是進行完美的運動，以正圓形運行，以不變的等速運行，這便是最完美的運動。

總結來說，神祇提供了月球、太陽、恆星和行星運動的源頭，神祇自己本身並不移動，而是做為一個欲望的對象。特別是天體以等速進行正圓形運動，來效仿神祇的完美。有鑑於時代脈絡，對於本身不移動的運動源頭的需要，便是對於天體永恆不變運動的最好解釋。

| 三個警語 |

結束本節之前，先提出三個小提醒。首先，上面用到的欲望概念，是個迎合

當代讀者的用語。就像我們有古希臘人沒有的概念和學說一樣，古希臘人同樣有我們沒有的概念和學說。其中一個是關於無意識欲望的概念，或者我偏好把它當成一種天然、內在且具有目標的傾向。這概念不像任何我們現有的東西，我們對無意識欲望的認知，是一種佛洛依德式的無意識欲望，但佛洛依德的無意識欲望只被用在有意識行為者的脈絡中，所以和古希臘的概念完全不同。一般來說，絕對不能把行星完美等速運動的「欲望」，想成是該行星想著「天啊，我真的好想像神祇一樣，所以我想繞一個正圓形運動。」所謂的「欲望」，是一種無意識的欲望，或者更適當地說，一種天然、內在且具有目標的趨向。

第二（這個連接到剛剛的要點），前面我們討論過在月下區域（也就是月球以下包括地球在內的區域）有四個基本元素（地、水、氣和火），以及只存在於超月區域（也就是天堂，月球及以外的區域）的第五元素以太。實際上，只有以太元素才有效仿神祇完美的無意識欲望，或稱作自然趨向。也就是說，以太的必然天性是以正圓形和等速運動。這樣一來，關於以太的描述方式，就和關於四個月下元素地、水、氣和火的描述方式沒有什麼不同。舉例來說，回想一下土元素有抵達宇宙中心的天然且具有目標的趨向（也可說是無意識的欲望），而這就是該元素的本質，這就是岩石會往下掉的原因。所以同樣地，以太也有本質，也就是會以等速做正圓形運動，而這就是天體那樣運動的原因。

最後，亞里斯多德自己對於神祇的概念，不可被轉譯為任何一種宗教的認知。亞里斯多德的神祇是真正的「東西」，他們必須能成為天體移動的運動源頭。這些神祇是「不動的移動者」，他們是運動的源頭，但他們自己不動。亞里斯多德自己對於神祇的討論是複雜的，且他有關神祇的著作要怎麼翻譯也仍有爭議。但很清楚的是，亞里斯多德認為神祇代表某種智能的完美，他所謂的神祇並不是任何一種宗教神祇。舉例來說，這些神祇和宇宙的起源沒有任何關連，祂們也完全沒意識到地球上發生了任何事情，祂們對我們的存在渾然不覺，因此向祂們祈禱也沒有意義。在接下來幾個世紀中，在亞里斯多德之後，猶太教、伊斯蘭教還

有基督教哲學家及神學家，多少將宗教混合了亞里斯多德觀點，亞里斯多德的非宗教神祇也因而轉型成猶太教、伊斯蘭教和基督教傳統中的上帝。這位宗教上帝繼續為天體的持續運動提供了所需的解釋。

這個情況可否用在運動的地球上？

在第十章裡，我們探討了將地球視為球狀、靜止以及在宇宙中心背後的理由。回想一下其中有些理由，和沒有什麼可以讓地球持續運動的主張有關。

我常被問到，有沒有一個和上面類似的案例，可以用來解釋運動中的地球。如果持續運動天體的解釋，根於它們的內在本質是持續以正圓運動這樣的觀點，那為何不能替地球找一個類似的本質？為什麼我們前人不能說土元素的本質是圓周運動，比如說繞行太陽，然後用這個來當作地球運動的解釋？

這是個好問題，找出答案有助於說明亞里斯多德信念拼圖中，每一片拼圖之間的互相連結。問題的答案並不是說，把土元素的本質視為圓周運動（比如繞行太陽）會有本質上的矛盾，畢竟如果把以太視為有作圓周運動的內在本質是沒問題的，那麼把土元素說成有類似情形，也不能說本質上有矛盾。

所以這問題的答案不是圓周運動的土元素有什麼本質矛盾的問題，而是要思考作圓周運動的土元素能否符合整個信念的拼圖。結果是無法符合，這就是無法將土元素視為具有圓周運動內在本質的理由。

要了解這一點，可以想像我們試著接受土元素具有圓周運動的內在趨向，然而這會讓最明顯的日常現象馬上沒了解釋。比如說，我們再也無法解釋為何岩石會落下，石頭想必是由土元素構成，當放開它時，它會朝地表作直線運動。如果土元素的本質是作圓周運動，那岩石就不會朝地表掉落了。

同樣地，我們也無從解釋是什麼讓我們停留在地球表面。亞里斯多德的解釋是，我們多半是由較重的土元素和水元素組成，而這兩種元素的天然趨性都是朝

下，這就是我們停留在地表上的理由。但同樣地，如果我們認為土元素天生會作圓周運動，那我們就失去了這個解釋。

此外，土元素有持續作圓周運動的天然趨向，這想法會和土元素是最重元素的觀察結果相衝突。地球，身為由最重的元素所構成的龐然大物，應該是目前為止宇宙中最重的物體。相對地，以太被認為是一種特別且極輕（也許無重量）的元素，托勒密在他的《天文學大成》前言提到，要宇宙中最重且最難移動的物體持續運動，實在不太合理；反過來說，認為宇宙中最重的物體保持靜止，而最輕的物體──由以太構成的物體──持續運動，就合理多了。

簡單來說，以土元素有作圓周運動的天然趨向來認為地球在運動，是不可行的選擇，因為這觀點不符合整個信念拼圖。更概括地說，不管為了什麼理由採納地球正在運動的概念，都需要打造出一個全新的拼圖，一個新的世界觀。最後，這樣的一個新拼圖還是會被打造出來，但要等到新發現出爐，那多半要到17世紀了。而且如前面多次提到的，打造新拼圖需要花很多苦工、時間和才能。

結語

如上所述，且亞里斯多德也提過，天堂是完美地帶的想法可以追溯到信史之初。認為天上有特別美麗的物體，以不變而持續的模式運動，且這模式幾千年都不變，這是可被了解的想法。亞里斯多德自己也繼承了天堂是完美地帶這樣的傳統，當他發展比過往觀點更完整的個人觀點時，有關完美的想法依舊保留了下來。

如前所見，天堂是完美區域的想法提供了一個了解天體如何持續運動的方法。但這個解釋夾帶著天體必須以正圓等速運動的概念。由此，正圓等速運動的事實變得異常鞏固，且對我們前人來說實在是再明顯不過了。每個人都知道行星以等速做正圓形運動，這根本是種常識。對他們來說，這是明顯的事實，而這事

實和我們上章探討的經驗事實並沒有明顯區別。

得利於後見之明，我們如今知道正圓和等速這兩個事實完全不是事實。這些是哲學性／概念性事實，是看起來像經驗事實的信念，且最後證明多半是根基於整體的信念體系中。接下來幾章，將探討這些事實（前一章討論的經驗事實，還有正圓和等速運動的事實），如何合併入托勒密和哥白尼的系統中。

最後做為一點預告，在本書第三部分將看到某些我們抱持的事實——對我們來說是明顯且經驗的事實——最後如何根據最近的發現，而變成錯誤的哲學性／概念性事實。在某種意義上，這讓我們處在一個和前人在17世紀類似的情形，就像新發現迫使他們重新思考長久以來當作明顯事實的信念一樣，最近的發現也迫使我們重新思考，一些關於我們居住的宇宙是什麼樣的基本信念。

第十三章
托勒密系統

從亞里斯多德世界觀轉變至牛頓世界觀的關鍵，牽涉到相互競爭的宇宙結構理論。在接下來幾章中，我們將看到與這轉變有關的核心天文理論，有些是地心說，有些是日心說，我們先從托勒密的系統開始看起。

本章主要目的是提供這系統的輪廓，這系統呈現在托勒密的《天文學大成》中，在西元 150 年左右發表。之前提過，《天文學大成》是部龐大精巧的作品，將近有十三本共七百頁。我們將從托勒密系統的背景開始，接著再看系統的詳細內容。

背景資訊

就如任何理論一般，托勒密系統需遵守相關事實。在這裡，相關事實包含了第十一章討論過的絕大多數經驗事實，以及前一章討論過的正圓形等速運動這種哲學性／概念性事實。

一般來說，托勒密系統成功遵守了這些事實。他的系統清楚地遵守正圓這項事實，整個用在天體運動上的方法都只使用正圓。接著我們也將看到，在等速運動這點他遇到一些麻煩，但他至少試圖在某些意義上遵守這個事實。

說到經驗事實，他的系統的確表現不俗。也就是說，當要解釋並預測第十一章討論的事實時，儘管他的系統並不完美（少有系統完美），但出錯的幅度很小。舉例來說，如果我們用托勒密系統來預測火星一年後的今天會出現在夜空中的何處，或是用這個系統來預測火星下一次的逆行會出現在何時、運行多久，預測會

和我們觀察的結果非常接近。非常值得強調的一點是，不論是托勒密生前，或是托勒密身後一千四百年內出現的宇宙理論，沒有一個在預測和解釋上能與托勒密相提並論。《天文學大成》這個由阿拉伯譯者從「最偉大的」一詞衍生而來的書名，的確實至名歸。僅管這個理論對我們來說可能有些陳舊，但托勒密系統確實是令人驚嘆的傑出成就。

我們應該先花點時間來釐清托勒密究竟做了什麼、沒做什麼。托勒密的方法是奠基於數學的方法，而他以錯綜複雜的方式，運用多種數學工具。不過他所採用的數學工具多半不是他原創的，而是在早前幾個世紀就被發現的。

當然托勒密也不是第一個發展地心宇宙觀的人。先前我們看到，認為地球是球形、靜止且在宇宙中心的觀點，可以回溯到亞里斯多德，比托勒密早了五百年。

所以，托勒密並不是他採用的整體地心說觀點的原創者，也不是他採用的數學方法的原創者。但他做到的是，採用這些粗略的概念，將其發展為精確理論，而且成為史上第一個有能力為天文事件提供準確預測的理論。或者換個觀點來說，在托勒密之前頂多只有粗略的描繪，而沒有一個能預測天文現象的理論。有了托勒密，才發展出一套精細且能精準預測並解釋的優秀理論。

本節最後的要點是，你之後偶爾會聽說托勒密的系統，嚴格定義上其實不算一個系統。某方面來說是正確的，因為托勒密是以分開而非統一的方式，分別處理每一個天體。舉例來說，《天文學大成》其中一本專門處理火星，另一本專談金星，另一本是太陽，其他略同，而從來沒有為整個宇宙提供統一的系統。這樣來看，可以說托勒密的立意嚴格來說不是一個宇宙系統，而只是獨立探討宇宙中多個部位的組合。然而，我還是會使用「系統」這個詞來描述托勒密的理論，因為這些獨立的探討，全部都可以加總為一個能預測所有宇宙部分的途徑。

記住這個背景觀察，我們將繼續思考托勒密系統。為了易於討論，我們將專注在一個星球上，也就是托勒密對火星的探討。我們就先描述托勒密火星探討中的結構，然後再討論這些結構背後的理由。

關於托勒密探討火星的結構簡要描述

圖 13.1 說明了托勒密探討火星的關鍵結構。在這裡，火星繞著一個點，在圖中標示為 A。這個運動劃出一個以 A 為中心的小圓，叫作本輪。

本輪的圓心 A 點，以 B 點為圓心繞出一個更大的圓。像這樣更大的圓稱做*均輪*或是*偏輪*，視 B 點是否在整個系統的中心（在這裡，也就是地球的中心）。在此案例中，這是一個偏輪，因為如你所見，整個本輪運動的中心 B 點，並不在地球的中心。

要認清均輪和偏輪的差異，要知道地球是托勒密系統的中心。也就是說，系統最外層界線是恆星的球面（宇宙的邊緣），既然地球在這個球體的中心，地球便是這個系統的中心。如果 B 點吻合地球的中心（也就是整個系統的中心），那以 B 點為中心的巨大圓就稱作均輪。如果像在本圖中，B 點不是在整個系統的中心，那這個較大的圓就稱作偏輪。

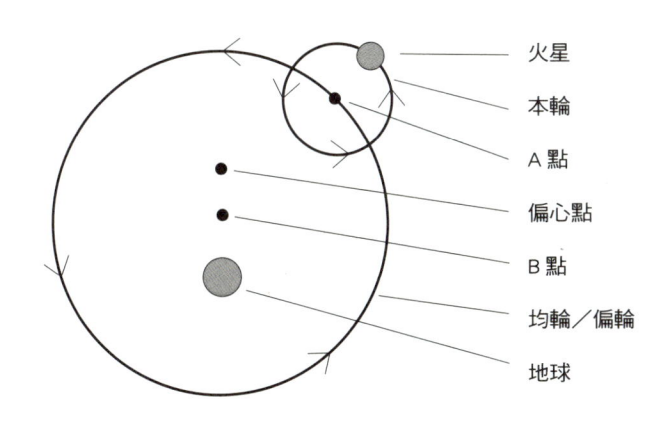

圖 13.1 托勒密系統中處理火星運動的方式

簡而言之，均輪和偏輪基本上是一樣的，兩個都是本輪所繞行的較大圓，而偏輪就是一個偏離中心的均輪。

偏心點是一個關於火星本輪移動速度的點。偏心點是最難解釋的構造，所以在思考這些構造的合理性之前，我暫先不講偏心點的細節。

最後，這樣一個構造，即一個本輪繞著一個更大的圓，稱作本輪─均輪系統。嚴格來說這個系統採用偏輪而非本輪，但為了方便起見，我們把這樣的排列稱作本輪─均輪系統。

這些結構背後的合理性

托勒密處理火星的方法明顯有些複雜，有繞著大圓的小圓，有偏離中心的圓圈，還有神祕依舊的偏心點。這些結構的理由是什麼？

首先是對本輪─均輪系統的一般看法。本輪─均輪系統只要改變其中構造的大小、速度和運動方向，就可以產生範圍極大的各種運動，這一點來看可說相當靈活。也就是說，在任何本輪─均輪系統中，不論是要讓本輪和均輪有多大多小、或要讓一個行星在本輪上跑多快、或要讓一個本輪在一個均輪（也可能是在偏輪）上跑多快，還是要讓本輪及均輪順時針或逆時針走，可選擇的幅度都相當廣。

這樣的靈活，讓人只要調整這些選項，便能製造範圍廣泛的運動可能。舉例來說，所有在圖 13.2 中的運動，都是藉著讓本輪在均輪上運動造成的。虛線呈現了火星在本輪上運動的軌跡，而本輪本身則直接繞行地球。只要改變一些像是本輪大小、均輪（或偏輪）大小、火星在本輪上運動的速度，以及本輪移動的速度等等，所有這些運動（以及其他各種不同的運動）都可以被製造出來。

本輪─均輪系統因為其靈活度而十分管用。但附加一點，任何地心說都需要本輪（或至少像本輪一樣複雜的方法）來說明行星的逆行現象。回想第十一章說

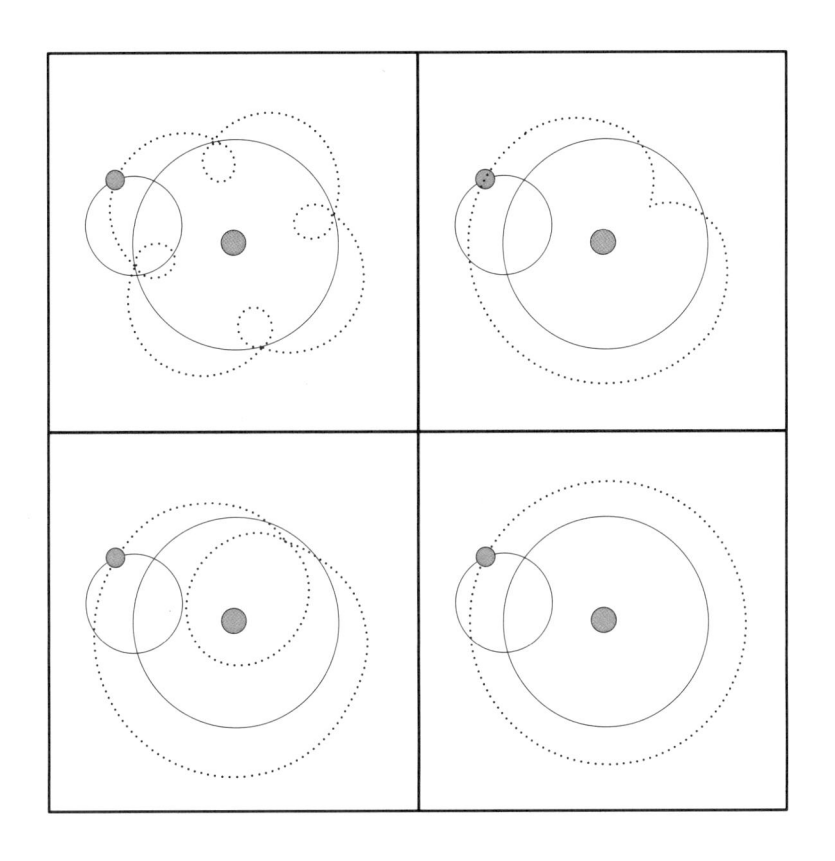

圖 13.2　本輪—均輪系統的靈活度

過的逆行運動，指的是一個行星出現和平常「相反」的運動方向。譬如，火星通常每個晚上相對於恆星都會稍微向東移一些，但每兩年火星就會有幾週時間向西飄移，然後才重新回到下一個向東飄移的兩年運動。

要見識本輪怎樣說明逆行運動，先專注在地球、火星和恆星上。如果我們從地球畫出一條線穿過火星直到恆星球面，這條直線便顯示出，當我們在夜空中以恆星為背景觀看時，會看到火星在哪裡出現。（見圖 13.3）

現在想像火星正在它的本輪上移動，而本輪正繞著地球轉動。如果我們連續

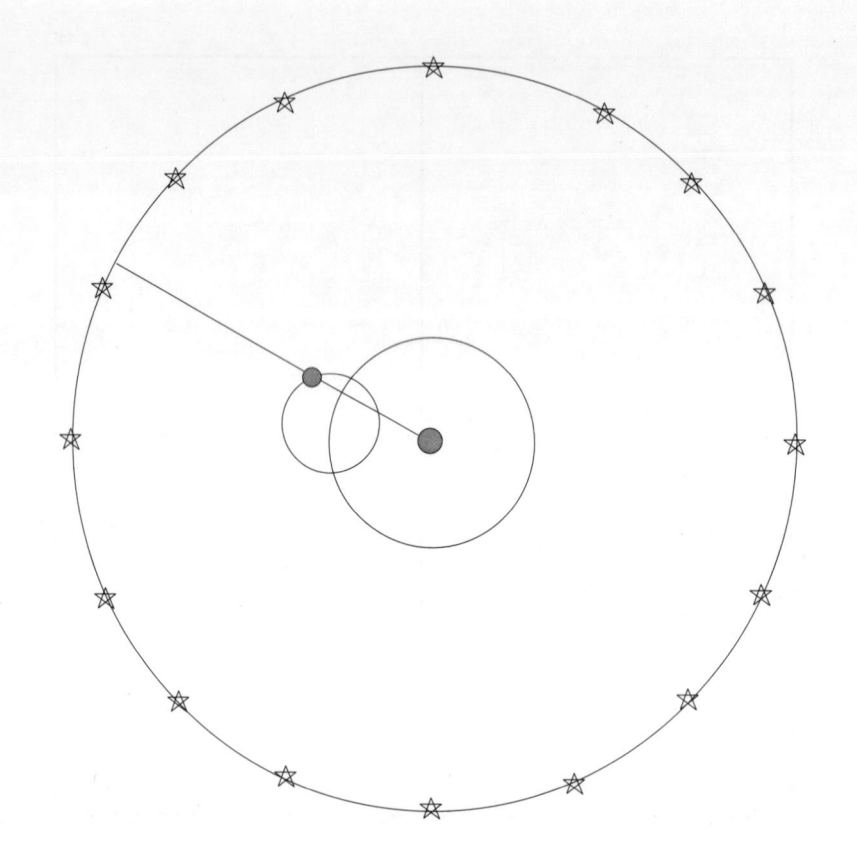

圖 13.3 以恆星為背景的火星位置

畫出從地球穿過火星的視線，就會看出相對於恆星的背景，火星出現在夜空中的連續位置（見圖 13.4）。圖 13.4 中的號碼呈現了火星位置的連續位置。就如你所看見的，相對於恆星的背景，火星通常只往一個方向走。也就是說，相對於固定恆星，1 到 7 呈現了一個穩定朝東的動作，但在 8 的時候，火星正要開始向西飄移；從 9 到 10 時火星持續向西，從 11 到 15 時又回復了平常的向東飄移。一般來說，這就是本輪—均輪系統說明逆行運動的方式。事實上，如果堅信地心說及等速圓周運動，那麼本輪就成了說明逆行運動的最佳方式。

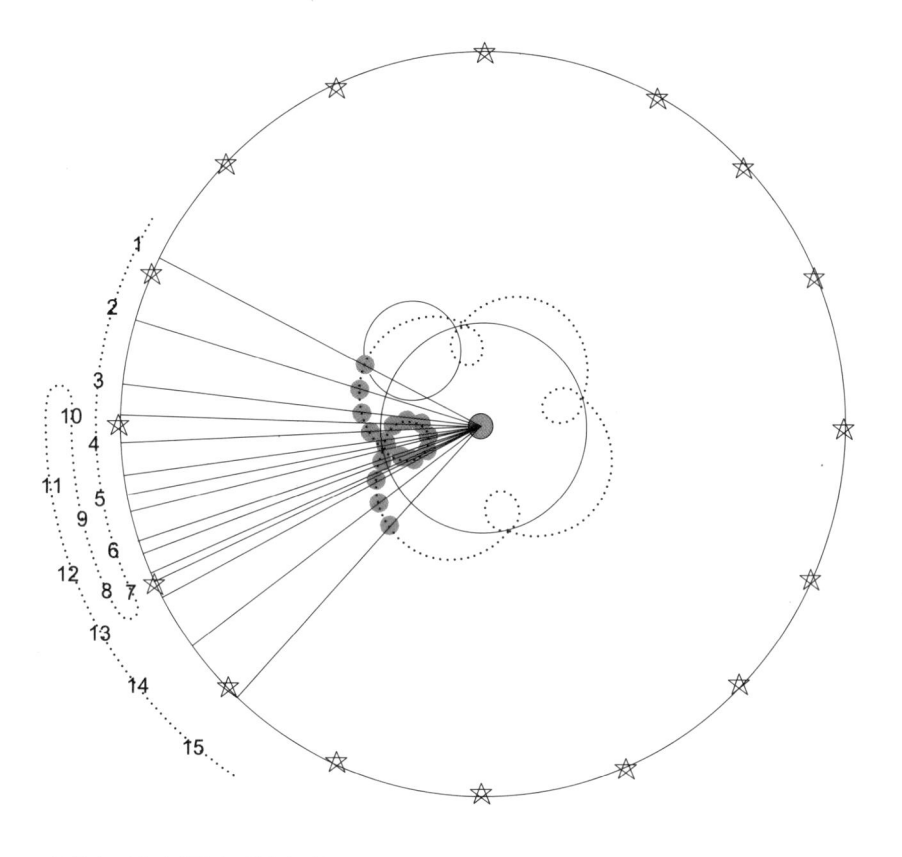

圖 13.4 托勒密系統中逆行運動的解釋

　　順帶一提，要注意到圖中本輪、均輪的大小和速度，並不符合實際的火星狀況。這些大小和速度是選來作簡單說明用的。但藉著調整大小和速度（以及等下會介紹的使用偏輪），就可讓火星的「倒退」動作成立，也讓這個模型能正確預測並解釋火星何時會展現逆行運動。

　　現在來看托勒密為何使用偏離中心的均輪，也就是偏輪的問題。很簡單的理由是，如果只用簡單的本輪和均輪（再一次地，均輪是以地球為中心的圓圈），就沒辦法獲得能作出正確預測與解釋的模型。也就是說，這個模型沒有辦法達到

你需要它做到的：作出正確的預測和解釋。但對本輪和均輪這兩個簡單組合的任一個作調整，都可以製造一個能正確預測，並解釋火星運動的模型。

第一種選擇是在圖 13.1 的本輪上再提出一個附加的、小的本輪，變成圖 13.5 的樣子。這個附加的本輪，讓整個模型增添了更多靈活度。有了這個附加的靈活度，現在就可以調整模型來讓火星的相關預測和解釋都相當正確。

這樣的附加本輪有時被稱作小本輪，來和大本輪，也就是圖 13.1 那種單一的本輪，與圖 13.5 那種較大的本輪區隔。大小本輪的差異在於，是由大本輪來操縱逆行動作。大本輪也提供靈活度，但它的首要工作是說明逆行運動，相對地，小本輪並不需要操縱逆行動作，卻能為模型提供額外的靈活度。

前面提到，增加小本輪能讓預測和解釋火星結果更加正確。除了這個方法，還有另一個選擇就是讓均輪偏離中心，也就是使用偏輪。這個選擇顯示在圖 13.1。

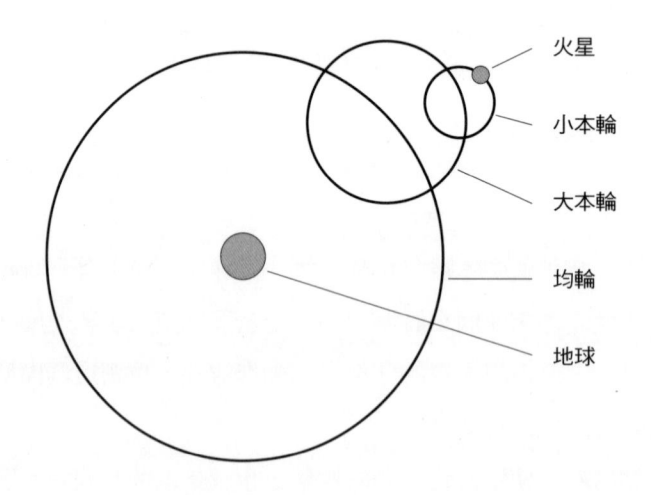

圖 13.5 大本輪與小本輪

最後一個要解釋的構造是偏心點。這也牽涉到要讓模型正確預測並解釋觀測資料。特別是這個問題和等速運動這個哲學性／概念性事實有著緊密關連。回想一下托勒密系統必須遵守的兩個關鍵哲學性／概念性事實，就是正圓事實（所有天體運動都是正圓）以及等速運動（所有的天體運動都是等速的，也就是不會加速也不會減速）。

如果你看了本章的圖，你會注意到托勒密系統清楚遵守了正圓事實，也就是所有運動都是以正圓形進行。我們只實際觀察了火星的處理方式，但在所有托勒密的構造中，所有大小本輪、均輪和偏輪都是正圓形的。所以很清楚地，遵守正圓事實這部分是沒有問題的。

但等速運動是另一個問題，這對托勒密系統造成了難題。這問題有時很難看出，所以要慢慢地接近它。

首先，注意到某個運動中物體的速度和方向，取決於思考這個運動的人所在的觀察點。舉例來說，假設你在火車上，有個袋子在你腳邊，從你的觀點來看，袋子沒有在動──它和你及你腳的相對位置保持固定。但從不在車上的人的觀點來說，你的袋子（以及你，還有其他在車上的人）正在移動。所以某個東西有沒有在動、如果在動的話是以什麼速度和方向移動，取決於你選擇的觀察點。

所以當我們思考等速運動事實，此時一個合理的問題是「是相對於哪一個觀察點而言的等速運動？」而最自然的答案就是「相對於運動的中心」。

如果我們只看火星在其本輪上的運動，那就沒有問題。這個運動確實是一致的，也就是說，當火星繞著本輪，相對於其中心，它的速度是一致的。

但現在想一下本輪中心的運動。如果我們問說「這個運動應該要相對於什麼達到一致呢？」那就有兩個自然的答案。第一個會是本輪的中心相對於整個系統的中心，是以一致的速度運動，也就是相對於地球的中心；第二個答案是本輪的中心相對於它所運動的偏輪中心，是以一致的速度移動。

問題在於，不管你選哪一個，也就是不管你讓火星本輪的運動相對於地球中

心還是火星的偏心,而達到一致速度,這個系統都行不通。當我說這個系統行不通時,我是指你的預測和解釋都無法正確。換句話說,如果托勒密以最直截了當的方式試圖遵守等速運動事實,他的系統就無法以能被接受的方式處理資料,也就是說預測和解釋都不再準確。

有一個解決這個問題的方法,就是放棄等速運動事實。但前面提過,這是一個根深蒂固的事實,比托勒密還早了幾世紀,甚至比亞里斯多德還要早。此外,前一章有討論到,等速運動事實與了解天體運動習習相關,所以放棄這個事實幾乎等於放棄這個長久以來對於如何說明天體運動的理解。簡單來說,放棄等速運動事實,不是一個可行的選擇。

托勒密的另一個選擇,是讓火星本輪的運動相對於某個不是地球中心,也不是偏輪中心的點,進行等速運動,而這就是它所採用的選擇。結果可以算出一個點,在火星本輪所環繞的偏輪之中,而火星本輪相對於那個點,是以一致的速度運動著,藉此讓模型能夠符合資料。這個點就稱作*偏心點*。

總結來說,火星的偏心點是火星本輪以等速運動時相對的那個點。但那個點是個編造出來的,是為了讓計算出的預測結果正確用的,而不是任何一個你能期待運動會成為一致的地方。

關於火星運動所需的托勒密系統概要到此完成。明顯地,這是一個複雜的工具,但就其不凡的準確程度來說,這個系統行得通。

結語

以上,我們只描述了托勒密系統關於火星的一部分,這個探討火星的方式應該足以讓人領略托勒密系統。如前所述,托勒密分開處理五個行星、月球、太陽和恆星,不過其他行星的探討方式基本上和火星相去不遠,某種程度上月球和太陽也是如此。也就是說,概括而論,托勒密系統說明其他行星運動的架構和火星

類似（但不一致），但其他行星還需要自己的本輪、偏輪和偏心點。說明水星和月球運動的工具比上述火星的還要複雜一些，而掌握太陽運動就簡單一些。整體來說，托勒密系統可說是處理太陽、月球、恆星和行星的複雜構造集合。

但是（這點相當關鍵），儘管托勒密系統其有複雜度，它在處理資料上仍表現出色，在歷史上首度提供了準確預測並解釋廣泛天文資料的能力。

第十四章

哥白尼系統

上一章我們看過了托勒密系統。如我們所見，托勒密的系統在預測和解釋相關資料上十分成功。僅管這理論在他身後幾世紀有調整過，但調整相形之下並不大，而接下來一千四百年主宰的，基本上就是托勒密的天文學理論。

在16世紀，尼可拉斯·哥白尼（1473～1543）發展出一種不同的宇宙理論。哥白尼在16世紀早期發展出他的系統，並在發表的同一年過世。本章的一個主要目標是觀察哥白尼的系統如何運作。此外，我們也將簡單比較哥白尼與托勒密系統，包括針對哪一個系統提供了較為合理的宇宙模型作討論。最後，我們將探討是什麼激勵了哥白尼，尤其某些哲學性／概念性信念如何影響了他的事業。

背景資訊

哥白尼系統是個日心系統。如今我們把太陽當成太陽系的中心，但哥白尼的系統並不僅僅把太陽放在行星環繞的中心；他將太陽放在整個宇宙的中心。

很多方面來說，哥白尼系統與托勒密系統相似，只是把太陽和地球的位置對調。哥白尼就如托勒密一般，認為所有恆星都和宇宙中心等距，鑲嵌在一個稱作恆星球面的表面上，就如這對托勒密的影響一樣，這個球面定義了宇宙的最外層邊界。哥白尼的宇宙比托勒密的大上許多，也就是說，恆星球面比托勒密系統支持者所相信的還要大而遠，但哥白尼的宇宙就像托勒密一樣，和我們今日宇宙尺寸的概念相比還是很小。另外，哥白尼系統也像托勒密一樣，使用了本輪、均輪和偏輪，儘管他的特點在於不需要偏心點。整體來說，哥白尼系統和托勒密系統

相似之處很多，而最明顯的差異就在太陽和地球的位置。

另外值得一提的是，哥白尼處理的基本上是和托勒密一樣的經驗事實（這個事實主要包含在第十一章）。他們使用的資料不完全一樣，畢竟在托勒密和哥白尼之間的一千四百年中出現了一些新的天文觀察結果，有些觀測錯誤已修正，少數新的觀測錯誤也提了出來（可能是錯誤觀察或複寫紀錄時出錯）。但一般來說，哥白尼時代的經驗資料依舊基於肉眼觀察，且和托勒密運用的資料相似。

此外，哥白尼和托勒密一樣堅守同樣的哲學性／概念性事實，也就是哥白尼（就如同他的同輩一樣）堅信，一個可接受的宇宙模型必須遵守正圓跟等速運動事實。

一般常說，哥白尼系統遠比托勒密系統來得簡單，且哥白尼系統在預測及解釋上較強。但等下就會看到，這是錯的。哥白尼系統無疑像托勒密系統一樣複雜，在預測和解釋上也沒有比托勒密系統要好（甚至更差）。當有些作者宣稱哥白尼系統比托勒密的簡單，而且在預測和解釋上較強時，他們很可能想到的是克卜勒的系統，而那是在哥白尼死後七十年才發展出來的，這會是下一章的主題。

請記住這個背景元素，然後一起來看看哥白尼系統的概要。

哥白尼系統的概要

如同我們對托勒密系統所做的一樣，我們專注在一個行星的運動來簡化問題。我們將再一次使用火星當例子，同樣從一張圖開始。要注意的是，在圖14.1中，圓圈並未按照比例描繪，而是畫得較能簡單辨認。在哥白尼系統中，火星繞著 A 點（還是一個叫做本輪的小圓圈）。A 點則繞著 B 點（這樣的圓圈我們知道就是均輪，或者如果偏離中心就叫偏輪）；B 點也會動，但當它動的時候相對於 C 點位置是固定的。C 點是地球運動的偏輪中心（為了簡化圖片，地

火星
A 點
B 點
C 點
D 點
太陽

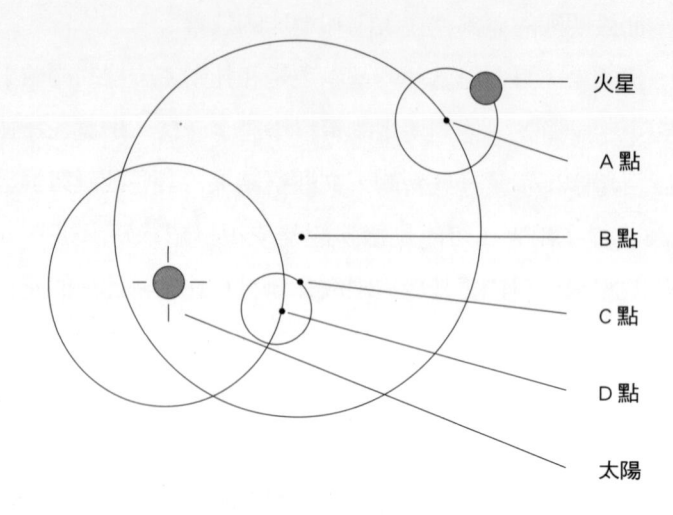

圖 14.1 哥白尼系統中處理火星運動的方式

球並沒有呈現在圖中,但如果地球在圖中,C 點就是地球的偏輪中心);C 點繞著 D 點作圓周運動,最後 D 點繞著太陽作圓周運動。我說過哥白尼的系統跟托勒密一樣複雜。

　　與托勒密系統十分相近,哥白尼系統在複雜的圓圈繞圓圈系統中採用了本輪、均輪和偏輪。然而要注意的是,這個圖中並沒有偏心點,事實上哥白尼系統並不使用偏心點。另外,儘管哥白尼系統確實需要本輪,但本輪是為了提供靈活度而使用,在說明托勒密系統中常見的逆行運動時並不需要用到。

　　如果我們問說「為什麼哥白尼需要這個複雜的工具?」簡單回答,就是如果沒有這個的話,就沒辦法預測和解釋。換句話說,正如托勒密系統,藉著使用這些複雜的工具,哥白尼得以完成一個能好好解釋並預測(雖然沒有比托勒密系統好,但至少不相上下)的系統。沒有這套工具,哥白尼就沒辦法讓模型合乎已知的資料。簡單來說,就如托勒密系統,哥白尼系統也頗為複雜,但當一切塵埃落

定後，它是有效的。也就是說，它相當正確地解釋並預測了相關資料。

目前為止，我們只討論了火星的運動。在哥白尼系統中，這套工具必須說明其他的地外行星，也就是木星和土星也得類似於上面的簡圖。地球所需的工具稍微沒那麼複雜，月球也是。最後，用來說明地內行星，也就是水星和金星的工具，就比火星更複雜。簡單來說，可以明顯看出哥白尼系統如托勒密系統一樣複雜。

托勒密和哥白尼系統的比較

|遵守事實|

前幾章討論到，不管對科學理論有哪些期待，它們至少都得能預測並解釋相關資料。因此就說明經驗資料這方面來說，托勒密和哥白尼系統基本上是一樣的，沒有哪個是完美的，但兩個都不錯。舉例來說，如果我們用這兩個系統分別預測一年後的今天火星會出現在夜空的何處，或者準確預測接下來十年的夏至在哪一天，或者預測任何一種大範圍的天文事件，這兩個系統都能提供近乎事實的預測。

說到正圓與等速運動這個哲學性／概念性事實，哥白尼系統略勝一籌。兩個系統都遵守正圓的事實，也就是說，兩個系統都只用正圓形，來設定行星和恆星的運動。但如前一章所述，托勒密系統勉強使用偏心點這個工具，來遵守等速運動事實；相對地，哥白尼消除了這個藩籬，而能直接遵守等速運動事實。再提醒一下，僅管這些「事實」對我們來說都十分怪異，但托勒密及哥白尼的同輩們多半都堅信為真，所以要遵守這些事實還滿重要的。由此來看，哥白尼自己認為，消去偏心點是他偏好自己理論的最重要理由。

簡單來說，托勒密和哥白尼系統在預測和解釋經驗事實上有些小小的不同。但哥白尼系統更能以一種更直截了當的方式，來遵守等速運動事實。

複雜度

在複雜度方面，這兩個系統差異不大。舉例來說，如果我們觀察所需的工具種類（比如本輪、均輪、偏輪等）以及這些工具使用的次數，那麼哥白尼和托勒密的系統大約是一樣複雜。儘管系統的複雜度沒辦法精準量化，所以也不可能確切比較兩個系統的複雜度，但我認為可以同意一點：即這兩個系統都相當複雜，所以在複雜度上難分高下。

逆行運動和其他更「自然」的解釋

回想一下托勒密對逆行運動的解釋，也就是行星定期的「倒退」運動。在托勒密系統中，每個行星需要一個大本輪，為的就是要說明行星的逆行運動。

相對地在哥白尼系統中，逆行運動有個相當不同的解釋。再一次地，我們用火星來當例子，但同樣的案例也適用其他行星的逆行運動。

在哥白尼系統中，地球是從太陽數來第三個行星，而火星是第四個。此外，每當火星繞行太陽一周，地球就繞行太陽約兩周。因此，每兩年地球就會趕上火星一次然後越過去。在地球經過火星的期間，從地球的角度來看，火星相對於恆星的背景像是在倒退，圖14.2可說明這情形。這裡的線依舊是從地球畫出、通過火星直達恆星的視線，可以看出火星會出現在恆星背景的哪個位置。要注意到，這些線通常只往一個方向移動，呈現出火星相對於恆星，尋常朝東飄移的情形。從1到3，火星呈現的是這種尋常的東向運動，從4到6，火星開始向西飄移，然後從7到8，火星又回復平常的向東飄移。

在逆行運動這個主題上，回想一下第十一章結尾那個看起來不怎麼重要的經驗事實，就是火星、木星和土星都是在它們作逆行運動時最明亮。再回來看圖14.2，我們可以看到為什麼如此。在哥白尼系統中，只有當地球趕上火星並穿過

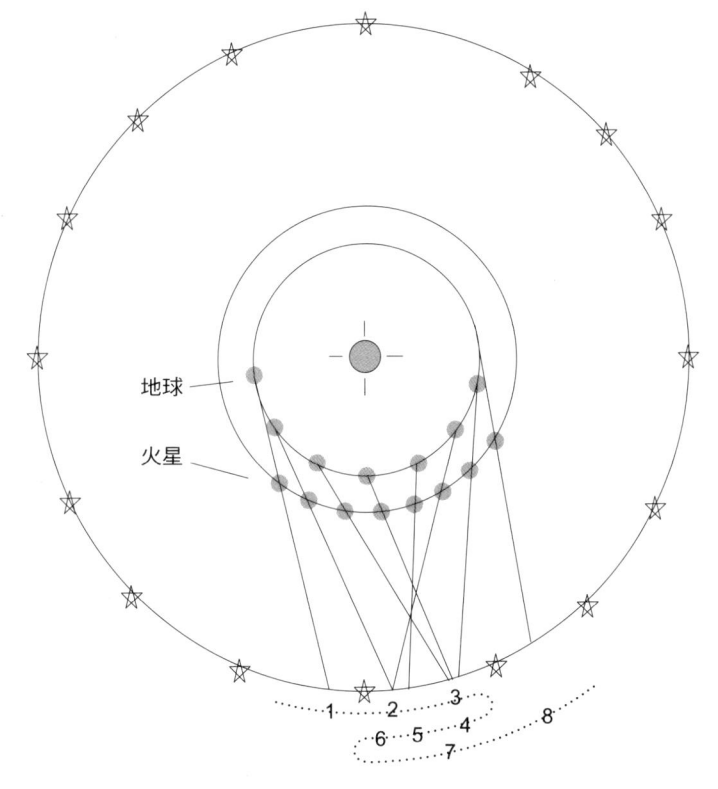

圖 14.2 哥白尼系統中逆行運動的解釋

去的時候,火星才會逆行運動,而這時是地球和火星最靠近的時候,因此可以預期火星在這段時間最明亮。同樣的情形也發生在木星和土星上,也就是它們只在最接近地球的時候會歷經逆行運動,所以火星、木星、土星的逆行運動和它們最明亮時期之間的關連,在哥白尼系統中有著非常自然的解釋。

　　提到較為自然的解釋,也回想一下第十一章結尾所討論的,另一個看起來較不重要的經驗證據,也就是金星和水星從不會離太陽太遠。在哥白尼系統中,金星和水星是地內行星(也就是它們在地球和太陽之間),所以不管金星和水星運行到環繞太陽軌道的哪一點上,從地球看到時,它們一定位在和太陽相同的天空

區塊中。

哥白尼系統對於逆行運動，以及火星、木星、土星的逆行運動和相對亮度之間的關連，還有對於金星和水星總是離太陽很近的事實，都有比較自然的解釋。這些都是哥白尼系統的優勢。

從一個實在主義者的立場來說，哪一個系統是比較合理的宇宙模型？

回想一下早前討論的工具主義和實在主義。工具主義面對理論的態度是，首先考慮理論預測和解釋相關資料的能力；而實在主義的態度則是，不只期待理論預測及解釋，還希望能形塑或描述事物真正的樣貌。

幾乎每個人都以工具主義者的態度來面對這些系統使用的工具，比如說本輪。也就是說，一般不會把這些工具視為物理上的真實，而是把它當作一種有助於作出正確預測和解釋的必要數學工具。所以實在主義的問題一般不會出現在像本輪這樣的工具中。

至於這兩個理論相對立的地心與日心部分，實在主義的問題就極有關連了。一個合理的問題是，從實在主義的觀點來看，哪一個宇宙模型（托勒密的地心說，還是哥白尼的日心說），比較像宇宙的合理模型？

談到這問題，當時所有的資料都強烈支持托勒密系統。回想一下第十章的論點，怎麼支持地球在宇宙中心靜止不動的結論，這些都是很有力的論點（儘管最後它們都錯了），所以關於哪一個系統比較符合當時最先進的科學，答案很明顯：托勒密系統遠比哥白尼要好。

總之，托勒密和哥白尼系統在預測、解釋和複雜度上不相上下。在消去偏心點上，哥白尼系統比較直截了當地遵守等速運動事實，也比較吻合逆行運動；在行星亮度差異與其逆行時間的關連上也較吻合；對於金星和水星總是在太陽附近出現的事實也比較吻合。然而，當時的證據仍顯示地球是靜止不動的，這和托勒密系統較為一致，從這點來說，在和托勒密相比下，哥白尼的系統只不過佔了一點小小優勢。

是什麼推動了哥白尼？

前面的討論強調過，哥白尼系統和托勒密系統很相像，兩個都廣泛使用了本輪、均輪和偏輪。但在許多點上（除了消去偏心點和解釋逆行運動上）哥白尼系統並沒有比托勒密系統更好，而在某些重要的點上（如關於相信地球是靜止的還是運動的，何者較為合理的問題上），哥白尼系統遠遠不及托勒密系統。

如果哥白尼系統只有這樣一點不重要的優勢，而有那麼多不合於當時最先進物理學的劣勢，那到底是什麼激起哥白尼發展自己的系統呢？生命苦短，但哥白尼投注了一輩子建構自己的系統。如果有很充分的理由認為地球不可能在運動，為什麼哥白尼還耗去大半輩子發展一個以太陽為中心、地球繞行太陽的系統呢？

這是一個值得沉思的問題，也值得再次強調。哥白尼花了相當長的時間建構他的系統，幾乎長達幾十年。然而他的系統和當時所有指出地球靜止不動的證據都不相容，也沒有新的經驗證據能讓哥白尼支持他的地動觀點。那到底是什麼促使哥白尼投注一輩子，來發展一個看起來不可能正確的理論？

在這一節，我無意嘗試完整回答這個問題。雖然我確實想回答說，哲學性和概念性問題可能促成科學家的成果。近來，有眾多學者提出理由證明哥白尼傾向新柏拉圖主義，他對於正圓等速運動這些哲學性／概念性信念的堅信，都是他發展日心說的關鍵推動因素。以下是這些觀點的概述。

| 新柏拉圖主義 |

新柏拉圖主義是某種「基督教化」版本的柏拉圖哲學。柏拉圖活在大約西元前 400 年，大略來說，他相信有相當多種「形式」是客觀存在、非物理且永恆的。這些形式是知識的客體，也就是當我們獲得知識時，並不只是擁有了信念或觀點，我們的知識是那些客觀存在、非物理、永恆形式的一小部分。好比說，當

我們知道畢氏定理或者其他數學真理，我們並不是得到地球上的物體（比如一個直角三角形的圖片），而是得到關於客觀存在、非物理、永恆形式的知識。

根據柏拉圖所言，這種形式不只牽涉數學真理，更包括「更高」的形式，如真理和美的形式（所謂「更高」不只是因為它們較難掌握，也意味著它們更為重要）。所有形式中最高的就是善，關於善的形式柏拉圖講的並不直接。但他確實表明了什麼是最高、最重要的形式。

柏拉圖並沒有直接描述善的形式，而是以隱喻來談論。柏拉圖總是用太陽來隱喻善，好比他說過，所有真理和知識的源頭就是善，就如太陽是生命的源頭。同樣地，在他的洞窟寓言中，柏拉圖描述了一個逃出洞穴的囚犯終能凝視太陽。在這個寓言中，囚犯代表愛智者完成了他或她的智能之旅，逃離無知（以洞穴為喻），最終了解了至高的知識，也就是善的形式（以太陽為喻）。簡單來說，在洞窟寓言裡，太陽一如往常地是柏拉圖對善的隱喻。

在柏拉圖過世後幾百年，一個稱作新柏拉圖主義的運動，將柏拉圖的哲學融入基督教。此處略過新柏拉圖主義大部分的細節，而專攻在一點上：對一個新柏拉圖主義者來說，柏拉圖的善的形式等同於基督教的上帝，而太陽（柏拉圖善的隱喻）現在代表了上帝。

作為一種哲學，新柏拉圖主義在西方歷史中來來去去。在哥白尼的時代，這還算普遍；然而，將哥白尼與新柏拉圖主義連結起來的證據不如預期的那般清楚，很有可能哥白尼在學生時代接觸過新柏拉圖主義的想法，且哥白尼某些著作看起來好像有新柏拉圖傾向的人寫出來的。某些學者堅信，哥白尼深受新柏拉圖主義影響；有些學者則沒那麼肯定。一般來說，要將新柏拉圖主義和哥白尼日心說的發展連結起來，這樣的論述還蠻直接的：如果哥白尼是個新柏拉圖主義者，且把太陽視為上帝在宇宙中的物理展現，那麼適合展現上帝的位置就是宇宙的中心。在這個例子中，哥白尼推崇日心宇宙觀的主要理由，根基於強烈受新柏拉圖主義影響的哲學信念。

哥白尼對等速、正圓運動的堅持

我在好幾個地方討論過，多數天文學家曾經非常堅持這概念，恆星和行星的運動必須是正圓，且從不加速減速而達到等速。事後可知，這樣的堅持基本上是一種哲學性／概念性的堅持。儘管有少數經驗證據支持這信念（比如恆星確實在做圓周運動），對這個信念的堅持程度仍遠遠凌駕它的經驗證據。

如前一章所述，托勒密只能用較為勉強的偏心點工具來遵守等速運動的事實。快速回顧一下，像火星之類行星的本輪，會相對於某個稱作偏心點的想像點，以一致的速度運動。一條從偏心點畫到火星本輪中心的線，會在一樣的時間內掃過一樣的角度，在這層意義下，火星的本輪相對於偏心點會以一致的速度運動。但火星的本輪無疑不會相對於地球做出一致速度運動，也不會相對於本輪繞行的圓心作出一致速度的運動。

由於托勒密系統相當符合當時的經驗資料，據此成為非常有用和可貴的模型，幾乎所有天文學家都願意接受偏心點這個胡謅的設計。然而哥白尼並不買單，他因為太執著於一致速度的觀點，而無法接受偏心點這樣的工具，也因為這樣的堅持，促使他發展出一套不需偏心點的系統。

這就清楚描繪了並不是經驗資料，而是哲學性／概念性「資料」，促使哥白尼發展了他的理論。事實證明，這並非特別不尋常的事。科學史上，對於哲學性／概念性的堅持，常常（但非總是）促使科學家發展新理論。從這一點來看，哥白尼完全不是位不尋常的科學家。

本節的最後一個要點是，要注意到我們都有這樣的哲學性／概念性信念，其中許多深植於我們的思考方式之中，看起來就像直截了當的經驗事實。當我們回頭看看歷史，像正圓和等速運動事實這種信念，要認出它們原來只是哲學性／概念性事實，相對而言較簡單；要看出這些事實怎麼推動哥白尼這樣的科學家發展新理論，相對而言也不是難事。但是，要明確指出我們有哪些哲學性／概念性信

念假冒為經驗信念,那就十分困難了。本書到後面,當我們談到更近代科學的案例時,我會充實一些我們自己的哲學性/概念性信念。

哥白尼理論的評價

回想一下當時所有證據都指出地球靜止不動,哥白尼的理論顯然不是正確的。有鑑於此,我們可能會以為他的理論會立刻被駁回,而不會被廣泛閱讀或流傳。但事實上,在哥白尼死後(也是他發表理論的同年)直到16世紀尾聲,他的理論一直被廣泛閱讀、討論、教授並實際運用。一部分的理由是哥白尼的系統是托勒密之後一千四百年以來,首度發表全面且精巧的天文系統。理所當然地,當時人們對它印象深刻,而哥白尼也被廣頌為「第二個托勒密」。

另一個理由牽涉到天文表的製作。天文表是將托勒密這種天文系統付諸實用的基本方法。用一個比喻來釐清,假設我計畫一場傍晚時分的戶外社交聚會,而想知道太陽何時落下。我當然可以從當代最棒的天文理論中計算出日落時間,但那實在太難了,因此我會採取簡單太多的方法,也就是上網尋找幾點日落的資訊。

網路上(或其他來源,比如說黃曆)能找到的日落時間資料,是從現在的天文學理論導出的,但把這些資料綜合起來的人做盡苦功。天文表就簡單多了,它們是從當時的最佳理論(在我們漫長的歷史中,多半時候指的是托勒密理論)導出的,凡是需要天文資料的人都可使用天文表當作來源。

在16世紀,人們迫切需要一套新的天文表(過去的那一套是13世紀製作的,已經過時了),結果促成一位天文學家以基於哥白尼的理論,製作出新天文表作。因為哥白尼和托勒密系統在預測和解釋上是同等的,天文學家使用任一系統都可以做出一樣好的天文表,但這位天文學家採用了哥白尼系統,同時為其宣傳,增添了哥白尼系統的聲望。

所以在 16 世紀後半，哥白尼系統開始廣為人知、為人閱讀，並在歐洲各大學被廣泛教授。然而更重要的是，幾乎每個人都是以工具主義的態度來看待這系統；也就是說，除了少數人之外（有些新柏拉圖主義者是以實在主義的態度來看待），哥白尼系統被用來當作一種實際工具，而不是被認為能反映宇宙真實模樣的那種理論。簡單來說，在 16 世紀後半，托勒密系統和哥白尼系統和平共處過。（至少天文學家之間如此沒錯。大力反對哥白尼系統的宗教領袖是有過一些攻擊，但是出於宗教理由，而非經驗理由。）一般來說，天文學家普遍以實在主義的態度接受托勒密系統（或者至少，地心說的部分是以實在主義的態度看待），而以工具主義的態度接受哥白尼系統；也就是說，哥白尼系統被當作有用的系統，但不是反映宇宙真實樣貌的系統。

結語

在本章，我們看過了哥白尼系統的概要，並和托勒密系統作比較，討論了哥白尼發展其系統的動機，並注意到哥白尼系統在 16 世紀後半獲得天文學家的好評，雖然是以工具主義的方式被看待。這個呈現有些簡短，省略不少背景，但至少能概略傳達哥白尼系統和相關的關鍵問題。

這個相較之下和平的局面，將在 17 世紀初期劇烈轉變。那時發明了望遠鏡，產生了自有紀錄的歷史以來第一批全新的天文資料。接下來兩章，我們將簡短看過兩個關鍵的天文系統，然後就要進入望遠鏡產生的新資料。

第十五章
第谷系統

在這簡短的一章，我們會帶過第谷天文系統的概要。某種意義上來說，這個系統融合了托勒密和哥白尼系統的一部分。因為它主要是對之前系統的改編，所以我們很快就可以得到清楚概要。我們先從簡單的介紹開始。

第谷‧布拉赫（1546～1601）是16世紀後半一位備受尊崇的天文學家。他的主要貢獻是發展出一套不一樣的天文系統，現在稱作第谷系統；另外就是他數十年間令人驚嘆的準確觀察，他的天文觀察對克卜勒系統發展非常關鍵，但我們留待下一章討論。現在，我們先簡單看看第谷的天文系統。

就像當時其他的天文學家一樣，第谷相當熟悉哥白尼系統，他也遵循了哥白尼系統在某些方面比托勒密系統更具優勢的這個事實。如前所述，哥白尼系統在某些方面比托勒密系統更優雅，比如說如前章所述，哥白尼系統解釋逆行運動就比托勒密系統好得多。

但就如當時多數天文學家要面對的問題，第谷深知當時的證據傾向於地球靜止，所以從一個實在主義者立場來說，哥白尼系統不可能是宇宙的正確模型。然而，第谷還是發展出一個包含哥白尼系統中多數已知優勢，且能讓地球保持在宇宙中心的新系統。

在第谷的系統中，地球是宇宙的中心，而恆星再次界定了宇宙的邊緣。月亮和太陽環繞著地球，然而行星繞著太陽；也就是說，雖然地球靜止在宇宙中心，而月亮和太陽繞著地球轉，但行星運動中心卻是太陽。圖15.1是簡化的第谷系統，捨去了眾多本輪的成分。雖然該圖描繪得不明顯，但事實上第谷系統在數學上和哥白尼系統相等；也就是說，可以以數學的方式，將哥白尼系統轉化為第谷

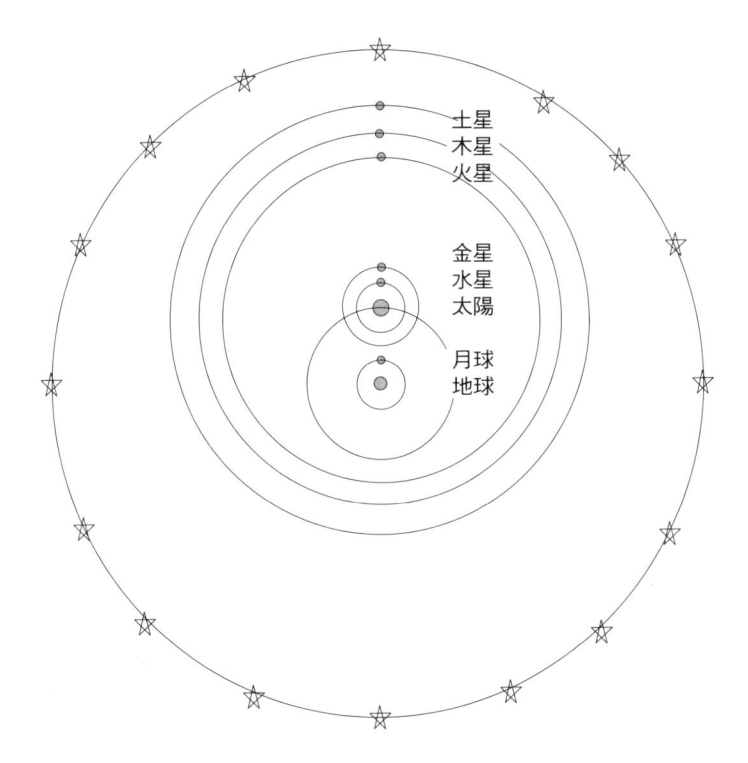

圖 15.1 第谷系統

系統（反之亦然）。有鑑於此，第谷系統在預測和解釋第十一章所提到的經驗資料上，可和哥白尼系統媲美，兩者可說一樣傑出，但在處理經驗資料時仍未臻完美。

前面提過，第谷系統的優勢在於能保留哥白尼系統的長處，同時讓地球維持在宇宙中心。所以儘管第谷系統在我們看來還是有點怪，但它可以融合托勒密和哥白尼系統中最優秀的特色。

此外，在第谷過世後不久，新發明的望遠鏡便提供了新證據，指出至少有一些行星環繞著太陽。第谷系統從此成為一個讓人接受行星環繞太陽又跟上新發現的證據，同時還讓地球維持固定不動，而符合第十章討論的證據與論點。簡而言

之，第谷系統成為一種可行的妥協方式，能保留地心說與日心說各自的特色。

另外值得一提，第谷系統至今仍具影響力。過去十年中，至少發行過四本書辯稱第谷系統是宇宙正確的模型。持續相信地球是宇宙中心的人（其中多數人以及那幾本書的作者，是從字面上解讀某些宗教經文而如此主張）也從來沒有少過。如果一個人堅信地心說，那麼第谷系統就是最佳選擇。

這樣就說完了第谷系統的概要。我們將討論下一個更重要的系統，也就是克卜勒系統，然後繼續思考望遠鏡發明後得到的新證據。

第十六章
克卜勒的系統

在本章,我們將探索約翰內斯・克卜勒(1571～1630)發展的系統,並探索推動克卜勒的因素。我們將發現,基本上克卜勒「弄對了」;也就是說,克卜勒終於發展出一套不只在預測和解釋上完全正確,且遠比其他系統更簡單的系統。此外,從實在主義者的觀點來說,他的系統也能描述月球和行星真正運動的情形。事實上,克卜勒關於月球和行星的運動觀點,和我們現在所知的一模一樣。

克卜勒是個很有趣的人物,我們將不只探討他發展的系統,也會探討究竟是什麼促使他發展一套新的系統。我們將發現,這些牽涉到對我們而言更像哲學性/概念性的因素,而非科學因素。在探討這塊之前,我們先從背景介紹開始。

背景資訊

克卜勒生於 1571 年,離哥白尼系統發表已過了數十年。數十年後望遠鏡才發明出來,提供新的經驗資料來支持日心說。克卜勒將要三十歲時,正為前一章簡短提過的天文學家兼觀測家第谷・布拉赫效力。他和第谷共事期間不長,因為克卜勒加入不到兩年,第谷便過世了。但第谷對克卜勒最終發展出的系統有著關鍵影響。有鑑於此,接下來先略述第谷對克卜勒的影響。

│第谷・布拉赫的經驗觀察│

如前章所述,第谷的主要貢獻是發展出第谷系統,以及他極為準確的經驗觀

測。上章我們簡略探討了他的天文系統，但第谷的天文觀測，對克卜勒最終發展出自己的系統而言是更重要的。

簡而言之，第谷是到那個年代為止，最小心、正確且勤奮的觀察者，可能也是有史以來最棒的肉眼觀察者。在二十年的過程中，第谷收集了極為正確的太陽、月球、行星運行資料（基本上，達到肉眼觀察的極限）。尤其他蒐集了大量火星運動的觀測資料，也就是這大量資料，成為克卜勒發展其系統的關鍵因素。

第谷和克卜勒

第谷死後，第谷長年累積的關鍵資料便由克卜勒接管。得到第谷的資料，可說是克卜勒得以完成他的系統最重要的因素。

但這絕非意指克卜勒的成果只是簡單直接將第谷的資料拓展開來而已。克卜勒極其努力地發展自己的系統，花了許多年才得出正確的方法。

第谷的資料使克卜勒相信，沒有一個選擇——不管是托勒密、哥白尼，還是第谷系統——能做出完全正確的預測和解釋。關於火星的資料問題特別多，以至於沒有一個系統特別能把火星處理好。有鑑於此，克卜勒很清楚沒有哪個系統特別正確。

克卜勒開始朝一條不一樣的道路努力，專注在火星的運動上。他的方法是走日心說路線，他對日心觀點的偏愛，有部分根基於他的學生時代，當時他受教於一位哥白尼系統的熱心支持者。可能因為克卜勒很早就採用了日心宇宙觀，所以當他開始邁向新途徑時，就已經採用了日心觀點。

值得一提的是，就這點來說，稱這個系統為克卜勒「系統」，似乎有些用詞不當，因為他早期的著作只專注在解決火星問題。然而，最後他將處理火星成功的經驗擴展到其他行星、太陽和月球上，因此便能適當地稱之為系統。為了方便起見，我將繼續使用克卜勒系統這個詞，但要了解這整個系統要在好幾

年後才會出現。

就和他絕大多數的同輩一樣，克卜勒原本也堅信正圓和等速運動的事實。因此，他花了相當長的一段時間去調整哥白尼系統，維持太陽在中心，而所有運動皆以正圓和等速運動進行的局面。事實上，克卜勒確實為哥白尼系統作了一些重要的改進。

但在17世紀初期，克卜勒了解到，沒有一個奠基在等速運動上的系統能符合觀測到的火星運動。因此，他開始探索其他方法，讓火星在軌道的不同地方以各種速度運動。不久之後，克卜勒作出沒有一個只奠基於正圓形系統符合火星運動觀測結果的結論，然後他開始探索各種形狀的軌道。

重要的是，要注意到在這一點上，克卜勒放棄了正圓和等速這兩個關鍵的哲學性／概念性事實。以下我們將探討使克卜勒比其天文前輩更容易思考等速、正圓以外運動可能的因素。在此，我們先繼續談克卜勒發展自己系統的過程概要。

克卜勒最終發現，讓行星在橢圓形軌道上繞行太陽，並且在不同位置以不同速度運動，就可完美符合火星的觀測資料。1609年，他發表了他的火星運動模型，便是讓火星以各種速度在橢圓形軌道上運動。沒多久，他便將這方法擴展到其他行星上。我們現在更仔細來看看克卜勒的方法。

克卜勒的系統

首先，我們來看克卜勒的關鍵革新——橢圓形軌道和變化速度——的更多細節。

你應該知道橢圓形是種拉長的圓形，橢圓形有明確的數學定義，但要將橢圓形視覺化最簡單的方法，就是想像一張紙上有兩根針固定住一條線的兩端。現在把這條線中間用一根鉛筆扯緊，然後讓鉛筆筆頭保持在紙面上繞著兩根針移動，畫出來的就是一個橢圓形，好比圖16.1。針所在的兩個點稱作橢圓形的焦點。

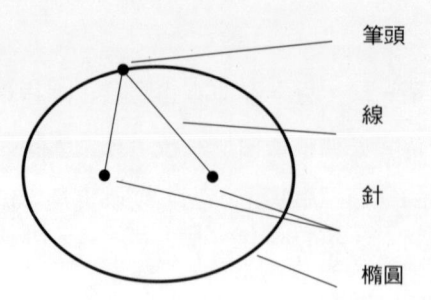

圖 16.1　橢圓

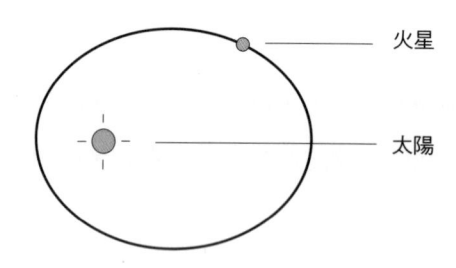

圖 16.2　克卜勒系統中火星的軌道

　　前面提到，克卜勒首創的革新，是讓行星以橢圓形軌道繞著太陽，而太陽則在兩焦點其中之一。舉例來說，火星的軌道就如圖 16.2。為了說明，這個圖大幅誇大了橢圓形。

　　這個對行星軌道的描述：行星以橢圓形軌道繞行太陽，而太陽位在橢圓形兩個焦點其中一個上，便是*克卜勒行星運動第一定律*。

　　克卜勒的另一個主要革新，是讓行星在繞日軌道上以不同的速度運動。更特別的是，在克卜勒的系統中，一道從行星畫到太陽的線，會在同樣時間內掃過同樣大小的範圍。這個對行星速度的描述就是*克卜勒行星運動第二定律*，以圖 16.3 說明最為簡單。要了解克卜勒的第二定律，假想一下有一條連結火星和太

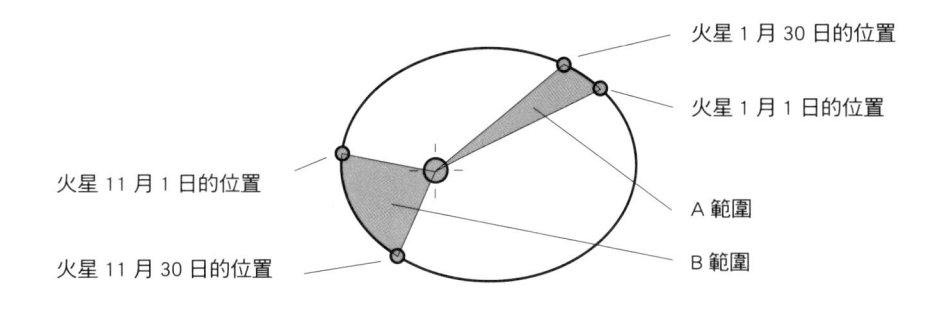

圖 16.3 克卜勒第二定律的說明

陽的線。在 1 月 1 日到 1 月 30 日的三十天中，這條線會掃過一塊區域（圖中的 A 範圍）。根據克卜勒第二定律，在任何三十天中，這條線都會掃過同等大小的區域。舉例來說，在 11 月 1 日到 11 月 30 日的三十天中，這條線會掃過一塊區域（圖中的 B 範圍）。根據克卜勒第二定律，A 和 B 兩區域的面積會相等。一般來說，從行星連結到太陽的直線，都會在同樣時間內掃過同樣大的範圍。

克卜勒第二定律有個重要的含意。既然一個行星，比如說火星，在繞日軌道上的某些地方離太陽比較近（在這張圖中，火星在左側時最靠近太陽），行經這段軌道時火星運動速度也應該比較快，而在軌道最遠離太陽的那一端就慢得多。換句話說，有鑑於克卜勒的第二定律，行星的運動並非等速的，反而是因為在軌道的不同處而有快有慢。

克卜勒系統藉著使用橢圓形軌道和變速的行星運動，而能完美預測並解釋事實。此外，這比起托勒密或哥白尼系統要來得簡單太多。說到簡單度，請注意克卜勒的系統完全沒用到本輪、均輪、偏輪、偏心點等等，每個星球只有一條橢圓形軌道，僅此而已。

但也要注意到克卜勒的系統同時放棄了正圓和等速運動這兩個事實。回想一下這兩個事實，曾是之前兩千多年的中心信念。所以儘管克卜勒的系統完美解決了經驗資料，仍需要亞里斯多德世界觀做出大量的概念變革。

什麼推動了克卜勒？

截至目前討論，你有可能會有一種感覺，認為克卜勒是個相當直截了當的調查者，被一股欲望驅使，想發展出能掌握經驗事實的理論。實際上，克卜勒是個遠比這複雜的人，就如我們先前討論過的，我不打算探討克卜勒發展系統的眾多因素，而是要提供足夠資訊，來領略那些與克卜勒發現有關的哲學性／概念性問題。我們將特別專注一個終生推動克卜勒的面向，也就是他企圖讀取上帝心智的欲望。

｜克卜勒企圖讀取上帝心智的欲望｜

克卜勒終生堅信上帝有個篤定的計畫，或說一張建造宇宙的藍圖。克卜勒滿富熱情地受其吸引，想要發現這張藍圖，閱讀上帝的心智，並了解上帝在宇宙誕生時所施行的計畫。克卜勒的欲望以各種方式呈現，在此描寫一小部分就已足夠。

回想一下，克卜勒近三十歲時開始和第谷共事。為什麼克卜勒要和第谷共事？答案主要是和克卜勒幾年前的「發現」有關，而探索克卜勒的發現，將有助於我們說明克卜勒想像中所謂上帝擁有的藍圖，以及閱讀上帝心智是什麼意思。

克卜勒的第一部鉅作發表於他和第谷共事的四年前，書中提出一個他視為一輩子最重要的發現。克卜勒當時思考的問題是，為什麼上帝創造了一個正好有六個行星的宇宙（水星、金星、地球、火星、木星、土星），而不是五個或七個，或其他數量行星的宇宙。為何上帝要如此擺置這些行星，而不是用其他方式？克

卜勒確信這些問題都有答案。

克卜勒花了好幾年的時間，為這些問題尋找各種答案。例如說，他嘗試那些訴諸數學係數和函數的答案，但沒有一個令人滿意。但在 1590 年代中期，克卜勒偶然想到一個點子，便是訴諸所謂的「正多面體」。在此簡短解釋一下這個立體圖形，順帶一提，因為要花一些時間解釋，還請耐心等我探討完。等我們討論完，你就會了解到克卜勒是個多不尋常的人。

想像一個立方體，這應該是正多面體最清楚的範例。立方體是個三維的形體，每一面都是正方形。要注意到正方形本身是二維的形狀，每一邊都是一樣長的直線。一般來說，所有正多面體都有和立方體一樣的特性：正多面體的每一面都是一樣的二維圖形，而二維圖形本身也是由相等成分構成，即等長的直線。

從古希臘以來，人們就知道只有五種正多面體，(1) 立方體，六個面都是正方形；(2) 正四面體，每一面都是正三角形；(3) 正八面體，每一面都是正三角形；(4) 正十二面體，每一面都是正五邊形；(5) 正二十面體，每一面都是正三角形。

現在隨便想像一個任意大小的球體，裡面正好放進一個立方體。也就是說，這個立方體的每一個角，都剛好接觸球體的邊緣，所以正好能放在裡頭。然後想像，我們在那立方體裡再放進一個球體，而這個球體的邊緣剛好切在立方體的每一平面上。儘管我們處理的是三維圖形，但二維的圖畫應該會像圖 16.4 那樣。

現在想像一下我們按照以下順序，連環套起多面體和球體。接下來，我們再放一個大小正好的正四面體在圖 16.4 最裡面的球體裡，然後裡頭再放一個球體，接著再放一個正十二面體，再一個球體，然後再一個正二十面體，再一個球體，再一個正八面體，最後再放一個球體。結果看起來就會像是圖 16.5。（這仍是三維構造的二維呈現，但可以清楚表示結果）

請再忍耐一下，讓我提出對這構造最後的一些觀察。我們來為這些球體作一些註解，注意到我們一開始的球體大小會決定我們裝進去的立方體大小，而立方體會決定裡面球體的大小，如此類推。也就是說，原始球體的大小，會決定所有

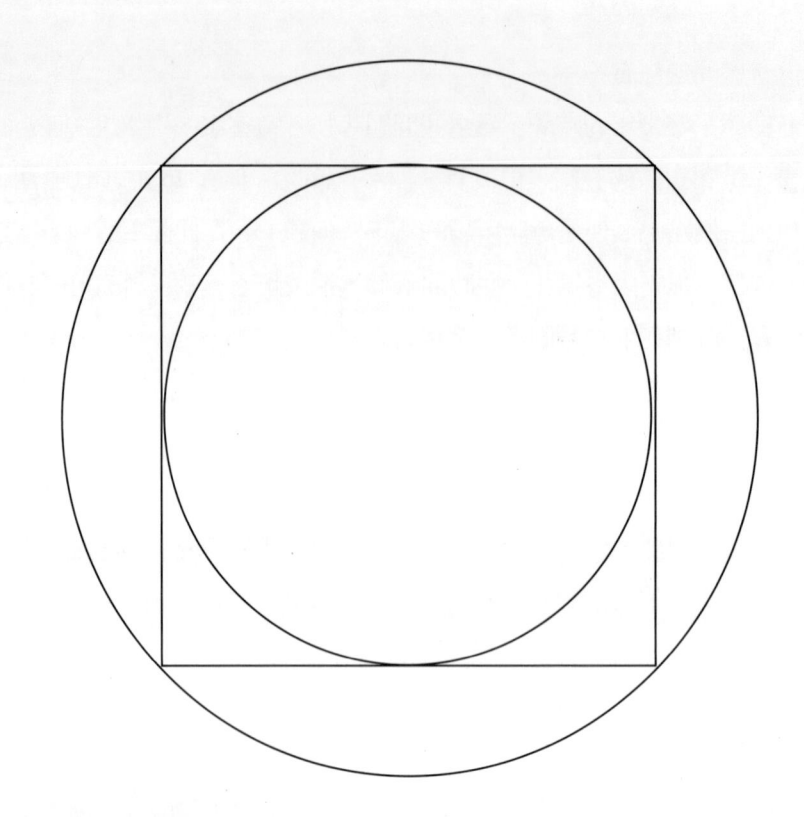

圖 16.4　一個套一個的球體、多面體和球體

　　其他球體的大小，也同樣決定了每個球體之間的距離。
　　儘管各球體之間的實際距離取決於第一個球體的大小，但每個球體的*相對*距離卻不是。也就是說，不管一開始的球體有多大，球體間的相對距離都會固定一樣。圖 16.6 是圖 16.5 移去五個多面體後的模樣，此處球體的排列更加明顯了。再一次地，不管我們打造這個球體與正多面體結構時一開始的球體有多大，球體之間的相對距離都會有如圖 16.6 所描繪的那樣。
　　現在，在這一點上有個好問題是：這跟天文學有什麼關係？答案是，在哥白尼（或是任何日心說）系統中，這可能可以計算出行星的相對位置。結果證明，

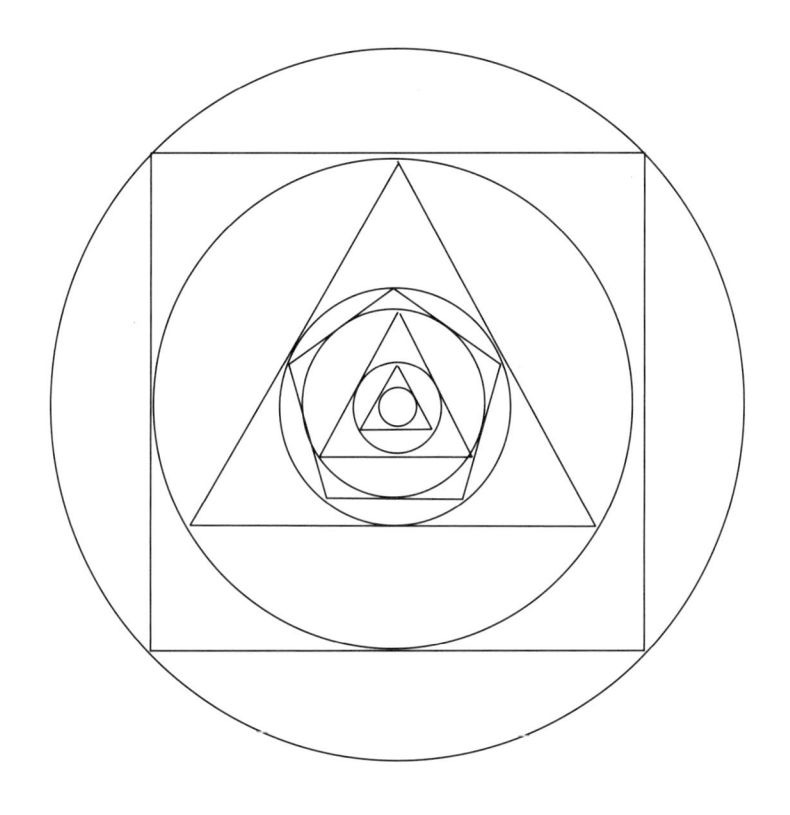

圖 16.5 克卜勒的架構

行星的相對位置和克卜勒構造中球體的相對位置還蠻接近的。

　　這是一個有趣的事實,而我絲毫不懷疑這只是太陽系一個奇妙的巧合,但克卜勒不是這麼想的。對克卜勒來說,這是他閱讀上帝心智的第一個大突破。圖 16.5 的構造,是上帝創造宇宙時心中的構想——上帝想打造這個構造,反映了球體和幾何正多面體之間的關係。這就是為什麼上帝在宇宙創造了六個行星——每一個都在此構造的球體上——而不是五個或七個,或其他數字。這就是為何上帝創造宇宙時要這樣排列這些行星,排列這些行星反映了克卜勒構造中球體的排列。此外,每一個多面體最外側突出的部分,都有三條線以彼此同樣的角度差向

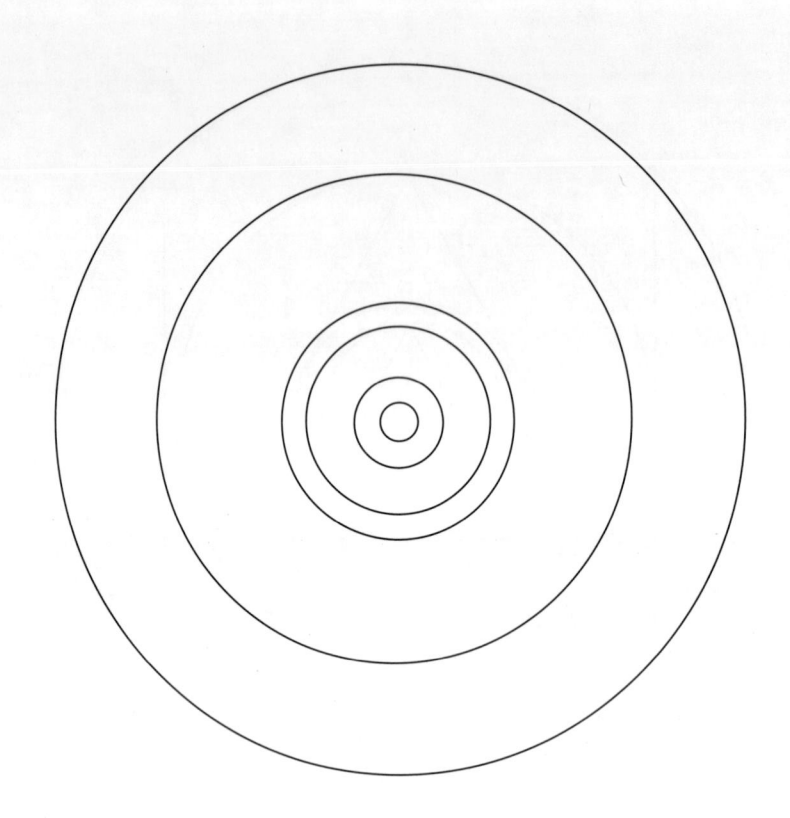

圖 16.6 移去多面體後的克卜勒架構

外伸出，在這之中上帝反映了宇宙空間的三個維度。

　　前面提到，這是克卜勒的第一個主要的「發現」，但事實上，這是他希望和第谷・布拉赫共事的主要理由之一。也就是他希望和當代最棒的觀察者共事，一方面是想確認自己的發現。這發現發表在他的第一本主要著作中，但他真正的欲望在於讀取上帝的心智，而且他一輩子也堅信，這個球體套列是上帝藍圖的關鍵成分。

　　一段日子之後，在他人生最後的時光裡，克卜勒擴張了上述的方法，融入音樂的和諧，以證明上帝在創造宇宙時，不僅反映了幾何構造，也反映了音樂構造。

簡單來說，克卜勒的多面體構造以及他讀取上帝心智的欲望，反映了青春氣盛的克卜勒內心。就如湯馬斯・孔恩所說，這也是我比較喜歡的說法，克卜勒的正多面體構造「並非只是一種青春的揮霍，或者可以說他從來沒有長大。」（kuhn，1957，p.218）

克卜勒的正多面體構造，並沒有直接導引他達到他最為人所熟記的發現，也就是變速的橢圓形軌道。但他企圖發現上帝創造宇宙時的規則之熱情，反映在他一輩子對多面體構造堅持的熱情上，這確實引領他找到我們如今稱之為克卜勒第一及第二運動定律的關鍵發現。

克卜勒奉獻一生尋找這樣的規律性，他發表了大量「定律」來反映他的發現，或者說他以為發現了的規律性。除了三條定律（上面兩條運動定律，以及關於行星與太陽距離和行經軌道時間的第三條定律）以外，其他多半被我們忽略了，但對克卜勒來說，他大半的工作就是在做這件事——發現宇宙內在固有的規律性，藉此讀取上帝的心智。

結語

第十四章討論哥白尼的系統後，我們花了一點時間討論該系統是怎麼為人所接受的。我們當時發現，一般來說，幾乎所有天文學家很快就熟悉了哥白尼系統，也有不少人使用了這系統，但多半以工具主義者的態度來面對它。在結束本章前，也來觀察一下克卜勒系統受到的評價。

要討論克卜勒系統的評價，沒辦法像討論哥白尼那樣直接。這一部分是因為，有些天文學家企圖複製克卜勒的成功，但選擇使用正圓和等速運動；也就是說，克卜勒製造的系統在符合經驗資料這點上比任何存在的系統都要好，這個成就是這些天文學家都知道的；但他們錯誤地相信，他們可以使用克卜勒的成果，來為如何調整現有的正圓和等速運動系統增加新洞見，藉此達到和克卜勒系統一

樣的準確性。從某種意義上來說，這些天文學家都知道克卜勒的成功，但不完全接受他的方法。

另一個複雜因素是關於克卜勒發表成果的時間點。克卜勒1609年發表他的系統（至少是關於火星運動的著作），當時天文問題通常專家說了算（一般來說，就是受過數學訓練的天文學家），而沒有多少會留給公眾辯論。然而，就在接下來那年，伽利略發表了他從望遠鏡得到的新發現。伽利略的發現下一章會詳述，目前只需先說，伽利略的發現對於更廣大的聽眾來說是更容易接受的。此外，那些非常令人興奮的發現，某方面遮蔽了克卜勒的成就，無疑地讓伽利略比起克卜勒得到更廣泛的注意。

最後一個複雜的問題也值得一提。就在伽利略發表他從望遠鏡得到的發現後沒多久，天主教會採取正式立場反對日心說，禁止相關的討論和寫作。上述克卜勒1609年發表的作品，關於火星運動以及之後的一些作品，全都列在禁書索引（基本上，就是一份天主教徒禁止閱讀的出版品清單）上。有鑑於情勢這樣發展，那些計畫要以地心說與日心說辯論為題寫作的人，決定暫停發表任何相關作品。結果，克卜勒發表他最重要作品的時機，反而是個少有公開辯論討論其他系統的時間點。

所以，儘管比較難看清克卜勒觀點當時受到的評價，但最終克卜勒系統的長處（比較簡單、處理經驗資料上佔有大幅優勢），伴隨著伽利略來自望遠鏡，支持日心說反對地心說的新證據，很明顯地被大眾所認同。此外，在克卜勒晚年，也就是1620年代末期，克卜勒根據他的理論製作了一套天文表，這套天文表比起任何使用競爭理論製作的既有天文表，都遠遠要來得好。

因此，到了17世紀中期，所有關注這議題的人都已經清楚明瞭，包括地球在內的行星，確實在橢圓形軌道上以不等的速度環繞著太陽運動。等速正圓運動這個哲學性/概念性事實，到了17世紀中期，終於不再被認定為事實。

第十七章
伽利略和來自望遠鏡的證據

從地心說到日心說的轉變中，另一個要角是伽利略（1564～1642）。伽利略對天文學、物理學和數學都有重要貢獻，但我們此處最關注的，是他對天文學的貢獻。本章的主要目的，是了解從望遠鏡得到的新資料，以及這些資料如何對各種天文系統支持者的辯論產生衝擊，並探索伽利略的發現受到的評價。

我們將看到，伽利略藉由望遠鏡，首度為日心說與地心說的爭論提供新的經驗資料。然而，我們也會看到新的證據本身並沒有解決問題，伽利略認為新的證據支持日心說，但其他同樣熟悉這些證據的人並不這麼認為。我們同樣也先從背景資訊開始。

背景資訊

｜伽利略與天主教會｜

望遠鏡就在西元1600年前不久發明，而伽利略從1609年開始，把它用在天文觀測上。伽利略是第一個將望遠鏡用在天文觀測的人，藉此他發現了有趣的新資料，對地心說和日心說支持者之間的爭論有很大影響。他在1610年發表了第一組研究結果，並在接下來幾年發表了附加的結果。

最終，這些新資料將把伽利略牽連進一場與天主教會之間的著名辯論中。有鑑於此，接下來將先稍微談談伽利略時代的宗教情況。

儘管我們之前從未談過這塊，但毫不意外地教會比較贊成地心說。其中一個

理由（但非唯一理由）是，基督教經文中許多章節都指出，地球是靜止的，而太陽繞著地球。因此，伽利略與教會間的辯論必然牽涉到經文的解讀。

另外值得一提的是，大體上天主教會有段日子寬容新的科學觀點，其實大部分教會並不反對哥白尼系統。當然，直到望遠鏡帶來新證據前，哥白尼系統一般都以工具主義的角度為人所接受，這樣和經文並不衝突。重點是，教會並不反對新的科學觀念，且在新的發現有需求時，通常都會願意重新解讀經文。

然而，此時對天主教會來說是個較為敏感的時期。宗教改革在上個世紀開始，教會正積極壓制所謂異端邪說的擴散，所以伽利略從望遠鏡得到的成果，不巧就遇到教會不像其他時候一樣寬容的時間點。

伽利略是名虔誠的天主教徒，他的確沒有任何破壞教會的意圖，也不會輕忽自己的觀點可能被視為邪說。我們接著會看到，伽利略對於經文的解讀有真正的不同意見，而這些差異會在他面對教會時產生作用。

| 來自望遠鏡的證據其本質的要點 |

說到地心說與日心說系統支持者之間的爭論，必須記住的一個要點是，肉眼觀察的證據沒有一個能平息這場爭辯。事實上我們一直強調，肉眼的觀察支持的是地心說。

值得一提的是，即便有了望遠鏡，也沒辦法直接判定地心說還是日心說是正確的。我們先稍微討論一下這部分，我認為這點常被人誤解，觀察這一點，可以讓我們對望遠鏡提供的證據有更佳認識。

先把伽利略放下，回來看看四百年後的現在。即便到了今天，有著四百年來所有的科技優勢，我們仍然沒有任何科技，可以直接顯示究竟是地球繞著太陽還是太陽繞著地球。關於地球繞著太陽，我們最直接的證據是，恆星偏差終於在19世紀第一次被記錄下來了。但就我們在第三章討論的意義中，恆星偏差的證

```
      ●            ← 太陽

         ·         ← 水星

            ·      ← 金星

          ●        ← 地球
```

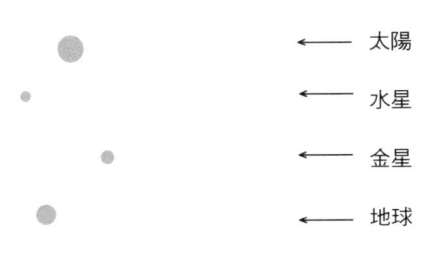

圖 17.1 太陽和行星的「合照」

據也不是直接的觀測證據。

　　就連來自太空的照片，也不能直接平息地球是不是繞著太陽的疑問。要了解這一點，想像一下我們有張照片，就像圖 17.1 這樣，拍了太陽、水星、金星和地球。順帶一提，實際上並沒有這種照片。這樣的照片得從地球軸心以上或以下的有利位置拍攝，但實際上我們不會把太空船送往這個方向。我們太陽系系統——行星、小行星等等——的有趣特色是，它們多半傾向於散布在約略穿過地球赤道的平面上。所以我們的太空船通常會沿著這個平面送出，而不是順著地球的軸心。但重點是，即便我們確實有了這張照片，也無法決定地球和太陽何者才是太陽系的中心。注意到圖 17.1 這張「照片」，不管在地心說還是日心說的系統中都合用。也就是說，這張照片符合圖 17.2 描繪的日心說，但同樣也符合圖 17.3 描繪的地心說。

　　簡單來說，即便我們可以拍到這樣的太陽系照片，也沒辦法用來顯示到底地球還是太陽才是中心。就算我們拍攝長時間的錄影帶，來標記太陽和行星的歷時過程，也只能看見行星和太陽相對的動作。也就是說，這樣的錄影帶只會顯示太陽和行星相對於彼此在移動，但太陽和行星相對的運動，不論在第谷系統還是日心說系統中都是一樣的。換句話說，即便有了這樣的錄影帶，這些影像最後還是能符合地心說的第谷系統。（這裡得強調，這樣的錄影帶並不符合有本輪、正圓

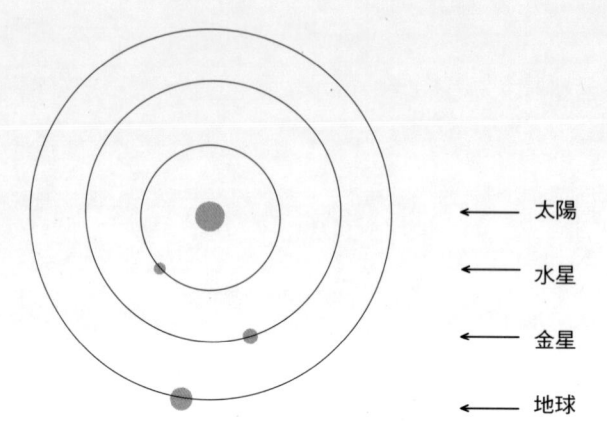

圖 17.2 「合照」的日心說解釋

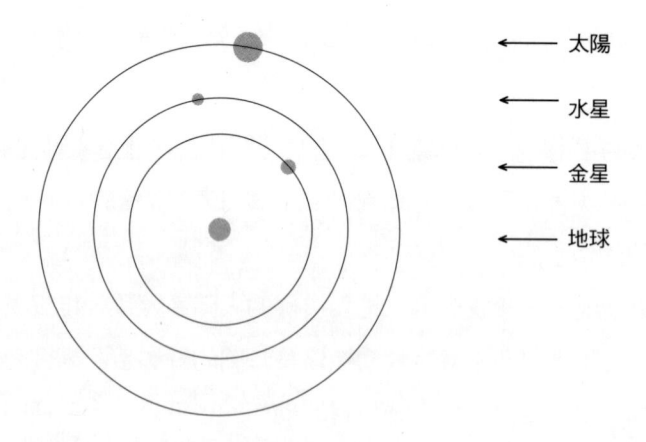

圖 17.3 「合照」的地心說解釋

且等速運動的原始第谷系統，而是會符合經調整的「現代化」第谷系統。這樣調整過的第谷系統和圖 15.1 呈現的很類似，但融合了橢圓形軌道和不等速的行星運動。第十五章結尾處提到，當代地心說系統的支持者偏好的就是這種調整過的第谷系統。）

我會繼續花些篇幅在這問題上，但這說明了一個概括的重點：從我們的科技獲得的證據，很少像看起來那樣直接。在我們思考伽利略來自望遠鏡的證據時，必須牢記這重要的一點。

所以，伽利略來自望遠鏡的證據儘管引人注意且重要，卻不能直接平息日心說和地心說系統支持者之間的爭論。但這些證據確實提供了一系列著實衝擊這場辯論的不直接證據。我們接著來思考伽利略的證據。

伽利略來自望遠鏡的證據

藉著使用望遠鏡，伽利略報告了眾多新的觀測結果。有些資料對於地心說只提出了相對不重要的問題，然而其他資料引發相當大的問題。在每個案例中，我們不只會討論伽利略報告看見了什麼，更要討論這些新資料如何影響了日心說與地心說這兩個對立觀點。

| 月球上的山 |

用望遠鏡觀察月球表面景色，包括山、平原以及現在我們所知的隕石坑，伽利略可說是史上第一人。某些程度來說，這些都可用肉眼看到，也有人在伽利略之前就推測那些是月球上的山，但只有藉著望遠鏡才能辨認出這些景色的細節。

月球有像山這樣景色的事實，完全不會直接顯示地球繞著太陽運轉。這個事實會列入爭論，是因為它破壞了亞里斯多德普遍的宇宙圖像。回想一下在亞里斯

多德世界觀中，天堂的物體只由以太組成，這個事實符合天體運行的廣義亞里斯多德式解釋，所以月球似乎是塊巨大的岩石，且和地球外形有些相似的這事實，明確顯示亞里斯多德的這個信念並不正確。

值得注意的是，這個證據本身從來都不足以對亞里斯多德世界觀造成嚴重破壞，雖然亞里斯多德世界觀確實包括了天體由以太構成的信念，但這個特殊的信念，即這面拼圖上的一片，可以在不嚴重改變整套信念的情況下調整。例如，月球在月下區域和超月區域的邊界上，所以想像月球同時包含月下和超月元素並非不合理。換句話說，關於月球的亞里斯多德信念並不是核心信念，但無疑地月球上的山這般景色存在，顯示亞里斯多德世界觀在面對來自望遠鏡的新證據時，不可能繼續維持不變了。

所以月球上存在著山，這點藉著展現出亞里斯多德世界觀的裂痕，大大影響了這場爭論。但這資料以另一種方式讓日心說更為合理。回想一下，地球靜止不動的論點（在第十章討論過）是基於沒有任何東西可以讓地球維持運動。前面提到，地球是個巨大的岩石體，就像我前院的圓石一樣，除非有人持續推動它，否則就不會動，這論點應該夠明顯了。但藉著望遠鏡，我們現在發現，月球看起來是個巨大岩體，而且很確定它持續在運動。所以，如果巨大月球岩石可以持續繞地球運動，那麼巨大的地球岩石也有可能持續繞著太陽運動。

太陽黑子

伽利略也是第一個用望遠鏡觀察太陽黑子的人，太陽黑子就是在看太陽時可以看見的黑暗區域。不可能用望遠鏡直接觀察太陽，這會損害視網膜，但太陽的望遠鏡像可以投射到紙上觀測。伽利略用這方法觀測太陽黑子，藉著觀測，伽利略得以信心滿滿地聲稱，這樣的黑點應該在太陽上，而不是某個小行星在太陽前面移動。

就如月球上的山,這資料也不能為日心觀點提供直接證據。但是太陽明確地是在超月區域中(不像月球那樣鄰接著月下區域)。所以如果太陽黑子如伽利略所堅稱的是在太陽表面,那麼超月區域就不會像亞里斯多德世界觀所相信的那樣,是個不變的完美區域。所以就像月球上的山一樣,這個資料證明又展開一道亞里斯多德世界觀的裂縫。

土星的環,或者是「耳朵」

伽利略發現關於土星的證據所造成的結果,和月球和太陽的證據有點類似。伽利略當時率先觀察到土星邊緣有突出,看起來像是手把還是耳朵的東西。現在我們知道伽利略觀察到的是土星環,儘管望遠鏡的解析度僅足以讓他把環看成突起(還需半個世紀,這突起才會被正確假設為一個環繞土星的環狀結構)。

這個資料為亞里斯多德世界觀又展開一道裂痕。回想一下天體是由以太構成,天然具備正球體的形狀。那麼,行星既由以太構成,就應該是完美的球形。伽利略的觀測顯示土星、月球和太陽,都不符合亞里斯多德世界觀的期待。

木星的衛星

在所有伽利略的望遠鏡看到的現象中,觀測起來最賞心悅目的莫過於木星的衛星。透過望遠鏡,伽利略觀察到四個小光點,不時改變它們環繞木星的位置,而伽利略正確地將其推論為繞著木星運轉的衛星。即便到了今日,木星的衛星可能還是小望遠鏡中最賞心悅目的景象(就和土星環一樣賞心悅目)。

在一個聰明的生涯抉擇中,伽利略將這四顆木星的衛星命名為「麥地奇之星」,向麥地奇家族(義大利最有權勢的家族之一)表達敬意。伽利略希望成為麥地奇家族的殿堂成員,他也很快獲得成功,任命為麥地奇殿堂的首席數學家與

哲學家。（「哲學家」指的比較接近我們所謂的科學家）

　　伽利略花了不少時間，仔細觀察並標記這些月球的位置，因此能確定它們的確是繞著木星的天體。這也是一個無法符合亞里斯多德世界觀的證據。回想一下，在亞里斯多世界觀，尤其在托勒密系統中，地球是宇宙所有天體轉動的唯一中心。所有天體——月球、太陽、恆星和行星——都繞著宇宙中心，也就是地球行圓周運動。但伽利略發現天體繞著木星運行，這令人信服地展現出，有別於亞里斯多德式的信仰，宇宙中運轉的中心不只地球一個。

　　值得一提的是，地心說的支持者曾提出一種推論來和日心說爭論。也就是他們認為，有個天體繞著地球，然後地球又繞著太陽，這樣有點不優雅。但伽利略發現了木星的衛星，讓這個爭論平息下來，因為連地心說的支持者都得接受至少有一個天體——即木星——本身會移動，但又有天體繞著它。

金星的相位

金星的相位為這場爭論提供了最急轉直下的證據。光憑肉眼無法觀測出金星像月球一樣，會經歷一整個週期的相位變化。但有了望遠鏡，就能輕易觀察到金星相位這事實，而伽利略是史上第一人。此外，金星不只會經歷一整套完整週期的相位變化，還會按照不同的相位呈現不同的大小。圖 17.4 說明了金星滿月、四分之三月、弦月、四分之一月和新月的模樣。要了解這個資料的重要性，我們要先了解為什麼金星會在不同時候呈現不同的相位，這解釋起來和解釋月球為何會有週期的月相基本上一樣，所以我們先討論月球，然後再回到金星。

　　月相是太陽、月球和地球相對位置的結果，在任何時候，都會有半個月球被太陽照亮，另一半則是暗的。當月球處在我們可以看見月球完全照亮的地球那一側時，該側地表上的我們就會看見滿月；當我們只看見被照亮那半面的一半時，便有了弦月；而如果我們只看到被照亮那半面的一小部分，我們就有了新月。圖

圖 17.4 金星的相位

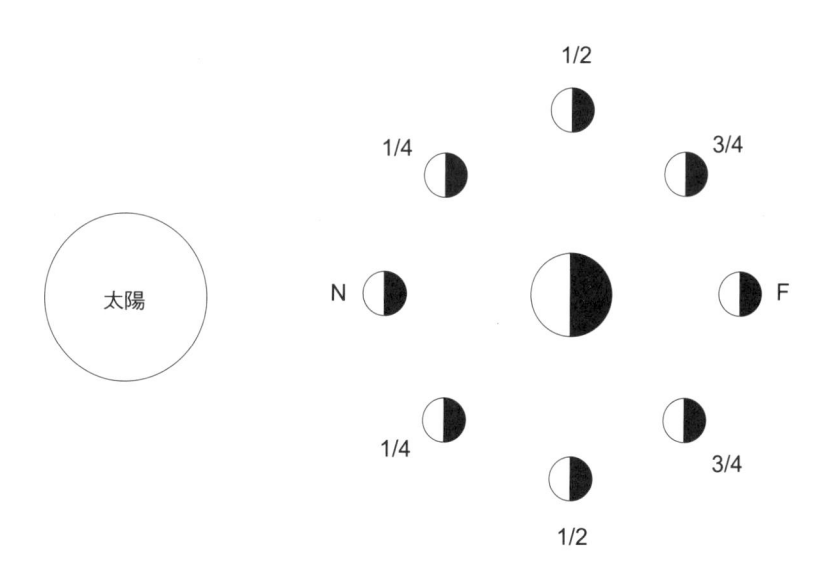

圖 17.5 月相

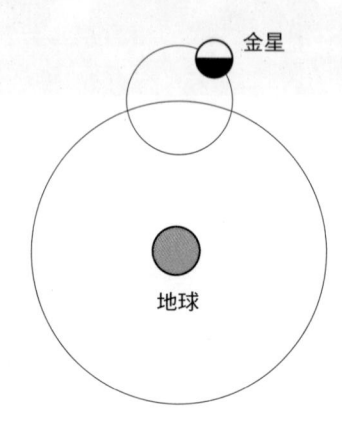

圖 17.6 托勒密系統中的太陽、金星和地球

17.5 也許有幫助，標示著四分之一、四分之三等等的數個月球，代表了月球在大約二十七天內環繞地球軌道時，相對於地球和太陽的不同位置。順帶一提，本圖沒有按實際比例繪製，從圖看來可能會覺得月球常常在地球的陰影中，但這是一張濃縮以方便放在平面頁面上的圖。事實上，因為太陽夠大，而地球和月球離得也夠遠，而且月球軌道是「傾斜」的，月球只會偶爾落在地球的陰影中（這就是為什麼月食相對很少發生，而不是每繞地球一圈就發生一次。）

當月球位在標示 F 的位置時，被照亮的一面會面對地球，此時我們會看到滿月；當月球在標示四分之三的位置時，我們就會看到四分之三的月球，弦月、四分之一月（也稱新月）也是一樣；而到了朔月，我們在夜空中就看不到月球（標

示 N 的位置）。

如果金星就如伽利略發現的，也經歷一連串相位的話，那麼就如月球一般，金星的相位也應該是太陽、地球和金星相對位置的結果。重要的是，日心系統（不管是哥白尼還是克卜勒）對金星相位的預測和托勒密系統有著天壤之別。特別是在日心說中，我們會期待金星經歷一連串的相位。相對地，如果托勒密系統是正確的，金星最多就只能是新月，但永遠不會是弦月、四分之三或滿月。

這樣的預測差別以圖說明最適合。首先先思考托勒密描繪的地球、太陽和金星，如圖 17.6。在這裡，第十一章結尾討論過的關鍵經驗事實派上用場。回想一下，就現實來看，金星從來沒有出現在遠離太陽的地方；也就是說，不管太陽在天空何處，金星永遠離它不遠。這就是為什麼金星只能在日落後不久（在一年中的某些時候）或在日出前一陣子（在一年中的其他時候）出現，在其他剩下的日子中無法看見金星，一方面因為金星（晚上）和太陽一起在地平線之下，另一方面因為金星白天在太陽附近，陽光讓我們無法看到它。

在托勒密系統中，只有唯一一個方法可以解釋這個事實，就是讓太陽和水星在同樣的時間內環繞地球一周（更精確說，金星的本輪和太陽在同樣的時間內環繞地球一周）。換句話說，地球、太陽、金星的本輪三者必須總是在一條線上，就如圖 17.6 所描繪。

但要注意到，這意味著金星被照亮的那半面將永遠背對著地球。所以，就像月球被照亮的那半面背對著地球時一樣，金星將呈現為（最多也只有）新月的形狀。換句話說，在托勒密系統中，我們頂多只能看到金星被照亮半面的一小部分，我們永遠看不到滿的金星，或是四分之三的金星，或是弦狀的金星。托勒密系統無法藉著調整來讓這些相位出現。

伽利略發現了金星的相位，便對托勒密系統提出直截了當的否證證據。相對地，就如接下來要解釋的，在日心說觀點中，就可以預期金星會經歷完整的相位變化，因此金星的相位為日心說提供了確證證據。

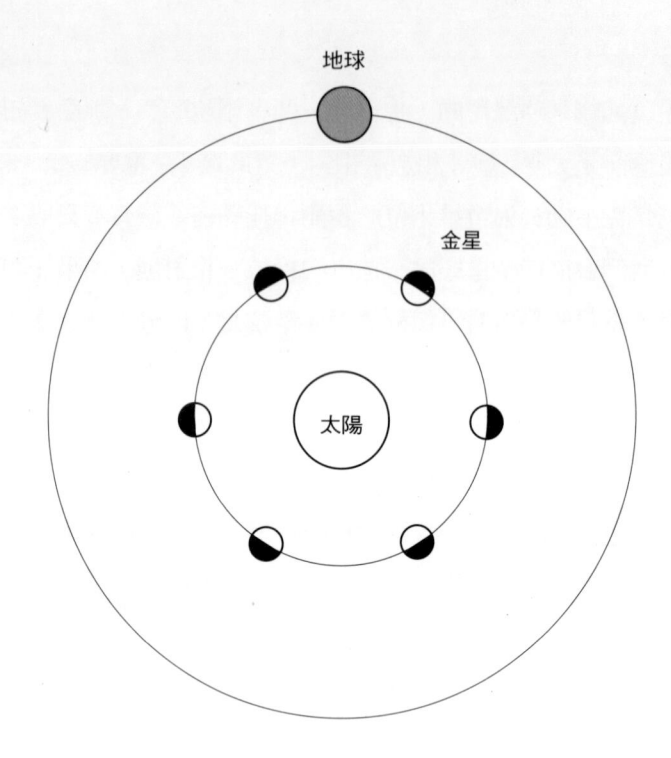

圖 17.7 日心系統中的太陽、地球和金星

　　在解釋日心說如何符合金星相位之前,要先注意到關於金星總是出現在靠近太陽的天空中這事實,日心說的解釋是,金星是個地內行星;也就是說,金星比地球還要靠近太陽。在圖 17.7 中,要注意到從地球看去,不管金星在軌道的哪一點上,它看起來永遠離太陽不遠。此外,因為在日心說裡,金星環繞太陽一周的時間比地球短(地球要三百六十五天而金星只要兩百二十五天),所以金星有時會在太陽離我們較遠的那一側,看起來便是完整的金星;有時在太陽的兩側,看起來便是半個金星;有時就在我們和太陽之間,所以完全看不見,或只剩新月狀等等。簡單來說,在日心說裡,我們會期待金星經歷一整個相位週期,所以伽

利略的發現便為日心說提供了確證證據。

日心說不僅正確預測了金星會經歷完整的一套相位，它還自然地說明金星相位和金星外觀大小的關連。

注意到在圖 17.4 中，金星在滿盈時最小，在新月形時最大。這完全是我們在日心說中所預期的。因為金星只有位在離地球最遠時才會是滿盈（或接近滿盈），所以可預料它看起來必然是最小的。同樣地，金星只有位在太陽和地球之間，也就是離地球最近時才會是新月形，此時它應該看起來最大。

簡單來說，金星的相位為托勒密的觀點，提供了重要的否證證據，然而很重要的一點是，金星的相位並不足以平息日心說和地心說的爭論。回想一下第十五章描述的第谷系統，前面提過，第谷系統是個地心系統，月球和太陽繞著地球轉，但行星繞著太陽轉。在第谷系統中，也可以期待出現完整相位週期，並在滿盈時最小、新月形時最大。同樣地，也可以調整托勒密系統，讓金星繞著太陽轉，但保持其他繞著地球的運動（水星推論也是如此）。這樣子調整過的托勒密系統看起來似乎能符合金星的相位。簡單來說，以金星相位這證據為日心系統提供確證證據，也為第谷系統或調整過的托勒密系統這類地心說提供了確證證據。所以儘管金星的相位提供了反對原初托勒密系統的證據，卻沒有了結日心說和地心說之間的爭論。

作為一個簡短的要點，注意一下這例子多麼美妙地說明了第五章討論的不充分決定論。也就是說，儘管是像發現金星相位一樣急轉直下的新證據，最後還是同時完美地符合日心說（包括哥白尼和克卜勒的理論）以及第谷系統的地心說，甚至符合上述調整過的托勒密系統。這在科學中很普遍，新的證據，即便是急轉直下的新證據，一般來說都能符合兩個或多個互相競爭的理論；換句話說，現有的證據通常無法獨斷某特定理論是正確的。

最後值得一提的是，儘管發現金星的相位無法平息問題，但這發現仍要求世界觀做出巨大改變。也就是說，托勒密系統曾是過去一千五百年公認的系統，但

現在這系統必須被取代。所以不管誰轉而投靠日心說、第谷系統或調整過的托勒密系統，都得大幅改變自己關於宇宙結構的信念。

恆星

儘管只會簡單帶過，最後一個發現也值得討論。藉由望遠鏡，伽利略發現星星比肉眼可見的還多上太多，這至少指出宇宙可能比原先懷疑的還要大上許多，甚至可能無限大，充滿無限恆星。伽利略自己並不提倡這觀點，但在接下來的幾十年中，宇宙巨大甚至無限的觀點固定下來，而伽利略的發現將符合這個新宇宙觀。

對伽利略發現的評價

伽利略從望遠鏡得到的發現，被理所當然地視為令人興奮的新發現，也讓伽利略成為當時最為人知的科學家。1610 至 1613 年間，伽利略發表了藉由望遠鏡獲得的絕大多數發現，在這些著作中，我們可以看出伽利略正在思考，日心說才是宇宙的正確模型。回想一下，這時哥白尼的日心說系統，是被人們以工具主義者的態度接受的。伽利略現在則要以實在主義者的態度來看待日心說。

只要人們以工具主義者的態度看待哥白尼的日心系統，教會（也就是天主教會，對歐洲的天主教國家有強烈的影響力）就沒有意見；但如果有人開始認為日心說才是宇宙真正構造的方式，那就大有問題了。

伽利略在 1615 年前往羅馬，避免日心說被教會譴責。此時伽利略了解到，光是望遠鏡提供的證據，可能不足以說服爭論的對手，於是他發展出另一個基於潮汐的論點來支持日心說。這個新論點出現在他 1615 年發表的著作中，順帶一提，伽利略的潮汐論點最後證明是錯的，他辯稱海洋的反覆晃動導因於地球的運

動,就如船隻甲板上的水會因為船的動作而晃動一樣。

儘管伽利略盡了力,在1616年初,太陽固定在宇宙中心的觀點仍被判定為邪說,教會禁止人們教導這樣的觀點,或用文章為其辯護。然而,教會並沒有公然禁止教導日心說,雖然拒絕承認日心說的真實性,但日心說作為一種「假說」,還是可以當成著作主題並教導;也就是說,如果我們用工具主義者的態度面對它就沒關係。哥白尼自己在1543年發表的關於這主題的著作,還是可以拿來教導,但前提是先去掉哥白尼建議「日心說即為真實」這樣的文章段落。

有鑑於伽利略此時是以實在主義者的態度面對日心說,且公然提倡實在主義者態度,教會針對日心說之真實性的審判,就對伽利略更為不利。本來不管是伽利略本人還是他的任何著作,都沒有在教會對日心說的正式審判裡被提及。然而,伽利略卻被召去與貝拉明主教見面(貝拉明是教會中決定要不要將「太陽固定於宇宙中心」這觀點判斷為邪說的領頭人物)。在會面中,伽利略同時收到口頭和書面警告,不准他支持或教導日心說的真實性。實際上,儘管1616年的審判對伽利略來說很糟,但本來可能會更糟。

關於教會對日心系統的真實性做出的審判,我們該怎麼看待?以及有鑑於伽利略來自望遠鏡的證據,我們對教會面對這些證據的態度,又該如何描述?是即便知道證據,卻仍忽視證據嗎?還是不管證據多有說服力,教會都不願接受任何反對他們觀點的證據,所以他們看待地心說的觀點是不可證偽的嗎?

一如往常,這些問題總比一開始看起來更複雜。前面提到,在這次事件中貝拉明是教會中做決定的領頭人物,所以我們先關注他的觀點,然後和伽利略做對比。

首先,關於伽利略的望遠鏡證據,這一點是毫無問題的。貝拉明本身就是幹練的天文學家,他和其他的教會天文學家,包括著名的數學家兼天文家克里斯多福·克拉烏,重複了伽利略的觀測並證明那是正確的。教會的天文學家不只證實了伽利略的發現,更讚揚這些發現。

問題在於伽利略的發現，對地心說和日心說的爭論有什麼影響。前面討論過，伽利略明確地認為，不管經文怎麼說，來自望遠鏡的證據顯示日心系統是正確的。而貝拉明則堅信經文說的才是對的，而且認為這些證據都無法駁倒經文。所以，貝拉明看待地心說的看法是否是不可證偽的呢？

這不是個簡單的問題。要進一步探討，我們先進一步看伽利略和貝拉明的觀點。隨著這個問題開展，貝拉明和伽利略在各自的書信往返中，明白表達了自己的立場。貝拉明的觀點可用 1615 年一封稱作致佛斯卡里尼書的簡文總結，而伽利略的觀點則在同年另一篇較長的文章中的一部分清楚表達，一般把這封信稱為致克莉絲汀娜女大公爵書信（順帶一提，克莉絲汀娜是麥地奇家族的傑出成員，藉著向她和家族成員再三保證，自己的觀點不和經文及天主教教義違背，和這家族保持良好關係，這對伽利略而言是很重要的事）。

在致克莉絲汀娜女大公爵書信中，伽利略澄清，他相信聖經的每個字都是正確的；但他說，聖經是寫給每一個人的，包括那些活在遠古、發展程度較低時代讀人們，以及那些教育程度低甚至沒有受過教育的人們，因此聖經必須以真正意義難以定論的方式寫下。伽利略聲稱，如果要解決那些可收集經驗／科學證據的經驗／科學問題，我們絕不該用聖經來對這些問題作最後評斷。首先，伽利略認為這樣的問題（比如太陽繞著地球或相反）和救贖沒有關係（也就是說，伽利略認為不管你相不相信這個，你的信念不會影響你救贖與否）。第二，如果教會根據聖經所言，對一個經驗問題作出最後聲明，卻只是為了讓這個聲明之後被經驗證據證明是錯誤的，這對教會非常不好。所以作為一個整體方針，伽利略提倡不要藉著經文片段來對經驗問題作任何判決。

而在致佛斯卡里尼書信中，貝拉明明言他不同意伽利略這一看法。貝拉明開始便指出，若談到這裡的關鍵問題（太陽繞著地球還是相反），相關的聖經片段看起來相當清楚。此外，貝拉明認為聖經的相關片段並沒有不一致；舉例來說，貝拉明指出所有這些聖經片段的寫作者都同意太陽繞著地球轉。有別於伽利略所

指出的，貝拉明認為這似乎沒有牽涉到經文翻譯的困難情況。

貝拉明也明確反駁了伽利略所謂與救贖無關的說法。貝拉明同意，一般而言科學問題可能和救贖無關，但這個案例和救贖有關，因為聖經說太陽繞著地球，所以一個人不可能在不反駁聖經權威下反駁這個信念，這樣做就是反駁上帝所言。因此日心說與地心說的爭論，從貝拉明的觀點來看是和救贖有關的。

在信中貝拉明清楚表示，如果可以證明地球確實繞著太陽，那我們就必須接受這個證明。但同時（想必也因為上面那句的因素）貝拉明指出，他認為這樣的證明不會也不可能到來。儘管如此，貝拉明至少有思考過這種證明的可能性，他也思考到，若真的有這樣的證明，教會領袖將小心思考，自己在這一點上多嚴重地誤解經文。

要注意伽利略和貝拉明在一些問題上是有共識的，他們都接受來自望遠鏡的資料，也都接受經文的權威。他們都同意經文指出太陽繞著地球，且來自望遠鏡的資料指向另一種可能。然而，伽利略和貝拉明在如何衡量眾多證據的片段上有了差異。伽利略的觀點是經文在涉及救贖時不可否認地正確，但在其他那些不牽涉救贖的問題上，經文就不需要當成不可否認地正確。也因此，在伽利略的觀點上，地球和太陽何者在宇宙中心，不是一個和救贖相關的事情，現在的局面是，一個望遠鏡證據可以將經文證據駁倒的情形。

相反地，貝拉明的觀點是，經文的各方面都是不可否認地正確。貝拉明相信，我們可能誤解經文，但在這個案例中是我們誤解經文，而不是經文出錯。因為我們不太可能誤解經文提到靜止地球和移動太陽的章節，因此在這場爭論中，是經文證據駁倒了望遠鏡證據。

簡單來說，持平而論若有人問起，貝拉明可能會同意只要提供足夠證據，他將願意放棄地心說。但很清楚的是，貝拉明在哪個證據最重要這點上和伽利略有著不同的概念。有鑑於貝拉明對經文證據的偏好，他認為能讓他放棄地心說的證據極不可能，甚至絕不可能來到。

這完全是我們在第七章首次探索可證偽性時討論的情況。當時我們看到，可證偽性問題通常可歸結到，哪一個證據比較有份量的問題。而哪一個證據比較有份量，通常是一個人整體觀點的問題。貝拉明相當尊重科學發現，但他首要身為教會領袖，對他來說經文的證據勝過科學證據；伽利略也很尊重宗教，但他首要身為科學家，對他來說，新科學探索蒐集的證據勝過宗教證據。

那麼，關於貝拉明對地心說的態度是不是不可證偽，這問題帶給我們什麼啟發？我認為，科學在有了四百多年下來，多量且異常成功的經驗證據的今日，貝拉明若還提倡這樣的觀點，那他的態度就像史蒂夫（第七章）一樣不理性且不可證偽。但在 17 世紀早期的脈絡下，並沒有什麼充分的理由去認為，這種伽利略基於經驗提倡的方法，會像往後證明的那麼成功。所以我認為唯一公平的答案是，關於貝拉明看待地心說是否不可證偽，並沒有一個明確是或不是的答案。當我們調查這樣的案例，我們發現它們遠比一開始看起來的還要複雜太多。而我認為，就是這個複雜性讓科學史和科學哲學如此有趣。

結語

如前所述，伽利略毫髮無傷地度過了 1616 年教會對日心說真實性的審判。多年後他就沒那麼幸運了。1632 年初，伽利略發表了《關於托勒密和哥白尼兩大世界體系的對話》一本討論地心與日心系統爭論的鉅作。回想一下，當時並沒有禁止討論日心系統，只要不要提倡其真實性就好了。

這本書並不被教會認可，教會認為這本書踰越了日心說和擁護日心說之間的界線。有些問題讓情況更複雜，這本書是以對話體寫成，伽利略藉此取巧地聲稱，是這些筆下人物在對話中提倡各種態度，而不是他本人。但這說服不了誰，這本書相當明確地提倡了日心說的真實性，且有鑑於前面提到 1615 年與貝拉明的會面（包括書信），當時教會已經告知他不得教導或抱持日心說的真實性，因

此伽利略無疑跨過了線。然而,另一個讓局面更複雜的事情是,這本書通過了教會的標準檢驗過程,也已核准發行。還有一個相關的事實是,多年來伽利略一直企圖攻擊一些有影響力的人,他在文章中不時對人諷刺或直言不諱,並設法累積敵人,其中一些頗有權勢,非常不喜歡他。此外,伽利略似乎缺乏政治上的敏感度,時至今日也一樣,總有許多要認清的政治現實。以今日舉例,如果想向國家科學基金會提出補助金申請,而在申請的開頭就侮辱審核小組,應該不是很有政治智慧。對伽利略來說,發行一本裡面有些章節冒犯教宗的書,應該也不是很有政治智慧。然而在1632年,他的書似乎真的冒犯了教宗,最起碼有些人幫他說服教宗,說他的確是該被冒犯,而這很顯然不會讓情況變好。

伽利略的審判細節很複雜,且某方面來說具有爭議,但最後結果是他的書被教會查禁,伽利略被判有異端嫌疑,而被判處徒刑,他還必須正式宣稱日心說是錯誤的。他餘生都被軟禁在家,於1642年過世。然而他確實在軟禁期間持續工作,回到他更早之前的運動物體力學,並在這主題上撰寫一些重要著作。

由於這個問題牽涉到教會,可以理解伽利略的許多同輩,對公開提倡日心說感到猶豫。但各種發現累積的效果,比如說,克卜勒的橢圓形軌道和非等速運動,就比其他方法都更符合資料,克卜勒根據其系統於1627年發表的天文表,也無人能出其右,還有伽利略來自望遠鏡的證據,終將說服多數關注這些問題的人,地球和行星的確是以非等速在橢圓形軌道上繞行太陽。這將轉而為現有的世界觀掀起一大堆問題,接下來我們就來看看這些問題。

第十八章
面對亞里斯多德世界觀的問題總結

　　假使你我都活在 17 世紀前半期，跟上當時的新發現，我們熟悉伽利略來自望遠鏡的證據，也知道這對傳統的托勒密地心說帶來相當大的衝擊。我們也熟悉克卜勒採用橢圓形軌道，且行星在軌道上不同點以不等速運動的更簡單模型。而且我們也領會克卜勒系統在預測和解釋上最為優秀的事實。我們也知道克卜勒在 1620 年代晚期，基於自己的新系統發表的天文表有多出眾。整體來說，假設我們相信克卜勒的日心說是正確的（而且顯然多數跟隨這些發展的人，至少在 17 世紀中期，同樣都相信克卜勒觀點是正確的）。簡單來說，我們此時相信地球和其他行星，以橢圓形軌道用非等速繞著太陽，且地球沿軸心旋轉，一天轉一圈，這樣的觀點對亞里斯多德世界觀帶來了各種難題，而本章目標就是總結這些難題。

　　必須指出，並非每個人都相信日心說的正確性。就如前面幾章所見，不管累積了多少證據來反對一個觀點（在這裡指地心說），還是可用反駁各種輔助假設，或在某些情況下只修改部分觀點，但維持關鍵元素，以這兩種選擇來維持本來的觀點。如上一章指出，伽利略來自望遠鏡的證據，尤其是發現金星相位，是個反對托勒密地心系統的強大證據。然而，地心說的第谷系統也符合金星相位，在這一點上，第谷系統符合所有來自望遠鏡的證據。對那些仍然堅持地心說信念的人來說，第谷系統成為他們偏好的理論。且在第十五章提到，第谷系統（或更精確地說調整過的版本）至今仍是少數僅存的地心宇宙觀支持者偏好的系統。

　　即便如此，在 17 世紀中期很明顯地，跟上新發現的多數人確信日心說是正確的。然而，接受這樣的地球和宇宙觀，會給亞里斯多德世界觀來一大堆難題，

而本章接下來的主要目標便是總結這些問題。此外，我們將短暫看過一個緊密相關的問題，也就是新宇宙觀需要一種新科學的事實，特別是這種科學要能符合地球在運動的事實。我們將先從總結亞里斯多德世界觀的難題開始。

亞里斯多德世界觀的難題

如如果地球同時沿軸心自轉，並繞太陽運動，那麼是什麼維持我們在地表上，而重物卻還是往下掉呢？回想一下，在亞里斯多德世界觀中，重物有趨向宇宙中心運動的天性，這就是我們能留在地表上，而重物會落地的理由。但如果地球不是宇宙中心，亞里斯多德拼圖的這一片就留不住了。

此外，是什麼讓地球持續運動呢？在亞里斯多德世界觀裡，運動中的物體會傾向停止，除非有什麼外力讓它們繼續運動。這信念合乎我們的日常經驗，但如果地球在運動著，那這片拼圖也錯了。

在類似的脈絡中，為什麼當我們把一個物體往上拋，它會落回我們手上呢？亞里斯多德世界觀的標準信念是，如果地球在動的話，那當物體在空中時，我們應該已經離開拋出物體的正下方了。所以拋物的移動，又是另一片不再有效的亞里斯多德拼圖。

且如果地球一天繞軸心自轉一圈，我們就應該因為這轉動而以每小時一千英哩的速度移動。而且如果地球繞著太陽轉，那它應該是用不可思議的速度在繞日軌道上運動（現在我們知道這速度接近每小時七萬英哩）。但在亞里斯多德世界觀的常識觀點中，我們應該可以察覺到這驚人運動的效應。那為什麼我們感覺不到？為什麼臉上沒有強風？為什麼我們感覺不到平常的震動，以及其他符合這運動的效應？

至於克卜勒系統的橢圓形軌道，和非等速運動又該怎麼辦？在亞里斯多德世界觀中，以行星為例，行星持續運動的解釋有賴於將天堂視為一個完美地帶。持

續的等速、正圓圓周運動對天堂來說十分合適。但如果天堂真的是完美地帶，那橢圓形軌道和非等速就不是預期中該出現的運動，所以新的信念大幅挑戰亞里斯多德世界觀中天堂是完美地帶的信念。

同樣地，亞里斯多德拼圖中那一片呈現宇宙小巧舒適的信念，也不再管用。如果地球繞著太陽運動，那我們在太空中的位置，便會因為從軌道這頭抵達最遠的另一頭，而有相當大的變化（現在我們知道這距離將近有兩億英哩）。有鑑於地球繞太陽行經的距離如此之長，觀測不到恆星偏差的唯一解釋，就是行星實在遠到難以置信，所以宇宙應該是極大，甚至是無限大。

但無限大的宇宙無法符合亞里斯多德的想像，尤其無法符合亞里斯多德的自然運動觀。一個無限大的宇宙既沒有中心也沒有邊緣，所以基本元素的天然運動趨向，不管是朝向宇宙中心或是遠離宇宙中心運動，在無限大的宇宙中都不成立。

此外，此時（尤其在歐洲）基督教神學和亞里斯多德宇宙觀變得過於緊密融合，以至於挑戰其一便等同挑戰另一個。在這個合併的基督教／亞里斯多德想像中，即便一個巨大但非無限的宇宙也還是無法說明。舉例來說，回想一下超月區域長期以來被視為完美區域，如今這個完美轉而被想像成與基督教上帝的完美有所連結，天堂本身被視為存在於完美區域之中，事實上天堂常被視為存在於恆星所構成的固定球面之外。這個球面（以及帶動著行星的球面）出於想要完美的欲望而轉動，儘管現在完美是與基督教上帝相連。但要注意到在日心說中，恆星的球面不再運動了，更糟的是，這樣的球面根本不需要了。畢竟如果恆星不移動，這樣的球面就派不上用場，因此在日心說觀點中，人們不再想像恆星鑲嵌在一個球面上，而是散落在一個巨大，甚至可能無限的空間中。這不只破壞了天堂位在恆星球面之外的觀點，也破壞了基督教上帝創造宇宙時無所不在的觀點。簡單來說，日心說需要的巨大宇宙，對這些宗教觀點也造成了難題。

接著來看亞里斯多德世界觀中較為整體的面貌，想像一下亞理斯多德宇宙觀

是目的論和本質主義的。例如，亞里斯多德是怎麼解釋為什麼物體會掉落，怎麼解釋我們是如何停留在地表上的，以及怎麼解釋行星和恆星的運動。這些解釋是基於把宇宙視為本質主義、目的論的世界觀，但這些在亞里斯多德世界觀裡的解釋，只要地球繞著太陽運動，一切就都不再成立。這對亞里斯多德將宇宙視為本質主義的和目的論的總體觀點來說也構成問題。

當我們基本上存在於一粒塵埃上，在一片多半是空虛的宇宙中移動時，人類的作用又是什麼？回想一下，亞里斯多德和托勒密的地心說模型，並非為了宗教而發展的，但地心說模型確實吻合西方宗教觀。這樣的宗教觀傾向把人類視為創造的中心，而這吻合了亞里斯多德世界觀中地球是宇宙中心的信念。所以新的發現對於亞里斯多德世界觀的宗教面向，尤其是人類特殊性的觀點也造成了問題。

要注意到這些亞里斯多德世界觀的難題，並非只牽涉拼圖邊緣小而孤立的難題，這些難題衝擊著亞里斯多德世界觀的核心信念。依此來看，僅僅修補亞里斯多德世界觀，用新的拼圖片替換舊的來維持整體的拼圖，並不可行。需要的是一個新的世界觀，更重要的是，這個新世界觀需要新的科學觀念；換句話說，新的世界觀需要一種新科學。現在且試著看看，所需要的是什麼樣的新科學。

對新科學的需求

正如之前所強調的，17 世紀早期新發現的含意，遠超過了地心說或日心說何者正確這樣的範疇。舉例來說，兩千年來處於主宰地位的亞里斯多德科學幾乎都仰賴地心說，因此地心說的退位，意味著亞里斯多德科學的退位。更糟的是，當時沒有科學可以遞補上去。

又例如，關於物體掉落的亞里斯多德式解釋——重的物體天性趨向朝宇宙中心，也就是地球中心運動——也因為地球繞著太陽運動而不再成立。所以在 17

世紀早期，對於岩石為何掉落這樣簡單的事情都沒有解釋。同樣地，地球如何在軌道上以高速環繞太陽，卻讓我們感覺是靜止的，也沒有解釋。在同樣的脈絡下，為什麼我們朝上直直拋出一個石塊，它會落回拋起的點上，這也沒有解釋。克卜勒的橢圓形軌道，或者一開始是什麼讓行星運動的，也都沒有解釋。簡短來說，穩坐了兩千年的科學如今不再為人接受，卻也沒有科學能取代它。

地球繞太陽運動的新宇宙觀，需要新的科學來相配。而且最基本的，新科學必須是一個能符合運動中的地球之科學。這個新科學的關鍵部分，終將由牛頓提供，接下來兩章將會討論。

結語

我不想製造一個亞里斯多德拼圖，從亞里斯多德到 17 世紀都維持完整，然後忽然在一個晚上過去之後，拼圖就完全被扔掉的印象。事實上，亞里斯多德式的拼圖，從亞里斯多德時代到 17 世紀之間的兩千年間經歷了多次調整。例如，西方世界的主流宗教便不在原始的亞里斯多德拼圖上，但這些宗教觀在中世紀被加入了亞里斯多德世界觀中。同樣地，原本的亞里斯多德運動觀也做過調整，有些改變還為 17 世紀發現慣性原理鋪了路。

即便如此，在這些歷次的改變之中，人們的世界觀仍維持是亞里斯多德世界觀，只是逐漸汰換成一個容易墜落的地球位居宇宙中心，而完美的天堂在月球以外的區域，宇宙則包含了徹底的本質主義與目的性。這是一個相形之下小而舒適的宇宙，是個符合當時主宰宗教的宇宙。

17 世紀早期的發現不只改變了我們一小部分的宇宙信念，而是改變了我們所存在的宇宙的總體觀念。我們必須和以地球與人類為中心的目的論、本質主義論之宇宙告別，對我們存在的宇宙總體觀點也該一併捨去。接下來兩章，將專注在替代亞里斯多德式觀點的宇宙觀。

| 警語 |

　　將或許現在是簡單重複引言中提到的**警語**之好時機。我們看著的是跨越漫長歲月的眾多人物與事件的簡要描繪，在這樣概括的描繪中，過度簡化與誤導某些人與事件之間的影響與關連，並以這樣的印象作結的危險一直存在。

　　可用一個例子來描繪這種危險。我們剛剛看到，由於17世紀的某些發現，亞里斯多德世界觀不再可行。此外，我們也看到此時亟需一個符合地球運動的新科學。在接下來兩章，我們將看到牛頓的貢獻如何為此提供了關鍵部分。

　　確實亞里斯多德的科學不再可行，確實也需要新的科學，牛頓也確實為新科學提供了關鍵部分，但牛頓並非——或者說有這樣的印象是種誤解——有意識去填補亞里斯多德科學所留下的虛空；換句話說，我們很容易接收一種粗略的印象，好比牛頓直接回應了我們剛剛提出的那些問題，或是牛頓直接被這些問題所推動，但這樣想是錯誤的。

　　一如往常，真正的故事遠遠複雜得多。牛頓，就像我們所有人一樣，是個被成串複雜因素推動的複雜個體，像是和支持對立理論的同輩對抗，像是他早期著作受到的待遇，像是人格上的衝突，像是誰先發現什麼的爭議，甚至包括尚有爭議的牛頓童年與母親的關係，這些都影響並推動著他。整體來說，成串的複雜因素對牛頓發展其成果有著重要影響。

　　這些概略的陳述之下，有著龐大的複雜性。就如引言中所提到的，我認為普遍途徑有些價值，就像一個人能直接從本書學到的一樣，但我鼓勵你記住，概略之下還有眾多微妙之處。同樣也是在引言中提到的，當你看完了這本書，我希望你可以沉迷其中，而想進一步探索這些複雜性。

　　將這簡短的提醒記在心中，我們接著來思考新科學與新世界觀的發展。

第十九章
新科學發展下之哲學的與概念的連結

17 世紀是段神奇的時代，充斥大量的改變——科學、概念、宗教和政治的改變，不過佔了一小部分。我認為與一般常見的假設和事實相反，這些領域之間有著為數驚人的交互作用與相輔相成，17 世紀的哲學／概念改變，影響了科學發現，反之亦然；同樣地，宗教、政治和科學改變，都對彼此有影響。

本章的主要目標，是描述這些領域如何影響彼此。礙於篇幅，我們無法探討其細節，但至少可以約略了解這些有明顯差異的領域，能給彼此帶來什麼樣的影響。我們將特別看看庫薩的尼古拉，以及左丹諾‧布魯諾的宗教與哲學觀，如何影響了 17 世紀的發展，以及原子論的形上學觀點怎樣發揮大的效用。這只是其中兩例，但應該足夠讓人略為了解，這些有顯著差異的領域之間的交互作用和相互關聯。

宇宙的尺寸

回想一下在亞里斯多德世界觀中，宇宙相對於現在而言算是小的。人們想像恆星鑲嵌在一個球體上，其中心為地球。恆星所固定的球面，一般被當作宇宙最外的邊緣。儘管我們的前人認為宇宙很大，但他們並不知道最後證明出來的宇宙會是那麼誇張地大。事實上，相較於我們現在對宇宙尺寸的概念，他們觀念中的宇宙實在小太多了。

較小的宇宙這種概念將在 17 世紀改變，藉著望遠鏡，伽利略觀察了無數先

前從未知曉的恆星,指出宇宙可能比先前想像的還要大。更直接地,當地球繞太陽這概念更廣為人們接受,宇宙必須變得更大。回想一下托勒密關於地球為何固定的最有力論點:我們觀察不到恆星偏移;也就是說,如果地球繞著太陽,我們的運動應該會導致星星的相對位置明顯偏移,但既然我們觀測不到這樣的偏移,那麼地球就應該沒有在運動。

如我們在第十章討論的,這是地球固定不動的一個有力論點,而地球要能在運動中觀測不到恆星偏移的唯一理由,就是恆星和我們的距離,比亞里斯多德世界觀所想像的還要遠很多。現在我們逐漸明瞭地球確實繞著太陽轉,便被迫接受宇宙遠比過往想像都要來得大的這觀念。

在 16 世紀晚期到 17 世紀早期,宇宙巨大甚至可能無限大的想法,並不容易為人所接受。即便今日,宇宙的大小依舊令人震驚。這裡值得花點時間來了解我們談的宇宙到底有多大,首先只要想想我們自己的太陽和太陽系就好,為了瞭解大小,假設我們打造了一個太陽系的模型。為了建立比例尺,我們想像地球的尺寸有如一個普通地球儀(直徑一英呎)大小,如果地球大小有如一般的地球儀,那太陽就有十層大樓那麼大,大約在兩英哩外。暫停一下,並把這個比例尺視覺化:地球像是一個地球儀,太陽則在兩英哩外。光是這樣比擬從太陽到地球的距離,我們就已經講出一個相當遙遠的距離。我們太陽系最外的行星只有一個網球大,且大約在八十英哩外。再次把這個視覺化:一棟十層大樓代表太陽,一個一英呎寬的地球儀在兩英哩外代表地球,八十英哩外有一顆網球,代表我們太陽系最邊緣的行星。再一次地,我們自己的太陽系就很大了。事實上,我們對自己太陽系尺寸的概念,就已經比我們前人對整個宇宙尺寸的概念要來得大了。

接著思考另一個事實:我們的太陽只是銀河系*數千億顆恆星*中的一顆,若以上面描述的比例尺來看,也就是如果地球像一個地球儀那麼大,那太陽以外最靠近我們的恆星就會在五十萬英哩外。而以宇宙的尺度來說,這顆恆星是我們最近的隔壁鄰居;也就是說,如果地球像地球儀那麼大,我們在銀河系裡的隔壁鄰

居就會在五十萬英哩外。簡單來說，恆星彼此都被極大的空間分隔。

到目前為止，我們談的還只是我們自己這個銀河系。銀河系在我們的宇宙區域中包含了數千億顆星星。順帶一提，即便在最暗的夜裡，你也只能看到其中一小部分——大約三千顆——而這三千顆全都在我們的銀河系裡。

有著數千億顆星星，光是一個銀河系有多大，就很難理解了。況且銀河系還只是可見宇宙中數千億個星系中的一個，每一個星系都包含像我們銀河系那麼多的星星。甚至當我們就此停止思考這問題時，宇宙還是一個難以想像的巨大地方。

現在試著讓自己從某個 17 世紀早期歐洲人的立場來看事情。你可能從小接受教育認為上帝是為了人類創造宇宙，你也可能很合理地相信，宇宙是個相對而言較小且舒適的地方，而地球就在其中心，宇宙在這美好景象中看來如此理所當然。但現在，就在一夕之間，有理由相信地球不再是宇宙中心，宇宙也不是小巧舒適的地方，實際上超乎想像地大。我們的地球就像迷失在無盡海洋中的一粒塵埃，這樣你可能很容易理解，這個想法是多麼令人難以接受。

在前幾個世紀，少數哲學家和神學家基於哲學基礎聲稱，一個擁有無限星星的無限宇宙，是唯一符合無限偉大上帝的宇宙。其中最有名的是庫薩的尼古拉（1401～1464）和左丹諾·布魯諾（1548～1600）。要注意到，庫薩或布魯諾都不是科學家，他們的觀點幾乎僅基於哲學和宗教基礎。

在庫薩和布魯諾的一生中，他們的無限宇宙觀點並沒有被廣泛分享。（布魯諾的觀點最終導致他被宗教法庭譴責，並在 1600 年以異端之名遭受火刑）然而在 17 世紀初期，當宇宙巨大甚至可能無限的這想法開始明朗化時，庫薩和布魯諾的想法有助於上述想法為人所接受。他們認為無限大宇宙反應了上帝的無限偉大，這想法協助困難的新想法為人所接受。

某種意義上，這裡我們討論的是一種概念上的 OK 繃。在 17 世紀，我們被迫接受宇宙比以往大上太多。概念上，這個巨大的宇宙怎麼都說不通，我們需要

一些方法讓這個新信念符合我們概念化的宇宙。庫薩和布魯諾的想法派上用場——無限大宇宙可以反應上帝的無限偉大,這個概念讓宇宙尺寸的新觀點有了概念上的意義。

不只是庫薩和布魯諾的觀點,協助打造出一個巨大甚至無限的宇宙概念意義,另外值得注意的是,他們的觀點和一個叫做原子論的舊哲學連接起來。原子論可以回溯到古希臘哲學家留基柏和德謨克利特(西元前 5 世紀),以及他們的繼承者伊比鳩魯(BC341～BC270)和盧克萊修(BC99～BC55)。結果到後來,原子論在 16 世紀晚期至 17 世紀在歐洲成為普遍觀點(在 17 世紀期間,這個原子論觀點較常被稱作「微粒子」觀點),原子論在這段期間的重生背後有不少理由,其中一部分是和庫薩、布魯諾哲學的普及度有關。

根據原子論,真實最終包含了原子和虛空。原子論想像原子是種小而無法分割的微粒——事實上,就是最小的微粒。而空虛,和我們今日所認為的真空差不多,也就是完全空無的空間。有些原子卡在一起,形成了我們周圍看到的物體;其他原子就只是飛過空無的空間(也就是穿越虛空),那些穿越虛空的原子就像撞球一樣運動——以直線運動,除非和另一個或多個原子相撞,那時便會像撞球一樣彼此彈開。

原子論比較像是一種形上學以及哲學性/概念性的信念,而不是經驗信念。一個人無法觀測原子穿越虛空,也沒有好的經驗證據可以支持真實最終包含了原子和空虛的觀點。但儘管原子論比較接近一個哲學性/概念性觀點,卻是和當時逐漸浮現的想法相符合的觀點。

舉例來說,想像一下慣性原理。根據慣性原理,運動中的物體會永遠維持直線運動,除非受到外力作用而改變。我們稍早提到,我們現在所謂的慣性原理,是由笛卡兒率先提示出來的,而笛卡兒受到原子論觀點(或微粒觀點)的影響也不是一個巧合。回想一下先前討論的慣性,是一種極度反直觀的原理,也是 17 世紀發現的原理中比較困難的一個。但想想原子論,再想想無限大的宇宙,專注

在一個穿越空間的原子上,讓我們想像這原子永遠不和另一個原子碰撞。根據原子論,這原子會如何行動呢?答案是:它會永遠保持直線移動。這基本上就是慣性原理;換句話說,如果你有了無限宇宙的概念,然後你透過原子論來概念化這個宇宙,那慣性原理就比較容易掌握了。我們發現,無限宇宙的概念和原子論哲學,齊力為 17 世紀發現的中心科學原理(也就是慣性原理)率先鋪平了道路。

不過,我並不想讓人誤以為,發現慣性原理只是同時接受無限大宇宙和原子論哲學的結果。慣性原理的發現混合了實驗工作、將宇宙概念化的新方法,以及眾人長期投注的大量努力;但就像提到宇宙尺寸的情況一樣,在一般認為是孤立隔離的領域之間,彼此之間相互作用的數量,其實多到令人驚訝。

這只是 17 世紀發展與改變歷程簡短的一小部分,巨大甚至可能無限大的宇宙信念獲得接受,以及慣性原理受到認可,主要導因於科學信念上的改變。但我們已經看到,這些新科學信念能被認可與接受,牽涉到的形而上信念、哲學性／概念性信念以及宗教信念,都是令人訝異地多。

結論

如本章開頭所強調,17 世紀是一段變化劇烈的時代,包括了哲學／概念變革、宗教改變、政治改變,當然還有科學改變。希望在這簡短的一章中,能讓你了解哲學性／概念性想法以及更直截了當的科學想法,是用什麼方法互相影響並回饋彼此的。這些領域的交流複雜而有趣,在這一章至少可以略為體會一些。

第二十章
新科學與牛頓世界觀的概觀

17世紀的新科學發展，是由眾多研究者的努力累積而成的。然而凌駕這些努力之上的，是牛頓於1687年發表的《自然哲學的數學原理》，這部作品一般也稱作《原理》（*Principia*，來自拉丁文書名的第一個詞）。《原理》呈現了一套新的物理學，符合運動中的地球，也提供現在我們認為是牛頓科學的核心。這部作品也為牛頓世界觀，也就是繼承亞里斯多德拼圖的一套新的信念圖，提供了便利的探討方法。

本章的主要目標是同時觀察牛頓的科學，以及新的（牛頓）世界觀。我們將先從牛頓科學的概觀開始。

新科學

就如第十八章討論過的，亞里斯多德世界觀的核心片段，無法合乎運動中地球的想法，因此地球繞著太陽轉動要能被接受，需要一種全新的科學。此時浮現的新科學，是數十年來大量工作的成品。如前所述，這種新科學在牛頓的成果中達到巔峰，因此我們將主要從牛頓的科學開始看起，但我們要記住他的成果虧欠了不少其他的科學家。（另外值得一提的是，牛頓和哥特佛萊德・萊布尼茲〔1646～1716〕同時獨立發展了微積分。在牛頓科學發展中，微積分是個重要的數學工具，直到今日仍是最普遍使用的數學工具。）

《原理》是部鉅作，最新的英語翻譯大約有六百頁。牛頓的科學通常定義為本質上包含運動三定律和萬有引力原理，但在六百頁篇幅中，牛頓僅呈現了一點

點運動法則和萬有引力的概念，即便如此，其中重力和運動法則還是牛頓科學的核心。接下來，我們將思考這些法則，並討論一些牛頓科學的綜合問題。

運動三定律

牛頓的《原理》先以定義作為開始，他在其中解釋了他會如何使用整本書中的術語。在緊接著的一個簡短部分（約十頁），他提出了何謂運動三定律。

第一定律是我們現在常稱的慣性原理。我們在第十二章第一次討論了慣性原理，以今日最普遍的方式呈現，就是除非有外力作用，否則運動中的物體會維持直線運動，靜止的物體則會保持靜止。牛頓描述的方式略有不同，但他的措詞和今日常見的說法，在意義上是相同的。

如前所述，慣性原理違背了平日經驗，也是在 17 世紀較難被了解的原理之一。在那之前的幾個世紀中，已有人廣泛討論過慣性原理的前兆，而在 17 世紀早期，伽利略就已做過多種運動物體的檢測，這其中他只差一點就幾乎完全正確描述了慣性的關鍵想法。17 世紀中期，笛卡兒正確描述了慣性的本質，而牛頓的第一運動定律，大幅借用了笛卡兒的描述。

要了解第二運動定律，請想像一下打棒球。你打得愈用力，球就飛得愈快愈遠；也就是說，球的運動改變量與受到的力（你打得多大力）成比例；更完整一點說明，第二運動定律聲明了，物體運動的改變和物體的受力成正比，而且和力所作用的方向成一直線，這條法則通常總結為 F=ma，也就是力等於質量乘以加速度。以棒球為例，這就指出了一個物體的加速度，等於其受力除以物體的質量。

第三條定律則指出，任何一個動作都會有方向相反，大小相等的反作用力。這條法則的標準說明是槍的後座力，子彈往一個方向推動，導致一個大小相等，但相反方向的反作用，也就是槍往反方向運動的後座力。

| 萬有引力 |

這三條運動定律是牛頓科學的中心要素，但在《原理》中只佔了大約兩頁。另一個關鍵要素——萬有引力的概念，從某方面來說要解釋起來更為複雜。在這一節中，我要解釋牛頓《原理》中發展萬有引力這想法的緩慢過程，然後在本章最後一節（在結語之前）解釋一下，為什麼他採取這麼緩慢小心的途徑。我們先從萬有引力目前被呈現的普遍方法開始談起。

萬有引力一般被呈現為兩個物體間互相吸引的力量，例如，太陽的重力吸引地球靠近太陽，同時地球的重力吸引太陽靠近地球；同樣地，如果我讓一本書往下掉，地球的重力會吸引書本靠近地球，但同時書的重力也吸引地球靠近書。由於地球的質量遠大於書本，所以書的重力吸引力幾乎對地球毫無影響；同樣地，在太陽和地球的例子中，太陽質量遠超過地球的事實，解釋了為何相較於太陽對地球的效應，地球的重力幾乎對太陽沒什麼影響。

更特別的是，兩個物體間的重力吸引力，和它們的質量成正比；也就是說，物體質量愈大，引力就愈強。同樣地，引力也和物體間的距離平方成反比，所以物體間的距離增加時，他們之間的引力會快速減少。

這就是今日一般呈現萬有引力的方式。事實上，《原理》就是這樣描述萬有引力的，但不像運動定律那樣在全書開頭就完整簡要地提出，重力的描述是慢慢浮現的。

不把前言算進去，牛頓先在《原理》頭幾頁定義的地方，第一次討論了重力。然而在這地方，牛頓只在將物體吸引到地球的那層意義上使用「重力」，而明顯不是在萬有引力的意義上使用這個詞。在該書過了大半之後（事實上是四百頁之後），牛頓表示地球的重力有延伸到月球，這導致了月球繞行地球。他也指出，不管是什麼力讓其他星球的月球（比如木星的衛星）在它們的軌道上行進，這股力應該和地球的重力具有同樣的性質（也就是吸引力和物體的質量成正比，和距

離平方成反比）。他也指出，不管是什麼力讓行星沿軌道繞行太陽，那力量也應該和地球的重力有著同樣的性質。在該書第三卷的第七部分，他準備好要歸納重力的概念：重力無所不在地存於所有物體中。

至此，我們終於有了萬有引力的根本概念，接著在《原理》尾聲，牛頓為我們展示了萬有引力與運動定律驚人的解釋功能。《原理》是本創新之作，一整個系列的現象都可以藉著這一點點要素（三項運動定律加上萬有引力）來掌握。

牛頓世界觀的概要

前面一再提過，亞里斯多德世界觀是地心的世界觀。而地球是宇宙中心的信念，可不是一個邊緣信念，而是核心信念，要換掉這片拼圖，就得換掉整個信念拼圖的絕大部分。牛頓的科學為新的拼圖提供了很多的科學碎片──特別是，牛頓提供了具有極強大解釋能力的科學，而且更重要的，這科學符合運動中的地球。值得注意的是，亞里斯多德拼圖多數的碎片，不只是科學的碎片，也包括哲學／概念的碎片，並不符合新科學。換句話說，我們需要一整系列新的哲學／概念碎片，來跟上牛頓提供的科學碎片。

舉例來說，在亞里斯多德世界觀中，宇宙被看作目的性且本質主義的，物體會那麼運作是因為其內在本質。但在牛頓科學中，物體不再因為內在本質而行動，而主要受到外力所支配。亞里斯多德宇宙觀中那種充滿目標和意志的宇宙，無法符合新科學，整個宇宙也的確開始看起來更像一台機器，就像機器的一部分推拉另一部分，也像各個部位的運作，起於其他部位傳來的力一樣，宇宙中的物體的運作，被看作是其他物體的推拉和作用在物體上的力所導致的結果。

這個機器的比喻，成了新世界觀的關鍵比喻。外來力的推拉，是了解宇宙中物體行為的關鍵，這樣的宇宙根本就站在亞里斯多德觀點的對立面。簡單來說，和亞里斯多德世界觀伴隨而行的宇宙目的論與本質主義的觀點，一起被一種伴隨

新科學而行的機械主義的、有如機器的宇宙觀點所取代。

伴隨機器的比喻，人們對上帝的觀點也改變了。對亞里斯多德本人來說，神祇完全不是宗教神，只用來解釋是什麼讓恆星和行星運作。而且如前面所提到的，在接下來的幾世紀裡，亞里斯多德神祇的概念被基督教／猶太教／伊斯蘭教的上帝概念所取代，所以儘管在亞里斯多德世界觀之中上帝概念的細節改變了，亞里斯多德的中心概念仍保留著：上帝是宇宙每分每秒運作中的必要成分。上帝，或者某個像上帝的東西，為了科學的理由而有用，也就是作為一個天體運動的持續來源。

但在新科學裡，不再需要這樣一個運行宇宙的存在了。譬如，行星的運動被解釋為慣性（一個運動的物體持續運動，所以運動中的行星會維持運動）和重力（解釋了為何行星繞著太陽，而不是沿直線方向離去）共同造成的結果。簡而言之，在新科學裡不再需要上帝來運行宇宙。

宗教信念傾向於強力自我鞏固，所以毫不意外地，人們並沒有放棄宗教信念，但上帝的概念改變了許多，特別是人們開始把上帝看作一種製錶匠上帝；也就是說，祂設計並打造了宇宙，並使宇宙運行，但那之後，宇宙並不需要祂像在之前世界觀裡那樣持續干涉，而是可以獨立運行的。

同樣地，一個人在社會中的作用之普遍概念也改變了。亞里斯多德世界觀包括一種所謂的層次觀點，類似於物體在宇宙中有其自然位置，人們也在整體秩序中具有自然位置。例如君權神授這個想法認為，國王那個人命中注定就該在那位子上，那就是他在整體事物秩序中的適當位置，很有趣且值得一提的是，最後一個維持君權神授這教條的君王中，有一位是英國君王查理一世，他為這教條辯護（毫無說服力地辯護）直接導致他被推翻並被審判，然後在 1640 年代被處決。近代西方世界主要的政治革新（1640 年代的英國革命，接著美國和法國的革命）都強調個人的權利，這些都發生在亞里斯多德世界觀被駁斥之後，可能不只是巧合。

整體來說，亞里斯多德的世界觀包括一個小而舒適的宇宙，且地球位居其中

心的概念。這個宇宙充滿天然的目標和意志，其觀點是目的論以及本質主義的。這個觀點也延展到人們身上，使其自認在事物總體秩序中有其自然位置，就如物體在宇宙中有其自然位置一般。而上帝，或是近似上帝者，是為了讓宇宙運作每分每秒都必須存在的基礎。

所有這些觀點都在新世界觀浮現時改變，現在宇宙被視為巨大甚至可能無限大，其中的太陽只是我們這顆變革中的行星所在的系統中心。宇宙現在被看作類似機器，沒有意志或目標，物體如此行動是因為外在、無目的力量的結果。宇宙的運行不再需要上帝，或是類似上帝的存在，反而是像鐘錶一樣，一天接著一天自己走動著。

哲學反思：面對牛頓重力概念的工具主義者和實在主義者態度

在結束本章之前，值得花點篇幅討論牛頓重力觀比較有趣的一個方面，這方面和我們討論過的一些關鍵哲學問題有密切關連。此外，這將進一步解釋前面提過的問題：為什麼牛頓要以這麼緩慢，且小心的途徑，來呈現《原理》裡面的重力概念呢？

我想特別花一點篇幅，討論重力的概念是如何古怪，並觀察重力概念在哪些方面顯得古怪。讓我先提一個之後書中也會提到的例子，假設我放一隻筆在桌上，然後我要你移動這隻筆，但怎樣都不能接觸筆。你不可以碰觸筆、對筆吹氣、對筆丟東西或是搖動桌子，總之你不能和筆有任何一種接觸。我要你在不准有任何接觸的條件下移動筆，你可能覺得是件不可能的事。我們知道這不可能，是因為一個至少從古希臘以來普遍存在的信念，就是一個東西（比如說你）除非有某種接觸或傳遞，否則不可能影響另一個東西（比如說筆）。這信念通常總結為一句常用的話：就是沒有「遠距作用」這種東西。

現在我們回到重力的概念。我們通常把重力設想為，一種兩個物體之間的吸引力。用一般的例子來說，地球的重力吸引著我的筆，所以我放開筆，它就會朝向地面落下。如果我們問說「為什麼筆會落下？」通常答案會是筆之所以會落下，是因為受到重力的作用。

同樣地，如果我們問說重力是不是真的力量，也就是重力是不是真的存在？通常答案是「當然存在」；也就是說，人們一般以實在主義者的態度面對重力，把它視為一種確實存在的力量，並解釋我們每天在身邊觀察到的絕大現象。

我懷疑多數人會以實在主義者的態度接受重力，多半是因為從小教育就這麼教導重力的概念，所以人們傾向不覺得從實在主義者的態度來看，重力有些相當古怪的特色。想看出這些古怪特色，要把重力和其他物體間有吸引力的例子作比較。比如說，假設我在兩隻筆中間套上一條橡皮筋，然後把筆往兩頭拉，將兩筆間的橡皮筋拉長。在這個案例中，兩隻筆某種意義上是朝著彼此吸引，如果我放開筆，它們立刻會朝彼此靠近。在此案例中，吸引力的本質很容易了解——兩隻筆被拉長的橡皮筋連住，正是這根拉長的橡皮筋造成兩筆之間的吸引力。

我們很容易就能從筆和橡皮筋的例子，了解吸引力的本質，但現在回到筆掉落在地的例子，並注意筆和地球之間似乎沒有連結。筆和地球之間沒有橡皮筋連著，也沒有線或是其他東西連著，儘管筆和地球之間看起來什麼連結都沒有，筆還是在放開之後就朝著地球落下。這樣來看，重力根本不像科學，反倒比較像魔法。

簡短來說，如果採取實在主義者的態度，也就是如果把重力想成一種確實存在的力量，那重力的效果便很像某種神祕的遠距作用。而事實上，當牛頓第一次發表《原理》時，就有許多批評聲音攻擊牛頓，說他提出一種需要遠距作用的神祕力量。其中有些批評相當有影響力，包括（以下只是眾多之一）萊布尼茲（前面提到他是微積分的共同發展者），萊布尼茲批評牛頓在科學中帶入「超自然」力量，而這批評的基礎，就是重力看起來像和神秘的遠距作用。

一個解決問題的方法，是以工具主義者的態度接受重力，牛頓也確實公開

宣稱該這麼做。要更了解這意味著什麼，再想一下掉落的筆，牛頓關於重力的方程式可以精準預測筆要怎麼掉落（如筆的加速度）。採取工具主義者的態度，基本上就是把方程式看成替那個物體運作提供絕佳理由，但對於為什麼這樣運作，保持不可知論。換句話說，可用這個方程式，尤其是有關重力的方程式，來提供絕佳的預測，但對於重力是不是「真的」力量的問題保持沉默。

牛頓確實對於提出重力的現實理由抱持過希望，和他在《原理》中提供的數學方法一致，他以一種只牽涉數學交互作用的方法而沒有遠距作用來解釋。但儘管接下來的兩個世紀將看到一些不一樣的解釋方式（如物體對局部作用的重力場作出反應，而不需要遠距發動力量，這概念便是另一種途徑），但一個完全沒問題的理由，目前還沒有出現。（至少這個理由從實在主義者觀點來看還是有問題，但只要一個人採用純粹的工具主義立場，包括牛頓在內的任何一種解釋其實都沒有問題。）在之後幾章的討論中，愛因斯坦的廣義相對論最終將為重力提供一個並不牽涉遠距作用的理由。但我們也將看到，愛因斯坦的理由和我們從小接受的牛頓重力觀點相當不同。

結語

舊的亞里斯多德世界觀已不符合 17 世紀的新發現，它的退位確實不是一夕之間發生的，但前面所述的新觀點終究浮現，而這觀點將被稱作牛頓世界觀。就如亞里斯多德世界觀，牛頓世界觀經歷了一段時間的發展，但仍保留了最關鍵的機械式的、有如機器一樣的宇宙觀。

科學在 17 世紀發展出的一個特色是更偏好法則，如克卜勒的行星運動定律或牛頓的運動定律。科學定律的聲望增加，也引起一些有趣的哲學問題，如什麼是科學定律？在下一章，我們將簡單看到一些在定律想法興起後出現的難題。然後再下一章，我們將簡單描述牛頓世界觀在接下來兩個世紀中的發展方向。

第二十一章
哲學插曲：什麼是科學定律？

從 17 世紀以來，科學定律的概念在科學中逐漸嶄露頭角，例如，克卜勒的行星運動定律、牛頓的運動定律，還有牛頓所界定的萬有引力原理。在下一章中，我們將短暫瀏覽牛頓的想像被普遍接受後的幾個世紀中，逐漸浮現的其他例子，比如說電子吸引力所展現的電磁現象關係之原理，以及其他眾多案例。這些通常都被當成科學定律，這種定律看似抓住了物理現象的某些基礎，因此尋找並界定這些定律，自 17 世紀的科學革新以來，都是科學重要的一部分。

但什麼是科學定律？本章的主要目標是要說明，一旦我們開始看這問題，我們很快就要面對一些極度困難的問題，而這情形十分常見。提出這問題或其他科學定律相關問題的企圖，尤其在過去四十多年中，導致了一整套複雜的提議、論證、反論證、反提議以及其他。很清楚的一件事是，各種解釋的聰明辯護者們經歷數十年的爭論，對於科學定律是什麼，以及如何界定科學定律，仍然沒有共識。

這些爭辯的細節超越本章的範圍，然而我會在章節要點為那些想要更詳細探究的人指點額外閱讀教材。但若只想稍微了解這些探討科學定律時，很快就會浮現的難題，倒是沒有特別困難。所以本章最適當的目標就是傳達其中一些觀念。

科學定律

哲學家在過去五十年中，一直試圖分辨科學定律以及自然定律的不同。關於兩者差異的著述已有很多，但這裡有一個簡略定義的方法：我們會認為是科學定律的，如克卜勒的行星運動定律、牛頓的運動定律、萬有引力原理等等，傾向於

概述物體的運作方式（以下會詳述）。以克卜勒的第二定律為例，頂多只能定義一個行星怎麼在一個雙星系統（也就是假設只有太陽和行星的系統）中繞行。在我們實際的太陽系中，每個行星都被各種因素影響，包括其他行星的重力，因此克卜勒第二定律只能概略地賦予行星軌道的特徵。

但因克卜勒這類的科學定律，傾向於緊密貼近物體的運作，所以一般總認為這樣的定律，某方面來說反映了宇宙更深入的特色，即便只是概略而已。而這個被科學定律反映的深入特色，有可能就是自然定律。所以大略來說，一般可以定義自然定律為「使宇宙如此運作的宇宙基本特質」，而科學定律通常被認為是「盡似地反映這些自然定律的原理」。

接下來，我將主要專注在科學定律上，雖然這些定律可能反映出世界裡的基本議題，通常也會一併產生。首先就從兩個普遍與科學定律相關的特質開始。

| 與科學定律有關的普遍特質 |

一般普遍認為，科學法則反映了某些基礎，且無例外的宇宙層面，也就是反映事物應當運行的方式，而不是只能反映某幾件事物怎麼會如此運行。舉例來說，想想一般所謂的克卜勒第二行星運動定律，我們在第十六章第一次討論這條定律，通常也稱作「等面積」定律。簡單提醒一下，這定律基本上聲稱從行星畫到太陽的那條線，會在同等時間內掃過同等的面積（回頭看圖16.3或許有幫助）。

如前面指出，我們傾向認為這定律反映了，或者說至少部分反映了，宇宙的某些基本無例外的規則。值得注意的是，我說「至少部分反映了」是因為嚴格來說，這樣一條定律頂多只能在理想狀態下才會完全正確；譬如，行星要沒有被其他重力，如太陽系其他行星的引力所影響才行。之後我會再針對理想狀態多做一些說明，此處我想要讀者注意的重點是，科學定律通常都被視為反映（或至少概略反映）無例外的規律，也就是行星一直會這樣運行；只要行星存在，就可認

為過去是如此運行，今後也將如此運行。這樣想的話，我們對定律的認知，就和我們觀察的多數其他規則完全不同；舉例來說，我這邊的餐廳營業時間，通常都提供熱咖啡，但這規律並非沒有意外的規律——雖然不常，但他們偶爾會沒有咖啡。同樣地，六月的平均氣溫比五月的平均氣溫高（在北半球的情況中）也是規律，但這也不是沒有無例外的規律。雖不常見，但偶爾五月就是比六月熱。

但通常人們認為，像克卜勒第二定律這樣的陳述，說出了某種行星始終運行的方式，而非只是說行星通常會怎麼運行。一般認為，這就是科學定律的特質——它們反映無例外的規則。現在我們先把這個想法，也就是「反映無例外規則似乎是科學定律」這樣的想法擱下來。

另一個我們通常和科學定律連在一起的關鍵特質是，我們認為這些定律反映了世界的客觀性質。雖然我們在本書中偶爾會涉及客觀性這個想法，但我們從來沒有詳細討論過，所以接下來會有一些討論。

我使用「客觀」這個詞的方式中，關鍵想法和這件事是否仰賴人類有關。更具體來說，我們傾向把我們認為即便人類從不存在，也會存在的東西當作客觀，此外的就不是客觀。我要強調，這不是「客觀」這個詞唯一的意義，但我在這邊使用時是指這個意義。

舉例來說，想像一下某些受歡迎的點心盤，比如說巧克力慕斯。根據食物史，巧克力慕斯 18 世紀在法國首度發明，之後風靡全球。巧克力慕斯明顯是人類的發明，若人類從未存在——這一點來說，法國應該也不會存在——巧克力慕斯應該也不會存在。從這層意義來說，巧克力慕斯就不是世界的客觀特質（再次強調，是我們這裡使用的「客觀」定義）。

相對地，我們通常把木星看作客觀的存在。也就是說，我們絕大多數人都認為，即便人類從不存在，木星依然會存在。例如有很充分的理由認為，如果沒有大隕石在六千五百萬年前撞擊地球，讓恐龍滅絕，並為巨大哺乳類開路，包括人類在內的巨大哺乳動物演化，根本不會發生。但想像一個情形，隕石錯過了地

球，恐龍繼續像過去一億年那樣統治地表，而包括人類在內的巨大哺乳動物從來沒有出現過。在這樣的情境中，即便沒有人類，我們還是覺得木星依然會存在；也就是說，不像巧克力慕斯，我們傾向認為木星獨立於人類存在。換句話說，我們傾向於把木星看作世界的一個客觀特質。

順帶一提，「木星」這個名字當然不是客觀存在，這個詞很顯然是人類發明的。但我們一般認為用名詞命名的物體，那個我們稱作木星的行星，即便人類從未存在也還是會存在。

此外——從這裡我們拉回克卜勒第二定律——在剛剛描述沒有人類的劇本中，我們傾向認為木星應該還是像現在這樣繞著太陽，特別我們還傾向認為，如果人類從不存在，木星還是會如同克卜勒第二定律這樣繞行軌道。換句話說，我們傾向於認為克卜勒第二定律捕捉到了世界的客觀特質。

說到「木星」這個名詞，如果人類不存在，「克卜勒第二定律」這個詞當然也不會存在。但就如我們傾向認為那個稱作「木星」的物體，即便沒有人類也會存在，我們也會傾向認為，即便人類不存在，「克卜勒第二定律」這個詞所捕捉到的規律性，仍然會是宇宙的特質。這麼說只是想說明，我們傾向認為克卜勒的第二定律及其他科學定律捕捉到世界的客觀特質。

在定義科學定律普遍觀點的方法上，還有很多可以說。但為了討論起見，我們就專注在前文定義的兩個法則特質上。首先，我們傾向於認為這樣的定律反映了無例外的規律性；第二，我們傾向認為這些定律反映了宇宙的客觀特質。接下來，我們將探索這兩個特質。很快地我們就會發現，我們遇上了複雜的難題。

| 無例外的規律性 |

我們先來探討科學定律的第一個假設特質，也就是定律反映了無例外規律性這概念。在我們的討論中，這個看起來簡單的特質，馬上就會變得驚人地複雜。

首先我們發現，到處都有無例外的規律性，但其中多數我們都不想讓它成為科學定律。想想以下兩個例子，至今曾被寫出的所有英文句子所包含的詞數，都在一百萬個以下，所以這是關於英文句子的一個無例外規律性，但我們絕不會把「所有至今寫出來的英文句子包含的詞數，都在一百萬個以下」看作候選的科學定律。再來一個例子，就我所記得（且沒道理的），我穿褲子總是先從左腳穿起，假設我的記憶是正確的，這也是一個無例外規律性，但顯然不是什麼會被提出來當作科學定律的事。我們可以這樣舉出數千個類似的無例外規律性例子，但絕大多數我們都不會考慮看作科學定律。

那麼，雖然捕捉到無例外規律性是科學定律的一大要點，但結果看來，我們不會想把數不清的無例外規律性，都當作科學定律的候選者，這就提出了一個簡單的難題：能構成科學定律的無例外規律性，和不能構成科學定律的無例外規律性有什麼差別？

有一個相當普遍的回答，即便這回答也有自己的難題。這回答牽涉到所謂的「條件假設」（反事實條件）或簡稱「反事實」。在此先聲明，除了在這個語境中的作用外，條件假設在其他語境中，不管是科學或其他範圍內也有其作用。我們的下一個任務，就是要釐清什麼是條件假設。

反事實假設

反事實假設是我們每日思考和說話的普遍特性，所以幾乎可以確定你早就熟悉反事實假設背後的關鍵想法，即便你過去從未聽過「反事實假設」或「反事實條件」之類的詞語。

一如往常，我們從例子開始。想像一下自己說出這些話：「如果我更努力準備考試，我應該可以考得更好。」或是「如果我沒在外面待那麼晚，今天早上就不會睡過頭了。」或是「如果我記得手機要充電，現在電池就不會沒電了。」或

是「如果我早點到售票台，我就可以在賣完前買到票了。」等等。

這些都是反事實假設或反事實的例子。首先注意到，這每一個都是條件式的句型，也就是「如果……那麼……」的句型，這解釋了「反事實假設」的「條件」部分。

也要注意到在每個例子中，「如果」的部分反映了一件並沒有發生，且你知道沒有發生的事情。實際上，你沒有像你說的那麼努力準備考試，你實際上沒有像你說的那樣早點回家，諸如此類。在每個例子中，發言裡的「如果」，部分反映了某個錯誤，且與事實相反的事情；換句話說，每句話中的「如果」部分，反映了那件事是反事實的，這就是「反事實假設」中「條件」的部分之由來。

反事實假設在日常生活和思考中有很大的作用，讓我們表達自己認為事情在不同條件下最後會如何，如果（和事實相反）你記得給手機充電，那麼電池現在就不會沒電之類的。這種表達極為普遍，讓我們能夠表達，我們認為情況和現實不同時，事情可能會如何發展。

如前面指出，要分辨能當作科學法則的無例外規律性，和不能當作科學法則的無例外規律性時，條件假設扮演了重要的角色，以下是條件假設通常的使用方式。

想想那些我們傾向不視為潛在科學定律的無例外規律，比如說，剛剛那個所有英文句子都少於一百萬字，或是我都怎麼穿褲子之類的。這些規律性雖然都正確提出了事物該發生的情況，但在其他情況下就不見得是真的了。例如，假設有個獎金豐厚的比賽，比的是造出合乎文法的最長英文句，那麼很有可能會有人編造出超過一百萬個詞的英文句子；如此一來，在此反事實的情況下，這個英文句子的規律性就不成立了。同樣地，如果有一個電腦程式設計師，好比說為了好玩吧，發展出一套打造英文長句的程式，那麼這個關於英文句子的規律性可能再一次錯誤。

我穿褲子的行為也類似；如果我過去某時曾弄斷一條腿，就有可能改變我的

行為，而我穿褲子的行為規律性，就不再是個無例外規律性；同樣地，如果有人付我一大筆錢，叫我改變我的行為，或是有任何反事實情況發生，我穿褲子方式的規律性就可能不再是無例外規律性。簡短來說，這種規律性在許多廣泛的情況下，不會是正確的。

但相反地，克卜勒的行星第二運動定律潛藏的規律性，似乎是在再多的反事實情況下，都能保持無例外規律性。舉例來說，不管木星離太陽近一些或一些，質量大一點或小一點，是個岩石行星而非氣體巨行星，或者其他不管多五花八門的反事實情況下，木星還是會根據克卜勒第二法則定律。

簡單來說，像克卜勒行星第二運動定律那樣，會被我們當作科學定律的無例外規律性，在某個意義上都傾向於抵抗反事實情況。不管情況有多少種改變，這些規律性都傾向保持正確。

規律性在範圍廣泛的反事實條件下，能不能保持為正確，常被看作規律性有沒有機會成為科學定律的關鍵差異。

但這是否意味著，在區分規律性是否足以成為定律的難題上，反事實就足以解決？很不幸地，絕非這麼簡單。特別是因為訴諸反事實，並沒有辦法在不引發同樣複雜的難題下，把兩者區分開來。這些複雜的難題包含兩個面向，一個和*脈絡仰賴*有關，另一個則和一般稱作*其他因素不變*的條件有關。接著我們簡要討論這兩種面向。

| 脈絡依賴 |

前面幾段訴諸的反事實，在區分規律性是否能當作潛在的科學定律上，儘管一開始看起來有大幅進展，但就像經常發生的一樣，它並沒有深入地揭露難題。問題首先和反事實的脈絡依賴有關。

前面一開始討論反事實時，我保留了一個反事實最重要的特色沒說，那就是

不管我們怎麼認定一個反事實正確與否，都極度仰賴脈絡。再想想前例，「如果我記得手機要充電，那現在電池就不會沒電了。」在這個討論中，我們暗自假設你應該是希望電池有充電，在這個還算普遍的脈絡中，你傾向把此反事實視為正確。

但現在想像另一個脈絡。假設說你明天有個大考，你打算考試結束前，都不要幫手機充電，這樣才不會因為講手機浪費時間。在這個脈絡中，「如果我記得幫手機充電，那電池現在就不會沒電了。」這個反事實就是錯誤的——在這個脈絡中，你要記得的是你不要幫手機充電，好讓電池沒電。

又或許你和朋友吵架，想跟他中斷聯絡一下，所以你傾向讓手機保持不充電，作為不回電的方便理由等等。簡單來說，這個反事實可以在無止盡的脈絡中正確，也可以在無止盡的脈絡中錯誤，其他的反事實也都這樣。

簡單來說，不管一個反事實正確與否，都眾所周知地依賴脈絡。這衍伸出來的問題和科學法則相關之處在於：當某件事的正確與否依賴脈絡，這一般（或始終）意味著，其正確或錯誤依賴著牽涉其中的團體知識和利益，也意味著正確與否依賴於人們的利益和知識。

在這一點上，你應該可以隱約看出問題。回想一下科學定律一般觀點中的主要特質，在這一節的開頭討論過，那就是科學定律一般認為反映了世界的客觀特質，即那些獨立於人之外的特質。但現在我們把自己逼入死角，我們需要訴諸反事實來定義什麼才算是科學定律，特別是分辨能成為科學定律的無例外規律性和純屬意外的無例外規律性；但訴諸反事實卻帶來了脈絡依賴，以至於如果定義科學法則需要反事實，而反事實依賴脈絡，那反事實便仰賴人類（更精準地說，反事實的正確與否依賴於人），這麼一來，訴諸反事實便破壞了科學定律的客觀性。

| 其他因素不變條款 |

將科學法則視為反映無例外規律性時，還有另一個基本問題也隨之而來。再

想一下克卜勒的行星第二運動定律,如果我們更仔細觀察行星實際上的軌道,我們將注意到一件有趣的事,就是克卜勒的第二定律嚴格來說,並沒有反映關於行星軌道無例外的規律性。

前面有提到問題在哪,也不難看出,因為所有因素都可能影響行星軌道。舉例來說,行星偶爾會被小行星或彗星撞上,這樣的衝擊會影響行星軌道。近期一個特別壯觀的撞擊發生在1990年代,一顆巨大的彗星撞上木星,雖然撞擊沒有把木星推進什麼全新的軌道,但也確實對木星軌道產生了顯著影響,包括撞擊期間木星並不完全符合克卜勒第二定律。那次的撞擊特別顯著,但事實上沒有那麼顯著的撞擊整天都在發生,甚至更近期木星又被另一個相當大的星體撞擊[7],讓木星的大氣產生像地球體積般大的干擾,也再一次改變木星的軌道。

儘管這樣的撞擊提供某些驚人的例子,但沒那麼震撼的事件整天都在發生。行星不斷受到各種影響,從其他行星的重力影響,到經過的彗星和小行星給的影響,即便是我們偶爾送出的小太空船飛過,也會對行星產生影響。這些影響儘管微小,卻也讓行星永遠不會完全像克卜勒第二定律規定的那樣繞行。

這些看起來讓定律充滿變數的事件,幾乎在每個涉及科學定律的情形中都會發生;換另一個觀點來講,自然可能從來沒有直接嚴格遵守過任一條科學定律。

企圖避免這問題的常見策略,是採用所謂的*其他因素不變條款*,其中*其他因素不變*指的是:其他都一樣。在這個策略下,我們可以說木星是顆行星,在*其他因素不變*的情況下,也就是其他條件全都一樣(如沒有小行星或彗星撞擊,沒有來自其他行星的影響等等)的情況下,它會遵從克卜勒行星第二定律。

不令人意外地,這個狀況引出另外一些問題,在此我先提兩個。首先,你應該已經注意到,討論*其他因素不變條款*和前面討論反事實之間的關連。這兩者是相關的,把克卜勒第二定律解讀為和*其他因素不變條款*伴行的定律,意味著在木星的例子中,*如果木星沒有受到任何額外的力量,那麼*它將依照克卜勒定律繞行軌道;但我們一開始就知道,木星實際上有受到那些額外的力量,所以這

段陳述只是讓自己成為反事實,這個情況看來也繼承了前面在反事實中發現的難題。

此外,要注意到沒辦法明確指出所有可能的條款,因為可能性實在太多。我們提過小行星撞擊、彗星撞擊、太空船行經的影響等等,但還有不知多少種我們無法完全列出的影響。我們頂多能夠羅列彗星、小行星和太空船經過這樣的影響,然後說「以及其他類似的影響」之類的話,但所謂的「類似」和人類的興趣有關。舉例來說,兩個東西是否被當成類似的,關鍵取決於作判斷的那個人。所以我們再一次碰到類似前述的難題,如果定義科學法則需要訴諸*其他因素不變*條款,而這樣的訴求需要「相似性」這個依賴人類判斷的概念,那麼這個科學定律看來又一次失去了「科學定律是客觀」的概念。

結語

在結論中,我希望回到本章開頭的立論,也就是環繞科學定律的問題,曾經是大量討論和爭辯的主題,尤其在過去四十年中。那些討論和爭辯,包括本章所引出的問題,遠遠超出本來的議題範圍。

本章的主要目標,不是總結近幾十年發生的所有關於科學定律的討論,而是要說明,當一個人開始稍稍探測「科學定律是什麼」時,會有多快就面對到困難的議題,我希望前面敘述的內容,可以稍稍傳達這個探討所引起的議題有多困難。雖然這不能算是無意外規律性,但在很多方面來說,倒可算是一再發生的模式:我們一旦企圖探討在科學裡看似相對直接的議題與概念時,很快就會面對到許多困難的謎題。

第二十二章
1700 年至 1900 年間
牛頓世界觀的發展

如同亞里斯多德世界觀,牛頓世界觀並不是一套靜止的信念。在 17 世紀後的幾世紀裡,它一直發展並改變;但在這些改變中,世界觀的核心元素維持穩固。本章的目標就是說明大約在 1700 年至 1900 年間所發生的一些科學發展。

整體來說,我們會稍稍帶大家了解,這段時期牛頓觀點的發展前景有多樂觀,以至於到了 1900 年,世界大半的主要問題看來都已在牛頓的框架中有了解答。本章會特別觀察這段期間,幾個科學主要分支的發展,然後討論在 20 世紀開始時仍未解決的議題,作為本章的結語。

評 1700 年至 1900 年間科學主要分支的發展

我們第一個任務是簡略觀察化學和生物學這些主要科學的分支,以及這些分支如何在本章討論的年代間發展。這些評論有助於說明這些科學分支的「牛頓化」,也就是在廣義牛頓框架中發展的方法。首先我們從現代化學的發展開始。

化學

現代化學一般認定是在 18 世紀晚期,從安東萬・拉瓦節(1743～1794)的成果開始。要了解為何是那個時期,看看 17 世紀以前的化學或許有幫助。

當我們想起今日化學,我們想到的是一門大幅量化的學科。如果你修過高中

或大學的化學實驗課，你一定體驗過化學的這種量化觀點。今日的實驗室工作一般都牽涉到重量、體積、溫度等的精確測量。簡單來講，今日的化學大半是量化科學。

但在 17 世紀以前不是這樣，當時化學大多視為一種質性科學，也就是化學家首要關心的是質的變化，比如說顏色變化。煉金術師最著名的目標就是把鉛變成金，這可說明當時化學的質化特性。鉛和金以質來說相當類似，兩種都是密度大、可塑性高的金屬；但事實上，鉛和金主要的質性差別是顏色，鉛是暗灰色，而金是明亮的淡黃色。

如果可以讓鉛產生相對而言一點性質的變化，特別是將金性質的淡黃色引入鉛之中，那麼結果（至少當時的觀點如此）應該就是黃金。又因為他們認為燃燒相關的元素，和淡黃色金性質有關連（比如說火焰本身就是淡黃色），因此便想用火來將淡黃色金性質傳遞給鉛。

這裡的描述極度簡化了煉金術師的活動，但要注意到其強調的質性。順帶一提，煉金術師的方法從今日標準看來也許比較原始，但有鑑於當時化學發展的情況，他們的工作絕非不理性（牛頓以及其他人都作了不少煉金術研究）。我們現今最優秀的科學以五百年後的標準來看可能也很原始，你只能以自己生存時代的知識為基礎盡力而為。

無論如何，化學研究的質化途徑到了 18 世紀晚期急遽轉變了。拉瓦節開始以天平為主要實驗工具，進行大量的化學調查，藉此他提出了比原有理論更能解釋並預測的新觀點，不久他的量化方法開始主宰化學。

到了 19 世紀早期，化學家已能明確描述不少量化定律。舉例來說，此時約翰・道耳頓（1766～1844）已用公式闡明原子理論，這絕大部分都在牛頓的框架之中。道耳頓主張，將氣體的反應看作粒子間的互斥力量結果，最能被好好理解。要注意到這個途徑和牛頓途徑的相似之處，牛頓將行星的運作，解釋為天體在重力影響下的結果；類似地，道耳頓也將氣體的反應，解釋為物體和作用在物

體上的力的結果。

這些反應可以（也已）藉由量化定律規定，最終能用數學方式呈現。在此我們看到化學被納入獨特的牛頓方法之下，涉及受力的物體，並能以數學描述其力。從 19 世紀進入 20 世紀，由於化學的牛頓方法非常有成效，最終化學的分支逐漸納入物理的分支中，物理和化學不再全然分離，而是研究世界的不同層次。而這個被研究的世界，不論是透過化學還是物理，都幾乎被徹底設想為一個牛頓式的世界，藉由精確的數學定律，便能描述物體受力的狀況。

生物學

生物學也在這段期間轉換成現代形式。生物學研究的範圍較為廣泛，在 16 到 17 世紀已有關鍵成果，但要到 18 到 19 世紀，人們才明瞭生物學並沒有隔絕於牛頓式宇宙觀之外。

簡單說明如下，稍微思考一下生物生機論者和生物機械論者如何區分的問題，生機論者的觀點是生命體和無生命體不同，因此適用於無生命體的定律（比如說牛頓定律）並不適用於生物。在直觀的層級上，生機論者的觀點極易了解，比如說看看自己的手臂，把它和一塊石頭作比較，表面看來兩者就很不一樣。總括而言，生物和非生物看起來十分不同，所以我們並不清楚生命能否用非生命的定律解釋。

然而，18 世紀持續至 19 及 20 世紀的成果，確認了生機論者的觀點是錯誤的，這牽涉眾多領域和為數不少的研究者。接著，我們將只看其中兩個領域應該就足以領略到，建立生物學現象的定律和建立非生物學現象的並無不同。

首先，思考神經功能與構造的發現。針對神經的研究，包括解剖神經纖維和區別運動神經與感覺神經，可回溯到至少西元前 500 年。一直以來，神經纖維都認為是生命傳遞所需生命液體，或生命力量的管道，對於神經纖維的觀點巧

妙符合了生機論者的立場。18 世紀晚期，路易吉・伽伐尼（1737～1798）展開一系列實驗，顯示電流可以造成蛙腿肌肉收縮，伽伐尼的成果很快就被亞力山卓・伏打（1745～1827）接手並拓展。由於伽伐尼和伏打（及其他研究者）的成果，很快就建立神經傳導是電流現象的觀點，和神經是生命液體力量的管道這種舊觀點大異其趣。

隨著研究工作在 19 世紀持續進展，神經內電活動的物理和化學基礎獲得充分了解。這裡的關鍵在於，原本被當作純然生物學而能符合生機論者觀點的現象，如今已被理解到是一種出於物理和化學過程的電流現象，和那些生物學以外的發現並沒有什麼不同。所以生物學的領域，看來十分合乎牛頓全面機械主義式對物理和化學過程的理解。

第二個簡短例子，來想想早期的有機化學。在 19 世紀早期之前，標準觀點認為所謂的「有機」化合物，只能由有機生命體生產。有機化學原本被視為和生機論密切相關，其論點認為要製造出有機化合物，必須要有生命體必須的生命液體和生命力量。許多年來這看起來是合理觀點，沒有人能用無機物成功製造出有機體的事實，支持了這個觀點。

然而，1828 年弗里德里希・維勒（1800～1882）成功以無機化合物，製造了明確屬於有機化合物的尿素。很快地，其他化學家也從無機化合物製造出其他有機化合物，包括愈來愈複雜的有機化合物。到了 1850 年代中期，這個技術已是常態，這也大幅破壞了生機論者明確分辨生物體與非生物體差異的觀點。

最後一個例子，涉及 19 世紀早期至中期某個革命性理論的成果（演化論），其最後的結果是，讓整體生命，比如說物種的多樣性，看起來像是根據自然法則進行的自然過程中所產生的結果。這會在本書第三部分詳細描述，我們先把它放在一邊。

此處對這些發展做了簡短說明，這正說明了大略在 1700 至 1900 年間，生物學上的一些主要進展。重要的是，這些例子說明了生物學現象如何被當作和非

生物學現象沒有實際的差別，儘管20世紀早期仍有少數生機論的辯護者，但此時已明顯是機械論者的天下。20世紀遺傳學讓人充分了解生命現象，如何從分子層級的事件發生；整體來說，到了20世紀早期，生物學、化學和物理學統一了，且被看作以不同的層級，探索相同的牛頓世界。

電磁理論

最後一個例子足以描繪各種現象，如何被帶進牛頓框架之中。電和磁的現象從古希臘時代就開始被研究，但直到18、19世紀，人們才在對這現象的理解中，看見最戲劇化的進展。

在18世紀中期，班傑明・富蘭克林（1706～1790）證實閃電是一種電的現象，同時也證實電與磁之間一些有趣的連結。接著在18世紀晚期和19世紀早期，查爾斯・庫倫（1736～1806）和麥可・法拉第（1791～1867），當然還有其他更多人，讓我們對電與磁的認識有了大幅進展。舉例來說，庫倫發現了支配電磁吸斥力的反平方比定律，也就是兩個物體間電或磁的吸引力或排斥力強度，是兩者距離平方的反比。

值得一提的是，庫倫定律中的「平方反比」性質，和牛頓重力中的平方反比十分類似。回想一下，在牛頓的重力描述中，兩個物體間重力的吸引力和距離的平方成反比；庫倫定律也是如此，因此庫倫定律相當合乎牛頓式的精神，這代表電磁現象整體的研究途徑改變。在我們大半的歷史中，回到至少古希臘時代，電磁現象是以質性的方式描述，但現在這樣的現象看作是由精準的數學定律所支配，而且包含在牛頓方法的精神中。

在19世紀前半，法拉第還發現電與磁現象之間更多的關連。以實用面來說，至今他最有影響力的發現，就是磁場可以產生電流。這仍然是今日發電的基本原則——也就是說，我們每日可觀的用電量，基本上都歸功於法拉第的發現。

儘管以實用面來說，這是法拉第最具影響力的發現，但事實上他提出電、磁、光，可能是某種同樣潛在來源的不同層面，促成了更重要的影響（這個想法很快也有了無數的實際應用）。法拉第的這個見解——電、磁、光某方面來說是同一種潛在現象的不同層面——很快就發展為詹姆士・馬克士威（1831～1879）在 19 世紀中期提出的電磁理論。法拉第的發現主要以質化的方式描繪，但馬克士威後來發現了潛在統一光電磁現象的數學方程式，這些方程式——一般稱作「馬克士威方程式」——普遍認為是這段期間最重要的發現。

關於電、磁、光的關鍵發展，這裡只做了簡略且經過挑選的概略介紹。但請再次注意同樣的整體模式：這段時期是某些領域進展驚人的時期，曾經看似區隔的現象、曾經以質化方式進行的探索途徑，此刻統一起來，並循著牛頓的方式，而以量化、數學的方法來處理。

| 總結 |

儘管我們只看了三個科學領域，但應該已能概略說明眾多科學分支如何在 1700 年至 1900 年間納入牛頓旗下。值得一提的是，在這近兩百年的時間中，科學廣泛在各方面達到驚人成就。整體來說到了 1900 年，多種科學分支持續快速進展，牛頓式的方法證明其卓越的創造性。到了 1900 年左右，某種想法認為我們將已完全理解自然，只剩下少數幾個相當小的問題還有待解決。現在我們來看其中一些問題。

小小的烏雲

在 1900 年的一次演講中，身為英國物理學家領袖之一的克爾文爵士，提到那日後常常被引用的詞；他說現代科學明亮的天空中，只剩下兩朵「小小的烏

雲」。男爵所說的兩朵烏雲指的是：邁克遜—莫雷實驗的結果，以及了解黑體輻射時遇到的問題。我們接下來會觀察這兩個問題，並稍微觀察在20世紀轉變期間，也出現難題的其他領域。

後來證實，要了解邁克遜—莫雷實驗的結果，需要愛因斯坦相對論的發展，而要了解黑體輻射以及接下來要討論的其他問題，則需要量子理論的發展。這些理論是現代物理學中最重要的兩個分支，都對牛頓科學和牛頓世界觀帶來非凡的意義。以此來看，克爾文爵士的小小烏雲一點也不小。在本章剩餘部分，我們將簡略看過邁克遜—莫雷實驗、黑體輻射問題，以及其他看似較小的問題。在接下來幾章，我們將探討相對論和量子理論，並同時看看這些理論對牛頓世界觀的含意。

邁克遜—莫雷實驗

邁克遜—莫雷實驗是關於光速以及光移動的方法的實驗。艾伯特・邁克遜（1852～1931）和愛德華・莫雷（1838～1923）關於這些問題進行了許多實驗，其中最關鍵的實驗是在1880年代晚期。或許以下背景資訊會有幫助。

想想看水波的運動。這種波動是波經過媒介（也就是水）時的機械式交互作用。當然，如果沒有媒介（也就是水）的存在，就無法有水波運動。

聲波也很類似。聲波也是波穿越媒介時發生的機械式交互作用，空氣是最普遍的媒介，儘管聲波也可以穿過各種其他的媒介；同樣地，媒介對於聲波的傳遞是必要的，沒有潛在的媒介就沒有波。

整體來說，為了和整體牛頓觀點一致，人們相信任何波的運動都需要潛在媒介的機械式交互作用，所以如果光也是一種波——有足夠證據這麼認為——那依據牛頓式的框架，光的運動也需要潛在媒介的存在。這情形在奧古斯丁・迪香奈爾19世紀晚期標準物理學教科書《自然哲學》一書中有段不錯的總結。（在「科

學」成為標準用語前,「自然哲學」是現在科學的代名詞。值得一提的是,迪香奈爾這本書正巧在為牛頓光傳遞觀點帶來大麻煩的邁克遜—莫雷實驗進行之前沒多久發行。)

光線,就如聲音一樣,皆被認為是存在於振動中;然而它不像聲音那樣,需要空氣或其他顯而易見的物質存在,使其振動,而能從源頭傳遞至接收端……似乎有必要假設某種比平常物質更微妙的媒介存在……(也就是)能夠以遠超越聲音傳遞的速率,來傳送振動……這種假設的媒介稱作以太(aether)。(迪香奈爾,1885,p.47)

這裡的名稱「以太」(ether)聯繫於舊的以太,即亞里斯多德世界觀中被認為會在超月區域找到的以太。但除了名字相同以外,亞里斯多德的以太,和設想構成傳遞光線媒介的以太,沒有什麼相似之處。(順帶一提,我會持續拼作「以太」(ether);迪香奈爾有a的拼法則是另一種常見的拼法。)

要注意到,這個傳遞光的觀點,是怎麼符合牛頓機械式宇宙的構想。光,就像聲音和水波等其他波動現象一樣,被設想為需要媒介的機械式交互作用,邁克遜—莫雷實驗就是設計來為以太的存在提供更直接的證據。該實驗的想法是,射出兩道方向夾角為九十度的來回反射光束(藉著鏡子反射),如果光線穿過以太,那麼根據光可能會像船穿過水面一般穿過以太的推測,我們應該可以預期兩道光束返回的時間會稍有不同。這和從一艘移動的船上派出兩個泳者的意思類似。

想像一下圖22.1船與泳者的比喻,假設三艘船都以同樣的速度穿過水面,B1和B2兩船和B3的距離保持固定,一名泳者(圖中S1)要游到上方的船(B1),然後返回原來的船(B3)。因為船會行駛前進,因此泳者會朝向上方船隻的角度游去,然後再以另一角度回到原本的船上。另一個泳者(圖中S2)則是要游到前面的船(B2),然後回到原船。

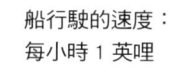

```
     B1
```

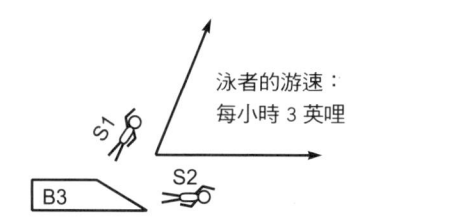

船行駛的速度：
每小時 1 英哩
→

泳者的游速：
每小時 3 英哩

S1
B3 S2   B2

圖 22.1 船與泳者的比喻

　　相對於原船 B3，兩個泳者游的距離都是一樣的。但要注意到，相對於他們游過的媒介來說（也就是水），他們游的距離就不同了。特別是對於水來說，S1 游的距離會比 S2 稍微短一點（如果你有興趣畫，你可以使用畢氏定理和代數，來求出兩人實際游的距離。）由於兩個泳者相對於他們游過的媒介而言，游了不同的距離，他們回到船上的時間也會不同，如圖 22.2 所示。

　　邁克遜—莫雷實驗背後的想法，完全符合船與泳者的比喻。在這個實驗中，邁克遜和莫雷從一個固定位置送出兩道光束，這個位置可用泳者出發的船 B3 作比喻，兩道光束以直角射出，可用泳者 S1 和 S2 來作比喻。兩道光束都被距離光源同等距離的鏡子反射，鏡子則可用船 B1 和 B2 比喻。

　　如果牛頓機械式的光傳遞觀點正確，也就是光透過以太傳送的話，那麼光源和鏡子都應該穿過以太，因為光源和鏡子本身都接觸地表，而地球在繞行太陽

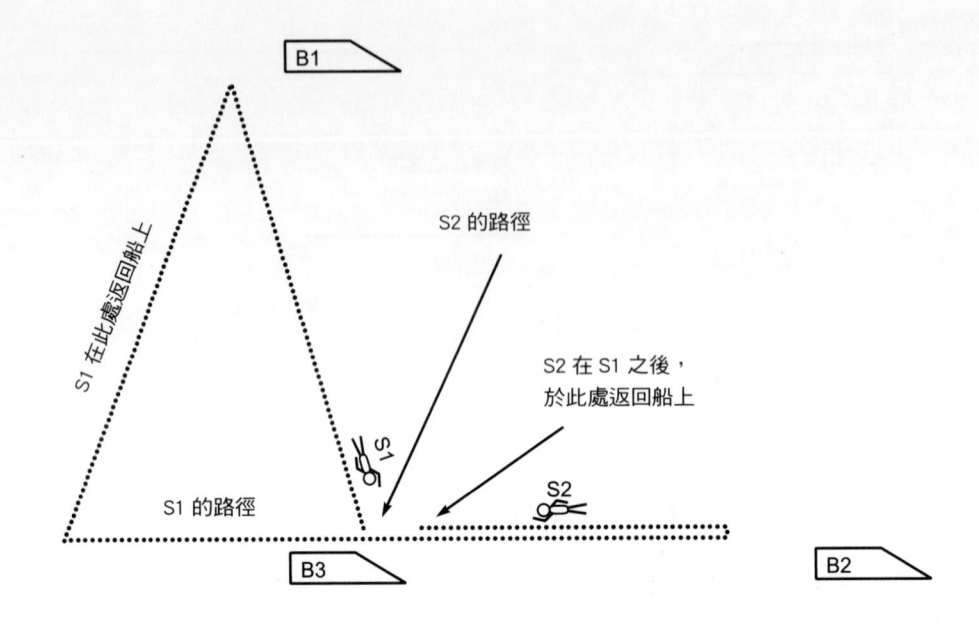

圖 22.2 在不同時間返抵的泳者

的過程中，會從以太中穿過去。那麼，以太就像比喻中船和泳者所在的水，儘管兩道光束相對於光源移動了相同距離，但因為光源和鏡子都穿過以太，它們在以太中穿過的距離就會不一樣（就跟兩個泳者在水中遊過的距離不同完全一樣的理由）。所以，我們預期兩道光束回到光源的時間會稍有不同。

然而和所有人的預期相反，光總是在完全同樣的時間返回。這個結果相當令人意外，為求妥善，這個實驗又重複並調整了數次，但結果總是一樣——光總是在完全一樣的時間返回。

要注意到，這符合第四章討論過的否證論證模式：如果牛頓機械式的光傳遞觀點是正確的，那麼光束就該在不同的時間返抵，但它們沒有，所以應該有些地方出錯了。

因為牛頓框架的成功，科學家若因這一個實驗的結果就反駁牛頓觀點並不太

合理。但有些事情不太對,就像克爾文爵士所言,邁克遜—莫雷實驗的結果,看似明朗天空中的少數幾片烏雲之一,但結果將發現,這個議題一點也不小。事實上,最終需要愛因斯坦的相對論來解決這些問題。而我們將看到,相對論本身為我們尋常的宇宙觀點帶來有趣的意義,這部分將在下一章討論,但在那之前,我們將簡短看過其他看似小片的烏雲。

黑體輻射

我會在不深入太多細節的情況下,簡單描述黑體輻射的問題。「黑體」是物理學使用的一個術語,代表一個能吸收所有朝向它的電磁輻射之理想化物體。舉例來說,光是一種電磁輻射的形式,如果我們對著一個黑體照射光線,它會吸收所有光線,所以看起來是黑的(因此有了「黑體」這名字)。在日常生活中,我們不會遇見這種理想化的物體,但我們確實有黑體的經驗,可以說明這問題,儘管那並不是那麼理想化的黑體。

想像一下電爐上的黑色爐圈,它吸收了絕大多數打在上面的光線,所以看起來(幾乎)是全黑的。此外,當加熱時,它會放出輻射線。以電爐上的爐圈為例,輻射線會同時以熱和光(如夠熱時爐圈會變成紅色的)的形式放射出來,我們便可以測量爐圈放出輻射的模式。

一個理想中的黑體加熱後,應該會放出輻射線。有鑑於牛頓觀點在 18 世紀到 19 世紀的發展,可預期一個黑體會放出某種特殊模式的輻射線。事實上,在量化的牛頓傳統中,已經有能準確預測加熱黑體輻射模式的方程式。在 19 世紀末及 20 世紀初,物理學家建造出一些設備,能放射出符合我們對加熱黑體所期待的輻射模式,然而觀測到放射出的輻射線模式,卻和以牛頓觀點所預測的輻射方式,在關鍵處相當不同。簡短來說,情況如下:若檢視放射出波長較長的輻射時,所觀察到的輻射模式和預期相符;但在短波長時,所觀察到的輻射模式一點

也不符合預期。（順帶一提，這些有問題的短波長，是在電磁光譜紫外那頭，因此這個問題有時被稱作「紫外災難」。）

　　這個情形可和邁克遜—莫雷實驗相比擬，且又是一個否證證據的例子：按照現有牛頓框架中的放射觀點，應該可以預期某種實驗結果，但在黑體輻射的案例中，並沒有觀察到預期的結果。所以在這案例中，就像邁克遜—莫雷實驗一樣，牛頓觀點似乎有些地方出錯了。

　　再一次地，我們當然不會只為了一個相對極小的幾個問題，就拋棄一個成功的理論，更不用說是相當成功的牛頓框架。即便如此，黑體輻射的難題仍是另一片小小的烏雲。

　　最終，這將需要量子理論來解釋黑體輻射的難題，如我們將在接著的幾章所見，量子理論對於我們關於世界的許多假設有實質的意義，特別是對牛頓世界觀的重要部分有著實質的意義。所以就如邁克遜—莫雷實驗的案例一樣，黑體輻射的難題最終不只是一片小烏雲。

| 其他問題 |

　　儘管邁克遜—莫雷實驗的結果和黑體輻射，是克爾文爵士口中最大的兩片小烏雲，但其實在 20 世紀初期還有少數其他的難題。在本章結束前，我們來稍微提及其中幾個問題。

　　在 20 世紀早期，物理學家意識到加熱元素發出的光，有意想不到的模式。譬如，假設我們把鈉加熱，我們將注意到它會放出淡黃光（食用鹽就包含鈉，你只要加熱一點鹽就可以了解這效果），這本身不構成問題——長久以來科學家早就知道某些物質加熱後，會放出特定類型的光；然而令人意外的部分是，20 世紀早期物理學家意識到，好比說鈉發出的光，只包含某些特定波長的光。（結果證實，一種元素放射的波長模式，是那元素所獨有的，後來這事實在確認未知物

質構造時極為管用）。由加熱元素所輻射出來極為特殊的波長模式，以及更特別地，只包含某些特定波長的事實，都十分令人意外。在以牛頓為基礎的觀點中，會預期輻射出來的光應包括廣泛連續的波長，而不是僅限於少數分離的波長。

所以再一次地，我們有了一個牛頓觀點的否證證據；但也再一次地，這在當時被看成一個相對小的問題。然而，這最後也變成一個只能在量子理論發展之後才能解決的問題。

在同一時代，在 19 世紀末和 20 世紀初，許多研究都產生不完全符合任何現有理論的結果。這些結果並不一定是現有理論的問題，但現有的框架沒有辦法涵蓋這些結果。幾個例子可以說明這種問題。

在 19 世紀末和 20 世紀初，並不缺少傑出的物理學家研究當時所謂的「陰極射線」，我們現在知道陰極射線基本上是電子流，但當時研究者的結果都互相衝突，而且如前所述，沒有一個能涵蓋它們的總體框架。所以再一次地，這些結果並沒有直接和現有的一般觀點衝突，但卻有些令人費解。

大約同時，所謂的 X 光也被發現了。我們現在把 X 光看作一種電磁輻射，和可見光類似，但波長短很多。就如陰極射線，許多早期針對 X 光進行的研究結果也令人費解。舉例來說，某些實驗指出 X 光必須是粒子，但其他實驗同樣堅稱 X 光不可能是粒子，而應該是波。所以當時儘管已經發現 X 光的許多屬性，但對於 X 光是什麼卻沒有確切的了解；而且也像陰極射線一樣，這些都不符合任何整體觀點。

再舉最後一個例子，那時也是發現放射性的時代，其中包括瑪麗・居里（1867～1935）和皮耶・居里（1859～1906）最重要的發現。（瑪麗・居里是第一位獲得諾貝爾科學類獎項的女性，也是第一個贏得兩個諾貝爾獎的人。）再一次地，他們證明了放射性元素的屬性十分令人費解，就像上述例子一樣，儘管它們並沒有直接和一般接受的牛頓觀點衝突，但其相關發現並不完全符合當時的框架。

上面討論的例子，絕不是 20 世紀初期物理研究幾個活躍領域的完整清單，也不是對出現令人費解結果領域的完整描述。但這些例子足以提出一些結果，它們雖不直接與整體牛頓觀點衝突，但也不輕易符合牛頓的觀點。

結語

　　因為有了由 17 世紀成果（以牛頓貢獻為主）所提供的框架，1700 年至 1900 年成為創造力十足且前途無量的年代。所有的碎片看似完美地拼合起來，形成一個除了少數問題未解外，幾乎所有事物都可被解釋的牛頓宇宙觀。

　　但就在前一節中，我們討論了 19 世紀末兩個最突出的問題：邁克遜—莫雷實驗結果和黑體輻射問題，我們也簡短看了這年代其他少數費解的實驗結果。當時，一般預期邁克遜—莫雷的實驗結果和黑體輻射問題，最終都將在整體的牛頓框架之中獲得解決，其他較小的難題也一樣。

　　但到後來，這些結果終將不只是牛頓觀點中的小小問題。在接下來幾章，我們將觀察 20 世紀中發生的近代發展，其中兩個主要發展——相對論和量子理論——最終能說明邁克遜—莫雷實驗的奇妙結果和黑體輻射的難題。另一個主要的近代發展是演化論，而我們也將在本書的第三部分探討。我們將發現，這些新發展對於從牛頓時代以來的觀點，會有重大的衝擊。

Part III
科學與世界觀的近代發展

第三部分我們將探索愛因斯坦的相對論、量子理論和演化論。我們將發現，這些理論讓我們的世界觀大幅改變。在第二部分我們已看過 17 世紀新發現帶來的改變，現在我們要來看看近代科學發展對我們的世界觀帶來什麼改變。就如 17 世紀般，我們會發現，長久以來被我們理所當然視為經驗事實的信念，最終因為近代的科學發展，被證明是不正確的哲學性／概念性事實。

第二十三章
狹義相對論

在上一章，我們看到牛頓的觀點如何在他發表《原理》後的兩世紀蓬勃發展，以至於到了 19 世紀末，只剩下幾個看起來較小的問題不太符合牛頓的構想。其中一個是邁克遜—莫雷實驗的結果，在相對論於 20 世紀早期發展之前始終無法解決。本章的主要目標在於了解狹義相對論的主要內涵，下一章則將探索廣義相對論。

阿爾伯特・愛因斯坦（1879～1955）於 1905 年發表了狹義相對論，正如其名，這理論還無法顧及全面，只在某些特定情況符合時適用。1916 年，他發表了廣義相對論，也正如其名，這是完全普遍的理論，並不只限於使用（簡單得多的）狹義相對論所必要的情況內。

本書先前花了些篇幅探討亞里斯多德世界觀中一些錯誤的哲學性／概念性事實，特別是有關正圓等速運動的事實。本章則首次觀看一些我們長久以來當作明顯經驗事實，但卻被相對論證明為錯誤的哲學性／概念性事實的信念，我們先從其中兩個信念開始。

絕對空間與絕對時間

這兩個主要的哲學性／概念性事實，一般稱作*絕對空間*和*絕對時間*。這兩個關於時空的信念有如常識，多數人也把它們當成時空的明顯經驗事實。我們試用一個例子來說明一下絕對空間概念的問題。

假設我們面前的桌上有個中等大小的物體，好比說，一根結實的金屬棒。

假設我們弄到一把可靠的尺，然後把它並排在棒子旁，確定這根棒子正好一公尺長。金屬棒一公尺長的事實，就是我們擁有經驗事實的一個清晰範例。即我們有棒子確實為一公尺長的直截了當之經驗證據。目前為止一切都很好。

現在假設我們有第二根大略相同的棒子，然後把它並排放在第一根旁邊，並確認這兩根棒子長度一樣，也就是一公尺長。現在假設我在第二根棒子上綁一條繩子，並在頭頂上快速旋轉。好，我就在這兒，手上抓著繩子，在頭頂上全速甩著金屬棒繞圈圈。現在我要問你一個問題：當我全速旋轉這根棒子時，它有多長？

我猜你自然會說這根棒子和前面一樣，是一公尺長。這個回答完全合理，但要注意到這個信念，也就是旋轉中的棒子仍然和桌上的棒子一樣尺長的這信念，並非直截了當的經驗事實。因你無法直接測量正在我頭頂旋轉的棒子，所以不管你對這根棒子是一公尺長的信念來自何處，都不是基於直接的經驗證據。

我猜測，你對運動中棒子保持一公尺長的信念，奠基於以下這兩個因素：(1) 你稍早基於直接經驗證據，得知棒子一公尺的信念，以及 (2) 你認為空間是絕對的信念，也就是認為空間本身不會因為有物體在其中運動，而縮小放大的信念。（因此像是金屬棒這樣一個穩固物體的兩頭距離，也不會只因為該物體正在運動，而縮小或放大。）

後面這個信念，也就是距離不會因運動而改變的信念，就是敘述絕對空間概念的一種方式。關鍵想法在於空間就是空間——不論從誰的觀點來看，也不管那個人是坐在桌子前面，還是在太空任務中高速繞著地球移動，一公尺就是一公尺。空間——好比說，金屬棒兩端之間的空間量——不會因運動而改變，這個概念就是接下來當提到「絕對空間」時我所抱持的想法。（值得一提的是，「絕對空間」以及「絕對時間」有時候也用在不太一樣的意義上，用來指我們通常稱作時空的「實體論觀點」與「相關性觀點」這兩種對立的時空觀點上。我不會在本章討論這兩方支持者的辯論，但本書最後的章節注解，可以找到有關這兩者差異

的簡短討論。）

接著我們會看到，相對論挑戰了這個有如常識般的空間信念。不過在討論相對性之前，我們先來思考絕對時間，我們同樣也從一個例子開始。

假設我們知道約翰和喬是雙胞胎，且假設他們同時誕生。要雙胞胎同一時間誕生其實有點難（但不是不可能，比如說他們是剖腹產），但現在我們先忽略這些難處，接受這兩人是完全在同一時間誕生。而你從來沒見過喬，現在假設我告訴你約翰和喬都是健康的普通人，而約翰今年二十歲。這時候我要問的問題是：有鑑於約翰和喬是雙胞胎，而約翰是二十歲，那請問喬幾歲？

同樣地，我猜你自然傾向於回答喬也是二十歲，這也絕對合理，但同樣要注意到，你的信念其實是無法完全基於直接經驗證據的。畢竟你根本沒見過喬，所以你根本不可能有什麼關於他的直接觀測證據。我猜你認為喬是二十歲的信念是基於你(1)對於約翰和喬是雙胞胎，且約翰是二十歲的信念，以及你(2)關於時間為絕對的信念，也就是時間在任何地方所經過流逝的量都是一樣的（所以約翰度過了二十年，喬也應該度過了二十年）。

這個信念，即時間不論在任何地方，所經過的量都一樣，就是一種描述絕對時間想法的方式。這個想法是，時間就是時間；不管對哪個人在哪裡來說，時間所經過流逝的量，都是絕對一致的。

就如絕對空間的概念一樣，絕對時間的概念也受到相對論挑戰。記住這個背景要素，我們接著要來看狹義相對論，然後再釐清相對論對我們的時間與空間概念有什麼含意。

狹義相對論概要

狹義相對論在某些方面很不尋常，但理論本身並不特別困難。相反地，廣義相對論明顯就困難多了。在本章，除非另外註明，否則我提到相對論時指的都是

狹義相對論，我們會在下一章談談廣義相對論。

一如往常，從一個想像開始會很有幫助。假設喬在地面上，而（從喬的觀點來說）莎拉在他頭上飛行。相對論的結果在高速時特別顯著，所以我們想像一下其速度相當高，好比說每秒十八萬公里（這比現有技術的任一種運動都還要快很多）。為了說明空間和時間的結果，我們讓莎拉和喬各自都有相距甚遠的時鐘。假設莎拉有兩個時鐘，我們稱其為 SC1（莎拉的時鐘 1 的英文縮寫）和 SC2，而莎拉測量這兩個時鐘之間的距離得出五十公里。我們把這寫成「50(s) 公里」，用「(s)」表示這是莎拉測量的距離。我們假設喬也有兩個時鐘，JC1 和 JC2，當他測量這兩個鐘的距離得到一千公里。圖 23.1 是上述情況的簡圖。

稍後我們將用這個說明來探索狹義相對論的含意。不過首先，這張圖可以幫助我們了解導出這些含意的兩個基礎原理。第一個便是光速不變原理。

光速不變原理（PCVL）：光在真空裡被測出的速度都一致。

舉例來說，如果喬和莎拉在真空中測量光速，他們會得到同樣的結果。光在真空中的速度大約是每秒 3.0×10^8 公尺，或者每秒三十萬公里。順帶一提，光速一般是用「c」來代表。所以莎拉和喬如果測量 c，也就是光速，會同樣量出光以每秒三十萬公里行進。

要注意到，如果 PCVL 正確，那麼光的表現就會和一般物質差異甚大。舉例來說，如果莎拉和喬不是測量光速，而是測量一顆運動中的棒球球速。假設莎拉在圖 23.1 中，朝著自己的正前方往圖的右側射出一顆球，從她的觀點看，若她以每秒一百公里射出這顆球，在這樣的情況下，莎拉測量這顆棒球的速度，就會量到每秒一百公里。

但從喬的觀點看，棒球的速度是它被射向前的速度（100km/s）加上莎拉移動的速度（180,000km/s）。所以當他測量運動中棒球的速度時，他會測量到該

球以每秒十八萬零一百公里的速度運動。

但如果 PCVL 是正確的，那麼光的表現就不會像棒球一樣。舉例來說，如果莎拉在喬頭頂上打開一個手電筒，形成一道光束，然後莎拉和喬測量光束前端以多快的速度在行進，他們將會測量到完全一樣的速度——每秒三十萬公里。簡單來說，如果 PCVL 是正確的，那麼光速和運動中的棒球所表現的就會非常不同。

再次，PCVL 是狹義相對論所奠基的基本原理之一，另一個一般稱作相對性原理（小心不要把相對原理和相對論搞混）。大致上來說，相對原理如下：

相對性原理（簡略版）：沒有哪一個特定的參考點，可以決定誰在移動、誰是靜止。

舉例來說，在圖 23.1 描繪的情形中，喬絕對有資格設想自己靜止，而莎拉在移動。但如果相對性原理正確（而且有充分理由認為如此），那莎拉便同樣有資格設想自己是靜止，而喬在移動。

如前所述，這是較為簡略的相對原理版本。以下是個更為謹慎的公式：

相對性原理（較謹慎版本）：若兩個觀察者在兩個相同的實驗室裡，而兩個實驗室相對於彼此，正在直線上以等速（也就是沒有加速也沒有減速）運動，且若在這兩個實驗室裡正進行同樣的實驗，則實驗的結果會一致。

舉例來說，在圖 23.1 描繪的情形中，莎拉和喬相對於彼此正在一直線上以等速移動，所以如果相對原理正確，莎拉做的所有實驗結果都會和喬吻合，反之亦然。

重要的是，如果相對性原理正確，那麼在同一直線上以不變的相對速度移

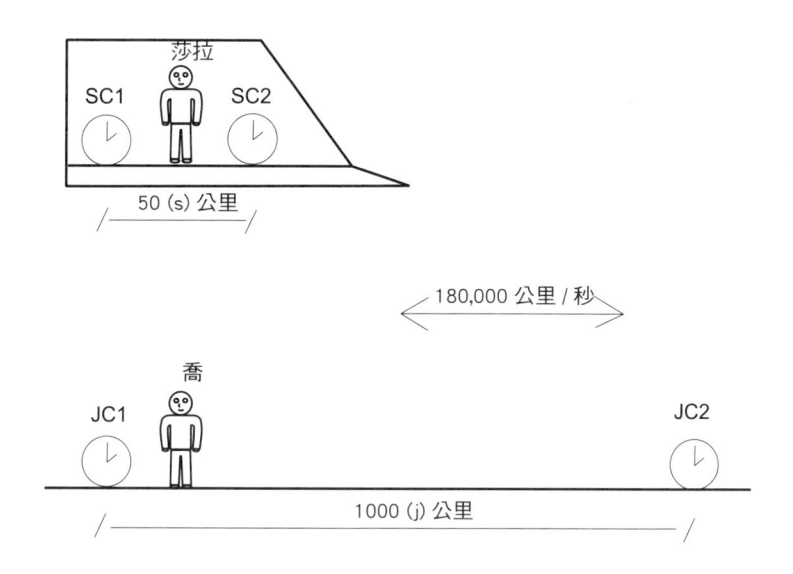

圖 23.1 狹義相對論的說明

動的兩個實驗室，就不會得到任何實驗差異。所以在前述莎拉與喬的情形中，就不可能有一個經驗依據，可說其中一個是「真的」靜止，而另一個是「真的」在運動。再稍微花點時間領略此事實的重要性：如果相對性原理正確，那麼就沒有（不管怎樣都沒有）任何經驗依據，可說出莎拉或是喬哪個真的靜止，而另一個真的在移動。

　　愛因斯坦於 1905 年發表的〈論運動物體的電動力學〉論文中，首次呈現如今一般所謂的狹義相對論；他提出相對性原理和光速不變原理是「先決條件」。也就是說，基本上他把這些原理當成假設，並呈現出一個遵從這些原理的一致理論：狹義相對論。愛因斯坦接著表示，這個新理論足以說明馬克士威電磁理論（在幾章前討論過）應用在運動物體上，會出現的某些難題（這就是為何論文標題重點放在運動物體的電動力學，而完全不提及全新的相對論）。

　　儘管相對原理和 PCVL 在愛因斯坦最初的論文中被當成先決條件，但這些

原理都看似十分合理。舉例來說，邁克遜—莫雷這類實驗（幾章前討論過），以及許多顯現不管任何狀況，光速都一致的類似實驗，都表明了類似 PCVL 這樣的原理。事實上，愛因斯坦在介紹 PCVL 時，還註記了這些實驗（愛因斯坦是否特別熟悉邁克遜—莫雷實驗我們並不清楚，但他確實對其他類似的實驗相當熟悉）。

同樣地，相對性原理是一個看似合理的原理。再想想圖 23.1 喬和莎拉的例子，根據圖片，喬是在地上（可想而知，喬是在地球表面上）而莎拉看來是在某種船上。一開始，我們多半傾向認為喬靜止，而莎拉移動。但要注意到這個偏好從地表出發的觀點，無疑是因為我們大半時間都活在地表上。所以，儘管可以理解，我們會很自然地接受從地表出發的觀點，但這觀點沒有什麼特別之處。如果我們多半時間都生活在火星表面上，我們自然會把那當作我們的尋常觀點；如果我們生長於月球，我們也會把那當成我們的平常觀點；而如果我們大半輩子都在像莎拉所在的那種船上過活，我們自然也會接受那樣的觀點。

所以這些觀點沒有一個是特別的，或說沒有一個觀點具有特殊的意義。我們沒有任何基礎，可以說喬真的靜止而莎拉真的在移動，反之亦然。我們頂多能說，從喬的觀點來看，莎拉正在移動，反之亦然。簡單來說，相對原理和 PCVL 儘管在愛因斯坦原本的論文中，都被當作先決條件，但都是看起為合理的原理。

如果我們接受了相對性原理，那當我們提到運動時，就要把它理解為相對的運動，也就是相對於某個觀點而言的運動。這是要牢記在心的要點——要說某人或某物正在運動，並不是問題，但不該理解為絕對運動，而是相對運動，也就是從某個特定觀點而言的運動。

簡短複習一下：狹義相對論的基礎是 PCVL 和相對性原理。且這兩個都是看似合理的原理。

然而，接受了 PCVL 和相對性原理，就得要接受對運動中的物體而言，空間和時間會發生令人驚訝的情況。PCVL 和相對性原理合起來意味著接下來的情況：

(1) 時間膨脹：運動中的人或物體，時間會過得比較慢。在運動時，時間會按下列的因子流逝得較慢

$$\sqrt{1-\left(\frac{v}{c}\right)^2}.$$

這個方程式稱作勞倫茲─費茲傑羅方程式。

(2) 長度收縮：運動中的人或物體，觀察到的距離會收縮。在運動時，距離會按下列的因子收縮。

$$\sqrt{1-\left(\frac{v}{c}\right)^2}.$$

（注意：這和 (1) 是同一個方程式，也就是勞倫茲─費茲傑羅方程式。）

(3) 同時性的相對性：在運動觀點下同時發生的事件，與在一個靜止觀點下所見到的事件，不會同時發生。舉例來說，假設從莎拉的觀點來看，她的兩個時鐘，SC1 和 SC2 是同步的。但從喬的觀點，這兩個時鐘便不是同步的。而 SC1 比 SC2 超前的量會是

$$\frac{\left(\frac{lv}{\sqrt{1-\left(\frac{v}{c}\right)^2}}\right)}{c^2}.$$

在這個方程式中，l 指的是兩個時鐘之間的距離。這個方程式可以簡化為 $\frac{l^\star v}{c^2}$，其中 * 代表運動觀點下兩個時鐘之間的長度。接下來我會使用這個比較簡單的方程式。同時要注意到，就運動方向來說，在後面位置的那個時鐘，就時間而言

會跑在前頭。

值得強調的是，(1)、(2) 和 (3) 都是 PCVL 和相對性原理的演繹結果，亦即只要使用高中程度的代數，就可用數學方式從 PCVL 和相對原理導出 (1)、(2) 和 (3)。所以如果 PCVL 和相對性原理正確，只要基本數學是可信賴的，那 (1)、(2) 和 (3) 總結出的效應，就應該是正確的。

要看出 (1)、(2) 和 (3) 是如何應用，最簡單的方式就是設想一個特定的情形，再次想像圖 23.1 所描繪的情形，先從喬的觀點將看到的情形開始。

從喬的觀點來看，莎拉正在運動，而運動中的人或物體，時間會過得比較慢。因此從喬的觀點來看，莎拉的時間會因前述 (1) 提到的效應，也就是勞倫茲—費茲傑羅方程式提出的因子，而經過得比較慢。例如，喬的時鐘每經過十五分鐘，莎拉的時鐘經過的時間，就只有十五乘以 $\sqrt{1-\left(\dfrac{v}{c}\right)^2}$，也就是十二分鐘。注意到這不是莎拉的時鐘有任何錯誤所造成的結果，也絕對不是喬的幻覺。在運動中，時間的確會過得比較慢。既然從喬的觀點來看莎拉在運動，那麼莎拉經過的時間量，以及她從她時鐘所測量到的時間量，將會比喬經過的時間量以及他的時鐘所測量到的時間量要少。

同樣地，在運動的人或物體所測量出的距離也會縮短。舉例來說，儘管莎拉測量出她那兩個時鐘之間的距離為五十公里，但從喬的觀點來看，這兩個時鐘之間的距離只有五十公里乘以 $\sqrt{1-\left(\dfrac{v}{c}\right)^2}$，也就是四十公里。簡單來說，從喬的觀點來看莎拉的距離縮短了。

順帶一提，有個我只稍稍提到的細節，要注意到距離只會沿著運動的方向縮短。在這個例子中，運動方向可說是水平的，所以（從喬的觀點來看）莎拉的距離在水平方向，會以勞倫茲—費茲傑羅方程式所描述的因子而縮短。在垂直方向，莎拉的距離則完全不會縮短。所以在此情形中，從喬的觀點看，莎拉變瘦，但沒有變矮。如果你有興趣，詳情如下：$\theta=0$ 度代表運動方向，而 $\theta=90$ 度代

表方向與運動方向垂直。在 θ 介於 0 度和 90 度間，距離的縮短量可由以下方程式算出

$$\frac{\sqrt{1-\left(\frac{v}{c}\right)^2}}{\sqrt{1-\sin^2\theta\left(\frac{v}{c}\right)^2}}.$$

要注意到，當 θ =0 度（也就是處理沿運動方向的距離），這個方程式就縮減為勞倫茲—費茲傑羅方程式（因此這個方程式處理同方向的距離時，會得到符合勞倫茲—費茲傑羅方程式的結果）。當 θ =90 度（也就是處理和運動方向垂直的距離時），方程式會縮減為 1，因此與運動方向垂直的距離將不會縮減。今後我們將只顧及距離和運動方向相同的例子，所以這細節之後不會再考慮了。

最後，我們來想想 (3)，相對同時。前面的 (3) 提到，莎拉觀點中同時發生的事件，從喬的觀點來看不會同時發生。舉例來說，假設從莎拉的觀點看，她的兩個時鐘是同步的。而從喬的觀點來看不會同步。如 (3) 所述，SC1 會比 SC2 快 $\frac{l*v}{c^2}$ =0.0001 秒。從莎拉的觀點看，這兩個時鐘都會同時讀出正午十二點。但從喬的觀點來看不是這樣子，SC1 比 SC2 早了 0.0001 秒，所以當 SC1 讀出正午十二點時，SC2 會讀出比正午十二點少了 0.0001 秒。

迄今，我們描述了從喬的觀點看到的情況。但回想一下相對性原理，從莎拉的觀點來看，她是靜止的，而喬才是在移動的，所以試著從她的角度來看。既然喬在運動，他流逝得時間，以莎拉的觀點來看，便會以勞倫茲—費茲傑羅方程式所描述的因子而縮短。舉例來說，莎拉每經過十五分鐘，喬只會經過十二分鐘。同樣地，既然喬是在運動，距離也會縮減，所以喬的兩個時鐘，從莎拉的位置來看，會只相距八百公里。此外，若從喬的觀點來看 JC1 和 JC2 是同步的，而從莎拉的觀點來看就不會是同步的，JC2 將比 JC1 快了 $\frac{l*v}{c^2}$ =0.002 秒。

所以如上所述，如果 PCVL 和相對性原理正確，運動中的物體會發生奇怪

的事情。距離會縮短，時間會流逝得較慢，而一個觀察者看來同步的事件，在另一個觀察者看來卻是不同步的。

不可抗拒的「為什麼」之問題

　　值得強調的是，上述運動對距離、時間和同步效應，已由無數個實驗徹底確認過了，所以運動能產生這些驚人的效果已無庸置疑。有鑑於此，此刻一個幾乎不可抗拒的問題是為*什麼*？為什麼在運動中時間會膨脹而距離會縮小呢？為什麼兩個事件同不同步，取決於觀測事件者的運動呢？我們前面討論的，看起來違背了多數人對空間和時間運作的根深蒂固之慣例。如果我們剛剛討論的是正確的──其實這些效應已藉由經驗確認了無數次，為幾乎毫無疑問地正確──那為什麼運動對長度和時間，會有這些看起來很奇怪的效應？很不幸地，我想最正確的答案恐怕無法讓多數人立刻感到滿意。不過這個答案過一陣子會讓你比較有感觸（至少我這麼認為）。關於運動為何會對空間和時間產生這些效應，這問題最好及最正確的答案就是：因為我們所在的宇宙就是這樣。舉例來說，我們的前人曾驚訝地發現，他們並沒有住在他們一直認為的那種宇宙中──最終證明，宇宙並非目的論及本質主義的，也沒有以正圓軌道作等速運動的天體。同樣地，我們也將訝異地發現，我們活在一個空間和時間都不如先前所想像的宇宙。換句話說，就像我們的先人發現，一直被當成經驗的事實。最後變成了錯誤的哲學性／概念性事實，我們也發現某些被我們當作是明顯的經驗事實、關於空間和時間的常識感，最後證明只是錯誤的哲學性／概念性事實。

狹義相對論是否自相矛盾？

　　相對論看起來似乎潛藏著一些自相矛盾處。舉例來說，從喬的觀點來看，莎

拉的時間過得比較慢,所以莎拉會比喬老得慢;但從莎拉的觀點看,喬會比她老得慢,直覺上應該不可能兩個都對。舉例來說,假設莎拉和喬是雙胞胎,那麼從喬的觀點看,他自己是比較老的那個,而從莎拉的觀點看,她自己則比較老。根據相對性原理,他們都是對的。除非相對論有什麼矛盾,不然怎麼可能雙胞胎的兩個人都是比較老的那個?

本節的目標就是要說服你,相對論並沒有自相矛盾。我沒有見過哪一種說明方式比大衛‧墨敏在《相對論裡的空間與時間》一書中使用的方式更好。接下來所說明相對論沒有矛盾的內容,大半有賴他提出的方式。

再想想莎拉和喬的情況。在這次的說明中,莎拉只需要一個時鐘,而不需要第二個。此外,想像所有時鐘都是數字鐘會比較簡單(舉例來說,我們因此可以讀出一個時鐘指著 0.00 而不是正午十二點)。我將提出兩個不同瞬間的快照,分別稱作 A 和 B,先假設以下的前提為真:

- 從喬的觀點來看,他的兩個鐘相距 1,000(j) 公里。
- 從喬的觀點來看,他的兩個鐘同步。
- 喬與莎拉的相對速度是每秒十八萬公里。
- 當莎拉的鐘在喬的第一個鐘(JC1)正上方時,兩個鐘都讀出 0.00。

第一張快照,即快照 A 的瞬間,莎拉的時鐘會在喬和他的時鐘(JC1)的正上方。有鑑於上述的背景資料,這張快照可用圖 23.2 表示。一瞬間之後,莎拉的時鐘將在喬的第二個時鐘正上方,那時候的瞬間將是快照 B,以圖 23.3 表示。

按照剛剛描述的情形,以下是喬和莎拉在各自觀點中,所看到事物的模樣。

從喬的觀點:
(J1) 莎拉正在運動,由左朝右,每秒 18 萬公里。

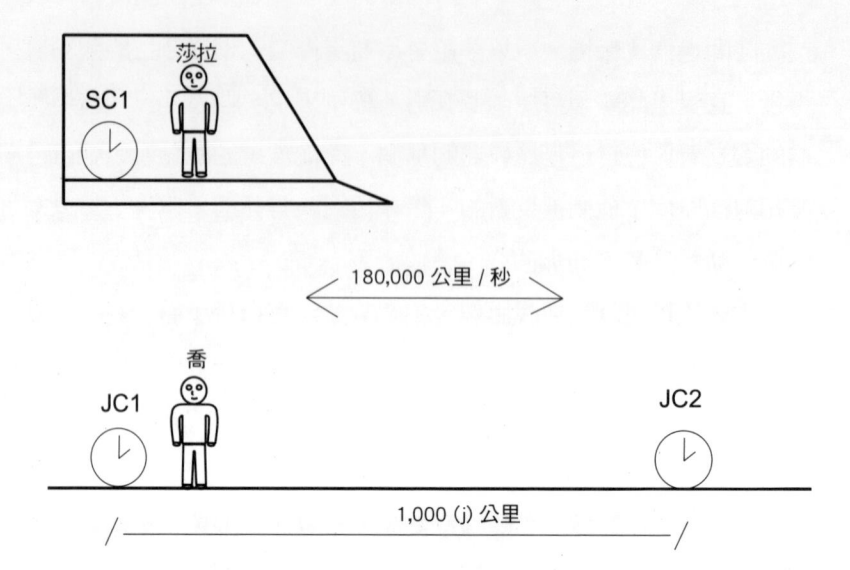

圖 23.2 快照 A

(J2) JC1 和 JC2 彼此相距 1,000 公里。

(J3) JC1 和 JC2 是同步的。

(J4) 在快照 A 中，SC1 在 JC1 正上方時，此時三個鐘都讀出同樣的時間，也就是都指出 0:00。

(J5) 在快照 B 中，SC1 抵達至 JC2 的正上方。快照 A 和快照 B 之間，莎拉以每秒 18 萬公里的速度經過了一千公里，因此在兩張快照中間經過了 $\frac{1,000}{180,000}$ = 0.005555 秒。所以在快照 B 中，當 SC1 在 JC2 正上方時，JC2 讀出 0.005555。既然 JC1 和 JC2 同步，那麼 JC1 也會讀出 0.005555。

(J6) 由於莎拉在運動，她和她時鐘的時間便會走得比較慢。儘管對喬來說，從快照 A 到快照 B 之間過了 0.005555 秒，但莎拉經過的時間只有 $0.005555 \times \sqrt{1-\left(\frac{v}{c}\right)^2}$，也就是 0.004444 秒。也就是說，在快照 B 上，

SC1 讀出 0.004444。

現在我們從莎拉的觀點來看。

從莎拉的觀點來看：
(S1) 喬正在運動，自右向左，每秒 18 萬公里。
(S2) JC1 和 JC2 相距只有 $1{,}000 \times \sqrt{1-\left(\dfrac{v}{c}\right)^2}$ = 800 公里。
(S3) JC1 和 JC2 不同步。JC2 比 JC1 快了 $\dfrac{l \star v}{c^2}$ = 0.002000 秒。
(S4) 在快照 A 中，當 JC1 在 SC1 正下方時，SC1 和 JC1 都讀出 0.00。但 JC2 沒有和 JC1 同步（見 S3），讀出 0.002000。
(S5) 在快照 B 中，過了一瞬間，JC2 經過 SC1。喬以每秒 18 萬公里的速度行經了 800 公里，所以經過了 $\dfrac{800}{180{,}000}$ = 0.004444 秒。所以在快

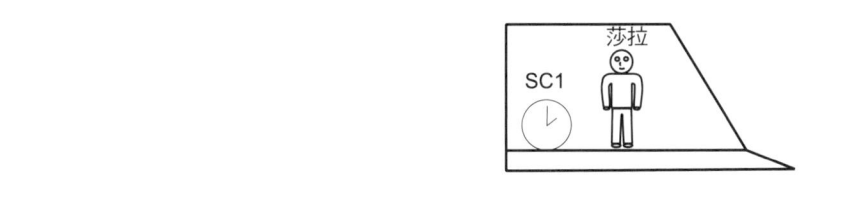

圖 23.3 快照 B

照 B 中，當 JC2 正在 SC1 正下方時，SC1 讀出 0.004444。

(S6) 既然喬正在移動，對喬和他的時鐘而言，時間會流逝得比較慢。在快照 A 和快照 B 之間，雖然莎拉經過了 0.004444 秒，但喬和他的時鐘只經過了 $0.004444 \times \sqrt{1-\left(\dfrac{v}{c}\right)^2} = 0.003555$ 秒。但記得在快照 A 的時候，JC2 讀出 0.002000（見 S4）。既然在在快照 A 的時候，JC2 讀出 0.002000，而對喬來說快照 A 和快照 B 之間經過了 0.003555 秒，所以當 JC2 在 SC1 正下方的時候，JC2 將會讀出 0.002000 + 0.003555 = 0.005555。

要注意到很重要的一點，所有事實都可由莎拉和喬共同證實。舉例來說，在快照 A 中，他們的兩個時鐘互相鄰近，所以他們可以共同證實就在一旁的時鐘時間。我們可以想像他們各自拍下一張在快照 A 拍下那瞬間，有 SC1 和 JC1 在內的照片，他們的照片看起來應該一樣，畢竟那是在相同時空中同一瞬間拍下的照片。的確，他們的兩張照片都顯示，在快照 A 的瞬間 SC1 和 JC1 都讀出 0.00。

快照 B 的情形也是一樣。JC2 和 SC1 彼此就在附近，所以莎拉和喬可以獨力拍下包含這兩個時鐘的照片。同樣地，除非與皺比我們認為得還要詭異，這兩張照片看起來也應該是一樣的。的確如此，這兩張照片都會顯示 SC1 讀出了 0.004444，而 JC2 讀出的是 0.005555。

儘管莎拉和喬都同意這些可以共同證實的事實，他們對於發生了什麼事，看法就很難一致了。從喬的觀點來說，在快照 A 和快照 B 之間流逝了 0.005555 秒，然而莎拉只流逝了 0.004444 秒。因此對喬來說，他是雙胞胎比較老的那個。但從莎拉的觀點來說，快照 A 和快照 B 之間經過了 0.004444 秒，至於喬只經過了 0.0035555 秒。從她的觀點來說，她才是雙胞胎比較老的那個。

簡單來說，莎拉和喬都會說自己是雙胞胎比較老的那個。而從他們個別的觀點來看，兩個都是正確的。

至於其他時鐘的讀數，若他們不同意，那該怎麼辦？

這一節結束前，讓我們思考一下莎拉和喬不同意的部分，也許會有些幫助。如上所述，在他們可以共同證明的情況下（快照 A 和快照 B），他們同意時鐘的讀數。那他們不同意的部分又該怎麼辦？在快照 A 中，莎拉和喬無法對遠處 JC2 時鐘的讀數有一致看法。同樣地，在快照 B 中，他們也無法對 JC1 的讀數取得共識。

前面我們思考過，當莎拉和喬彼此在附近時，可以拍下同時有兩個時鐘的照片，我們會看到他們的照片呈現出一樣的結果。那如果說他們同時拍下包含了其他遠距時鐘的照片，結果又會如何呢？回想一下，在快照 A 中莎拉和喬對於喬的第二個時鐘 JC2 的讀數並沒有一致的看法。在快照 A 時，喬認為 JC2 讀數為 0.000，然而莎拉認為在快照 A 時，JC2 讀數是 0.002。假設在快照 A 時，莎拉和喬都替喬的第二個時鐘 JC2，拍了一張遠距照片（這樣的遠距離照片技術上很難，但並非不可能），那麼這張照片是否會揭露莎拉和喬觀點之間的矛盾？

答案是不會，但要了解這個情形，我們必須提醒自己一些關於光和遠距攝影的事實。首先提醒一下自己，光速很快，但仍是有限的。也就是說，光從物體到你的眼睛，或從物體到相機，還是要花時間的。要說明這個事實，請想像一下來自太陽的光。太陽離地球有一億五千萬公里，以每秒三十萬公里的速度，光要花八分鐘才能從太陽抵達地球。所以當你看到太陽時，擊中你眼睛（也就是讓你眼中產生太陽影像）的光是八分鐘前離開太陽的。換句話說，你正看著的不是那一刻的太陽，而是太陽八分鐘前的樣子。

如果你想想星光，這一點就更極端了。舉例來說，仙女座銀河系是你能用肉眼看到最遙遠的物體，而這個銀河系在兩百二十萬光年之外。當你看著這個銀河系，你看著的是仙女座銀河系兩百二十萬年前的樣子，而不是現在；如果你拍了照，你的照片也是仙女座銀河系兩百二十萬年前的模樣。

所以在快照 A 時，如果莎拉和喬都拍了一張在喬遠處的那個時鐘、也就是 JC2 的照片，他們必須要計算到，成像的光線要花上一些時間，才會從時鐘那頭送到他們相機這頭。當他們計算到這個事實，才會符合實際的狀況。

第一點：當莎拉和喬拍了 JC2 的照片，他們的照片上 JC2 的時間會顯現為一模一樣。他們的照片都會顯示 JC2 的讀數為 -0.003333，不要忽略負號——它代表時鐘的讀數會比 0.00 還要早了 0.003333 秒。為何會如此？是因在考慮光從 JC2 出發抵達相機需耗費時間的因素下，分析將如下所述：

從喬的*觀點*：

喬的狀況比較簡單。從他的觀點看，光從 JC2 到他的相機行進了 1,000(j) 公里，在每秒三十萬公里的速度下，光線會花 0.003333 秒抵達相機。在按下快門的瞬間，快照 A 所拍下的照片中，會留下 JC2 的讀數為 -0.003333 的影像，但當快照 A 完成或光線抵達喬及 JC1 時，JC2 的讀數將為 -0.003333 + 0.003333 = 0.000。喬因此正確地（對他而言）結論，在快照 A 成像時，他的兩個時鐘讀數都為 0.000，也就是兩個時鐘是同步的。

從莎拉的*觀點*：

莎拉的計算比較複雜一點，但同樣地只需要基本代數，如果你相信我的算數，你可以略過下面細節直接跳到本節尾聲。但如果你好奇，以下就是莎拉推理的過程。

從莎拉的觀點看，喬正以每秒十八萬公里的速度向她前來。所以讓她相片成像的光，必須在與 JC1 距離遠大於 800(s) 公里之前，就須離開 JC2，因為來自 JC2 的光——造成相片的光——是以每秒三十萬公里的速度朝她前進。所以對於當這道光和喬同時抵達她的那一刻，也就是快照 A 成像的那一瞬間，造成相片的光其實早在 JC2 還沒抵達距離 JC1 800(s) 公里之前，就已經離開 JC2 了。

要算出這道光線行經多少距離，莎拉作了如下推論：假設 d 代表光線（形成莎拉拍下 JC2 照片的光）所行經的距離，t 代表這道光以每秒三十萬公里從 JC2 抵達相機需要的時間。莎拉知道：

$$t = \frac{d}{300,000}.$$

記住喬比 JC2 更靠近莎拉達 800(s) 公里，而喬正以每秒十八萬公里的速度行進，故莎拉也知道：

$$t = \frac{d-800}{180,000}.$$

解此聯立方程組，可得 d=2000，莎拉因此推論，形成照片的光是在 JC2 距離莎拉 2,000(s) 公里外時，開始離開 JC2 的。而光線以每秒三十萬公里行經 2000(s) 公里，需花費 0.00667(s) 秒，由於 JC2 在運動，所以它的時間過得比較慢。因此經過 0.00667(s) 秒的時間，對 JC2 而言只經過 0.005333(j) 秒。所以當光線抵達莎拉的相機（也就是快照 A 成像，或，喬和他的時鐘都在莎拉正下方）時，JC2 時鐘經過了 0.005333(j) 秒。

所以莎拉（對她來說）正確地推得，拍照 A 完成的那一瞬間，JC2 的讀數將是 -0.003333 + 0.005333 = 0.00200。因此她（對她來說）正確地結論為，喬的兩個時鐘並沒有同步，第二個鐘（JC2）比第一個鐘（JC1）快了 0.00200 秒。

再一次地要注意到，莎拉和喬都同意在他們各自的照片中，當按下在快照 A 時，都顯示 JC2 的讀數為 -0.003333。但有關有多少時間流逝、物體距離多遠，以及事件是否同步，他們沒有一致的看法。

時空，不變量以及相對論的幾何學方法

就在愛因斯坦發表狹義相對論之後不久，他一位早年的數學老師，赫爾曼·

閔考斯基（1864～1909）察覺所謂的*時空間隔*是狹義相對論裡的一種*不變量*性質。了解時空間隔，讓我們得以領略相對論的核心概念，即時空觀念；也讓我們理解變量和不變量性質的概念。同時，還能讓我們概略認識另一種了解相對論的方法，也就是幾何學方法。

有時會聽到一種主張，說根據愛因斯坦的相對論「一切都是相對的」，或者對於那個效應的觀點來說都是相對的。如我們前面看到的，長度、時間和同步性的確在運動和靜止的觀點之間有差異，因此這些是相對於觀察者而有的性質。但若認為所有性質都是相對的，那就大錯特錯了。

我們已經看過一個不是相對的性質——也就是光速。根據光速不變原理，光（在真空中）的速度會維持不變，不管從哪一個觀察點來看都是如此，根據相對論，光速不是相對的，它在任何觀點下看，都具有不變量的性質。

此處要注意，不同理論通常會將不同性質看成可變的或不變的。舉例來說，長度、時間（也就是兩個事件之間經過了多少時間），還有同步性（也就是兩個事件是否同步），在牛頓觀點中就被當成不變的，但如同我們在本章看到的，根據相對論，這些性質並非不變的。另一方面，光速在相對論中是不變量，但在牛頓觀點中就非如此了。（回想一下前章討論過，用來偵測光速差異的邁克遜—莫雷實驗，根據一般牛頓觀點中光的移動方式，期待光速在不同情況下有不同速度。換句話說，光速在牛頓觀點中被認為是一種可變的性質。）

儘管時間經過的量以及位置之間的距離，根據相對論可在不同觀點間出現差異，閔考斯基卻察覺到，有某種和空間與時間「組合」有關的性質，不管從哪個觀點看都是一樣的。閔考斯基提出的屬性就是所謂的「時空間隔」，在相對論中是不變量。要了解時空間隔，我們必須先了解時空的概念，儘管「時空」和「空間—時間連續體」聽起來好像什麼很神秘的東西，但基本想法其實是很容易懂的。

要了解時空的概念，我們從思考一個典型的二維笛卡兒坐標開始，如圖

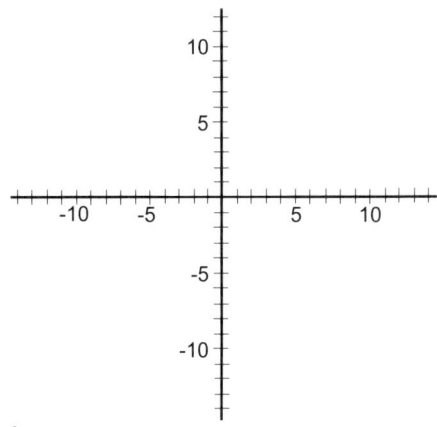

圖 23.4 典型的笛卡兒坐標系

23.4 所示，我們通常（但並非總是）結合水平軸和垂直軸來表達空間中的位置。例如，假設我們把 (0,0) 當做足球場的中心，且把單位設定為公尺，那麼 (8,11) 這樣的點表達的是一個點，這個位置從邊線的方向來算，離球場中心八公尺，然後從其中一個球門的方向來計算，離球場中心十一公尺。

接著，假設我們再次讓水平軸代表空間中的位置，該軸線再次代表足球邊線方向的距離。但這次垂直軸不再代表另一個空間維度，而是代表時間。假設有個人在球場中央，並從時間 0 開始朝著邊線走，每秒兩公尺，也就是 (0,0)、(2,1)、(4,2)、(6,3)……，以每秒的間隔呈現該個體在空間和時間裡的位置。也就是 (0,0) 代表了個體在時間 0 單位時位在點 0，(2,1) 代表該個體在時間 1 單位時位在點 2，時間 2 單位時位在點 4，以此類推。

實際上，時空的概念也就是這樣了，這只是一種同時呈現空間和時間的方式。我們剛才描述的，只有一個空間維度和時間的狀態，就是一個二維時空。包含三個空間維度和時間的，則形成了四維時空，任何一個時空當中的點都可以被呈現為一個四元（x,y,z,t），其中 x、y、z 代表三個空間維度，t 則代表時間。

現在我們知道如何掌握時空的概念，接著我們繼續看時空間隔的概念。再想

想圖 23.1 中莎拉和喬的情況。我們很輕易就能想像一個喬的觀點的坐標系。比如說，我們也許可以以喬的第一個時鐘中心做為座標系的空間組成起點，然後把喬第一個時鐘讀出 0.00 的瞬間設為時間 0，這樣一來，我們便可說喬的第一個時鐘讀出 0.00 這事件發生在時空坐標 (0,0,0,0)。假設我們將 x 軸當作行進方向，把座標系的空間單位設為公里，然後一如往常地假設（從喬的觀點來說）喬的兩個時鐘是同步的，那我們可以說喬的第二個時鐘讀出 0.00 這個事件發生在時空軸 (1000,0,0,0)。

接下來，想想下面兩個事件之間的時空間隔，分別是喬的第一個鐘讀出 0.00 這事件，以及喬的第二個鐘讀出 0.00 這事件之間的時空間隔。我們可以看出 X 軸的空間間隔是 1000，y 軸和 z 軸的空間間隔是 0，而時間間隔是 0。如果我們讓 · △x、△y、△z 代表兩個事件在 x、y、z 軸上的空間間隔，△t 代表兩個事件之間的時間間隔，那麼這兩個事件之間的時空間隔 s 就可以由下面的方程式得出：

$$s^2 = c^2 \Delta t^2 - \Delta x^2 - \Delta y^2 - \Delta z^2$$

所以在這個案例中，兩個事件之間的時空間隔是 $\sqrt{c^2 0^2 - 1000^2 - 0^2 - 0^2}$。（順帶一提，在這案例中結果會是一個虛數，也就是一個牽涉到 -1 開根號的數字。虛數並不像自然數或有理數那樣廣為人知，但虛數是一種在數學中已充分被了解且廣泛運用的數字。）

某種意義上，時空間隔是一種事件之間的「距離」。不是空間中兩個事件分開的距離，也不是時間上前後的距離，而是使用一種同時涉及空間和時間的「距離」。

如上所述，時空間隔在相對論中是一個不可變性質。為了說明這點，我們把莎拉也拉進來。前面看到，我們可以明確指出一個喬的觀點的時空坐標系，所以我們當然也可以做出一個莎拉觀點的時空坐標系。為了方便起見（我們不需這樣

做,但可以讓討論簡化),我們假設莎拉的坐標系起點和喬一樣。要注意到,從喬的觀點來看,和莎拉有關的坐標系是運動中的座標系,既然坐標系在運動,我們從先前的討論中知道,時間、距離和同步性都會受到影響。

舉例來說,前面我們看到在喬的坐標系裡,他的第一個時鐘讀出 0.00 這個事件,以及他第二個時鐘讀出 0.00 的事件,分別發生在 (0,0,0,0) 和 (1000,0,0,0)。但在莎拉的坐標系中,這些事件不會發生在分隔一千公里的兩地,也不會同步發生。概括來說,在莎拉和喬的坐標系裡,事件不會發生在同樣的坐標點上。

然而,這其中有個直接的等式,被稱做勞侖茲轉換式,可以讓人把座標從一個靜止的時空坐標系,轉換成一個行動中的時空坐標系。(內文中不會提出這個等式,但如果你有興趣,可以在本書附註的章節筆記中找到。在這裡,一如在本章其他部分,我們假設兩個坐標系均以等速沿著直線坐相對運動。)當喬的坐標系裡的 (0,0,0,0) 和 (1000,0,0,0) 利用勞侖茲轉換式轉換成莎拉坐標系裡的對應座標時,就會分別變成 (0,0,0,0) 和 (1250,0,0,-0.0025)。

若用這個方程式,計算莎拉坐標系裡兩個事件之間的時空間隔 s,我們計算出來的數值會和喬的坐標系裡一樣。整體來說,在以等速沿著直線做相對運動的坐標系裡,任何事件之間的時空間隔都會一致。所以儘管事件之間的空間間隔,和時間間隔在不同的坐標系裡會不一樣,但時空間隔不會。這個例子只是為了說明,時空間隔是相對論中一個不變的性質。

在這一節裡我們領略了時空的概念,也看到一個更重要的、與時空相關的不變性質,也就是時空間隔。本節最後一個要點,要提一下這個「幾何學」方法,也就是把觀點看作一種彼此連動相關的四維時空坐標系,並使用勞侖茲轉換式將一個坐標系轉換成另一個,這是處理相對論的一種普遍方式。出於眾多理由,這種幾何學途徑提供了一種方便描繪相對論問題的方法。當然,在這個幾何學方法中,也可以找到前面討論過的相對論效應,也就是時間膨脹、長度收縮,以及相對同時。

結語

在本章，我們看到了愛因斯坦的狹義相對論，也看到這個理論對我們關於空間、時間和同步性的常識信念，有著非凡的含意。藉著愛因斯坦的狹義相對論，我們看到一些長久以來、被絕大多數人當做明顯經驗事實的信念，最後證明是錯的。藉由這個方法，相對論迫使我們重新思考這些抱持已久的信念。在下一章，我們會簡略看過廣義相對論，並注意到這也同樣對我們的日常觀點，帶來有意義的衝擊，尤其是對那些關於重力本質的日常觀點。

第二十四章
廣義相對論

1907 至 1916 年間，愛因斯坦花了大量時間與心力，發展出廣義相對論。前面提到，廣義相對論比狹義相對論要複雜得多。本章的主要目標是對廣義相對論的主要面貌獲得一些感覺，並看看這個理論的一些主要暗示。我們將先從廣義相對論的基本原理看起。

基本原理

上一章我們看到，狹義相對論奠基於兩個基本原理：相對性原理和光速不變原理。重要的是，廣義相對論同樣也奠基在兩個基本原理上，這兩個原理一般稱做*廣義協變原理*和*等效原理*。

通常可以總結廣義協變原理的敘述是：物理定律在所有參考坐標都是一樣的。想要簡單解釋這原理，我們可以和上一章的相對性原理做比較。回想一下，相對原理指出，如果兩個實驗室都在同一條直線上做等速運動的話，那麼在其中一個實驗室得到的任何一種實驗結果，都會和另一個實驗室相同。以圖 23.1 為例，如果莎拉和喬的差異只在於他們都在同一直線上，彼此各以不變的速度運動，那麼他們進行同樣的實驗都會得到同樣的結果。

在狹義相對論那一章中，我企圖說明「觀點」，因此先描述一個從喬觀看，然後從莎拉觀看的狀況，這樣的觀點通常稱做「參考系」。像莎拉和喬這樣只涉及等速直線運動的參考系，被稱做*慣性參考系*（或慣性系）。使用慣性參考系的概念後，相對性原理可以更簡便地說成，在所有慣性參考系中，同樣的實驗會

有同樣的結果；或者換種說法，物理定律在慣性參考系中都是一樣的。的確，相對性原理通常就只是這樣被描述。

要注意到，透過這樣的改述，我們可以看出，廣義協變原理是相對性原理的普遍化版本（事實上，儘管這個原理現在通常稱做廣義協變原理，愛因斯坦自己則習慣稱它為「廣義相對性原理」）。相對性原理說，本質上物理定律在所有慣性參考系中都一樣；廣義協變原理則說，不管參考系怎麼相對於彼此移動，物理定律在任何參考系中都是一樣的。這正是廣義相對論之所以成為廣義理論的意義，當狹義相對論只有在特殊情況下才符合的時候——尤其是限定在慣性參考系時——廣義相對論移除了這個限制，而能符合所有的參考系。

我們繼續看另一個廣義相對論的基本原理，也就是等效原理。這個原理指出，來自加速度的效果，和來自重力的效果，是無法區分的。恐怕沒有比底下從愛因斯坦借來的常見例子，更適合說明這原理的了。

假設你在一個大小形狀和電梯一樣的封閉房間裡，而你沒有辦法看到屋外的景象。在第一個情形中，這個「電梯」位於地表上（而你不知道），你會感覺到地球重力場的效應，那麼你會感覺到什麼效應呢？最明顯地，你會察覺到像是被拉向電梯地板感覺之類的效應，你也會察覺到掉落的物體以 9.8 m/s^2 的加速度朝向地板運動。

現在想像（你依舊不知道）你和電梯在差不多全空的太空中（因此沒有受到任何重力場大幅影響），而電梯正以 9.8 m/s^2 的加速度「向上」運動（也就是沿著從地板往天花板的那條直線方向）。這個加速度讓你感受到的效應會如何？你同樣會查覺到被「拉」向電梯地板，你也會察覺到掉落的物體以 9.8 m/s^2 的加速度朝向地板加速前進。

此處要注意的關鍵點是，第一個案例由重力造成的效應，和第二個由加速度造成的效應，兩者是無法區分的。加速度產生的效應和重力產生的效應之間有密切關係，是從牛頓以來就被察覺到的。即便如此，在牛頓物理學中兩者還是被當

成分開的現象，兩者之間的密切關係基本上是一致的。但在廣義相對論中，等效原理指出本質上這兩種效應沒有什麼不同——彼此無法區分。

總而言之，廣義相對論就如狹義相對論一般，也是基於兩個重要基本原理的理論。記住這一點，我們將繼續概略討論廣義相對論的核心方程式，並看看這理論的一些確證證據。

愛因斯坦場方程式和廣義相對論的預測

前面提到，廣義相對論是基於廣義協變原理和等效原理。上一章我們看到，狹義相對論同樣基於兩個基本原理。在那一章，我們看到伴隨這兩個基本原理的數學「圖像」，牽涉到長度、時間和同步性的驚人效應。伴隨這兩個基本原理的數學想像，並沒有很難理解（在那一章，我們並沒有實際從基本原理，導出長度、時間和同步性的效應，但我提到推導的過程，只需高中代數就可完成，雖然推導過程並非普通小事，但也沒有特別困難）。

然而廣義相對論的情況就完全不同了。儘管廣義相對論的兩個原理並不難敘述，但要制訂可以遵守這些原理的數學方程式卻是相當困難。愛因斯坦在這些問題上努力了好幾年，許多初期的結果，後來都必須收回或徹底修正。簡而言之，這兩個基本原理所要求的數學架構，花了很大一番工夫才完成的。且方程式本身其實相當複雜，並不像狹義相對論的方程式那樣簡單。

然而到了 1916 年，愛因斯坦完成了他的方程式，並在 1916 年以〈廣義相對論基礎〉的論文發表。這些方程式現在被稱做愛因斯坦場方程式，也是廣義相對論的數學核心。基本的想法是，這些方程式的解，指出了空間、時間和物質怎麼互相影響。舉例來說，其中有個解顯示，空間和時間被像太陽那樣的物體所影響。另一個解則顯示，空間和時間會受到巨大恆星崩塌形成的超高密度的殘骸所影響（舉例來說，對所謂黑洞——巨大質量的恆星崩塌後所剩的殘骸——

在空間和時間的影響，在愛因斯坦場方程式中就有解答）。

　　就如狹義相對論，廣義相對論也做出一些獨特的預測，我將會簡單提及一小部分，然後多花一些篇幅，在另一個廣義相對論的結果上，也就是時空彎曲。

　　在第八章開頭，我們簡略討論過一個事實，那就是有幾十年的時間，人們觀測到水星軌道的某種奇怪現象。回想一下橢圓形的行星軌道，這和牛頓所做的預測一致，但再想像一下水星軌道最接近太陽的那一點。那點叫做*近日點*，但在19世紀中期至晚期的那幾十年中，科學家卻發現水星每繞一圈，近日點就會稍微變動，累積下來，水星的近日點本身也以非常緩慢的速度繞著太陽轉。每年水星近日點移動的量都非常小，但仍是可測量的。而且這更不是從牛頓詮釋的行星運動中所能預測的結果。然而，愛因斯坦1916年發表的論文中，他用自己的方程式預測了水星近日點每年都會向前，且他的廣義相對論所預測的量，就是被觀測到的量。這就是廣義相對論一個合理且直接的例子，也就是第四章討論過的確證證據。

　　同樣地，1916年愛因斯坦的論文也提出，如果廣義相對論正確，那麼從一個強大重力場離開的光，其波長應該會往光譜紅色那端偏移。這個效應就是所謂的*重力紅移*。既然恆星有強大的重力場，那麼一道要離開好比太陽恆星的光，也應該會出現紅移現象。廣義相對論預測的紅移並不容易測試，但在已經進行的實驗中，觀測到的紅移的確符合廣義相對論的預測，再次為該理論提供了確證證據。就算光是從質量較小的天體離開，比如說從地球離開，光也同樣會出現紅移現象，儘管預測的效應非常小，但同樣被測量到了，這也相當符合廣義相對論的預測。

　　在上一章討論狹義相對論的時候，我們看到運動會影響空間和時間，在廣義相對論中，運動同樣會對空間和時間產生類似的效應。此外，重力（或等同的加速或減速效應）也會影響空間和時間。舉例來說，在一個有強大重力場，或者等同地，在一個加速參考系中，時間會過得比較慢。不過，和狹義相對論不同之處在於，這些效應在某個意義上是不對稱的。舉例來說，假設喬在地球表面上，而

莎拉在太空任務中以高速離開地球。假設她加速了一段時間，然後在抵達目的地時減速，轉向之後，為了返回地球她又再次加速，最後在快抵達地球時又減速。在她的旅程中，她會經歷到加速度和減速度的效應，而這些喬都不會體驗到。在這樣的情況下，廣義相對論預測莎拉會比喬經過較短的時間，而莎拉和喬都會同意這一點。

靠著我們現有極為精準的計時設備，這種時間效應已經不難測量到，廣義相對論預測的效果也已經充分地被證實了。即便是一棟高樓的樓頂和一樓之間這麼小的重力差異，根據廣義相對論，經過頂樓和一樓瞬間的速度變化率，也應該會產生極小（真的非常小）的差異。結果正如廣義相對論所預測，即便是這麼小的差異也都被測量到了。簡而言之，廣義相對論有著無數的確證證據案例。

第四章開頭曾提過，1919 年日食期間觀測到的星光彎曲，提供廣義相對論第一個確證證據。這個觀測帶領我們進入廣義相對論另一個更有趣的層面，也就是時空彎曲。這個值得慢慢來談。

要概略了解廣義相對論預測的時空彎曲，也許可先舉一個和相對論沒什麼關連，但仍可加以對照的方便例子。假設把一個條狀磁鐵放一張紙上，接著我們將鐵屑灑在紙上搖動一下。在這種情況下，鐵屑將會排列成特殊的模式，反映出環繞磁鐵的磁場，這個磁場通常會像圖 24.1 所描繪的那樣。圖中的線條通常稱作場線，這個圖例表現出磁場的力量和方向。舉例來說，當磁場較強時，場線就會彼此靠近；反之，場線則會彼此遠離。（圖 24.1 為了表達方便，比大多數場線示意圖要簡略。這種示意圖應包括更詳細的場線，與用箭頭表示出力量的方向）。現要注意此示意圖的一個重要特色，場線指出的力量既然存在於空間中，可想而知也存在於時間中。亦即場線指出了在一個磁鐵周圍的特定空間範圍內，一顆鐵屑會受到磁力影響，且可能會透過空間和時間，傾向於某種特殊運動。簡單來說，空間和時間為這種場線提供了背景，或者換句話說，這樣的場線顯然存在於空間和時間中。

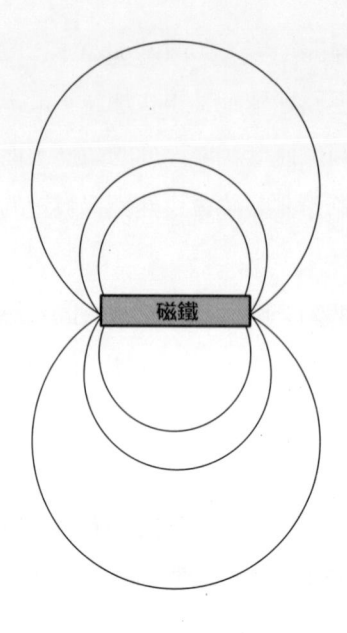

圖 24.1 磁力場線

　　現在想想圖 24.2，這種討論廣義相對論時常會看到的示意圖。在此示意圖的表面上，場線的排列看起來就像圖 24.1 裡的場線。但有一個關鍵的不同：這些場線並非呈現一種在時間和空間*中*的場，而是場線本身就呈現了時空的彎曲。（順帶一提，如我們前一章所見，時空是牽涉一般三維空間，與一個時間維度的四維連續區。像圖 24.2 這樣的模型通常呈現了四維時空的二維「切片」。）

　　根據廣義相對論，大質量物體的存在導致了時空彎曲。示意圖 24.2 裡的場線，代表了當太陽這類天體存在時造成的時空彎曲。在這種示意圖中，如果物體沿著這些「切片」的表面行進，那麼兩個點之間最短的路徑就會是曲線（這樣最短的途徑就叫做*測地線*）。既然光會走最近的路徑，那麼光行經太陽之類的大質量物體時，便會遵循看起來是曲線的路徑。簡而言之，如果廣義相對論是正確的，像太陽那樣的大質量物體會導致時空彎曲，我們就應該可以觀察到星光在行經太陽之類天體附近時的彎曲現象。

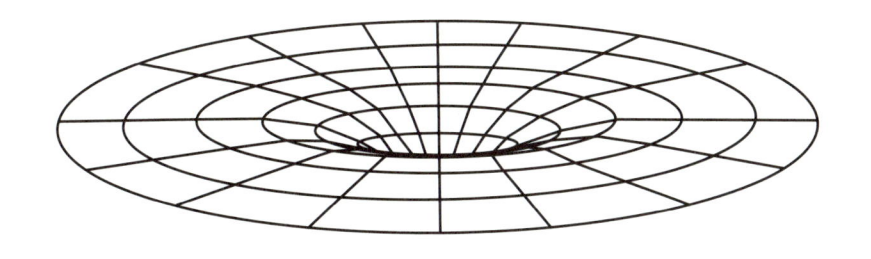

圖 24.2 廣義相對論中的典型場線

愛因斯坦 1916 年的論文中，提出了星光接近太陽時預期要彎曲的程度。正如第四章討論過的，1919 年日食期間觀測到的星光彎曲，極度符合愛因斯坦的預測，再次為廣義相對論提供了確證證據。

總而言之，廣義相對論做出不少不尋常的預測，其中最知名的就是前面討論的那幾項。觀測結果也支持這些預測，整體來說，廣義相對論已廣泛地視為充分被證實的理論。

哲學反思：廣義相對論和重力

在結束本章之前，最後一個和廣義相對論緊密相關的議題，值得拿出來討論，也就是這理論所提供的重力來由。說重力來由是個和廣義相對論緊密相關的問題好像還有點輕描淡寫，因為，廣義相對論基本上被解釋成一種重力理論。

從前面的討論可以看到，光線會沿最短的路徑行進。在廣義相對論中，不受任何力量影響的物體，也會走最短的路徑，也就是，會依測地線行進。重要的是——這就是該理論和牛頓觀點中對重力想法的一大關鍵差異——行星並不是因為任何吸引力而如此運動。舉例來說，火星並非因為和太陽間相互的吸引力（某種重力）而以橢圓形軌道繞行太陽。火星就像其他運動體一樣，是做直線運動。

但在彎曲的空間中,「直線」就是測地線。就像我們看過的,根據廣義相對論,像太陽這樣的天體會造成時空彎曲,且根據廣義相對論方程式,這彎曲就是火星該走的測地線,而會成為繞行太陽的橢圓線。換句話說,在廣義相對論中,太陽和火星間並沒有吸引「力」。火星只是走直線,但因為時空彎曲,這條「直線」看起來像是繞行太陽的橢圓形。

要注意,廣義相對論處理重力的方式,和牛頓科學處理重力的方式完全不同。在牛頓式的構想中,重力被看做物體間的吸引力。我們在第二十章的結尾看到,如果以實在主義態度來看待,這樣的力好像成了一種遠距作用的例子。同樣在第二十章我們也討論過,對牛頓來說提出遠距作用會造成困擾,因此他決定以工具主義的態度面對重力。

儘管牛頓自己這樣主張,但在牛頓世界觀中長大的多數人,仍傾向以實在主義者的態度面對重力。用一個前面的例子,如果我落下一隻筆,問說「筆為什麼掉下去?」標準回答是「因為重力的作用」。如果問說這個力是不是真的?通常的回答是「當然是」,也就是人們大半傾向認定重力是兩個物體間真正存在的吸引力。簡單來說,在牛頓觀點中,重力一般都以實在主義的態度被處理。

但現在要注意到,以廣義相對論處理重力的一個有趣結果。前面提到,廣義相對論是充分被驗證過的理論,如果我們以實在主義的態度看待廣義相對論,基本上,這就迫使我們採取工具主義的態度,面對牛頓的重力概念;也就是說,如果物體朝著地球掉落,或是行星以橢圓形軌道繞行太陽,都是因為時空彎曲,而不是物體間所謂的吸引力的話,那麼把重力說成吸引力就頂多是一種方便,而非正確的說法。

總而言之,廣義相對論是充分被確認的理論。特別是在預測和解釋上(如水星的近日點變化,或是星光的彎曲等等),廣義相對論都比牛頓的理論表現得更好。牛頓理論仍然是非常有用的理論,但若思考哪一個理論在說明已知資料上比較正確,相對論無疑是比較突出的。

以此作結，如果我們對物理理論傾向採取實在主義者態度，那我們應該要以實在主義看待相對論，並以工具主義看待牛頓理論（畢竟牛頓物理依然好用，雖然嚴格來說並非正確的構想）。但要注意到，這迫使我們得用工具主義者的態度面對重力為吸引力的概念——也就是說，廣義相對論迫使我們重新評價多數人認為理所當然的態度（把重力當成吸引力的實在主義者概念）。簡單來說，廣義相對論及狹義相對論，讓我們重新思考一些普遍認定的觀點。

結語

在本章及上一章中，我們看到狹義和廣義相對論挑戰了多數人長久抱持、當做基本常識的信念，包括關於長度、時間間隔以及同步性的信念，以及關於重力本質的普遍信念。尤其是重力，廣義相對論迫使我們採取工具主義者的態度面對「重力為吸引力」這種普遍概念。

回想一下在 17 世紀，新發現迫使人們改變對世界的慣常觀點，如今我們同樣也正面對著新發現迫使我們重新評估關於世界的一些普遍信念。在最後一章，我們將回頭討論愛因斯坦的相對論對牛頓世界觀有什麼樣的含意。不過現在，我們先來繼續探索 21 世紀物理學另一個重要分支，量子理論。

第二十五章
量子理論的經驗事實與數學概觀

上一章我們探討了狹義和廣義相對論，也看到這些理論在空間、時間以及重力本質上的重要含意。本章我們繼續探討另一個現代物理的重要分支——量子理論。我們很快就會看到，近年來量子理論的發現同樣具有其重要意義。

量子理論是個不易掌握的主題，因此想得到正確的概念必須小心應對。我們的策略是先解釋：(a) 與「量子本質」相關的經驗事實，(b) 量子理論本身，以及 (c) 詮釋量子理論的相關議題。在釐清這三個議題後，本章接下來的部分與下一章，就要更仔細地探討它們。

事實、理論和詮釋

前面提到，在非技術性的量子理論討論中，至少有三個問題必須先釐清，分別是 (a) 量子事實，也就是與「量子實體」有關的經驗事實；(b) 量子理論本身，我指的是量子理論的數學核心；以及 (c) 量子理論的詮釋，牽涉到「哪種實體會導致量子事實，且它可與量子理論本身相符」的這個哲學問題。

不幸的是，一般來說量子理論的非技術討論，往往把這些問題混為一談。舉例來說，一種常看到的主張認為，量子理論呈現出西方科學和某些東方哲學在同一個宇宙觀中融合。但這是錯誤的，至少是嚴重誤導。有些量子理論的詮釋提出這樣的融合，但是理論的詮釋及理論本身必須保持分離。另外，也是常見到的一些主張，認為量子理論說明了宇宙持續分裂成多重平行宇宙。但同樣地，雖然某些量子理論的詮釋這麼主張的，但量子理論本身並沒有。

量子理論的相關議題被公認是複雜的。但如果我們緩慢而小心地探討該主題,便可以得到一個好的,更重要的是一個合理正確的量子理論,及相關議題的概要。我們第一步將簡短描述上述三個議題之間的區別。

量子事實

說到量子事實,我指的只是和量子實體有關的經驗事實。這樣的事實包括電子、中子、質子和其他次原子粒子的相關實驗,所得出的結果;或是和光子(也就是光「單位」)相關的實驗;或是放射性衰變所放出的粒子(例如 α 粒子或 β 粒子)的相關實驗等等。

我們接下來會看到,雖然事實很出人意料,但沒有什麼爭議,並沒有誰不同意這些事實。較大的爭議往往跟如何詮釋這些事實(舉例來說,哪種實體可以產生這樣不尋常的事實),但和詮釋有關的議題必須和量子事實本身分開才可以。

值得一提的是,對於什麼才算是量子實體,我倒是刻意保持模糊。上面提到的實體——電子、質子等亞原子粒子,光子,還有放射性衰變粒子——都是明確的量子實體。所以在接下來大部分的討論中,我們討論的量子就是關於這些實體的事實。但要記住所有的物體——你、我、我們的桌椅等等——都是這些小實體所構成的,一般大小的物體能不能看作是量子實體,就是某些爭議的關鍵點。因此,接下來我會把重點放在不具爭議的量子實體之事實上,比如說上述那些粒子。

量子理論本身

量子理論,就像牛頓和其他人從 17 世紀以來的物理成果一樣,是奠基於數學的理論。因此,當我說到「量子理論本身」時,基本上是量子理論核心的數學。量子理論關鍵的數學是在 1920 年代晚期發現的,它所使用的數學和其他物理分

支所使用的數學差不多。最值得注意的是，量子理論的數學是為了預測，並解釋上述量子事實而使用的。

最後提一個重點：量子理論的數學十分成功。量子理論的數學七十年來大致上沒什麼變化，卻沒做過不正確的預測。若以預測和解釋力來看，量子理論可說是我們曾經有過最成功的理論。

量子理論的詮釋

量子理論的詮釋，基本上是一種集中於現實本質的哲學主題。量子理論的各種詮釋聚焦於「哪種實體能夠同時符合量子事實和量子理論」這問題。也就是，量子事實可想而知是某種「就在那兒」的實體所導致的結果。有鑑於量子理論的數學在預測和解釋事實上如此成功，認為這種數學某方面已接觸到實體的基礎，好像也滿合理的。因此，詮釋問題的核心在於怎麼樣的「實體」，可以符合量子理論的已知事實和數學模型，而製造出這些事實。

接下來幾節中，我們將更仔細探討這些事實、數學和各種量子理論的詮釋。如前所述，這些問題很容易混在一起，而讓人們對量子理論相關問題以及量子理論潛在的含意，產生嚴重的困惑和誤解。接下來，我全心全意鼓勵你把量子事實、量子理論本身和量子理論的詮釋，三者劃清界線。

某些量子事實

本節我們會看到電子、光子等量子實體的相關實驗，所得到的合理直接經驗結果。下述的實驗或者類似的實驗，普遍可被拿來說明量子事實的怪異之處。這些實驗往往涉及電子和光子，電子是原子的組成成分，且可輕易由電子槍製造。舉例來說，舊型電視（不是平板電視）後頭就有電子槍，藉著將電子槍製造出的

電子，導引到螢幕適當位置，就可以產生電視畫面。光子則是光的「單位」，則可以藉著任何方式製造出來，像是手電筒。

為了方便起見，我會先從只思考量子事實，或僅思考實驗結果中跳開，暫時進入一個實體的討論。這會讓我們稍微進入詮釋問題，但接下來一連串的討論會變得更簡單，之後將很快回去再直接思考事實本身。

| 稍微離題進入實體問題 |

等下就會看到，一些有關量子實體的實驗結果與量子本質最一致的觀點是波的觀點，但有些實驗結果所顯示出的量子本質則是粒子觀點。讓我們來思考一下實體問題：電子、光子等實際上到底是粒子，還是波呢？

首先，先思考一下波和粒子幾個截然不同的事實。首先想想粒子，一顆棒球是個好例子。粒子是分離的物體，在時空中有一個相當明確的位置，粒子彼此以典型的方式彼此交互作用，舉例來說，彼此彈開或是分裂成更小的粒子。

然而，波則該看成是一種現象，而不是分離的物體。波可以擴散到相當遠的範圍，而不會限制在時空中一個相對小而明確的位置。舉例來說，海邊的波浪，就沒有限定在哪一個特定的位置，而是擴散到更大的範圍。此外，波彼此交互作用的方式和粒子相當不同，兩個波有時彼此作用後，形成更大的波，有時交互作用後，彼此互相消除；有時候兩個波會通過彼此，在交互作用中卻不產生任何變化。

按照粒子和波不同的本質，這兩者會產生非常不同的實驗效果。因此似乎可以認為，分辨電子是粒子還是波應該很簡單。比如說，假設我們使用一個可以提供穩定粒子串的工具，比如說漆彈槍（這是一種會發射小粒漆彈的槍，漆可以標示出子彈打中的位置），然後對兩扇開著的小窗射出一連串穩定的漆彈。如果我們問說「我們預期會有什麼模式的著彈分布？」答案很簡單，多數漆彈會打在窗戶所在的牆上，而那些穿過窗戶的漆彈則會在窗後的牆壁上累積彈痕。也就是

說，我們可以預期，後面那面牆上的著彈模式，符合窗戶所在的位置。

　　同樣地，先假設電子是粒子，我們對著一個有兩個細小縫隙的屏壁，射出成千上萬的電子，而在屏壁另一側放上一張相紙。就像我們對兩道窗射出漆彈一樣，如果電子是粒子，那麼多數電子會打在屏壁上，而那些穿過去的電子就會打在後面的相紙上。因此我們可以預期，有上千個個別粒子的彈痕，會累積並記錄在相紙上對應著兩道縫隙的地方。（順帶一提，相紙不會直接記錄電子，但如果前面配上被電子打中就會發出光芒的螢幕，相紙就會是一個很好的電子偵測器。為了簡化討論，我們接下來還是說相紙本身能記錄電子。）

　　情況看起來會如圖 25.1。但重要的是，千萬別忘了這張圖其實遠遠超過事實。既然我們無法在電子和某種測量儀器（比如相紙）交互作用前，就偵測到或是觀測到電子，對在電子槍和相紙之間電子的描述，就是一個詮釋，而絕不是一種直接的經驗事實。這只是想像如果電子是粒子，實體應該是什麼樣子的圖像或詮釋。記住這一點，圖 25.1 只是這種情節下的圖示。

　　注意到電子在相紙上所堆積起來的模式。如果電子是粒子，這就是我們預期該有的模式，此種堆積模式稱做「粒子效應」。

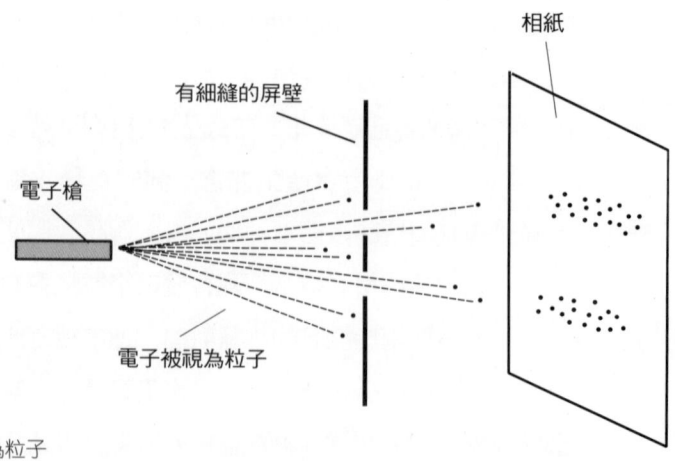

圖 25.1　電子為粒子

現在反過來假設電子是波，我們一樣讓電子經過同樣的設備，包括兩道狹小縫隙跟一張相紙。在這個情況下，這兩道縫隙會將波分成兩道，然後這兩道波接著會彼此作用，結果會是一個典型因兩道波交互作用所產生的干涉圖案。在這一個案例中，我們期待波的交互作用在相紙上產生亮暗交替的帶狀條紋，其中亮暗帶分別代表波互相增強及抵消的區塊。這樣的干涉模式已廣為人知，17世紀頭幾十年就已經開始研究了。

所以如果電子是波，這個雙縫裝備就應該會產生一種如圖 25.2 顯示的效應。我再次強調，這樣的波不可能直接觀測到，所以這張圖也只是對於實體可能樣貌的一種詮釋。記住這一點，圖 25.2 是所謂的「波效應」，是假設電子為波的情況下預期發生的結果。

簡單來說，如果電子是粒子，應該會產生粒子效應的結果；如果電子是波，則會產生完全不一樣的波效應的結果。圖 25.3 將粒子效應和波效應並陳。

接著，我們繼續描述幾種關於電子的實驗。此時我們將離開詮釋／實體的問題，只描述事實。亦即，在本章接下來的部分，我們會描述一些涉及量子實體的實驗設定，並描述這些實驗的結果。

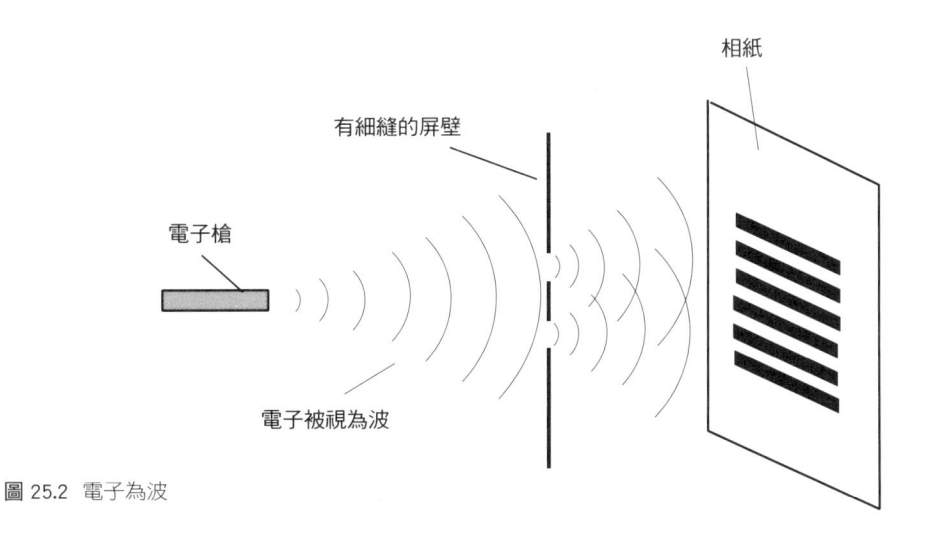

圖 25.2 電子為波

粒子效應　　　　波效應

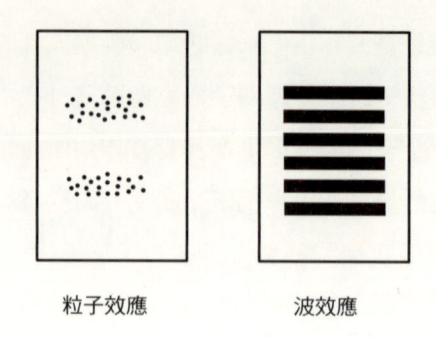

圖 25.3　粒子效應和波效應

| 四個實驗 |

接下來要描述的實驗是相當標準的範例，廣泛用來說明量子事實一些難解的特色。第一個實驗在前面圖 25.1 和 25.2 描繪過，即我們用電子槍對著一個有兩道狹縫的屏障射出電子，然後用相紙記錄結果。

依照這樣的實驗設計，結果做出來的顯然是波效應。也就是說，相紙上出現明暗交替的條紋。再次注意這其中的意義，這是一個直接的量子事實，我們描述的僅僅是一個直接觀察到的結果：如果設計一套前述簡易的雙狹縫裝置，結果相紙上出現的是明暗交替的條紋。

在實驗二中，我們稍微調整了第一個實驗。假設我們有一套跟第一個實驗一樣的設備，但我們加入了被動的電子偵測器來監視每一道縫隙。也就是說，我們在上面那道縫隙背後裝上一個電子偵測器，稱做偵測器 A，任何電子通過上面的縫隙就會被記錄下來。在另一道縫隙旁我們也裝上第二個偵測器，稱做偵測器 B，監視下面那道縫。那麼，這套裝備看起來就會像圖 25.4。

加入偵測器背後的想法是這樣的：如果電子是波的話，那麼波應該同步經過兩道縫隙，因此兩個偵測器總是會同時啟動，永遠不會只有任一個偵測器單獨啟

動的情況發生。但如果電子是粒子的話，每個粒子頂多只能穿過其中一條縫，因此一次只有一個偵測器顯示電子的存在，而永遠不可能同步啟動。

回想一下，在實驗一中，結果很明顯是一個波效應。實驗二除了多了偵測器之外，和實驗一完全一樣。既然偵測器是被動的偵測器，也就是說它們不會干涉電子，而只是提示有沒有電子經過，那我們一開始也應該會預期實驗也會得出波效應的結果。然而，這次實驗的結果很明確指向粒子效應，因為一次只有一個偵測器啟動，兩個偵測器從來沒有在兩道狹縫同步偵測到電子。這彷彿在說，當偵測器存在時，電子會表現得像粒子一樣。

此外，假設我們把電子偵測器連上一個開關──比如說像燈的那種開關，可以任意把偵測器打開或關上。那麼，只要把開關按到開或關，就可以在波效應和粒子效應之間切換。關的時候，我們會看到波效應；打開的時候，則會看到粒子效應。只要來回移動開關，我們便可以持續在兩者之間切換，不管多頻繁、多快速地切換，都沒問題。

結果十分出乎意料，因此很難想像這樣的偵測器，居然能大幅改變實驗結果。但這同樣只是量子本質相關實驗的一個事實──如果像實驗一這樣設計實

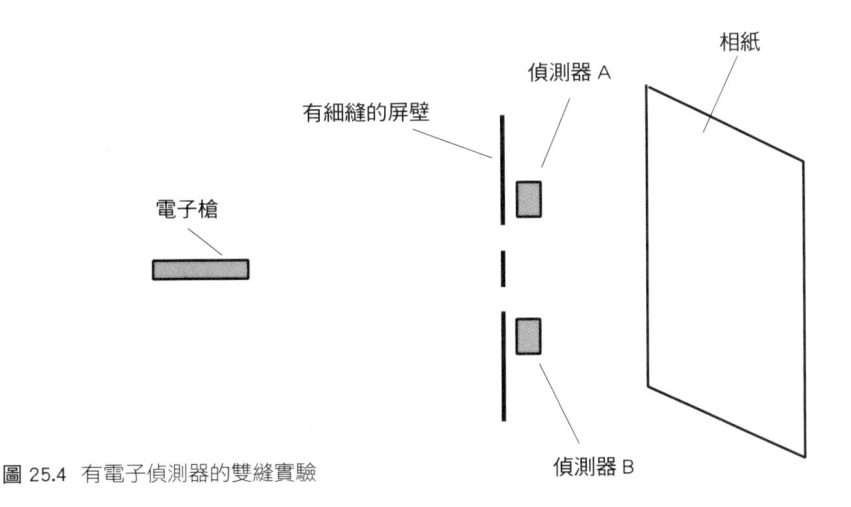

圖 25.4 有電子偵測器的雙縫實驗

驗,結果就是波效應;但若像實驗二那樣加入電子偵測器,結果就是粒子效應。藉著把偵測器打開或關上,就可以在波效應和粒子效應之間切換。

在實驗三中,我們將改用光子槍。光子槍是種可以射出光「單位」的設備。我們在實驗中設置一個分光鏡(基本上是個半鍍銀的鏡子)、一個光組合器(基本上就是一面雙向玻璃鏡)、兩面普通鏡子,還有一張記錄結果的相紙。我們同樣把兩個光子探測器放進設備裡,但在實驗三裡,我們把探測器關掉。總之,實驗設備看起來像圖 25.5 那樣。

這個實驗背後的想法是這樣:假設光子是波,光子槍朝向分光鏡放出波,會將波分成兩股。鏡子反射兩道波後在組合器上合併,然後將其導向相紙。既然波分為兩股,它們應該會互相干涉,並在相紙上產生波干涉圖案,也就是波效應。

另一方面,如果光子是粒子,那麼每一個光子將行經右/上路徑,或左/下路徑,由於沒有波的干涉,我們預期會出現粒子效應。

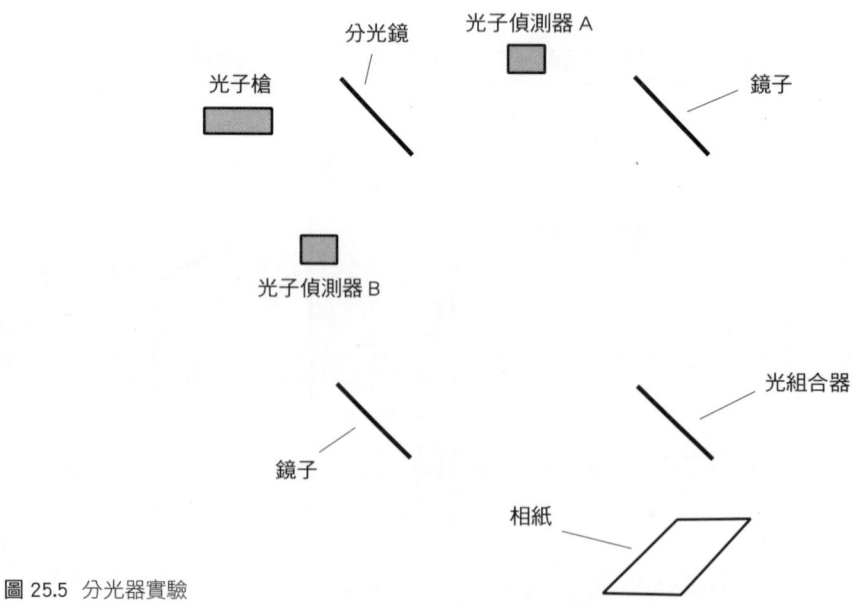

圖 25.5 分光器實驗

儘管我們在設備中裝入了光子偵測器，然而在實驗三中這些偵測器都關著而起不了作用。當我們進行這個實驗時，結果是清楚的波效應，就如光子是波一般。

在實驗四，我們使用和實驗三完全一樣的設備，除了這次把偵測器打開。此時你應該猜得到，的確，把偵測器打開便發生了怪事。這些偵測器如同在實驗二一樣，只扮演被動的角色。同樣地，如果光子是波，那麼如同前面實驗所主張的，我們可預期兩個偵測器會同時啟動。由於實驗三主張光子是波，那麼想必波會同步出現在兩個偵測器上。

然而，每次總是只有一個偵測器被啟動，若光子為粒子而不是波，這就是我們預期的情況。儘管這個實驗幾乎和上面那個實驗完全一樣，但卻是清楚的粒子效應。

就如同實驗二，可在偵測器上掛一個開關，只要把偵測器關上或打開，就可以任意在波效應和粒子效應之間切換。我們稍微想一下這有多怪，在實驗三中，我們只能在光子是波的情況下，得到這樣的結果；而在實驗四中，只有光子是粒子的情況下，才能得到這樣的結果。

這只是幾千種我們能想到的實驗的四個結果，但這四個就足以闡明量子實體的怪異之處。在結束這小節之前，讓我再提供兩個簡短的思考。

首先，這是個預測量子實體實驗的概略說明。當我們進行量子實體的偵測或測量時，偵測到的似乎是個粒子。但當它們沒被偵測或測量時，量子實體表現得好像是波一樣。因此我們必須要問，最初的測量或偵測是何時進行的。在實驗一中，最初的測量裝置是相紙。測量前，先把量子實體看做是波，直到實體抵達縫隙後面之前，我們都沒有進行偵測，因此我們預期會有典型波效應的干涉圖案。另一方面，在實驗二中，最初的測量是在有波干涉的機會之前，在偵測器進行的。其他的實驗也如此類推。

小心不要誤解我上面這段的要點，我不是說量子實體在偵測時真的是粒子，

而沒有偵測時真的是波。與之相反，我對實際發生的事情抱持不可知論，而只是提供預測這類實驗結果的簡略說明。在偵測時，把量子實體*看做*是粒子，在不偵測時*看作*是波，你就會獲得一種可預測出上述實驗結果的方法。

第二個相關思考，注意到涉及量子本質時，測量或偵測的行動似乎扮演著有趣的角色。舉例來說，上述實驗中的電子、光子偵測器，是測量電子或光子存在的測量裝置，這些裝置看似影響了我們看到的是波還是粒子效應。而這十分莫名難解，一個電子、光子或其他量子實體怎麼可能「知道」有沒有偵測器或是其他測量裝置在附近？在同一個問題上，什麼才真正算是一個測量？這些都是很困難的問題，也是一般稱做「測量問題」的一部分。我們會在本章更後面再回到這議題，現在我只想先介紹這些關於測量的議題，以及測量在量子理論中的有趣作用。

量子理論的數學概要

要一邊詳細呈現量子理論的數學，還同時保持其正確性及可被理解，以本書而言是困難到不可能。雖然不太可能在此解釋量子理論的數學細節，但要大略理解這些數學是什麼樣子，並維持正確易懂，倒是沒有特別困難。

我的策略是用兩種分別但重疊的方式來描述數學。我會先以一節來為量子理論的數學提供非常概括的描述，接著下一節仍會是概括且描述式的內容，但遠比前一節詳盡。若還想知道更多細節，本書附錄的章節摘要會有一節提供其內容。

量子理論數學的描述式概要

量子理論，究其根本是一種類似「波」類的數學，和類似粒子的數學有所區分，稍微描述一下波與粒子數學的不同也許有幫助。

在物理中,有「粒子」數學和「波」數學,只是想要表示說有某類數學適用在分立不連續物體(也就是「粒子」)的情況,而另一類數學適用在波的情況。舉例來說,如果從屋頂扔下一顆保齡球,涉及的物體就是分立物體(球)受各種力量(譬如重力)的影響,適用於這種情況的數學就是我所謂的粒子數學。

然而波和粒子不一樣(有些關鍵差異前面已討論過),因此適用於粒子的數學,並不適用於涉及波的情況。然而確實有能處理波的可靠數學,在物理學中,波數學就像粒子數學一般,能讓我們預測在一個系統中可以測量到什麼(舉例來說,一個波攜帶的能量值),以及一個系統會如何隨時間發展(比如說,未來的時間裡波峰會在什麼位置。)

前面提到,量子理論是類似波的數學,不過這並沒有什麼不尋常。物理中到處都是波數學,因此物理學家對於量子力學這樣的數學版本非常熟悉。

結束本節之前,我想提一個很普遍的問題,這問題也為這個非常簡略的量子理論數學概述,做了一個總結。總之,量子理論的數學是波那一類的數學,而量子理論數學使用的方式,和其他物理數學用法一樣,依照系統當時的狀況,我們可以使用量子理論數學,去預測可觀測到的數值,也可以預測這系統未來的狀態。

*然而問題是,如果量子理論的數學是物理學家所熟悉的波數學,為什麼我們通常聽說到的量子理論是那麼不尋常的理論?*從各種量子理論的相關文章,我們得到一個印象是,量子理論和過去的物理理論天差地遠。從某方面來看,我的確認為這個觀點是對的。例如,量子理論的相關問題迫使我們重新思考,我們自古希臘時代以來對世界的一些基本假設。但既然量子理論的數學是人們所熟悉的一種波數學,那麼量子理論到底是在哪方面和其他物理理論不同呢?

一個雖小但值得一提的差異為,量子理論數學通常提供的是機率預測,而非確切預測。舉例來說,當我們使用量子理論的數學,預測一個電子的位置,這套數學將提供我們偵測到電子在不同位置的或然率。這和當保齡球從屋頂落下,數

學會提供我們確切的預測截然不同。簡而言之,其他物理學分支傾向於確切(「這顆球會在這個位置偵測到」)的預測,量子理論的預測則通常是機率的(「在這個位置偵測到電子的或然率」)。

這只是量子理論和其他物理學分支之間相當小的差異,主要的差異在於關於數學詮釋的部分。既然與詮釋相關的問題是下一章的核心主題,我們在這裡就簡單說明。

第一個重點是,物理使用的數學說到底就只是數學,這種數學和世界沒有必然或天生的連結,這一點很容易被忽略,但若想了解量子理論在哪方面不尋常,這一點就是關鍵。想更了解這一點,我們舉個簡單的例子,比如說掉下來的保齡球。在預測球如何掉落的數學中,並不需將那一大串數學詮釋成掉落的物體。這裡用到的方程式就僅僅是一個方程式,只是一串數學,只是一堆符號組合在一起,然後根據數學定理運作。

事實上,是我們以一種特定的方法詮釋了那一大串數學(舉例來說,把數學詮釋為掉落的球),而這樣的詮釋既有用又有效(舉例來說,在預測上很有用)。此外,我們傾向用類似的方法,詮釋這一大串和球落下有關的數學(例如,大家都同意,方程式的這部分代表落下的球、那部分代表時間、那部分代表球的起始點等等)。簡單來說,對於這個方程式如何描述或「描繪」關於球落下的情況,有著普遍的認同。

在球落下的相關方程式中,事實上是我們同意那些「假裝我們在做詮釋」的詮釋。換句話說,我們的確在詮釋數學,且用同樣的方式詮釋它,就這樣詮釋了幾百年。結果是,我們傾向不想認清下面這件事:用數學預測世界,讓我們把數學詮釋成和世界有關。但說到底,我們把數學和世界「綁在一起」的方式,並不是數學*天生固有*的部分,而是對數學的一種*詮釋*。

前面我試圖讓你注意到,人們對怎麼把跟球掉落相關的數學,和世界綁在一起,是有普遍共識的(例如「方程式的這部分代表球」等等)。這正是它和量

子理論數學最大的不同之處,因為關於如何把量子理論的相關數學與世界綁在一起,科學家目前還沒有共識。

我必須小心以免被誤解。想想量子理論預測電子位置的例子。幾乎人人同意,這其中的數學和世界是相關的,至少普遍來說是這樣。譬如,多數人都同意有電子和測量儀器這些東西,然後電子會影響我們用來記錄電子位置的測量儀器;而量子理論的數學使我們能預測,在某些和電子相關的情況下,測量儀器會如何運作。所以在這個相當廣義的說法中,幾乎所有人都同意,量子理論的數學確實和電子及測量儀器等是相關的。

但如果有人想要超越這個普遍層次,量子理論數學所主張的現實面貌就會古怪至極。這面貌古怪在哪?在量子理論詮釋那一節會有更詳盡的探討,至於現在,我將簡單小結:這個現實面貌很怪異,這也就是為何常聽說量子理論這麼奇怪的原因。

在本節尾聲值得再次強調,量子理論的數學本身一點也不奇怪,奇怪的地方在於對這些數學的詮釋。順帶一提,這裡值得回想一下前面(討論工具主義和現實主義那章)提出的論點,其實我們並不需要做這種詮釋,就算以工具主義者的態度面對理論(在這個例子中是量子理論),也未嘗不可行。在量子理論的例子中,工具主義的態度意味著採取以下立場:我們有量子理論的數學;我們有極為精通這種數學的專家;這種數學讓我們做出極為精準可信的預測。那還有什麼好苛求的呢?

一個較詳細、但仍是描述式的量子理論數學概要

如前所述,量子理論數學是一種波形式數學,我們就從幾個關於波和波數學的事實來開始本節。

首先,一個相當普通但你可能沒有好好想過的事實:波是以一整群的方式出

現。舉例來說，弦樂器（吉他或斑鳩琴）產生的波有些共同點是簧片樂器（單簧管或薩克斯風）產生的波所沒有的；而簧片樂器也有打擊樂器（低音鼓或邦哥鼓）的波所沒有的共同點。這就有如，你和你家族成員有一些我和我家族成員所沒有的共同點。簡單來說，我們可以把波分為好幾群。

有鑑於波以一整群的方式出現，那麼符合波的數學同樣也可以組成一群，這就不意外了。那麼，假設圖 25.6 代表了波數學的數個族群。

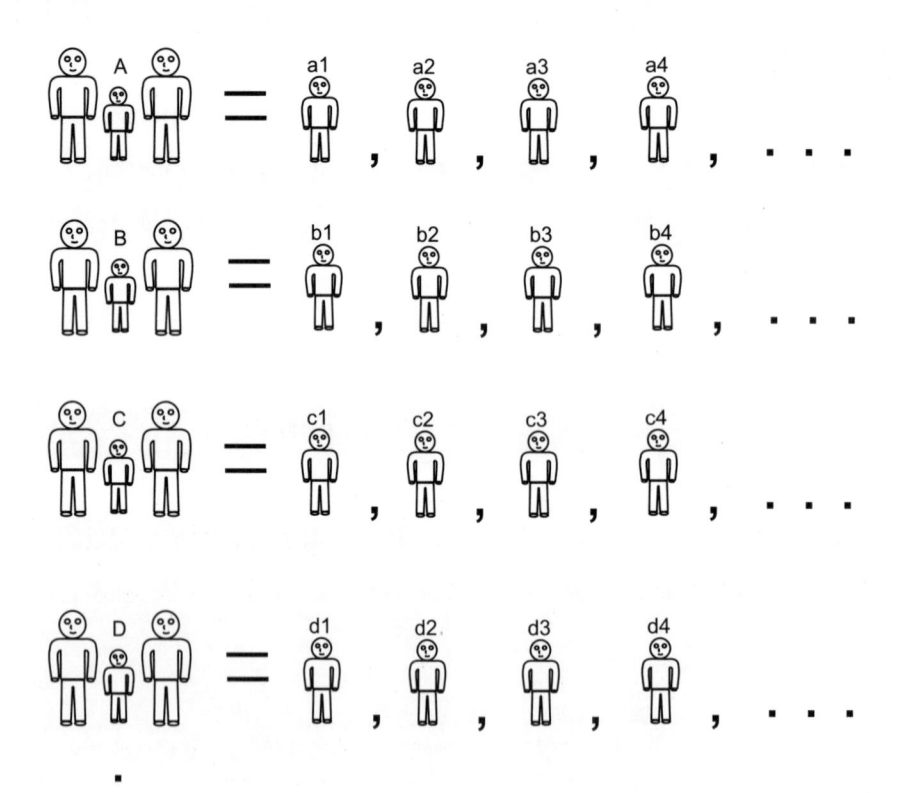

圖 25.6 波數學族群

在圖 25.6 中，左側的家族圖像代表了波群，我會簡單稱為 A、B、C、D 群等等，這就有點像你的姓代表你整個家族一樣，等號右邊的圖代表每個族群裡的各別成員，我將其稱為 a1、a2、a3，以此類推。同樣地，這就如你的名字，還有你雙親、兄弟姊妹的名字一般，代表家族裡每一個個人。

現在，相較於波以一整群出現的這個普遍事實，接下來這個事實卻讓人意外：任何一群波只要挑選出適當成員放在一起，就可以形成特定的任何波。舉個特定的波為例，好比說彈吉他最上面那根弦所產生的波。假設圖 25.7 代表定義那個波的方程式。現在從前面的波群中隨便挑一群，好比說 A 群。在 A 群裡會有一些成員，加在一起之後可以剛剛好產生那個特定的波。也就是說，圖 25.7 的波可以藉著把 A 群的適合成員加在一起而產生，如圖 25.8 所示。

值得注意的是，同樣地，波方程式也可以藉著把另一群的適當成員相加起來

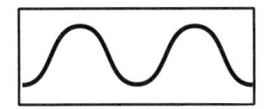

圖 25.7 波方程式的再現

圖 25.8 將某些波族成員加在一起後，便可以製造出特定的波

圖 25.9 其他波族的成員可產生同樣的波

而產生，見圖 25.9。前面提到，這是波不可思議的一個事實，過去一個世紀科學家做了大量研究並充分證明。就是這個事實，能讓電子裝置重新製造音樂（想想看，一個和吉他、鼓、喇叭沒有共通點的小小電子裝置，就可以產生和這些樂器幾乎一樣的聲音，不覺得很不可思議嗎？做到這點的關鍵就在於前述關於波的事實。因為上述的事實，只要把「iPod 耳機」這個波群中選出的適當成員加在一起，就可以產生吉他、喇叭、人聲等任一種波。）

說到底，這個尋常的事實（波以一整群出現），以及這個非比尋常的事實（任一個特定的波，都可以透過組合任一波群中的適當成員而產生），就是進一步了解量子理論數學運算的所有事實。本節最後一個任務，就是把關於波數學的事實和量子理論連起來。

有關波數學的事實和量子理論之間的關係，如果要清楚解釋會花上比較多的工夫。以下是最簡略的摘要：

(1) 一個量子系統的狀態由波數學的某一特定片段來表示，通常叫做該系統的波函數。
(2) 每個用來對一個量子系統進行的測量法，都與一個特定波群相關。
(3) 尋找相加起來能產生波函數的波群成員（與那種測量相關的波群），可以得到測量量子系統的預測結果。

現在來解釋這些意味著什麼，首先解釋 (1)。想像一個量子系統，好比說某個裝置裡的一個電子，就像吉他一根弦產生的一個波，可藉著特定的波數學組合重現，這裝置裡的這個電子也可以藉著波數學的特定片段來重現。這部分的數學就稱做該系統的波函數。

現在假設該電子的波函數是圖 25.10 所示。所以要了解 (1) 相對比較直接。一個量子系統（好比一個裝置裡的一個電子）可用一個波函數來呈現。

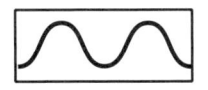

圖 25.10 在特定裝置中一個電子之波函數的再現

要了解 (2) 就比較困難了，但仍然相當直接。回想一下波群，而與波有關的數學也以一整群出現。在量子理論數學中，每個這樣的波群，都和某個特定類型的測量有關。舉例來說，一個電子的位置是在其上進行的一種測量。在波數學的族群中，一個族群和位置測量有關，另一個族群則和電子的動量測量有關，另一族群則和電子的自旋有關，而其他我們可能對那個電子進行的測量也都如此。簡而言之，如 (2) 所述，每個波數學族群，都和某個對量子系統進行的測量相關。

以圖像表示的話，就像圖 25.11 這樣。圖中只呈現三種測量，但實際上可以對一個量子系統進行的測量有無限多種。如圖 25.11 所示，且如 (2) 所描述的，每種測量都和一種波群相關。（順帶一提，為了方便起見，我標記了 P、M 和 S，但要記住這不是物理學家表示位置、動量和自旋的標準用法。）

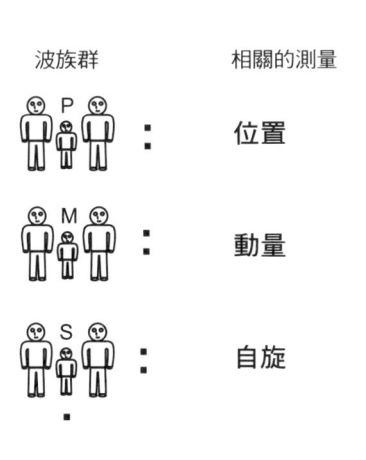

波族群　　　　　相關的測量

P　　：　位置

M　　：　動量

S　　：　自旋

．
．
．

圖 25.11 與測量有關的族群

要了解 (3)，可能是整個過程最弔詭的部分。舉例來說，假設在一個特定的情況下有一個特定粒子，而我們要預測當我們對這電子的位置進行測量時所發生的事情。為了方便起見，假設在這個例子中，電子只可能在兩個位置找到。從 (1) 我們知道有一個和這電子相連的波函數（見圖 25.12），而從 (2) 我們得知，在眾多與波相關的數學族群中，會有一個族群會和位置的測量有觀，我們稱它為 P 群好了（見圖 25.13）。

現在回想一下前面那個非比尋常的事實，也就是任一個波族群的適當成員，都可以加在一起成為任何特定的波函數。所以 P 群中會有適當成員，只要加在一起就能產生該電子的波函數。假設 p8 和 p11 是 P 群成員，加在一起會產生那個電子的波函數，如圖 25.14 所示。

記住這個資訊後，我們便可以解釋 (3)。我們打算預測那個電子的位置，而 P 群和位置測量相連，而 p8 和 p11 是 P 群中加在一起可以產生該電子波函數的成員。

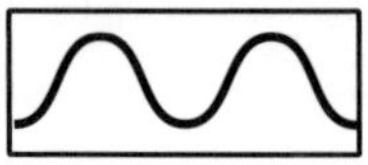

圖 25.12　電子的波函數

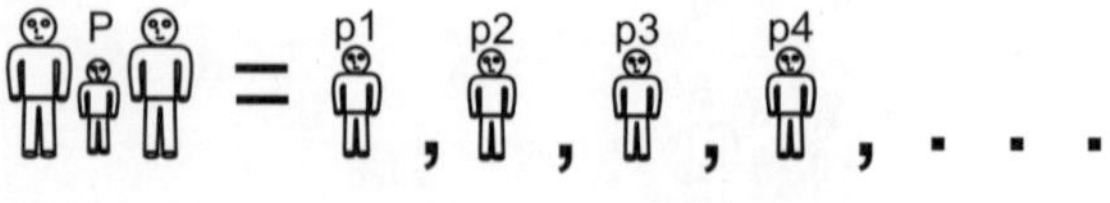

圖 25.13　與位置測量有關的 P 群

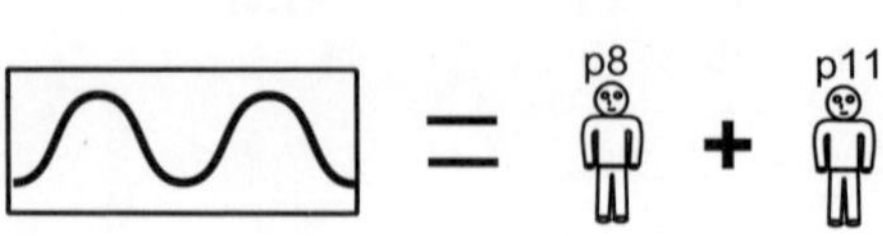

圖 25.14　分解為 P 群的波函數

p8 和 p11 這兩個族群成員讓我們能夠進行想做的預測。譬如，有兩個地方可以找到電子。結果證實，對 p8 進行直接而標準的數學運算，可以得出一個介於 0 和 1 之間的數字，而這數字代表在第一個地方找到電子的機率。同樣地，對 p11 進行直接而標準的數學運算，也會得出一個介於 0 和 1 之間的數字，而這個數字代表在第二個地方找到電子的機率。這就是 p8 和 p11 對電子位置做出預測的方式。（了解這個討論的內容並非關鍵，但若你有興趣的話，以下是上述數學運算的簡單描述：p8 是和某個特定波相連的波數學的一部分，所有波都有一個伴隨的振幅，所以 p8 同樣也有一個伴隨的振幅。和其相關的數學運算涉及 p8 振幅的平方。因為相關數學的本質，結果總是會形成一個介於 0 和 1 之間的數字。前面提到，這個數字代表在第一個地方找到電子的機率。p11 也是一樣？把和 p11 相連的振幅平方，那個數字就是在第二個地方找到電子的機率。）

　　因此 (1)、(2) 和 (3) 描述了量子理論的數學如何預測，以及測量量子系統時觀測到可能結果的機率。整個來說：(1) 量子系統的狀態是由系統的波函數表示；(2) 波群和某種測量相連；(3) 族群中的成員加起來會形成某個波函數，這讓我們能對和那個波家族相連的測量結果做出預測。

狀態隨時間做出的演變　在結束本節前，也會針對狀態隨時間做出的演變提供一個非常簡略的要點。到目前為止，我們只討論了某個狀態下，量子系統的測量結果。前面提到，物理不只關注某一特定時間的測量結果，也關注我們未來可能會做的測量。回到球從屋頂上掉下的粒子，一個廣為人知的數學讓我們兼顧兩者，也就是說，我們不只可以用這個廣為人知的方程式，預測此時此刻的測量結果，也能預測我們未來的測量結果。

　　在量子理論中，系統隨時間的演變，可用*薛丁格方程式*來預測。回想前面 (1) 提到，一個系統當前的狀態，是由那個系統的波函數來表示。非常簡略地說，薛丁格方程式讓我們從代表系統當前狀態的波函數中，計算出未來時間裡，系統的

狀態會如何。

薛丁格方程式讓量子理論的數學概觀得以圓滿。前面提到,量子理論的數學說到底,和幾百年來我們擁有過的物理數學所扮演的角色是一樣的。總結 (1)、(2) 和 (3) 中的量子理論數學,讓我們能預測特定時間的測量結果;而透過薛丁格方程式,則讓我們能預測,這個系統未來的狀態會是什麼。

結語

本章的主要部分是處理量子理論的前兩個主題,即亮子事實與量子理論的數學。我們看到量子事實十分驚人,但這些事實本身沒有什麼爭議。此外,我們也提到,量子理論數學是物理數學中一種相當平常的波形式數學。

有了這些經驗和想法後,就可以進一步地來環顧爭議較大的問題,即量子力學的詮釋意涵和內容。這將是下一章所要探討的主題。

第二十六章
量子理論詮釋的概觀

　　量子理論最富爭議的問題,出現在量子理論的詮釋上。詮釋是個比較哲學的問題,主要集中在「潛藏在事實和數學底下的是什麼樣的實體」的問題。本節的主要目標是探索這個詮釋問題,首先從背景談起。

背景討論

　　考慮一個和前面討論的實驗不會差太多的實驗。假設有一個能射出單一光子的光子槍,它可把光子射向一個分光鏡,也就是一個半鍍銀的鏡子。然後把兩個光子偵測器分別裝在分光鏡後,為了方便討論,我們假設這兩個偵測器只要偵測到光子,就會發出嗶聲。整套裝置以圖 26.1 表示。

　　假設有個按鈕,每次只要按這按鈕,就會有一個光子朝向分光鏡射出。這例子中的量子事實無庸置疑:我們每按一次按鈕,偵測器 A 或偵測器 B 就會偵測到一個光子,但絕不會同時偵測到一個光子。此外,經過一連串的光子偵測,總次數中會有百分之五十的光子由 A 偵測器偵測到,剩餘百分之五十的光子由 B 偵測器偵測到。換句話說,剛好有一半機會,偵測器 A 會響;剩餘一半機會偵測器 B 會響,但絕不會同步響起。

　　同樣地,量子理論數學所做的預測也沒有什麼問題。數學預測每次按下按鈕,A 偵測器偵測到光子的機率有百分之五十,B 偵測器偵測到光子的機率也有百分之五十。簡單來說,預測符合事實。

　　這再次說明了量子事實沒有什麼可爭議的,量子理論數學也沒有。但現在我

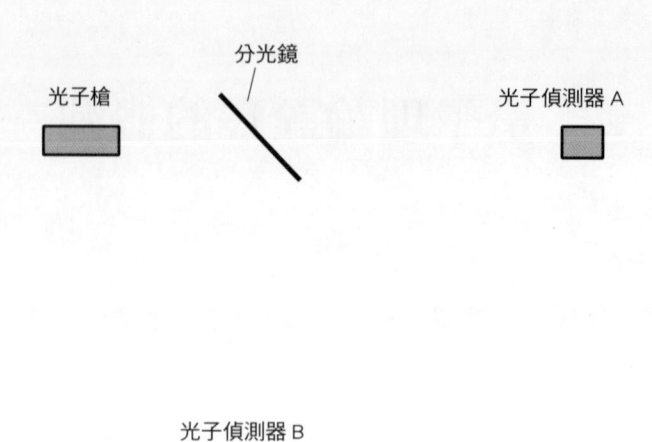

```
                    分光鏡
    光子槍         /              光子偵測器 A
     ▭          /                    ▭


                 光子偵測器 B
                    ▭
```

圖 26.1 分光器裝置

們來想想關於詮釋的問題。

　　首先回想一下本章前面提出的關於數學如何詮釋的論點，特別去想想球從屋頂落下的例子。這例子涉及一個典型的物體，即保齡球；以及自然被詮釋為代表球落下的數學之一部分。在我們看來，這球在短暫時間中依循了典型的三維空間掉落模式；同樣地，這部分的數學很自然地被詮釋為代表一般三維空間與時間。這顆掉落的球穿過一個提供些許阻力的介質，也就是穿過的空氣多少減緩它的下墜速度；同樣地，有部分數學自然被詮釋為代表空氣阻力。最後，球似乎受某種力，好比說重力的影響；同樣地，有部分的數學也自然地被詮釋為代表這種力。

　　簡單來說，符合這個球從屋頂掉落事例的數學，適合一段直接的詮釋。而這個詮釋也和這例子中我們所認為的現實不謀而合。

　　那如果我們試圖用同樣直接的方式，詮釋量子理論的數學，會發生什麼事？再想想圖 26.1 中的裝置，假設我們每按一次按鈕，就會放出一個光子。那麼，數學會怎麼主張？

按下按鈕之後，瞬間的系統狀態是由一個波函數所代表。前章提過，狀況會在薛丁格方程式支配下隨時間演變。薛丁格方程式可在任何時間點上，提供我們系統狀態的數學表徵。那麼假設我們想在兩個偵測器中之一啟動之前一刻，觀察此系統的狀態。

就在任一個偵測器偵測到光子之前，數學可表達出電子處在一個稱作*疊加*的狀態，其中一個狀態，代表光子以波的形態朝向偵測器 A 行進；另一個狀態，則代表光子以波的形態朝向偵測器 B 行進。但回想一下，偵測器從不會同步啟動，而是 A 或 B 其中一個會響。假設在這個例子中 A 響了，指出它偵測到一個光子，這並不特別令人困惑，畢竟疊加狀態中其中一個狀態代表有股波朝向那個偵測器行進。但偵測器 B 怎麼辦？回想一下疊加狀態中，有一個狀態代表一股波朝向偵測器 B 行進，這下子，那個狀態怎麼了？為什麼 B 不會響？那道看似（我們儘量以最直接的方式詮釋數學，所以說看似）朝向 B 行進的光，它怎麼了？

這個例子說明某種稱作*觀測問題*的面向。觀測問題是量子理論詮釋最令人困惑的議題之一，這個議題也會在本章數度被提出。在接下來幾段中，我會試著描述一些和觀測有關的議題和疑問，但我鼓勵你在本節接下來的部分，多多留意這些和觀測有關的議題和疑問。

先提醒兩件事：首先，一般來說，觀測問題一開始看起來不像是問題，換句話說，通常都要過了一陣子後才會理解到問題所在。但你愈思考測量的問題，它看起來就愈讓人感到困惑。第二，可有許多稍微不同的方式來看待觀測問題。這些不同的方式，在某方面來說是同個問題的不同面貌，但各自強調了這個困難問題的不同方面。

整體來說，觀測問題牽涉到一個事實，就是如果我們試著用合理且直接的方式，詮釋量子理論數學，那麼就會有一些非常奇怪且反直覺的事情，似乎就會在量子系統測量進行時發生。量子理論數學通常代表這個系統處在疊加狀態，但我們從未觀測（或看似從未觀測）到這種疊加狀態。舉例來說，在前面的例子中，

當一個測量發生時，我們會觀測到偵測器 A 或偵測器 B 響起，在任一個情況下都會冒出一個問題，那就是另一個怎麼了？測量是不是將疊加狀態「瓦解」或「縮減」（在此使用兩個常用的詞）成單一狀態？如果是，測量動作怎麼會有這樣的效應？從這個問題來說，什麼是測量裝置？而測量裝置是如何與非測量裝置有所區別呢？畢竟，在我們視為測量的過程中所發生的物理作用，和在我們不視為測量的過程中所發生的物理作用，兩者之間看起來並沒有任何的差異。所以怎麼可能在測量裝置和非測量裝置，還有測量和非測量之間，劃出一道原則清晰的界線呢？

這些問題並沒有一致的答案。在測量進行了之後，某些詭異的事情似乎發生了，至於該如何詮釋所發生的事則是有爭議的。待會將討論其他的答案，但我們先介紹薛丁格的貓這個思想實驗，讓討論簡單一些。

根據目前為止所言，也許有人會假設量子的古怪只存在於光子、電子這種微觀層級的實體，而不存在於你、我和我們的房屋或車子這種巨觀世界裡。但情況沒有那麼簡單，我們來想想薛丁格的貓，一隻潛伏在多數量子理論討論中的知名生物。和上述實驗中那些因光子疊加而引發的問題相比，薛丁格的貓並沒有引發什麼重要的新問題，但他的這隻貓確實強調出情況的怪異程度，也強調了這種詭異情況，沒有必要只限於微觀層次。薛丁格的貓也可協助說明等下所要探討的一些詮釋問題。

| 薛丁格的貓 |

1930 年代中期，當新量子理論的詭異之處變得愈來愈明顯時，薛丁格提出一種能進一步說明量子構想詭異之處的思想實驗。順帶一提，「思想實驗」就如其名，是一種要求思考而不是實際操作的實驗。

薛丁格要求我們想像有一隻貓和一個微弱的放射源，一起放在一個封閉的箱

子裡。這個放射源在一小時的時間中,有百分之五十的機會放出一個放射粒子。如果這個粒子放射出來,就會觸動一個偵測器,然後經連結打破一小瓶毒藥,對貓產生致命結果。

順帶一提,在提到光子、電子、放射粒子這些量子實體時,使用「粒子」這個字眼還滿普遍的。但從前面幾節的討論中,我們應該可以清楚知道,在談到量子實體時,「粒子」或「波」都不完全是正確的說法。接下來我會使用「粒子」當作標準用語,但這用法絕不能和量子實體真的是粒子或波的問題有任何關聯。

當然,薛丁格的重點並不是在虐待貓。前面提過,這是思想實驗,沒有要實作(即便你想要做,這實驗也不會產出任何有用的資料)。他的重點是把微觀層次的怪異之處,連接上巨觀層次事件。藉此,他也企圖針對一種我們接下來要討論的量子理論詮釋,提供一種反對的論調。

要更清楚薛丁格的貓這思考實驗的意義,想像一個稍微更動過的版本,如圖 26.1 所描述裝置的調整版。這個版本的薛丁格的貓和薛丁格原始論文的含意是一樣的,但使用這套裝置可以簡化我們的討論。

想像一下把圖 26.1 描述的實驗裝置,放在一個大而不透明的箱子裡。我們把貓和裝置放在一起,然後在光子偵測器 A 上面安裝一小瓶毒藥,但 B 上面不會裝,就像原本薛丁格思想實驗裡面設計的一樣。也就是說,如果偵測器 A 偵測到光子,就會打破小罐毒藥,對貓產生致命結果。但如果光子偵測器 B 偵測到光子,就什麼事都不會發生。這個裝置看起來像圖 26.2 所示。

假設這整套設備,包括貓在內,都裝在密封箱子裡,因此我們無法看見箱子裡面的狀況,也無法分辨出是哪一個光子偵測器偵測到光子,或是聽見任何箱子的動靜。然而我們在外面有一個按鈕,可以讓光子槍射出光子。

有了這套設備後,假設我們按了一次按鈕,並在光子有足夠時間抵達偵測器之後,差不多也是在幾秒後思考其結果。由於狀態隨時間的演變,是由薛丁格方程式所支配,而薛丁格方程式代表的狀態是疊加狀態中。在此例中,兩個狀態分

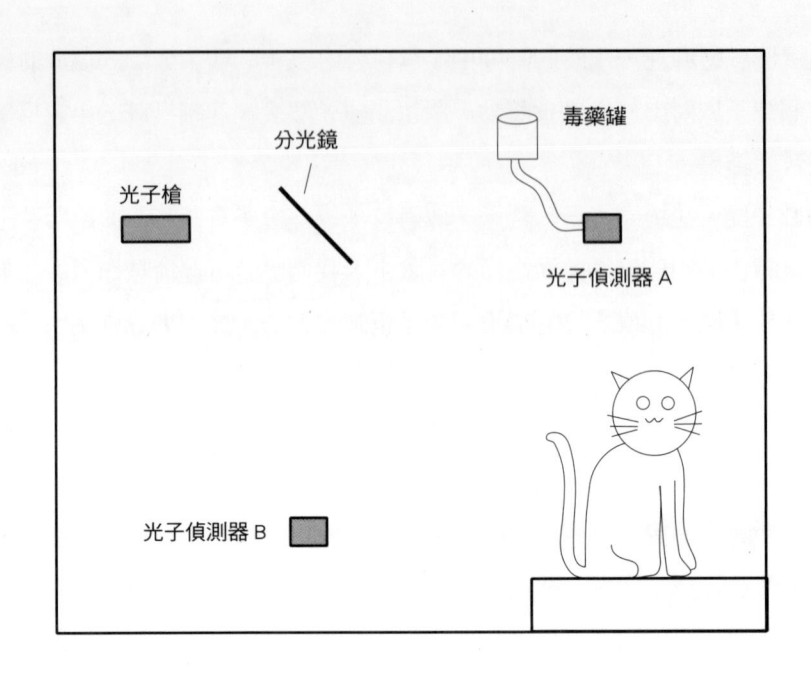

圖 26.2 薛丁格的貓

別是一個代表光子被偵測器 A 偵測到，而另一個代表光子被偵測器 B 偵測到。偵測器 A 偵測到光子會讓毒藥釋放，因而讓貓死掉。偵測器 B 偵測到光子則會讓貓活得好好的。所以疊加狀態應該會牽涉兩個狀態，一個是貓死掉，而另一個是貓活得好好的。換句話說，如果我們問說箱子裡發生了什麼事，顯然量子理論代表的是，貓會存在於死貓狀態和活貓狀態的疊加之中。

同樣地，這和圖 26.1 討論的光子疊加狀態，在原理上並沒有不同。薛丁格只是把奇怪之處，從微觀層次移到了巨觀層次。

在結束本節之前，要提一下薛丁格本人是想表達出，量子理論的數學應該有些遺漏的部分。貓不可能存在於死的狀態和活的狀態的合併狀態，是個簡單的事實，因此量子理論數學一定忽略了什麼。

想要調整量子理論的企圖以及支持薛丁格透過貓實驗所指出的遺漏要素，促

成所謂的量子理論*隱藏變數詮釋*。也就是說,這詮釋並不想捕捉現實實際上是什麼,而想在理論上增加些什麼(所謂的隱藏變數),使其合乎我們對現實的直覺。

隱藏變數詮釋和一般所謂的*標準詮釋*,或稱*哥本哈根詮釋*相反。這兩個名稱都容易誤導人,因為並沒有一個單一而定義明確的詮釋,能構成標準詮釋或哥本哈根詮釋。標準詮釋反而比較像詮釋量子理論的一般方法,而在這方法中發現了幾個變形。接著我們來探索其中一些變形。

標準(哥本哈根)詮釋的變形

相對於隱藏變數詮釋,標準詮釋各種版本的支持者都同意量子理論是個複雜的理論,不需要任何「隱藏變數」或其他附加內容。但事實上,這些支持者也在前述的數學中附加了一些東西。一般來說,添加在目前描述的數學上的是一般所謂的*預測假定*。預測假定支配了一般所謂波函數的「崩陷」或「縮減」。在測量之前,一個量子實體存在於疊加狀態中,如在上述實驗中射出的光子,在測量前是以一個波函數表示,其波函數本身包含了一個疊加狀態。但當測量時,兩個狀態的疊加「崩陷」成一個以新的波函數代表的新狀態。這個瓦解是由「預測假定」以數學的方式支配,結果就是前述的新的波函數。在此例中,新的波函數代表電子不是在偵測器 A,就是在偵測器 B。此後,這個新的波函數在另一次測量出現錢,將根據薛丁格方程式演變。

毫無疑問地,上述的數學以及預測假定或波函數的崩陷,都徹底符合我們的觀察。也就是說,藉此完成的預測在過去七十年中完美無缺。但如果我們試圖從「真的」發生了什麼來描繪,波函數的崩陷就會是個很難描述的事件。

假設我們問標準詮釋的支持者「真正」發生的是什麼事。譬如,在圖 26.1 所描述的實驗中,就在測量發生的那一刻前,光子到底位在哪邊?光子在測量的

前一刻，真的是同時存在於兩通道的一個波嗎？是不是其中一道波突然就在測量前的一瞬間消失了呢？

標準詮釋支持者一般所採取的觀點是，這種問題並沒有答案。舉例來說，我們就是沒辦法說電子在測量前一刻到底在哪裡。同樣地，如果你針對電子的其他屬性提問──比如說動量、自旋等等，情形也是一樣。整體來說，在測量發生之前，我們無法說明電子有什麼樣的屬性。

重要的是（這對於了解以上內容十分關鍵），根據標準詮釋，我們無法說明一個量子實體在被觀測前有什麼屬性，不只是因為我們不知道那些屬性是什麼，而是因為這些屬性在測量之前並不存在。在測量之前，根本沒有一個具有明確的屬性，以及深刻獨立的實體存在。

這是一個非常反直覺的觀點，所以值得花點時間弄清楚。假設我跟你說我在口袋裡有幾枚硬幣，你應該不會知道有幾枚硬幣，但我很確定你確信有個明確的數目。也許兩枚、三枚或八枚，不管實際數目是多少，你都毫無疑問地相信我口袋裡有幾枚硬幣，是個明確且獨立的事實。

這是一種日常生活中認知缺乏之實例。因為你就是不知道我口袋裡有幾枚硬幣，所以你無法說出有幾枚。這不是標準詮釋所牽涉到的那種認知缺乏。在標準詮釋中，沒有可知道的事。電子在測量前沒有明確的位置，也沒有明確的自旋，其他也都一樣。

標準詮釋的支持者並非否認實體的存在。也就是說，他們承認「真的有」一個實體，有量子實體也有電子。但一般來說那個電子、那個量子實體在被測量前，並不擁有明確的屬性。（更精準一點說，我想提醒的是，包括標準詮釋支持者在內的所有人，都同意量子實體有少數獨立於測量之外的屬性。這些屬性，例如說質量，就被稱作「靜態屬性」。但除了這少數的靜態屬性之外，根據標準詮釋，量子實體其餘的屬性在測量前都不存在。）

簡而言之，儘管的確有一個實體，但這實體不存在著測量之前就有明確屬性

的量子實體。這是一個比前面硬幣例子所說的日常生活認知缺乏，還要更徹底的認知缺乏。

在標準詮釋的描述中，有一些可能的變形。我們已經注意到，根據標準詮釋，量子實體在測量前沒有屬性。然而，有兩個問題不常提起：(a) 什麼算是量子實體？(b) 什麼算是測量？我們花點時間來思考這兩個問題。

關於什麼算是量子實體，我們迄今用來當例子的電子、光子，以及放射衰變時射出的粒子等等，是大家公認的量子實體。

但只有這些基礎粒子是量子實體嗎？請注意到所有物體，應該都只由這些基本實體所構成，所以應該有充分的理由說「量子實體」可指涉世上的一切。也就是說，一切都該被看作量子實體。因此什麼算是量子實體，答案一點也不簡單，也並非沒有爭議，而且這問題所承認的合理答案也不只一個。

至於什麼算是測量，情形也類似。這是個有意義的問題，尤其對標準詮釋的支持者來說更是如此。要注意到，在標準詮釋中，波函數的崩陷發生於測量進行時。但什麼算是測量？這問題有各種方法可以回答。想想薛丁格的貓，最初被當成測量的事件，是什麼時候開始進行的？是兩個偵測器發出光子被偵測出的物理反應那時嗎？也許有人會很直覺地認為，這就是最初的測量。但要記住，跟偵測器相關的過程，都只是物理過程，和其他發生在盒內的物理過程沒有哪裡不同。譬如，光子和分光鏡有物理交互作用，但我們通常不把那個交互作用看做測量。但光子和被稱作「偵測器」的東西交互作用的物理過程，和光子與分光鏡之間的物理交互作用，並沒有特別不同。那為什麼光子和偵測器的交互作用就算測量，另一個則不算，其實一點也不清楚。換句話說，光子偵測器在本質上看不出有什麼特別，那為什麼它們會造成波函數的崩陷呢？偵測器所進行的過程，對你我來說碰巧有意義，因為我們可能對光子的存在與否感到興趣，但除了對我們觀測的意義之外，這些光子偵測器毫無特別之處。所以，光子偵測器能否被視為最初的測量裝置，這說法一點也不清楚。

那麼貓的聽覺系統呢？也許貓聽到了偵測器 A 或偵測器 B 響起，也許貓對嗶聲的感知算是第一個測量。另一方面，引發貓知覺的物理現象，在原理上也和任何其他上百萬個（甚至更多）在盒裡發生的物理交互作用沒有什麼不同，所以同樣地，為什麼這些個別的交互作用會被看作「測量」，而其他就不是呢？也許它們就不該是，而且真的就那麼奇怪——也許貓本身就存在於疊加狀態中，其中一個聽到偵測器 A 響起，而另一個聽到偵測器 B 響起，然後過不了不久，一個疊加狀態中就有一個狀態包含死貓，而另一個包含活貓。

最後，最初的測量會不會發生在我們打開箱子，看看偵測器怎麼顯示、看看貓是死是活的時候呢？我們最初認為波函數應該在此刻崩陷了，因為我們沒有測到貓在死／活兩個狀態的疊加中（但等下我們會看到，並不是所有量子理論的詮釋都同意這一點）。但瓦解是否只在此刻發生？人的意識是不是測量的關鍵？

概括而言，關於什麼算是量子實體和測量的問題，並不承認存在有單一且無爭議的答案。端看怎麼回答這些問題，一個人便進入各種版本的標準詮釋中。既然所有變形在某些意義上，都包含了「實體仰賴測量」的觀點，我們就把這些變形稱作「依賴於測量的實體」，分成溫和、中等、激烈三種類型。接下來，我們要討論這些標準，或哥本哈根詮釋的變形。

| 溫和依賴於測量的實體 |

根據這個溫和版本，「量子實體」指的只有電子、中子、質子和其他各種次原子粒子，還有光子、放射衰變放出的粒子，以及各種最基本的元素粒子。也就是說，唯一的量子實體就是宇宙最基本的「東西」，也只有這種初級層次，才會在測量進行之前缺乏明確的屬性。

容我再次重述上面論點。這個變形的支持者，和其他變形的支持者一樣，都不主張測量前什麼都不存在，是測量讓實體從無中生有；他們的想法是，有一個

獨立於測量的實體,但只要宇宙最基本的構成如此,這實體就難以定義。若回到前面我口袋裡硬幣的例子,這有點像說:是的,我口袋裡的確有硬幣,但硬幣沒有明確的數量,也沒有明確的形狀和大小。換句話說,的確有一個包含硬幣的實體,但這個實體缺乏任何明確屬性。

把這個類比對應到量子層次,這種現實的溫和版本支持者認為,有一個包含電子、光子等等的現實,但這個現實是個未定的現實。電子並不在這個位置也不在那個位置或任何位置,它們沒有這個或那個自旋,直到那個屬性的測量發生為止。只有測量才讓它們獲得明確的屬性。

至於什麼才算是測量裝置的問題,溫和版本用很廣泛的方式回答了。舉例來說,在薛丁格的貓的實驗中,測量裝置包括光子偵測器、貓的聽覺系統,還有我們看進箱子裡觀察偵測器和貓。

關於薛丁格的貓這例子,要注意到在這個詮釋中,最初的測量發生在光子抵達偵測器時。這崩陷了波函數,讓偵測器 A 和偵測器 B 中只有一個指示出光子。端看哪個偵測器發出響聲,就決定會不會打破毒藥罐。所以在這個詮釋中,貓從來都不是存在於死與活的疊加狀態中。

簡單來說,在取決於測量現實的溫和版本中,只有電子、光子、放射性衰變粒子等初級粒子存在於疊加狀態,而幾乎任何一種測量都足以造成波函數崩陷。大致上來說,還是有很多量子的怪異現象,但這些怪異現象只存在於微觀層次。

中等依賴於測量的實體

上面的溫和版本把量子實體限於初級粒子。但一切都是由這些粒子組成的。以你桌上的咖啡杯為例,它就是這幾種初級實體構成的。如果咖啡杯全都是由量子實體構成的,那就不難接受咖啡杯本身,同樣也該被視為量子實體,儘管是一個比基本粒子更大、更複雜的量子實體。

如果我們以這種寬廣的意義，來回答什麼算是量子實體的問題，我們便是把所有物體都當作量子實體，那麼幾乎任何物體在原理上都可以存在於疊加狀態。這樣一來，在這個詮釋中，量子的怪異現象就擴散到了巨觀層次。

然而，依賴於測量實體的中等版本詮釋，就如溫和版本一樣，對於什麼算是測量採取了廣義觀點。所以，儘管幾乎任何物體都存在於疊加狀態，但一般來說，遠在我們或任何其他生命體驗這狀態之前，測量就已經崩陷了這樣的疊加狀態。以薛丁格的貓為例，在此詮釋中，光子偵測器、貓等等都算是量子實體，所以原理上可以存在於疊加狀態。然而，對於什麼算是測量方法是如此廣泛，光子偵測器便足以在貓活著和貓死掉的疊加狀態發生之前，就崩陷了波函數。所以儘管你、我、貓等巨觀物體在原理上都存在於疊加狀態，但實際上早在我們能夠體驗疊加狀態之前，波函數就已經崩陷了。

激進依賴於測量實體（仰賴意識的實體）

為了符合上述中等的變形，我們對於什麼算是量子實體採取了廣義觀點，也就是什麼都算。但現在假設，我們在什麼算是測量上採取狹義觀點，也就是說，我們採取的觀點是，只有人類意識才構成真正的測量。按照這樣的觀點，在薛丁格貓的情況中，在我們打開箱子，觀察偵測器和貓之前，都沒有進行任何最初測量。

這是一個更為激進的變形，在這裡，波函數直到人類觀測牽涉其中以前都不會崩陷。所以未被觀測的情況以疊加狀態存在──貓可以存在於死和活的疊加狀態，其他亦然。簡單來說，這個世界未被人類觀測時，並不存在著明確的狀態，未被觀測的物體並不明確處於任何一個特定位置，也不明確地具有其他屬性。

有什麼能讓人接受這麼激進的世界觀？的確，什麼可以視為測量就是問題所在。再想想薛丁格貓的情形。前面討論過，發生在我們看作是測量裝置內的物理

過程,和其他物理過程並沒有什麼不同,因此我們很難看出這樣的過程要怎麼導致波函數崩陷。如果(這是很重要的如果)把人類意識當成一種和其他相關過程都不一樣的過程,那麼從發出光子,到我們打開箱子觀察裡面的連鎖事件中,人類意識的觀察是唯一和其他事件不一樣的事件。因此(或者說至少對於這個詮釋的部分支持者來說),這一點就是波函數崩陷的自然位置。

隱藏變數之詮釋

一般而言,隱藏變數詮釋依舊認為,迄今由數學描述所建構出的理論還不完整。若用愛因斯坦的說法來說,這套數學忽略了「實體的元素」,根據這樣的詮釋,尚需用所謂的「隱藏變數」來補充目前為止的理論。也就是說,還需要額外的元素,它可填入現存量子理論的不完整部分。隱藏變數理論有兩個主要版本,我們先從愛因斯坦的版本開始。

| 愛因斯坦實在論 |

我稱作「愛因斯坦實在論」的量子理論詮釋是種常識性詮釋,也就是說,這個詮釋企圖調和量子理論,和我們對世界是什麼樣子的習慣觀感。

在這裡我要先強調,愛因斯坦的詮釋(或至少,對愛因斯坦來說最重要的詮釋關鍵元素)已不符合某些最新發現的量子事實。如前所述,任何量子理論的詮釋都得遵守量子事實,而愛因斯坦的詮釋已不再符合近年來浮現的新事實。愛因斯坦在這些事實浮現之前就過世,猜測他對這些新發現會有什麼反應還蠻有趣的(雖然基本上我們永遠不會知道他有什麼反應)。

簡而言之,愛因斯坦的觀點認為,不該存在對標準詮釋來說如此重要的認知缺失。回想一下,在標準詮釋中,量子實體在被測量到明確屬性之前,是沒有明

確屬性的。同樣根據標準詮釋，我們不僅無法知道那些事實是什麼，而且量子實體根本沒有這種屬性。然而愛因斯坦的觀點是，量子實體在被測量之前，一定有明確的屬性。就如同我口袋裡的硬幣，常識告訴我們，即便我們不知道硬幣數量有多少，但一定有明確的數量。同樣地，愛因斯坦也聲稱，常識告訴我們，在任何測量進行之前，量子實體也一定一直有它們的屬性。

然而，量子理論數學並未呈現，量子實體在測量發生前擁有屬性，這就是愛因斯坦堅稱量子理論數學一定有不完整之處的原因。量子理論未捕捉到的「實體元素」（例如在測量前有明確屬性的量子實體）存在著。因此，愛因斯坦的觀點是，一個新理論會取代量子理論，那是尚不存在於現有的量子理論中，但能做到所有量子理論已經做到，同時又包含反應實體元素的「隱藏變數」理論。關於量子理論該如何補充，愛因斯坦並沒有特別的建議，但他很有信心，相信量子理論必須要有所補充。

我們會在下一章進一步討論愛因斯坦的觀點，以及讓這觀點碰到麻煩的新事實。現在，我們將簡單總結一下，愛因斯坦的詮釋是常識性的詮釋。此外，這詮釋的某些關鍵元素（我們會在下一章探索）已不再符合已知事實。就此而言，愛因斯坦的詮釋（從這問題來看，任何符合宇宙該如何運作且廣泛受支持觀點的詮釋）都已不再可行。

| 波恩的實在論 |

大衛・波恩在 1940 年代晚期至 1950 年代早期，對量子理論數學做了修正。我們來簡短看看波恩觀點的關鍵面向。

波恩把量子實體看作粒子，受到一般所謂導引波的影響。值得一提的是，波恩的數學以及標準數學，似乎做出了一致的預測。因此在這兩種方法中，並沒有可測得的實驗差異。

然而,波恩版本構想的潛在實體模樣,卻和量子理論標準詮釋所主張的不同。我們前面看到,在標準詮釋中,量子實體在測量前沒有明確特性。然而在波恩的觀點中,量子實體有獨立於任何測量的明確位置。所以我們缺少的認知,好比說電子的位置,不是因為該電子在測量前沒有這種位置;相反地,我們缺少的認知基本上接近不知道我口袋裡有幾個硬幣。

關於薛丁格貓的這個思想實驗,既然光子在測量前有明確位置,那麼關於究竟是偵測器 A,還是 B 感應到光子(儘管我們在打開盒子前都不知道),就有了一個事實。因此在波恩的詮釋裡,沒有活貓死貓的疊加狀態,在這個例子中,單純就是因為我們的認知缺乏而已。

在這點上一個可能的問題是:如果波恩的觀點有了尋常量子理論方法的全部預測能力,且如果以波恩的觀點,我們可以把潛在實體看作一種我們大部分人比較習慣且有明確定義的實體,那波恩的觀點為什麼不是標準觀點?也就是說,為什麼他的方法和他的詮釋,是一種少數觀點呢?為什麼他的觀點沒能成為多數觀點?

波恩詮釋的相關問題複雜而有爭議,也沒有簡單的答案。然而,我會針對這類問題提出兩個主要(但片面)的答案。首先,要注意到波恩的數學並沒有比現有的數學更好,儘管波恩的數學和量子理論的標準數學,似乎都做出了一致的預測。回想一下,早在波恩發表他的修正版本之前好幾年,量子理論的標準數學就已經存在,物理學家已經習慣於現有的數學,但現在波恩主張另一種數學。但既然他的數學沒有做出新預測,那也就看不出有哪裡比已經存在的數學更好。因此,從現實觀點來看,要用波恩的新方法來取代現有數學,並沒有什麼夠說服力的理由。進一步來說,既然他的量子理論詮釋和他的量子理論數學相連,那我猜測,若對他的數學失去興趣,也就不會對他的詮釋感興趣。

第二,雖然波恩的數學可以和標準數學達到同樣的預測,但波恩的數學詮釋有哪點比標準詮釋更沒問題,這部分並不明朗。簡單來說,已知的問題如下:前

面提到的導引波，應該要被看作代表某種現實的東西。（如果不是的話，那提波恩的途徑就一點意義也沒有了。也就是說，如果要以工具主義者的態度，面對量子理論，那沿用多數物理學家採用的標準數學就好了。）此外，波恩的導引波需要比光速更快的影響（他用*超光速影響*來描述這種比光還要快的影響），而一般普遍觀念認為，波恩的超光速影響和愛因斯坦的相對論衝突。簡而言之，波恩的方法與相對論衝突，是廣為人知的觀念，但如果被迫在波恩的詮釋和愛因斯坦的相對論之間做出選擇，無疑地相對論會勝出。

前面提到，波恩的途徑與相對論衝突是廣為人知的觀念。這個觀念對不對，是另一個且更困難的問題。下一章我們會看到，近期發現的量子事實，排除了不容許超光速影響的詮釋。由於這個新發現的事實，波恩詮釋的支持者辯稱，波恩詮釋所需要的超光速影響，並不比任何可行詮釋中所需的條件來得糟。但有些波恩詮釋的批評者則指稱，和其他詮釋所需的條件相比，他的詮釋需要更「堅實」的超光速影響，因為波恩詮釋中的超光速影響（就算沒在字面上違背）在精神上違背了相對論。

這場討論牽涉的議題十分複雜，對於波恩詮釋和相對論之間的矛盾是不是實際的問題，答案則是開放的。但至少可說，波恩的詮釋通常被理解為不合乎愛因斯坦的理論，這也就是波恩詮釋無法被廣為接受的主要原因之一。

多重世界之詮釋

在為這整節做結之前，我們再描述最後一個詮釋，也就是多重世界詮釋。多重世界詮釋既不是標準詮釋的變體，也不是隱藏變數詮釋。

如果將多重世界詮釋和標準詮釋做比較，就很容易了解我的意思。前面提到，波函數的崩陷是任何一種標準詮釋最難解釋的部分。前面討論過的隱藏變數詮釋有個長處，就是不涉及波函數崩陷（因此這種詮釋有時和多重世界詮釋一起

分類為「不崩陷詮釋」）。不需要波函數崩陷，這也同樣是多重世界詮釋的優點。但是就和隱藏變數觀點一樣，這長處也有代價。

回想一下圖 26.1 描繪的分光器實驗。假設我們按下按鈕，在光子通過分光器、抵達偵測器之前，量子理論數學呈現光子處於疊加狀態。一個狀態呈現光子為波，朝向偵測器 A 前進；另一個狀態也呈現光子另為一股波，並朝向偵測器 B 前進。

現在想像一下，就在一瞬間之後光子抵達了偵測器，而我們聽到偵測器 A 響起，指出它偵測到一個光子。根據所有的標準詮釋版本，有個波函數的崩陷發生了，也就是疊加狀態崩陷為單一狀態，在這個例子中，就是光子在偵測器 A 被偵測到的這個狀態。

多重世界詮釋對這個狀況有什麼說法？根據多重世界詮釋，波函數從來沒有崩陷。也就是說，疊加狀態會持續到光子抵達偵測器之後。疊加狀態現在包含一個「偵測器 A 偵測到一個光子」的狀態，以及「偵測器 B 偵測到一個光子」的狀態。在多重世界詮釋中，波函數從不崩陷，疊加狀態會持續下去。

同樣的情形也適用在薛丁格貓的情況上。不論是光子偵測器、貓的聽覺系統，還是你跟我往箱子裡觀察，都不會崩陷波函數。在這個詮釋中沒有波函數崩陷這種事。

但有一個明顯的問題：如果波函數沒有崩陷，而是有剛剛提到的疊加狀態，那為什麼你我都沒有觀測到這樣的疊加狀態？在圖 26.1 描述的例子中，為什麼我們只觀測到偵測器 A 顯示偵測到光子？而在薛丁格貓的情況中，為什麼我們沒有觀測到活貓和死貓的疊加狀態？

答案是，你我都屬於加疊狀態的一部分。可以說，你和我都存在於疊加狀態中的一個狀態裡。你和我正好存在於偵測器 A 偵測到光子的那個狀態，或是薛丁格貓的情況中，貓死掉的那個狀態（或者比較合適的說法是，我們是這狀態的一部分）。既然波函數（從來）沒有崩陷，那另一個狀態也還是存在，所以你我

都有一個副本活在於另一個狀態中。（順帶一提，「副本」可能是最接近的說法，因為沒有一個完全正確的單詞可以符合。）我們聽到偵測器 A 響起時，我們的副本聽見偵測器 B 響起。而當我們看著死貓時，我們的副本正看著活蹦亂跳的貓咪。

簡而言之，並沒有人為而神祕的波函數「崩陷」。代表整個宇宙的波函數——也就是代表一切的波函數，包括你和我和我們所有副本——都根據薛丁格方程式演變。這個波函數代表一個由眾多狀態形成一個疊加狀態所組成的宇宙，而狀態的數量仍在持續增加。在難以想像的大量狀態中，你我正好存在於其中一個狀態中。但從廣泛的觀點來看，這個狀態並沒有什麼特別。和整個疊加狀態相關的所有其他狀態相比，這個狀態並沒有比較「真」或「不真」。

呼應多重世界詮釋的整體面貌，是一棵持續分枝的巨樹，每一分枝代表一個巨大疊加狀態中的一個狀態。每當一個量子實體進入導致疊加狀態出現的情況時，一根新的分支就開始抽芽。既然這種情況發生得實在太普遍，這棵樹的新分枝也是以驚人的速度在不停發芽。

幾個對量子理論詮釋的最後觀察

我們強調過，量子理論的詮釋必須由量子事實所約束，而且這些詮釋至少也要符合量子理論的數學。但我們看到了，事實本身十分奇怪，而數學對於現實的常識樣貌並沒有幫助。基於這樣的理由，量子理論的詮釋都傾向於違反常識。唯一的例外就是愛因斯坦的詮釋，然而我們也提過這已經不是一個可行的選項。

我們要注意到關於詮釋的問題，工具主義者的態度是一種普遍的趨近方式，也就是說，採取純粹工具主義者的態度面對量子理論，就不會被困在詮釋問題裡。藉著這種態度，量子理論被看作一種能做預測的方便工具，就像托勒密的本輪一樣，是一種預測的方便工具。但如果問起潛藏於理論之下的實體，工具主義

者就會採取不可知論的態度。同樣地，面對量子理論採取這樣的途徑絕對沒有問題。至少在工作中，物理學家採取的最實際態度就是這樣，而這的確有其道理。

但對於不是從事物理專業的我們來說，或是那些下班之後的物理學家來說，很難不去問那個從古希臘以來，就佔據整個西方思想的問題：*我們在的這個宇宙到底是什麼樣子？*對於這個問題，我們的答案已深受最先進科學的影響，而量子理論確實是我們歷史上最重要、最成功的一種理論。因此量子理論影響我們目前對於我們住在何種宇宙的觀點，也是很適當的。但要注意到，現有的量子理論詮釋描繪出的面貌，和我們一直以為的宇宙截然不同。

標準詮釋、波恩詮釋和多重世界詮釋等版本，都有吸引人以及不吸引人的層面。這裡值得花點篇幅重新複習一下各種詮釋的優缺點。

我們前面看到，標準詮釋的優點在於它是一個「極簡主義」的詮釋，也就是說，一種十分相符也全盤接受本章前面描述的標準數學的詮釋。例如，如果數學主張，電子在某種特殊狀況下沒有明確位置，那麼就是這樣。而我們就只要接受，始終擁有一定屬性的明確本質，並不存在於這個世界。

但我們也看到，標準詮釋的支持者確實把波函數的崩陷，加進尋常量子理論數學所主張的圖像中。可以推測崩陷發生在測量進行時，而這對標準詮釋的支持者在觀測問題上的困境，並沒有給出好的答案。世界在測量之中，到底發生了什麼事？既然測量過程也只是一種物理過程，和其他不被當成測量過程者沒有不同，那麼測量過程和非測量過程之間，又怎麼可能有真正的差別？同樣地，如果一切都是由量子實體構成的話，那麼測量裝置和被測量的量子系統之間，怎麼可能有真正的差別？這些問題都是觀測問題的變異，或者比較好的說法是，它們是看待觀測問題的角度中比較困難的那一種。波函數的崩陷為標準詮釋的支持者帶來難題，而他們對這些問題缺乏好的答案。

相對地，波恩的詮釋值得一提的優點在於沒有觀測問題。在他的詮釋中並沒有波函數的崩陷，因此支持他詮釋的人就沒有上述難題。在波恩的詮釋中，測量

設備和它們測量的量子系統,並沒有什麼基本差異,也沒有波函數的神祕崩陷,所以就沒有觀測問題。

但波恩的詮釋被視為不符合愛因斯坦相對論,既然愛因斯坦相對論是現代物理的關鍵分支,這就成了潛在的致命傷。所以波恩的詮釋即便有長處,但也背著相當大的包袱。

多重世界詮釋同樣有著避開觀測問題的一大優點。同樣地,這邊也沒有波函數崩陷,因此也沒有隨著崩陷而來的難題。此外,這個詮釋才是真正的極簡主義者詮釋。也就是說,它全盤接受了標準數學的主張,如果量子理論數學主張涉及量子實體的系統存在著疊加狀態,那就這麼辦。你、我還有我們身邊所有的物體都只是萬物眾多複雜疊加狀態中一個狀態的一小部分。數學這麼主張,而多重世界詮釋的支持者就這樣全盤接受。

但伴隨著多重世界詮釋的優點而來的缺點,就是這種詮釋可能是最反直覺的詮釋。很難去想像現實會像多重世界詮釋的那樣,你、我和所有我們身邊的一切,都有著難以想像的大量副本。此外,要想像世界不是只有我們身邊這個單一明確的世界,而是充滿大量的疊加狀態,而我們只是其中之一,這也十分困難。基於這個裡由,多重世界詮釋和其他詮釋一樣,各有其優缺點。

到了這邊我們可以比較了解,為什麼科學家普遍以工具主義者的態度,來看待量子理論。複習一下本書先前思考過的其他理論。對西方歷史(信史)的大半時期來說,托勒密理論是說明天文資料的翹楚。但我們也看到,這個理論需要本輪。而要想像行星真的像那樣繞著小圈圈運轉其實很難;也就是說,很難以實在主義的態度看待本輪。有鑑於認為行星真的按照托勒密系統所描述的那樣運行,有著如此大的困難,天文學家普遍是以工具主義者的態度來看待托勒密的本輪。

隨著克卜勒行星運動觀點如橢圓形軌道和變速運動等被人們接受,我們有了一個可以輕易以實在主義態度接受(不僅是可以,而是從此之後就這麼接受了)的行星運動想像。但這個行星運動的觀點,只告訴我們行星這麼運動,至於為什

麼這樣運動，卻沒有更完整的了解。牛頓的物理看似為行星運動提供了解釋：橢圓形軌道能被慣性原理和萬有引力原理所預測。

但我們在第二十章結尾看到，如果以實在主義者的態度看待，牛頓的重力概念似乎牽涉了神祕的「遠距作用」。同樣地，也很難想像怎麼可能真有這樣神祕的「超自然」力量。我們在第二十章結尾看到，多半因為這樣的理由，牛頓決定採取工具主義者的態度看待重力。（同樣地，接受牛頓世界觀教育的人們傾向於，以實在主義者的態度看待重力，但這是因為他們從小接受重力的概念，因此傾向不去辨別重力的奇異特色。）

而現在我們看到了，量子理論同樣不適用於符合常識之實體圖像。所以，科學家普遍以工具主義者的態度對待量子理論，也就是近來的趨勢，亦即不去鼓勵沒有疑義的現實論詮釋。

但如果我們想要思考關於現實的問題（我們總是對我們究竟活在哪種世界這問題感到興趣），值得一提的是，所有目前的詮釋都有不吸引人的一面。在本節一開頭就說過，科學家不僅對哪一種詮釋可能是對的沒有共識，甚至連對哪一個詮釋比較好，也都還沒有共識。一個人偏好哪種詮釋，往往會變成「一個人偏好哪種怪味」這種偏向美學的問題，或者更精準地說，是「一個人覺得哪種怪味比較不討人厭」這樣的問題。

結語

我承認這兩章的討論實在有點長。但對於量子理論這樣一個複雜主題來說，或許被預期本該如此。回到前章最開頭的概要，要記住的重點是，量子事實、量子理論的數學和量子理論詮釋這三者的差異。

爭議最大且最難的問題，隨著詮釋問題而生，也就是什麼樣的實體，能與已知的事實及量子理論數學（或在波恩詮釋的例子中，一個和量子理論標準數學相

似的另一選擇）都一致。我們看到，沒有一種平常詮釋（除了愛因斯坦的以外，但這已不是一個可行的選項）描繪出的實體模樣，和我們過去兩千五百年來的一般設想，有任何相似之處。

在下一章，我們將探討一些近代的經驗結果，具有現實問題更進一步的意涵。尤其重要的是，這些結果釐清了哪一種詮釋是可行的選項。我們將看到，新的結果並沒有讓情況變得比較不怪異，但對於指出情況怪在哪裡倒是有點幫助。

第二十七章
量子理論與局部性：
EPR、貝爾定理和阿斯佩實驗

在上一章，我們探討了量子事實，量子理論的數學，及量子理論的詮釋。近年來，出現了一些新的量子事實，這些事實據稱對量子理論的詮釋是有意義的。本章的主要目標是 (a) 了解近年來和量子理論有關、且聲稱將對實在觀點有重要影響的實驗，以及 (b) 分析這些實驗的含意，特別會仔細說明這些實驗所主張任何關實體的「局部」觀點皆是錯誤的。一如前章，先從一些介紹的要素開始。

背景資訊

前一章強調過，區分量子事實、量子理論本身，以及量子理論的詮釋是很重要的。本章我們把重點放在，近年來聲稱對量子理論詮釋產生重大意義的實驗。這些實驗可歸類在量子事實下，換句話說，這些實驗和其結果不多不少正好就是新的量子事實。另一方面，這些實驗的主張，則包含在量子理論詮釋的實體問題中。同樣地，量子事實對詮釋問題很重要，因為這些事實限制了我們能對這問題作出怎樣的詮釋。不管實體是什麼樣子，最好是那種能產出已知事實的實體。

如上所述，近來某些量子事實，排除了任何一種實體的「局部」觀點，也就是說，根據推測，量子事實只能由非局部性的實體產生。我們得小心思考「局部性」和實體的「局部」觀點是什麼意思，但首先我想要盡可能以平易的方式，來描述這些新的量子事實。

要了解這些新事實，透過所謂的 EPR／貝爾／阿斯佩三部曲，應該是最簡單的方法。這三部曲包含了 EPR 思考實驗，是由愛因斯坦、波多斯基和羅森三

人於 1935 年論文中提出；約翰・貝爾 1964 年的檢驗，一般稱做貝爾定理或貝爾不等式；還有阿蘭・阿斯佩實驗室進行的一系列實驗，從 1970 年代中期開始，並在 1980 年代初的一系列重要實驗中達到頂點。

接下來，我會快速呈現簡化版的 EPR 思想實驗、貝爾定理和阿斯佩實驗。舉例來說，我呈現 EPR、貝爾和阿斯佩這三者的時候，都會和光子簡單的極化性質有關，但實際情形會更複雜一些。我呈現貝爾的定理時，也會假定那是一個實驗設計，儘管實際上只是數學證據而非實驗設計。此外，我們也會簡化相對性實驗的描述。透過簡化，我會讓這些討論變得更簡單明瞭，但不損及 EPR、貝爾定理和阿斯佩實驗的關鍵想法。我們先從 EPR 思想實驗開始。

EPR 思想實驗

接下來的討論專注在光子的「極化」上，這討論完全不需要了解極化是什麼。這樣很好，因為反正也沒人知道「實際上」極化是什麼。關於這個討論，你要知道的只有極化是光子的一種性質（大致上來說，就像橘色是南瓜的性質那樣），而極化可以用極化偵測器偵測到。

假設我們的極化偵測器會指出一個光子是向「上」極化，還是向「下」極化，而每個光子都有一半的機會測到向上極化，也有一半的機會測到向下極化。

接著，假設我們產生了一對特殊的光子，一對處於「孿生狀態」的光子。說一對光子處於孿生狀態，指的是如果測量這兩個光子的極化，他們永遠會測出相同的極化。有如當我們觀測一對完全一樣的雙胞胎性別時，性別偵測器只會同時指出是男，或者同時指出是女；同樣地，當我們偵測孿生狀態的光子極化時，極化偵測器會同時指出向上，或同時指出向下。（更精準地說，如果用同樣的極化偵測器測量極化，兩台偵測器會同時讀出上，或同時讀出下。在本節剩下的部分假設在兩個測量中，都會使用一樣的偵測器。）

極化偵測器 B
（距離光子起始點
一千英哩＋1 英吋）

孿生狀態光子
的出發點

極化偵測器 A
（距離光子起始點一千英哩）

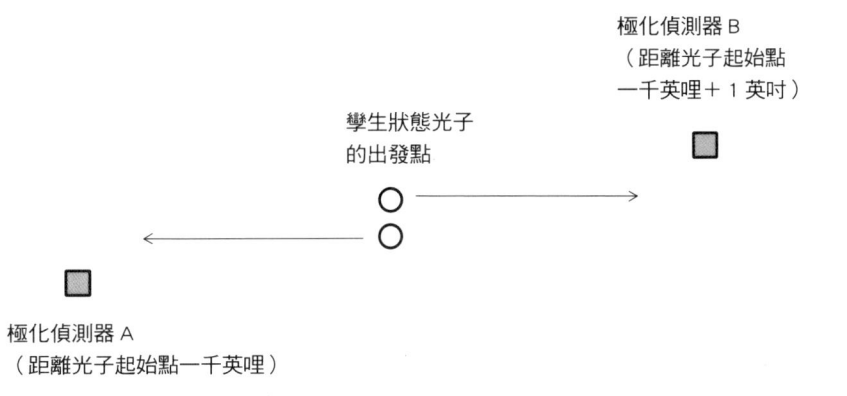

圖 27.1 典型的 EPR 裝置

　　值得注意的是，先不論測量的結果如何，說光子在孿生狀態，就不含其他更多的意思了。尤其是，我完全沒有提到或暗示，這些光子還沒被測量時「真的」是什麼樣。簡單來說，我就只是在描述一些量子事實：如果你產生了一對這樣的光子，然後對其進行極化測量，極化偵測器就只會同時讀出向上，或同時讀出向下。這就是提到光子是在孿生狀態時唯一代表的意義。試著專注在這些事實上，別去想光子沒被測量時「真的」是什麼樣子。

　　現在假設我們有了孿生狀態的光子，分開它們，並將它們往兩個相反方向的極化偵測器 A 和 B 傳送出去。然後假設偵測器 B 離光子出發點的距離，比偵測器 A 稍遠一點。裝置如圖 27.1 所示。

　　我們來關注朝 A 飛去的光子。假設當光子抵達 A，偵測器顯示了「上」極化。此時我們知道，在一瞬間之後另一個光子抵達偵測器 B 時，也會顯示為「上」極化（我們會知道，是因為這兩個光子在孿生狀態，所以永遠會測量出同樣的極化）。的確，一瞬間之後 B 那頭的光子確實顯示為「上」極化。

EPR 實驗的情況就這樣。根據我目前所描述的，實在沒有哪個部分看起來有什麼驚人或耐人尋味之處。所以，到底有什麼大不了的？愛因斯坦、波多斯基和倫森設想這情形到底是在幹麼？

在上述的設計中，愛因斯坦、波多斯基和羅森試圖說服我們，量子理論是不完全的，也就是有許多量子理論尚未包含的「實體的元素」（引自 EPR 論文的用詞）。愛因斯坦、波多斯基和羅森認為：

(1) 光子在測量出極化前，必定就有那個極化的屬性。

但是

(2) 量子理論並未呈現出，光子在被測量出極化前，擁有那個確切的極化值。

所以 EPR 的論點是，量子理論是個不完整的現實理論，它無法呈現出實體的元素，也就是，在光子被偵測到之前的極化。

主張 (2) 是正確的，也就是說這確實是量子理論（換句話說，量子理論數學）的特色。所以如果 EPR 可以說服我們 (1) 是正確的，那他們所謂量子理論是不完整理論的這個結論，就有個強力論點。因此我們的下一個任務，就是仔細看看相信支持主張 (1) 的理由。這可以變得很複雜，但若慢慢來，我所企圖表達的內容就會很清楚。

| (1) 的論點 |

要了解 (1) 的論點，我們得先了解什麼是所謂的*局部性假設*。和很多基本假設一樣，要用語言說明實在相當難。在企圖定義之前，先讓我用一些例子，說明

局部性假設。

假設把某樣物體，比如說原子筆放在你面前的桌上。我要你移動這隻筆，但不能碰它、吹氣、搖動桌子、給人五塊錢叫他幫你移動，或用任何你可能有的「心靈的物理力量」。簡單來說，你就是不能使用任何和筆接觸（包括物理或其他）的方式。你很有可能覺得我要你做的是不可能的事，但為*什麼*你覺得這不可能呢？可以猜想，你應該是認為除非兩個東西之間有某種接觸（如物理接觸、通訊或至少*某種連結*），否則一個東西（在這裡指你）不可能影響另一個東西（在這裡指筆），或對其產生任何效應。

另一個例子：假設我們每天早上派莎拉和喬去買甜甜圈。莎拉是去城北的多拿滋王，喬則去位於反方向的城南多拿滋王。他們同時出發，我們派人跟蹤他們，確認他們真的是去指派的甜甜圈店。假設每天早上，當莎拉選擇奶油餡甜甜圈時，喬也會選奶油餡甜甜圈；而莎拉選巧克力甜甜圈，喬也一樣會選巧克力的。總而言之，不管莎拉選了哪種甜甜圈，喬都會選一樣的。這樣一天天、一週週、一個月一個月過去，我們直覺莎拉和喬之間一定有某種連結或聯絡，我們認為在一個地方發生的事（在本案例中，莎拉在城北選擇的甜甜圈），不可能影響另一處發生的事（喬在城南選擇的甜甜圈），除非雙方有某種連結或聯絡。

上述就是一種陳述局部性假設的方式。簡單來說：

局部性假設（概略版）：除非兩個地方之間有某種連結或聯絡，否則在一個地方發生的事，不可能影響在另一個地方所發生的事。

「某種連結或聯絡」確切指了什麼，以及一個東西「影響」另一個，指的是什麼，都可以用眾多方式去了解，而這個事實導致局部性假設被大量誤導和誤傳。等下我們將探索誤解這概念的各種方式。就 EPR 論點來說，這個相當概略的局部性假設版本已經足夠了。

有了局部性假設後，EPR 對於 (1) 的論點很快就可以結束了。從局部性假設可以斷定，在偵測器 A 測量的光子極化，不能影響在偵測器 B 測量的光子極化。理由在於這兩個偵測器相距太遠，因此沒有任何一種訊號、傳播或影響來得及在 A 與 B 之間進行。除非有哪種影響比光速還要快，不然就無法產生影響；既然一般普遍接受（根據愛因斯坦的相對論）沒有比光還要快的影響，那就有充分理由認為 A 偵測器發生的事，不可能影響 B 偵測器所發生的事，因此光子 A 和光子 B 的極化之間完美的關聯性只有一種可能解釋，那就是光子在被偵測到之前，就已經有了明確的極化。換句話說，如果局部性假設是對的，那麼 (1) 就跟著是對的。

讓我們這樣總結 EPR 論點：要不是局部性假設是錯的、就是量子理論為不完全的理論。但（EPR 表示）沒有誰會想放棄局部性假設，所以（EPR 結論是）量子理論必定是個不完全的理論。

貝爾定理

提醒各位，EPR 思想實驗完全沒必要實際上去執行，因為這裡的主要問題是，光子在被偵測到之前，有沒有自身的極化值，若執行這個實驗，我們只會在偵測到光子之後，才知道其極化值，而不是之前。

1964 年，約翰・貝爾（1928～1990）開始思考一個問題：有沒有任何辦法可以修改 EPR 的狀況，來實際執行 EPR 實驗，好告訴我們一些有意義的事。事實上，他真的找到一種有意義的方法來修改這個實驗，貝爾最後得到的結果就是一般所謂的*貝爾定理*，或*貝爾不等式*。就如其名，貝爾的結果基本上是種數學證明，然而，如果我們把它想成是一種實驗設計就比較簡單，而這也正是我接下來要描述的方式。

貝爾本人以及大衛・墨敏和尼克・赫伯特，一起提出了一些非常棒的貝爾理

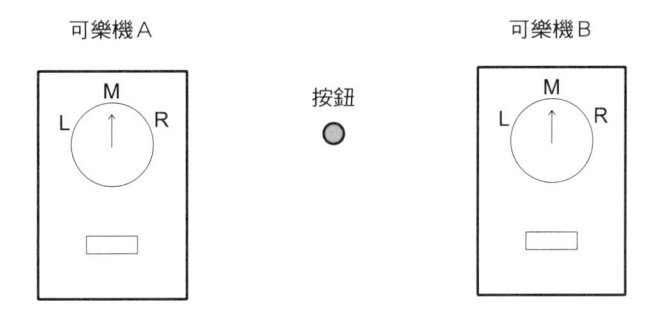

圖 27.2 可樂機比喻

論非數學闡述。接下來，儘管這個可樂機的類比是我想出來的，但其關鍵想法是從他們三人的解釋中最好的部分得到的。容許我在這裡花一點時間，當我們結束後，你就已經完成了一個非正式的貝爾定理的推導。

先從可樂機的類比開始。思考一下圖 27.2。在這套設施中，我們有兩台一模一樣的可樂機，就稱做機器 A 和機器 B。我們也有一個按鈕，每次我們按下按鈕，每台機器便會做出一杯健怡可樂，我就簡稱其為 D；或者做出一杯七喜，因為是「不可樂」（Uncola，以前是這麼喊的），所以用 U 簡稱。每台機器都有一個刻度盤，分別標示 L（左）、M（中）和 R（右）三個位置。

假設兩台可樂機之間，沒有可見的聯絡或連結。也就是說，A 和 B 之間找不到任何線路、無線電聯繫或是任何一種連結。記住這些之後，我們來描述四種情況。

情況一裡，機器 A 的刻度定在中間位置，B 也一樣。假設我們按一百次按鈕，並觀測每次我們按了按鈕之後機器做出的每一杯飲料。假設每一次 A 做出一杯健怡可樂，B 同樣會做出一杯健怡可樂；而每次 A 做出一杯七喜（不可樂）時，B 同樣會做出一杯七喜。此外，我們知道每次機器要作出健怡可樂還是七喜，都

是隨機的。也就是說，儘管這兩台機器每回做出的飲料都是一致的，但只有百分之五十的次數是健怡可樂，而有百分之五十的次數是七喜。

假設我們用 A：M 表示 A 機器上的刻度表轉到中間，同樣地 B：M 代表機器 B 的刻度盤轉到中間。然後我們用 D 和 U 代表這兩種飲料，並把每台機器的輸出記錄下來（舉例來說，A：M DUDDUDUUUD 代表機器 A 設定在中間位置時，得出十杯飲料的結果）。那麼我們就能把情況一記錄如下：

情況一
A：M　DUDDUDUUUDUDDUUDUDDUDUUUDUDD……
B：M　DUDDUDUUUDUDDUUDUDDUDUUUDUDD……
總結：一致的輸出

在情況二，我們把機器 A 的刻度盤調到左邊的位置，而機器 B 的刻度盤維持在中間的位置。當我們這樣設定刻度盤之後，按下幾次按鈕，我們就會發現儘管兩台機器通常會做出一樣的飲料，但偶爾會不一樣。我們發現到，刻度盤這樣調整之後，兩台機器的輸出有百分之二十五的差異。總結如下：

情況二
A：L　DDUDUUDUDDUUDUDUUDUDDDUDUUDU……
B：M　DUUDUDDUDDUUDUUDUDUDUDUDDUUU……
總結：百分之二十五的差異

在情況三，我們把機器 A 的刻度盤轉回中間位置，把 B 的刻度盤轉到右邊的位置。我們再次多按幾次按鈕，結果再次發現，儘管輸出通常正確，但有百分之二十五並不一致。總結如下：

情況三

A：M　UUDUDDUDUUDDDUDUUUDUDUUDDUDD……

B：R　UDDUDUUDDDUDUDUDDUUUUDUDDDUDD……

總結：百分之二十五的差異

在情況四，我們把機器 A 的刻度盤調到左邊的位置（如同情況二），然後把機器 B 的刻度盤調到右邊位置（如情況三）。略過結果，以下是情況四：

情況四

A：L　？？？

B：R　？？？

總結：？？？

現在來想想，當我們這樣轉 A 和 B 的刻度盤時，預期會有什麼樣的輸出。我們來假定以下的狀況：

(a) 兩台機器之間沒有聯絡或連結。

(b) 局部性假設是正確的。

如果 (a) 和 (b) 是正確的，那麼情況二裡百分之二十五的差異，就應該是機器 A 轉動刻度盤導致的結果。同樣地，情況三裡百分之二十五的差異，就只能是機器 B 轉動刻度盤導致的結果。也就是說，如果兩台機器之間沒有聯絡或連結，那麼轉動 A 的刻度盤，就只會影響機器 A 的輸出，轉動 B 的刻度盤，則只會影響機器 B 的輸出。

如果轉動 A 的轉盤，對 A 的輸出產生了百分之二十五的差異，轉動 B 的轉

盤對 B 的輸出產生了百分之二十五的差異，那關鍵問題來了：如果像情況四那樣，兩個刻度盤都轉動，那麼兩者輸出之間的最大差異可以到多少呢？

在繼續下去之前，先暫停下來，了解並回答上述問題。如果你理解其答案，你等於就完成了一個非正式的貝爾定理之演繹。正確的答案為：有鑑於 (a) 和 (b)，情況四最大的差異度是百分之五十；也就是說，如果 A 轉刻度表對 A 的輸出產生百分之二十五的差異，但不影響 B 的輸出；而 B 轉刻度表對 B 的輸出產生百分之二十五的差異，但不影響 A 的輸出，那麼兩個都轉就會造成合併起來最多百分之五十的差異。這個演繹結果——在這樣的情況下，會有最多百分之五十的差異——就是基本的貝爾定理。

當然，貝爾並不是在關心可樂機的輸出，可樂機的情況僅是一種類比。要看出這和量子理論的關聯，我們就把可樂的類比和量子理論連接起來。

假設當我們按下按鈕時，如今不是在可樂機裡製造一罐飲料，而是製造出一對攣生狀態的光子，就像圖 27.1 中 EPR 實驗描述的那樣。但與圖 27.1 裡的

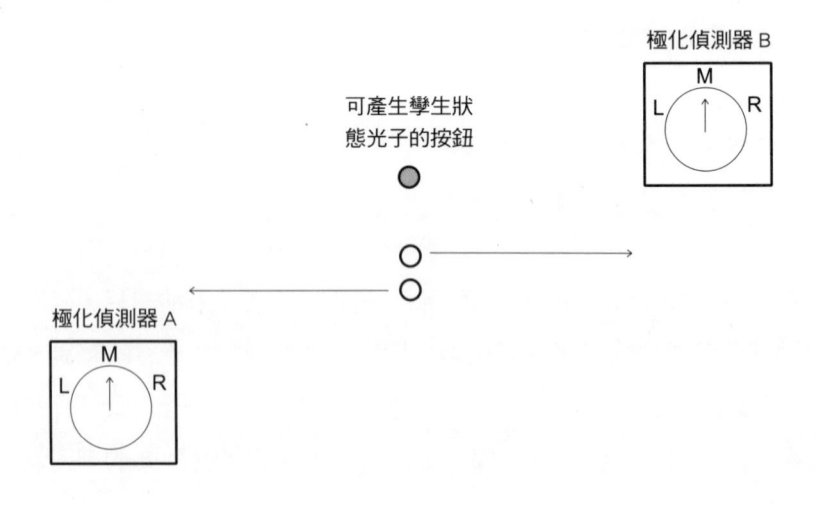

圖 27.3 調整後的 EPR 情況

基本 EPR 情況不同的是，偵測器這次裝了像可樂機那樣的刻度盤，有 L、M、R 三個刻度位置。這個調整過的 EPR 情況呈現在圖 27.3。

極化偵測器實際上可以裝配圖 27.3 中那種等同 L、M、R 的設置。現假設我們進行一些有如可樂機情況那樣的實驗，若我們把兩個極化偵測器都訂在中間位置，然後按按鈕，每次按下按鈕都會產生一對孿生狀態的光子，並送往個別的偵測器。回想一下光子是在孿生狀態，因此只要偵測器是一樣的，光子就會同時測出為向上極化或同時為向下極化。特別的是，只要偵測器設在同樣刻度，光子就會被測出一樣的極化。所以當兩個偵測器都設在中間位置，實驗結果就會完全和前面的情況一一樣，兩個偵測器的輸出會是一致的。

要注意到這只是一個量子事實，即一個量子實驗的輸出結果：兩個偵測器的刻度都設在中間位置，然後把一對孿生光子送過去，輸出結果為兩個偵測器每次收到的一對光子，都是同上或同下。這結果完全符合量子理論預測。

現在比照前面情況二的狀況改變極化偵測器的設定，兩個偵測器不再設於同一刻度，所以我們現在無法預期，從這對光子可以得到一致的讀數。但作為一個實驗事實，這情況的結果會完全和前面情況二描述的一樣。同樣地，這只是一個量子事實，也同樣符合量子理論的預期結果。

接著，像情況三那樣改變極化偵測器。那麼輸出一樣會像情況三描述的結果一樣，而這依舊只是一個量子事實，也是量子理論預期的結果。

目前為止都很好，沒有什麼異常處。但現在把偵測器切到情四那樣，A 調到左邊，B 調到右邊，然後想一想預期會有什麼樣的結果。用和可樂機同樣的記號，上述情況可以如下總結：

情況一

A：M　　DUDDUDUUUDUDDUUDUDDUDUUUDUDD...
B：M　　DUDDUDUUUDUDDUUDUDDUDUUUDUDD...

總結：一致的輸出

情況二
A：L　DDUDUUDUDDUUDUDUUDDDUDUUDU...
B：M　DUUDUDDUDDUUDUUDUDUDUDDUUU...
總結：百分之二十五的差異

情況三
A：M　UUDUDDUDUUDDDUDUUUDUDUUDDUDD...
B：R　UDDUDUUDDUDUDUDDUUUUDUDDDUDD...
總結：百分之二十五的差異

情況四
A：L　？？？
B：R　？？？
總結：？？？

接著，我們來問跟可樂機一樣的問題：如果局部性假設是對的，而兩個極化偵測器之間，沒有聯絡或連結，那兩個偵測器輸出的最大差異量是多少？同樣地，答案（基本上是貝爾定理）是，兩台偵測器之間輸出的最大差異量是百分之五十。

但精彩的要來了：量子理論並不同意這個百分之五十的結果。如果偵測器像情況四那樣設置，量子理論預測兩個偵測器之間輸出的最大差異，幾乎要到百分之七十五。

換句話說，貝爾發現到，根據量子理論做出的預測，以及根據局部性假設做

出的預測，並不一致。也就是說，可樂機類比所說明的簡單演繹，顯示出如果局部性假設是對的，那麼當極化偵測器設定在情況四時，偵測器之間的輸出最多有百分之五十的差異。但基於量子理論數學的預測，卻給出接近百分之七十五的可預期差異度。

簡而言之，貝爾表明了量子理論和局部性假設彼此不相容。不可能兩個都是對的。

阿斯佩的實驗

前面我藉著可樂機的類比所呈現的貝爾定理，基本上是一套實驗設計。如前所述，這整套實驗看起來相對地直截了當。事實上，從技術看這實驗十分困難，當1964年貝爾做出結果時，根本不可能付諸實際執行。然而在接下來幾十年中，有些物理學家致力於實際去執行貝爾式的實驗。其中最優秀的實驗是由巴黎大學阿蘭・阿斯佩的實驗室，在1970年代晚期到1980年代早期所執行的實驗。（如果你有興趣知道的話，執行這套實驗最主要的困難，在於確保兩個偵測器之間，沒有任何連結或聯絡的可能）。

總結來說，阿斯佩的實驗結果顯示，在局部性假設和量子理論衝突之間，量子理論獲得勝利。也就是說，阿斯佩的結果強烈指出局部性假設是錯的。自阿斯佩在1970年代至1980年代進行實驗以來，這些實驗已被不同實驗室，用許多實驗設施複製並證明了許多次。

關於實體本質的觀點，貝爾定理和阿斯佩實驗的結果都有重大含意。阿斯佩的實驗結果是量子事實，而任何可信的實體觀點都必須遵守事實。而這些事實似乎指出，必須駁回局部性假設。

然而，我們在這一點上必須小心。回想一下，局部性假設在上面的討論中描述得相當粗略。因此，我們下一個主要問題就是，得十分小心地討論局部性假

設，藉此釐清貝爾／阿斯佩結果的含意。

局部性、非局部性，還有詭異的遠距作用

回想一下本章的兩個主要目標是：(a) 解釋那些常常聲稱有重大哲學意涵的近期實驗；(b) 分析這些實驗所聲稱的含意，尤其要考慮到那些實驗呈現出，實體的任何『局部』觀點，必定都是錯誤的主張。到這邊我們已經完成了 (a)，並準備好往 (b) 前進。我們先從前面對局部性假設所做的概述開始：

局部性假設（概略版）：除非有某種連結或聯絡，否則在一個地方發生的事，不可能影響另一個地方發生的事。

前面提到，有許多方法可以了解「某種連結或聯絡」這個用語以及「影響」的概念。因此我們的第一個任務，就是讓這些問題更為精準。

有很充分的理由可以相信，光速是一種全面普遍的速度極限。同樣地，我們可以利用這個特性，約束在兩個事件連結的可能性；也就是說，兩個事件發生經過的時間，至少要和光在其間行進所花費的時間一樣長，才有可能是有連結的。舉例來說，我在辦公室打電話至我家這件事，和我家電話在幾秒後響起，這兩件事之間應該有（也確實有）連結。這兩個事件經過的時間，比光行經兩地所需的時間要長，這兩個事件之間才可能有連結。當然，這兩個事件之間確實是有連結的，而其連結的本質也已被充分了解。

相對地，光從太陽行進到地球大約要八分鐘。所以太陽上發生的事件（舉例來說太陽閃焰）和地球上發生的事件（比如說無線電通訊受到干擾），如果相隔不到八分鐘就發生，兩者之間就沒有關連。

利用這概念，我們可以在「某種連結或聯絡」的概念上，增加一個限制。接

下來，除非另外提起，否則我們就都了解「相連」指的是相連的可能；如果兩個事件之間的時間，等於或大於光行進其間所需的時間，兩個事件之間才有相連的可能（甚至可以說，若非如此絕無可能）。如果兩個事件之間沒有這種連結的可能性，我們就會說第二個事件「遠距」發生，或說第二個事件「在遠距處」。

這讓我們更精煉了局部性假設。對於光速的強調，是基於愛因斯坦的相對論，而這種影響看起來是最困擾愛因斯坦的那種影響（愛因斯坦一度把這種影響稱作「詭異的遠距作用」）。有鑑於此，我們這樣描述愛因斯坦的局部性：

愛因斯坦的局部性：一個地方的事件，無法影響在遠距處的另一個事件。

在阿斯佩實驗中，這些事件的確是「遠距」發生的，也就是說，這些事件是那種無法有相連可能的事件（除非相連比光速還快）。阿斯佩怎麼完成這些實驗，是整個實驗設計中，技術上最具挑戰性的部分之一，基本上，它藉著一種等同於在光子抵達偵測器前，就快速且隨機（或至少類似隨機）地改變偵測器位置的調整，來完成這個步驟。簡而言之，阿斯佩修改實驗，讓偵測器位置的改變發生得太快，以至於沒有任何訊號有時間，從一個偵測器抵達另一個偵測器（除非訊號比光速還快）。

在這些實驗中，在一個偵測器上發生的事，確實會對另一個偵測有影響。也就是說，在一個偵測器上發生的事件（改變刻度盤的位置），似乎影響了遠距處的另一個偵測器上的事件（不管偵測器指出向上還是向下極化）。因此，貝爾／阿斯佩實驗顯示愛因斯坦的局部性錯了。簡單來說，看起來一個地方的事件，是可以影響遠距處的事件。

如前所述，用來定義局部性假設，和愛因斯坦局部性「影響」的概念，並不是一個完全清楚的概念。作為本節最後一個（且重要的）主題，值得討論一下關於阿斯佩實驗所指出的「影響」，可以說明什麼又不能說明什麼。

此處,「影響」這個詞往往用來表達有因果關係的影響,也就是說,一個事件造成了另一個事件。我們稍微花點時間,根據因果影響來分析愛因斯坦局部性。我們稱之為:

因果局部性:一個地方的事件,不能因果地影響在遠距處的另一個事件。

貝爾／阿斯佩實驗是否顯示因果局部性錯了?這是個困難的問題,有些人聲稱答案是「是」,有些人則相反。主要的困難點就在於因果概念本身。一般來說,當我們說到原因,我們心裡的範例會像是扔歪的棒球打破窗戶,破掉的玻璃造成車子爆胎;或是手指頭在鍵盤上施力導致按鍵被壓下,從而產生從鍵盤傳送到電腦的電子訊號,如此這類的因果影響。

這種因果影響,透過當前的物理可以清楚了解。如果我們把「因果影響」限定在這種藉著當前物理便可以清楚了解的原因上,那我們就不敢保證說,在阿斯佩實驗中找到的那種影響是因果影響了。同樣地,因為我們不太清楚(真的不清楚)貝爾／阿斯佩實驗指出的影響本質是什麼,這樣的影響便無法納入當代物理所能了解的那種「影響」的旗下。簡單來說,如果我們這樣了解「因果影響」的概念,那麼貝爾／阿斯佩實驗的結果,就不能顯示因果局部性是錯誤的。

另一方面,如果我們用一種更廣義的方式去了解「因果影響」,那麼就有了足夠充分的理由證明,貝爾／阿斯佩實驗確實指出了因果局部性是錯誤的。舉例來說,假設我們了解到「因果影響」適用於(這裡是比較粗略的說法)事件之間有強大連結的案例上,而且是那種不能訴諸任何普遍原因,來解釋的強大連結。(所謂「普遍原因」,我指的是相關事件之所以相關,不是因為其中一個造成另一個,而是兩者皆為另一方的原因或普遍原因。比如說,屋外的溫度計讀出溫度在攝氏零度以下,而附近池塘的水結凍了,這兩件事密切相關。但這兩件事並非因果關係,而皆為另一個獨立的普遍原因,也就是夠冷的天氣所造成的結果。)

我們可以提出充分理由說，貝爾／阿斯佩實驗的結果達到了這個標準——也就是，一個偵測器的設定位置，和另一個偵測器的讀數之間，有著很強的相關性，因此可以充分證明，這個相關性沒辦法解釋為任何普遍原因的結果。簡單來說，如果我們用這幾行字來分析「因果影響」，那麼就有充分理由可以說，貝爾／阿斯佩的實驗結果，確實顯示了因果局部性是錯誤的。

我們要怎麼看待貝爾／阿斯佩實驗結果顯示因果局部性為錯誤的這個問題？首先值得一提的是，這問題並沒有明確的答案，只要清楚描述「因果影響」是如何被使用的話，不管什麼答案都是合理的。我們也看到，這多半取決於「因果關係怎麼解釋」這個複雜問題。因果局部性的問題特別說明了環繞貝爾／阿斯佩實驗結果的問題可以有多複雜，以及看起來簡單的問題可以怎麼快速地變得複雜。

在結束之前，值得思考另一個明白「影響」概念的普遍方式。此時在我心中的是我們可以用來發送訊息的影響。打電話、對窗外呼叫、傳送摩斯密碼等等都是這種影響的例子。這就來到我們所謂的資訊局部性：

資訊局部性：某一地方的事件，不能用來對遠距處發送資訊。

貝爾／阿斯佩實驗是否顯示資訊局部性不正確呢？換句話說，我們能不能利用兩個處在遠距位置的事件之間的影響來傳送資訊呢？舉例來說，我們能不能在地球這裡設置一個偵測器，另一個則設置在火星上，然後利用貝爾／阿斯佩情況在兩地之間即時傳送訊息？

在貝爾／阿斯佩式的設置中，偵測器完全不需要接近彼此。所以理論上，我們可以把一個偵測器裝在地球上，另一個裝在火星上（理論上甚至也可裝在幾千光年外的某個銀河系裡），仍然得到同樣的結果。也就是說，在一個偵測器發生的事件，明顯會即時影響遠距外的另一個偵測器所發生的事。那麼，這會誘使我

們思考，也許可以利用這種影響來對著極遠之處發出即時資訊，而違反了資訊局部性。

假設你在偵測器 A 那頭，也許在奧克拉荷馬州的土爾薩城，而我在偵測器 B 這邊，也許在兩百萬光年外的仙女座銀河系。假設我把刻度盤調到 R 位置。回顧前面情況三和情況四，我們知道，如果你把你這頭的偵測器刻度盤轉到 L 位置，那麼你我的偵測器讀數差異，就會一口氣達到百分之七十五。簡單來說，你只要把刻度盤任意調到 M 或 L，就可以大幅影響兩個偵測器相符或不相符的機率。既然你可以對我這邊的紀錄做出這麼大的影響，那顯然，你應該也能利用這影響，來即時傳送訊息給我。這也顯示資訊局部性是錯誤的。

然而，你其實無法利用這種影響來傳訊給我，因為：為了傳送訊息，你必須要能影響我在記錄中接受到 D 還是 U，就算你只能影響我收到 D 或 U 的機率，這仍然足以形成訊息，所以這點沒有問題：如果你能調整你的刻度盤來影響我收到 D 或 U，你就能夠傳送訊息給我。

但問題在於，你沒有這種影響力。你能影響的只有我的偵測器讀數，和你的偵測器讀數吻合的機率。因此，儘管你能影響我們的偵測器，讓它出現同樣讀數的機率，這對你傳送訊息並沒有幫助。要傳送訊息，你必須要能影響我的偵測器收到 D 或是 U，但你能做的卻只有影響我們兩個偵測器相符的機率。

整個來說，似乎不可能利用 EPR／貝爾／阿斯佩構想中的影響，來傳送訊息給遠距處。所以和最初所見的相反，貝爾／阿斯佩實驗並沒有給我們資訊局部性是錯誤的理由。

結語

整體來說，貝爾／阿斯佩實驗的確證實了愛因斯坦的局部性是錯的。也就是說，實驗顯示遙遠的兩位置上所發生的事件，彼此之間距離是可以有某種影響的

（或連結或相關或用任何你喜歡的說法，但沒有一個詞是完全正確的）。我們也已經看到，關於貝爾／阿斯佩實驗是否顯示在遠距處之間發生事件之間，可有一種因果影響，這問題並沒有明確答案，端看我們怎麼解釋因果關係的概念。此外，我們也看到，儘管確實有某種影響，貝爾／阿斯佩實驗看起來並沒有給我們任何理由，認為這種影響可用在遠距處之間傳送資訊。

那麼，這就留下一個問題：這種影響是什麼樣的影響？至少這個問題我們可以給一個明確的答案。「這種影響是什麼樣的影響？」的答案是：連最模糊的答案都沒有。

第二十八章
演化論概要

前面五章我們看到，新發現如何讓我們重新思索，我們原本對這宇宙最基本且根深蒂固的假設，尤以相對論與量子理論為最。在這章和下一章，我們將探索相對晚近（從 19 世紀中期到現代）關於演化論的研究。一如前幾章討論中所發現的，很快我們就會察覺到，演化論同樣迫使我們重新思考一些普遍而根深蒂固的觀點。

某方面來說，這幾章比前面幾章簡單得多，至少在概念上，演化論遠比相對論或量子理論來得易懂。但從另一方面來說，這幾章其實更困難。難度出自以下幾個事實：對於演化論的最基本面貌，有些特別普遍且根深蒂固的重大誤解，想要取代這些既廣又深的誤解恐怕非常困難；而另一個困難則在於，演化有著許多人難以接受的含意。

在第二十九章之前，我們將先不討論演化論的困難含意，而先專注於兩個較直接的目標。第一個是明瞭演化論的基礎，釐清什麼是演化論以及什麼不是。第二個主要目標是了解演化論，從 19 世紀到今日的發展，並著重觀察演化論如今如何對大部分的生物學，提供統一的框架。

演化論基礎概要

我認為「演化」這個詞常常被當成某種比它本身還複雜的東西。本質上，演化這個詞也不過如此：隨時間改變。為了更為精確說明，在生物學專門領域中有另一個更為詳細的演化定義。不過，即便是基本的演化定義，也必須要以某些特

定方式來了解。舉例來說，我們不會把風化侵蝕造成的地景變化，或是照片因為曝曬而隨時間褪色，都當作演化的例子。但人口隨著時間改變，尤其是一代又一代的人口變化，就會是我們心中認定的例子。簡單來說，我會把隨時間變化稱做演化，同時也別忽略我們實際上指的是一代又一代的群體數量改變。

本節的主要目標是釐清解釋的基礎，其中最知名的相關人物就是達爾文和華萊士（之後會更詳細介紹兩人）。首先，我們從描述演化的兩個基本要素開始。

演化的基本要素

要注意到上述演化定義有個重要特色：這並沒有專指有機生命體。「群體數量」和「世代」是生物學脈絡常用的字眼，但這並非必然。我們可以說車的數量（比如說車的某些型號）或是車的世代（也許是不同型號的個別年份），也可以說個人電腦的群體（型號）數量和世代，或者任何類型的非生物實體。簡單來說，演化這詞不必限定在說明生物數量。

事實上，非生物案例甚至為我們探索演化基本要素，提供了更好的例子。舉例來說，mp3 播放器、手機、個人電腦等生活消費品。回想一下演化基本上隨著時間變化，且要注意到這些產品確實也會隨著時間經歷改變，而且改變不小。

假設我們正在替這些產品為何經歷改變尋找一個概括性的解釋——也就是，可以符合所有例子的概括解釋。詳細過程當然各個產品有所不同，但我們確實可以給出一個直接而普遍的解釋，如下所述。

首先，要注意到剛剛提到的所有商品（mp3 播放器、手機、個人電腦等等），都有大量不同的型號。例如，假設我們把同事和朋友集合起來，一起把手機放在桌上比較，我們會驚訝於各個手機五花八門的不同特色。大螢幕、小螢幕；智慧型手機、功能型手機；有些內建相機，有些沒有；有的用這種服務套餐，有的是那種；有些有鍵盤，有些沒有；有些有打聰明的廣告戰，有些則沒有那麼聰明，

以此類推。簡而言之，我們會看到極為廣泛的變貌。（值得一提的是，要是你知道我現在還在用的傳統手機有多麼原始，你可能會被嚇到，儘管只用了六年，但只要六年尖端科技就可以把它變成徹底的活化石，這真是驚人。這些產品的變化實在太快。）如果你把我們的 mp3 播放器、個人電腦或任何一種大量生產的物品互相比較，也會看到類似的情形。

要注意到，這裡提到的「變貌」是指可以流傳給後繼世代的變貌。一旦某個特殊的類型變化證明有吸引力，公司無疑會確保這個特色會在下一代產品中出現，而其他公司也會模仿這個特色。所以我們面對的不只是變貌，而是可以傳給後繼世代的變貌。

對於手機、mp3 播放器、個人電腦，我們還可以提出第二個普遍觀察，在某種意義下，這些產品也致力於我們所謂的「生存競爭」。雖然這樣講好像太戲劇化，但卻十分貼切，和競爭對手相比不夠成功的產品會停產，很快就不存在了。

當然，決定哪個產品在生存競爭中成敗存亡的關鍵因素，就是我們前面提到的變貌，某個型號有消費者喜歡的特色，就會比有不那麼令人喜歡的特色型號來得暢銷，公司看出這點便會讓受歡迎的特色持續出現在下一代型號裡。相對地，公司一般也會傾向除去消費者不喜歡的型號特色。藉此，這種特色便不會在下個世代再出現。簡單來說，生存競爭讓「哪種變貌會持續出現在下個世代」產生變化。

這些是非常簡單的例子，但說到了重點。探索這類產品隨時間經歷變化的普遍理由，我們得到以下兩個基本特色，分別是：

(1) 變化（可以傳給未來世代的變化），以及
(2) 生存競爭（影響哪一種變化能持續呈現在未來世代中）。

這些簡單要素足以提供一個非常概括且貼切的解釋，來說明 mp3 播放器、

手機、個人電腦這類產品如何隨時間而改變。稍微想一下，我們應該不難察覺到這些要素*不論何時*都存在，幾乎每一刻都能發現這種改變；也就是說，我們幾乎能確定自己可以直接觀察到演化。換句話說，隨著時間變化，說穿了就是這樣簡單而直接的觀點。

前面提到，演化與生物學密切相關。前面的例子和生物演化之間的關連其實也很直接。就如前面的例子，有機體存在著可以傳給下一代的廣泛變貌，有機體繁殖的速度也傾向產出超過可存活數量的個體。所以生物體有如前述的產品一樣，處在生存競爭中。提高一個有機體在環境中存活並繁殖能力的變貌，便有更高的機率呈現在之後的世代中。簡而言之，在有機體找到的廣泛變貌以及有機體的生存競爭，導致了變貌能否持續呈現在未來世代的差異。

｜一些澄清：演化論是什麼，不是什麼｜

演化論的最根本就是「在前述 (1) 和 (2) 的基本要素下，如何隨著時間而改變」這件直截了當的事。儘管核心簡單，卻很容易產生誤解。

在我看來，這其中最嚴重的誤解，在於對「演化論是什麼而不是什麼」有嚴重的混淆，而這裡面牽涉到目的論。尤其是有一種廣泛的錯誤概念認為，演化論是個目標導向的過程，也就是誤以為演化論描繪的改變是為了導向某個特定目標。接下來的一個小節，我們會聚焦在這個問題上，並討論像「高等」或「低等」物種、「較進化」或「較不進化」物種、「原始」或「先進」物種等說法，究竟合不合理。

對於演化論第二個最普遍的混淆，我認為是機率的作用。因此關於這主題也會以一小節的篇幅進行討論，另外兩個之後要探討的問題，相形之下不算是對演化論基本的誤解，但也是種滿普遍的誤解；人們往往在指出別人混淆演化論時，不經意透露出這兩種誤解。這兩個誤解分別是：演化「只是一種理論」的普遍主

張,以及「根據演化論,人類是從猩猩演化而來」的想法。

目的論 演化論流傳最廣、誤解最深的錯誤認知是,像智能、語言、工具使用等是「較高等」或「較好」的特性,因此演化的過程預期會產生有這種特性的有機體。舉例來說,想想這個普遍的問題:如果演化論是正確的,為什麼其他動物沒有發展出人類的那種智能呢?為什麼其他動物沒有演化出語言、使用精細工具的能力,或是直立的姿勢呢?

這個問題透露出來對於演化的混淆程度,一點也不誇大。我蠻有把握地認為,真要去問的話,多數人會說上述問題很合理。如果這是正確的,那就真的顯示出多數人其實並不清楚演化的基本面貌。稍微離題一下,我想提醒一點,我並不怪別人有這樣的認知錯誤。我認為這幾十年來,不論是我個人以及我的學界、教育界同僚,在解釋演化論關鍵部分,以及為非專業人士釐清演化論關鍵面貌這兩件工作上,表現得都嚴重不合格。

待這段討論結束時,我希望已經釐清為什麼上述問題不合理,或者至少說,如果一個人對演化論有正確觀念,就會覺得這問題不合理。首先,除非把演化看作產生某類特質(好比語言、直立姿勢、工具使用,以及我們認為是「進步」的普遍特性,而且不意外地都是和我們自己這物種相關的特質)的過程,否則這問題根本說不通。更簡單來說,這個問題假定演化說到底是一種目標導向、目的論的過程。

但演化不是這種東西。舉凡經過演化過程的生存競爭留下的特性,就是能彰顯對於有機體成功存活並繁殖的有益特性,*不管那些特性是什麼*。在這個脈絡下,就沒有什麼「比較好」或「比較差」的特性,也沒有進步或不夠進步的特性,更沒有哪種物種因為具有哪種特性,所以成為字面上所謂「更高」或「更低」的物種。更沒有哪一種物種算是「比較進化」或「比較不進化」,至少不是這裡所指的那種進化,唯一可以歸類這些物種的方法,就是牠們都屬於存活下來

的物種。牠們能存活下來大半是因為牠們及牠們祖先的特性（不管那些特性是什麼），幫助牠們在環境中存活並繁衍。

簡單來說，演化的過程除了產生恰好能使物種生存繁衍下去的特性外，絕不會導向任何指定的特性。演化過程不是一個目標導向的過程，也就是說，它在任何意義上都不是目的論的過程。（順帶提一下，這領域有些學者聲稱至少有一些演化解釋確實涉及目的論，但即便是這些人，也普遍有共識認為，演化過程在上述討論那種廣泛和誤導的意義下，仍然不是目標導向，也就是說不是目的論的。）

記住這個關於演化論的要點，現在回到本節開始的問題：如果演化論正確，那為什麼其他有機體沒有演化出人類擁有的這些特性？前面提醒過，而我希望現在已經比較清楚了：除非預先就設想人類的特性比其他物種的特性好，且不知為何這特性偏偏是演化過程，從有機體廣泛特性裡萬中選一的結果，否則這問題根本就說不通。但這個預先設想是混淆的，簡單來說，演化的改變不是一個目標導向、目的論的過程。

機率　另一個關於演化論的錯誤概念和機率有關。常聽到人們說，演化關乎機率，但機率並沒有辦法產生我們看到的複雜有機生命，就好像颶風吹過一堆報廢飛機，也生不出一台結構複雜的大客機的道理一樣。

機率確實在演化中起了重要作用。例如，有性生殖與機率密切相關（無性生殖也是，但程度有限），決定後代最後得到什麼基因。像是小行星撞擊地球這種嚴重影響環境的意外天文事件，一般也認為強烈影響了地球上的生命演化發展。大裂谷這種意外的地理過程，分開了原本共存的有機生命群體。還有其他無數的意外事件衝擊了演化改變。

機率無疑在演化中起了不小作用，但重要的是，演化論並不主張演化只依照機率發生，而是依照機率以及*選擇過程*。在前面討論演化基本特性時，特性 (2) 的生存競爭其實是一個選擇的過程。而且無疑地，選擇過程連同機率過程，一起

產生了複雜的形式。

　　針對從機率過程與選擇過程出現的複雜性，這裡再提供最後一個簡單的例子。我們來想想「康威生命遊戲」這個電腦模擬演化的過程，它從基本實體的隨機分裂集合（這集合稱作活體細胞）開始，在其上添加一個極為簡單的選擇過程，造成新的活體細胞誕生或是現存活體細胞死去。儘管這個選擇過程很簡單，卻因為最初的機率分配，造成持續進行且無法預測的過程，結果催生了數量驚人的複雜性。舉例來說，這個機率搭配選擇過程的結果，讓各式各樣的多細胞實體變得普遍。有些多細胞實體會「吃掉」其他實體，有些會以固定間隔產出「後代」，有些會「旅行」（包括長距離移動），有些會以固定間隔射出實體把其他實體「拉」過來，有些會則射出實體把別的實體推走等等。

　　生命遊戲 1940 年首次開發，之後在「隨機事件和選擇過程造成複雜結構和行為」的方法上，繁衍出一整個研究領域。這個領域十分吸引人，但出於我們的目的，這遊戲的要點在於它說明了複雜結構和行為，可以在機率過程遇上選擇過程時形成，正如演化論一樣。簡單來說。我們在本節開頭思考的這類主張：「那種在演化論裡發現的機率過程不可能產生複雜的有機體」，就透露出一種對演化論的基本誤解。

演化論「只是一個理論」　　不難聽到人們輕蔑地將演化論定義為「只是一個理論」。在這小節我們將看到，這主張在某種意義上是對的，但在那種意義上，對了也不代表什麼。在更重要的意義上，這種主張是一種誤導。

　　說這個主張是對的，其實只是在某種無關緊要的意義上正確；因為在這層面上科學的一切都只是理論。我們在前面的章節有看過，在亞里斯多德世界觀的年代，人們相信一個人可以得到絕對確定的科學事實，這不會只是一種理論。但我們也看到，這種科學觀在 17 世紀及其後被取代了，沒有人依然認為任何關於科學的觀點會是絕對確定的。我們反而認為，最優秀的理論只是我們所能掌握

資訊的一種最佳構想。如果你採取實在主義者途徑，它也只是你相信的一種說法（至少有部分是的）。但現在科學沒有哪種觀點被看作絕對可信。所以說演化確實只是個理論，但這種說法只成立在「所有跟科學有關的都只是理論」這種無關緊要的意義上。

另一個緊密相關而值得一提的主題是，和早期科學課教導的相反，「假說」、「理論」、「法則」、「原理」等科學詞彙並沒有清楚而統一的用法。事實上，這些科學詞彙的使用方式相當五花八門。

尤其「理論」一詞，一般來說至少就有兩種非常不同的用法。要看出這一點，想想弦論和相對論這兩個例子。

我們還沒有在本書討論過弦論，但還好只需要提一點背景資料就足以完成我的立論。弦論是更晚近的一種物理主張，它和所有的理論一樣，是設計來處理某一類型的特定資料。值得注意的是，弦論的推論成分很高，某方面來說根本沒有直接實驗資訊可以支持，也因此連這理論的領頭支持者都承認，以當前的技術來看，很難想像有任何實驗設計，可以對弦論的關鍵原則進行任何實驗測試。然而弦論是一種有趣，且確實可行的物理研究領域，也許最後會證明對物理有恆長且珍貴的貢獻，但也可能像某些理論一樣，最後走進死胡同。但這正好說明了「理論」這個詞，在科學中普遍的使用方式：泛指提出一種處理資料的方式，該方式仍在推測當中，尚未受到確證或否證充分驗證。簡單來說，在這個脈絡下，「理論」這詞用來指涉一種有意義但仍含有大量推測、卻還未被經驗證實的想法。

現在來想想「理論」這個詞另一個普遍但截然不同的用法。舉例來說，想一想前面討論過的廣義相對論，通常我們稱之為「相對論」。在這個脈絡下，「理論」這詞的用法和在弦論的脈絡下完全不同。不像弦論那樣，相對論充分經過證實。前面幾章討論過，相對論有相當多經驗支持，因此它不同於弦論，並非一種推論而未經經驗證實的想法。「理論」在這裡的用法，是指一種具有眾多經驗支持，而得以成為最好的觀點，即便這並非這個主題的蓋棺之論，但因為實在太符

合經驗資料,使得其關鍵元素可以留待日後進一步的構想。

在演化論脈絡中,「理論」這個詞的用法是後者而非前者,也就是說,這個詞的用法類似於談到相對論時的那種用法。因此,說演化論「只是一種理論」是種誤導。因為支持演化論的經驗證據極為強大;事實上,支持演化論的經驗,比支持其他任一種當代科學觀點的證據都還要強大。

人類的祖先是猿 本節最後要討論的問題,涉及祖先與後代的問題。「根據演化論,人類的祖先是猿」這種說法並不罕見,通常負面地反映了演化論。某種意義上來說這是完全正確的,但我認為,在這主張一般提出的意義下,這說法是錯誤的。

第一個要注意的地方是,人類並不是源自現有的任何一種猿類。我們血緣最近的現存親戚是黑猩猩和倭黑猩猩。但我們並非源自這兩種猩猩中的任何一種,更不用說其他現存的猿類,比如說大猩猩或紅毛猩猩。理由很簡單:大約在四百萬到六百萬年前,當我們的祖先開始取得我們現在認為和人類相關的特性時,這些現代猿種都還不存在。所以,我們不可能源自任何一種現存的猿類。

接下來,才是思考我們和現代猿類關係的正確方式。類比一下,想像一下你和某個你的血親(也就是,不是來自婚姻關係而是家庭關係的親戚)之間的關係,比如說你和你的表妹莎拉之間的關係,絕對不可能說你源自於莎拉,相反地,正確的想像應該是你和莎拉都共同源自於某個共同的祖先。你要回溯到多遠才能找到這個共同祖先,端看你和你那位親戚有多親。假設是你的兄弟姊妹,那你們最後一個共同祖先就是你們的父母。如果是你的表親(更精確地說,你母親兄弟姊妹的小孩),那麼你們最後的共同祖先,便是你們的祖父母或外祖父母。如果是你的太舅婆,那你就得回溯四代,來尋找你們的共同祖先,也就是你們兩邊的高祖父母輩的其中一對。

簡而言之,正確來說不是我們源自於現代的猿類,而是現代人類和現代猿類

擁有共同的祖先,不過我們沒有辦法僅回溯兩三代就找到最後共同的祖先,而是得要回溯到大約二十五萬代之前,或者五百萬年前,才能找到現代人類和猿類的共同祖先。

順帶一提,有許多物種和我們相近的程度勝於現代猿類。舉例來說,許多其他種類的人存在過,包括尼安德塔人。多數古人類學家(專精於人類起源的人)認定人屬至少還有四個種,可能更多。就共享共同祖先的晚近程度來說,我們和這些人類比起現代猿類,都還要來得更親。然而,我們是倖存的最後一種人類——我們的近親、其他的人類都已經絕種了。

總結有關祖先這一節之前,我們再釐清演化論的一個特色。你我,以及所有人類,和地球上*所有*生命都有親緣關係。也就是說,我們和每一個存活在這星球的生命都有一個共同祖先。前面提到,和現代人類關係最近的現存生物是黑猩猩和倭猩猩,這代表人類和這些猩猩最後的共有祖先,比起人類和其他任何物種的共同祖先都來得晚近。其次和人類最近的現存親戚是大猩猩,但人和大猩猩的共同祖先,距離我們和黑猩猩最晚的共同祖先又更久遠。當我們思考更遠的親戚時,我們得在演化史中回溯到更遠處,才能找到我們最後的共同祖先。這不只符合人類和動物之間,事實上,人類和樹木之間也有最後的共同祖先,只是在這例子中,我們得回到極遠的過去,來尋找我們最後的共同祖先。至於其他細菌、病毒,以及地球上的任何物種與我們的關係也如出一轍。所有活著的有機生命體都是我們的親戚,那些已不存在於地球上的也都是(至少在我們已知的範圍內)。

從 19 世紀早期至今的演化論發展

本章第一節討論過的演化論背後關鍵要素,分別是 (1) 變異(可傳遞給下一代)和 (2) 生存競爭(導致了哪些變異能或不能出現在後代群體的差異),若提到這兩個要素的發展,首先想到的便是查爾斯・達爾文(1809～1882)和阿爾

弗雷德·羅素·華萊士（1823～1913）。本節的主要目標便是概述演化論發展史。

我們會先探索達爾文與華萊士的關鍵見解，接著分別看看 1850 至 1900 年、1900 至 1950 年，以及 1950 至今的發現。

| 達爾文與華萊士的成果 |

達爾文與華萊士的關鍵想法並非前無古人，在他們之前已有少數人提出類似的想法。隨便舉兩個例子，達爾文的祖父——艾拉斯穆斯·達爾文就（隱匿地）曾暗示過類似的關鍵要素。同樣地，在達爾文與華萊士發表演化關鍵成果的三十年前，造船木料專家派崔克·馬修斯也曾明確表達出類似於上述 (1) 和 (2) 的原理。然而，達爾文的祖父主要在他發表的詩中提出想法，而非在任一種科學刊物上。而馬修斯則是在一本海軍用最佳木料專書內提出這些原理，除此之外，他完全沒有推廣或辯護這些關鍵想法過（至少在達爾文和華萊士的關鍵著作發表前都沒這麼做）。簡而言之，達爾文和華萊士身居首功是實至名歸，他們就算不是真正最早發展出這些關鍵想法的人，至少也是率先徹底闡明和辯護這想法的兩人。從接下來的解釋可知，在他們兩人之中達爾文的功勞更勝一籌。

達爾文觀點的發展　在這簡短一節中，我們將認識達爾文觀點的起源，下一個小節則會看華萊士觀點的起源。我要提醒一下，這些小節企圖概述促成他們發現的事件。至於達爾文和華萊士的成果，近年出版了一些書籍，對此做了全面且相當優異的詳盡描述，有意進一步探究所的人可參考本書附錄章節要點裡的建議選書。

1830 年代早期，達爾文接受了與 HMS 小獵犬號同行的這份差事，這最終成為一段環繞世界的漫長（五年）航程。達爾文踏上旅途時還抱持著相當標準的信念，好比說上帝創造了所有物種；而另一個更值得注意的信念是，物種有著定

義其為該物種的關鍵特性。這個觀點之外，達爾文也承襲當時根深蒂固的信念，認為物種是不可變的——物種不會變化，且新物種不會藉由演化或是任何自然過程產生。

在小獵犬號上，達爾文做了大量的觀察和筆記，並收集了大量的樣品和化石。他所收集的樣本和大量觀察讓他察覺到，即便是為同一物種的有機體分類，也會出現驚人的多樣差異。所以儘管達爾文抱持著物種有基本特性的標準觀點出航，但在旅程中他開始質疑這個標準觀點。換句話說，他開始察覺到特性 (1)。

回到英格蘭以及接下來的五年當中（約莫是 1830 年代後半），達爾文完成一系列筆記，他開始探索物種可能經歷「變形」的這種想法。在這些筆記中，我們看到達爾文開始確信，新物種是可以形成的。但這又給他帶來解釋新物種如何產生的難題，他便開始苦思這個問題。

我們已經注意到達爾文是如何從他在小獵犬號上的工作察覺到特性 (1)。1830 年代晚期，他讀到湯馬斯・馬爾薩斯（1766～1834）的知名著作《人口論》，這著作幫助他察覺到了特性 (2)。馬爾薩斯人口論的一個關鍵是觀察到，包括人類在內的動植物會傾向繁殖超過環境可以支撐的族群量。馬爾薩斯利用這個事實來主張某些社會策略；達爾文發現到，這有助於解決他所專注的問題。有機體繁殖超過環境支撐量的事實導致生存競爭，這一點加上在小獵犬號領略到的有機體廣泛變異，他發現其結果會造成不同變異的個體是否成功的差異。簡而言之，他現在同時有了特性 (1) 和特性 (2)。這就為他所探求的問題，也就是有機體的數量如何隨著時間而變化，提供了解釋。然後從這一點就不難理解到，只要有足夠的時間，(1) 和 (2) 所造成的變化可以緩慢累積，導致有機體的大幅變化，大到足夠形成一群我們能分類為新物種的有機體。

這個過程日後將被達爾文稱作「天擇」。這個術語背後的想法很直接，就如畜牧者藉著篩選有某種特性的馴化有機體並繁衍之，來人工生產自己需要的特性般，自然也會「選擇」某些特性，即那些比起其他特性在生存和繁殖上都較佔優

勢的特性。就如畜牧者進行的選擇,可以稱作「人擇」一樣,自然過程如 (1) 和 (2) 所產生的選擇,也可以稱作「天擇」。

簡單來說,到了大約 1840 年代,達爾文已找到了一種自然而非神賜的機制,用來解釋有機體的數量可以經歷大規模變化,同時也解釋了新物種如何出現。在他解釋中的關鍵要點,基本上就是第一節討論過的特性 (1) 和 (2)。他的確是福至心靈,獲得一個極為重要的想法。

但是,達爾文並沒有發表他的發現,他只和少數可信任的朋友分享這個重要想法。他在 1844 年完成一篇短短(以他的標準來看)不到兩百頁的文章,解釋他的關鍵想法並為這些觀點提供論證和證據支持。但達爾文並沒有打算發表這篇原稿,至少活著的時候都沒有,達爾文只把原稿藏起來並附上給太太的字條,要她在他如有不測時處理原稿的發表事宜。

從他第一次察覺到特性 (1) 和 (2) 到他最終發表想法,足足隔了二十年。這段期間當中,也就是 1840 年代晚期和大半個 1850 年代,他持續不停地工作(直到過世為止,他總是忙著執行一個又一個的計畫)。其中許多工作提供他大量的經驗資料來支援最終的演化著作,為他日後的成果貢獻良多。

簡而言之,等到達爾文有空發表他的高見時,他已經有觀的資料來處理這個題目。正因支持這想法的資料如此豐富,讓他人望塵莫及。當其他人好像有了可以總結為 (1) 和 (2) 的關鍵想法時,達爾文早就不只有想法,還有龐大資料可以佐證。

華萊士的觀點發展 1840 年代晚期,當達爾文正從事各種其他計畫時,阿爾弗雷德·羅素·華萊士正準備開始未來眾多旅程中的第一趟;而這一連串的旅程至少在某些意義上,會讓人聯想到達爾文的小獵犬號旅程。然而,達爾文和華萊士的差異卻是很顯著的。華萊士不像達爾文,他並非來自富貴名門,他缺少接受大學教育所需的社會資源,因此付不起學費。和達爾文不同,華萊士得靠著將收集

到的樣本寄回英格蘭，賣給有錢的收藏家，才能自食其力。

某方面來說，華萊士比較倒楣。舉例來說，經過四年的旅程，華萊士搭乘的那艘滿載著觀察筆記和物種標本的船，在返航英格蘭途中失火，而他大半的標本（除了那些稍早就運回國的）和筆記本隨著船一起沉沒大海。

但很明確的是，就和達爾文一樣，在旅途中華萊士觀察到的有機體變異極為廣泛，尤其是那些應該由同一個核心基本特質所支配的眾多有機體，其變異的程度之大令他十分震撼。同樣明確的是，華萊士當時也開始質疑一般觀點，就像達爾文一樣，他開始思考有機體的數量會隨時間而大幅變化，而新物種可能會由此而出。

但也像達爾文一樣，華萊士這時並不曉得這樣改變是如何發生的，或說新的物種要如何誕生，但他已有足夠信心認為新物種確實會誕生，便在 1855 年發表了一篇短文說出了上述內容，但這論文並沒有針對變異的原因提出解釋。換句話說，就像達爾文的生涯此時所處的階段一樣，華萊士只有整個拼圖的頭一片，也就是特性 (1)：有機體發展出廣泛的變異。

根據華萊士的紀錄，在 1858 年初的下一趟旅程（有鑒於他的第一趟旅程就遇到火災沉船，並在救生艇上度過一週才被救起，我們實在應該讚揚華萊士的不屈不撓）中，他忽然想到了特性 (2)。不管怎樣，因瘧疾高燒在病床上掙扎了幾天之後，華萊士表示他忽然想到了特性 (2)，並察覺到這和他先前觀察到的物種變異加起來，就能解釋有機體的數量改變。和達爾文一樣，他發現這個機制可以解釋新物種如何出現。

病癒後，華萊士立刻寫下一篇關於這個關鍵想法的簡短解釋（大約二十頁）。或許可說是命運的捉弄，華萊士居然把這封信寄給了達爾文。我會說這是捉弄，是因為華萊士不知道達爾文和他英雄所見略同，也不知道達爾文會對這個想法如此有共鳴，甚至在二十年前就深信這個想法了。

華萊士把論文寄給達爾文，似乎是為了達爾文的人脈關係。回想一下華萊士

和達爾文是在很不一樣的社交圈裡活動。達爾文和英國科學家最傑出的大人物有深交，而華萊士沒有這樣的人脈。所以華萊士在論文的附函上詢問達爾文，能否幫他把這論文轉交給那些傑出人士。

當達爾文收到華萊士的論文時，他整個方寸大亂。華萊士的論文標題〈論變異從原形無限分化的趨向〉差不多說明了一切。在這短短的論文中，華萊士成功地定義變異的特性 (1)。華萊士的要點（達爾文也有此想法）是，群體可以展示出無限種與祖先不同的變異，這點完全違背了當時盛行的物種有絕對基本核心特質的觀點。在華萊士／達爾文的觀點中，物種的標準觀點徹底錯誤，物種並沒有一套核心特質。相反地，一個群體內的成員可以出現差異，而且就如標題所說的，可以無限地產生差異。

關於特性 (1) 中對於變異的核心想法，華萊士論文中所展現的觀點和達爾文過去二十年思考和寫作（但並未發表）的幾乎一樣。至於特性 (2) 生存競爭導致擁有不同變異的個體產生是否成功生存的差異，華萊士寫的又和達爾文過去二十年思考和寫作的如出一轍。事實上，華萊士論文中的用詞甚至和達爾文常用的相同，也就是我在本章使用的「生存競爭」。簡而言之，達爾文搶先但未發表的寫作和華萊士的論文，其關鍵想法實在太過接近，簡直難以分辨。

這是個很微妙的狀況。達爾文確實比華萊士更早就有了這關鍵想法，但他完全還沒準備要發表的內容。簡而言之，後來這微妙的狀況多少算是解決了，也多少算是皆大歡喜：達爾文的幾個朋友安排華萊士的論文和達爾文 1844 年的原稿，以及達爾文準備的新摘要，一起在 1858 年倫敦科學學會即將揭幕的會議上發表。

然而，華萊士和達爾文關鍵想法的發表，並沒帶來什麼衝擊，也沒有引發什麼討論。其後不久，達爾文針對這關鍵想法著手進行一套延伸呈現與辯護，隨後將之命名為《論處在生存競爭中的物種之源始》。

達爾文的《物種源始》 　前面提到，在達爾文和華萊士的理論發表後，達爾文轉

而致力於原稿的發表。這最終成為一部影響力深遠的大作。本節的主要目標就是對該著作提供簡略概述。

在發表前的十多年中，達爾文針對他的關鍵想法進行了詳盡又學術性的全面呈現；此外，他也準備了詳細的呈現和圖片。結果，這份原稿被達爾文稱為他的「大作」擴張到幾百頁的厚度，卻始終無法完成。不過，達爾文很聰明地另闢蹊徑，著手進行一份嶄新且沒有那麼厚的報告，來向廣泛大眾表達他的想法。這著作直到1859年年底才完成並發表，命名為《論處在生存競爭中的物種源始》（現在的標準稱法是《物種源始》，有時甚至只叫《源始》）。

1858年華萊士用二十頁的論文來闡述一個理論是一回事，但要為一個理論辯護並提供不可抗拒的論點，那又是另一回事；達爾文做的就是後者。對我來說，《物種源始》就如前面幾章所討論的牛頓《原理》一樣是關鍵之作。正如牛頓為他的關鍵想法，提供緩慢累積的支持證據，直到最後才透過《原理》一書將他新想法中令人讚嘆的解釋力端出來，達爾文的《物種起源》也是如此。達爾文小心地呈現關鍵想法來積蓄能量，就像《原理》一樣，直到全書尾聲才展現出這個關鍵得新想法令人讚嘆的解釋力量。（用此書最後一章一個常被引述的詞來說，達爾文這本書可謂「一個漫長的論證」，這個描述十分貼切。）

構成《物種源始》的十四章之中，頭四章包含了前述的關鍵部分，我們接著來稍微說明一下這幾章內容。達爾文在第一章〈馴化下的變異〉中，專心討論幾乎毫無爭議的人擇主題，也就是藉著選擇繁殖，刻意在馴化動物上培植某些特性的主題。他在這一章中以人們熟悉的案例，強調馴化動物中可以找到的變異範圍有多麼驚人，以及這種人工選擇幾乎可以生產出永無止盡的變異。

下一章〈自然下的變異〉，專注於關鍵特性 (1)，也就是確立野生動植物群體內有著數量驚人變異的事實。這裡就和其他地方一樣，達爾文利用他幾十年來的大量觀察和筆記來確立野外中的驚人變異。

接著在第三章〈生存競爭〉中，他聚焦在關鍵特性 (2)。行筆至此，所有的

論證和證據幾乎都無可否認。所以到了第三章，達爾文已提供有說服力的論證和證據來支持關鍵特性 (1) 和 (2)。

本章第一節已提過，每當你遇到一個具備這兩種特性的情況，隨時間而改變的變異就必然發生。在第四章〈天擇〉，達爾文對這點直言不諱。他藉著比對天擇和第一章的人擇，單刀直入地說明他的論點。也就是說，就像人擇在馴化動物群中產生的驚人變異量一樣，我們也可以預期天擇會在野生有機體的種群內產生大規模的變異。他再次利用他的經驗和資料來論證，針對野外各種有機體之間的關係，這種解釋比其他任何一種都還要好。

簡而言之，到了第四章結尾，達爾文已充分有力地說明了天擇必然發生，且效應類似人擇的效應，也就是有機體可以和其祖先有著無限的差異。此書剩下的部分處理各種主題，舉例來說，對理論的反駁、地球年齡的問題、是否有夠長的地質時間讓小規模變化累積到足以產生今日所見的廣泛有機體，以及化石紀錄的不完整等等。

前面強調過，華萊士和達爾文的關鍵想法和當時一些根深蒂固的信念相反。科學社群需要《物種源始》這樣一本書來提供有力的例子，說明這些根深蒂固的觀點是錯誤的。但只有達爾文，藉著他驚人的資料收集量和極為廣泛的事實觀察，才能寫出這樣的一本書。

1850 年至 1900 年的演化論概觀

《物種源始》的評價　《物種源始》意外大賣，達爾文有生之年見證這本著作再版六次，且每次都有數刷。此外，這部著作也翻譯成多種語言，很快就廣為人知。

然而，19 世紀接下來的幾年中，甚至到 20 世紀的頭十年前後，達爾文的關鍵想法仍然只有部分為人所接受。達爾文所認為的演化觀點，也就是有機體的群體數會隨時間而變化以及新的物種會誕生，都有被廣為接受。這本身已是一大成

就，因為物種不可變化，且新物種不會誕生的這種觀念，不僅先於達爾文，且在他的時代仍是標準信念。

比較意外的是，達爾文和華萊士所謂「天擇是演化出現的主要機制」的觀點，直到 20 世紀的頭幾十年依舊被強烈駁斥。結果證明，關於天擇是演化背後推力的這件事，達爾文和華萊士完全說對了。現代演化論察覺到其他幾種讓演化發生的手段（在下一小節會概述），但時至今日，天擇仍被看作演化背後最重要的因素。

了解 19 世紀後人們多不情願接受天擇說，有助於提醒我們在那個時期，人們對於特性一代傳一代的手段仍一無知。相較於今日，即便你沒上過生物課也不熟悉遺傳細節，至少還聽過特性從一代傳遞至下一代，和某種牽涉基因和 DNA 的遺傳「因子」好像有什麼關係。

但這些常識的絕大部分直到 20 世紀都還不為人知，甚至沒有人猜測過。相對地，當時較為普遍、關於遺傳怎麼發生的推測，大致上都不符合「演化基本上因天擇產生」這樣的想法。當時有好幾種遺傳觀點，其中兩個特別要提一下。第一個或許可稱作遺傳的*混合*觀點，第二個則被一般稱作拉馬克的遺傳觀點。

遺傳的混合觀點基本上就如其名。其要點是特性從一代傳遞至下一代，牽涉父母特質混合的過程。舉例來說，如果雙親一個高一個矮，那普遍的觀點認為，後代會獲得一種混合高與矮的特性，因此傾向於中間身高。不過，這個觀點最後被證明多半是誤導，若不是我們從近年發現中得到的知識，這其實還算是個合理的遺傳說法。

值得一提的是，這個遺傳的混合觀點與天擇的想法無法完美相符。假設一個有機體，不管是用了什麼手段獲得一種增進生存能力的不尋常特性，然後多少因為有了這特性，這個有機體得以存活下來並繁殖。如果這個有機體和一個沒有這個有利特性（這特性很可能是全新的）的配偶有了後代，那麼在遺傳的混合模式中，其後代就只能得到這個特性的稀釋版，也就是和另一個恐怕比較劣勢的特性混合起來的特性。一代過後，這個特性又會被再稀釋一些，直到你很難看出這個

特性還有什麼優勢可言。

簡單來說，天擇不符合混合版本的遺傳。遠在離《物種源始》動筆還十分久遠的 1830 年代，達爾文就察覺到這個潛在的問題，但當時他一直未能形成一個完整而具說服力的回應。關於這難題的正確答案，最後證明混合模式是錯的，但直到進入 20 世紀為止都還不為人所了解。

當時（實際上可以回溯到更早以前）的另一個著名而普遍的觀點是拉馬克觀點，這個名稱來自讓—巴蒂斯特·拉馬克（1744～1829）。拉馬克是個影響深遠的法國生物學家，1800 年左右他是「新物種可能誕生」觀點的早期少數辯護者之一。拉馬克的觀點有部分是關於「遺傳物種所獲得的特性」。其核心想法是，在一個有機體的一生中，能夠獲得某些特性——比如透過努力運動中得到強壯的肌肉——然後可以將獲得的特性傳遞到下一代。

如果拉馬克的遺傳觀點是正確的，那麼天擇就沒有什麼可以發揮了，儘管很多拉馬克派的人認為天擇還是有一點點作用。但在這個觀點上，「遺傳物種所獲得的特性」就是有機體獲得新優勢特性的主要機制，而天擇的作用就變得很小或是沒有。

順帶一提，要注意到拉馬克在那時代是個大人物，在其漫長而傑出的科學生涯中有著重大貢獻。關於「遺傳物種所獲得的特性」這點，最終證明他錯了，而他也不幸地因為這個不正確的觀點，以負面形象留存在人們的記憶和書寫中。但這對拉馬克並不公平。他的觀點在當時可說相當合理（舉例來說，達爾文就接受這觀點，儘管他覺得這觀點起的作用完全比不上天擇）。

遺傳的混合觀點和拉馬克觀點，並不是當時僅有的觀點，但這兩個最為普遍，而且最適合拿來說明，當時的遺傳觀點，一般而言並不能指出天擇為演化背後的主要機制。

總而言之，在 19 世紀後半，因為《物種源始》的發表，一般人普遍接受演化確實發生，而新的物種確實會透過某些機制誕生，然而那機制卻不是天擇的機

制。這種質疑替尋找機制的研究開啟了大門。20 世紀的科學家最終理解到達爾文和華萊士是正確的，天擇確實是關鍵。在了解這些 20 世紀的發展前，我們先來看看 19 世紀後半另一個關鍵成果——孟德爾遺傳研究工作。

孟德爾的基因學　大約在達爾文發表第一版《物種源始》的同時，格雷戈爾・孟德爾（1822～1884）也在進行特定品種豌豆的一系列繁殖研究。孟德爾在 1860 年代中期《物種源始》發表後沒多久就發表了他的論文，如今這被認為是洞悉遺傳運作的重要研究。孟德爾的研究現在相當有名，但要到 20 世紀初期，人們才認清他的研究有多重要。接下來簡述孟德爾對遺傳的洞見。

首先，孟德爾確立了一個和主流相反的觀點：至少對某些特性來說，遺傳並不是透過混合特性來進行。反之，至少有些特性必須藉由某種遺傳因子來傳遞，而這種遺傳因子是種從親代傳遞到子代時沒有變化的因子。（這些因子日後將稱作基因。）

第二，孟德爾的研究顯示，至少就某些特性來說，子代的特性是從雙親各自繼承一個而來的。第三，孟德爾表示，至少就某些特性來說，即便子代沒有顯現出親代的特性，那些特性仍會出現在更下一代。換句話說，有機體可能有不表現出來的特性因子，但可以傳遞下去而在下一代才顯現出來。（孟德爾察覺到的差異，日後將被描述為有機體的*基因型*和*顯型*差異，前者是所有從親代獲得的遺傳因子總和，後者基本上則是該有機體展現出來的特性。舉例來說，豌豆的某個顯型可能是矮株，然而其基因型的一部分可能有未顯現出來的高株遺傳因子。）

在上述討論中，我重複使用了「至少在某些特性上」這個詞語。孟德爾的著作十分縝密，顯示出至少在他所研究的有限特性上，上述的觀察洞見是成立的。但仍有許多不在他調查內的特性，對那些未調查的特性來說，維持混合遺傳立論似乎仍然合理。多少因為這樣，孟德爾的研究工作在他有生之年儘管並非默默無聞，但一般而言也不被認為有什麼廣泛影響，因此也沒造成什麼衝擊。

然而，到了 1900 年孟德爾的著作重新問世，在新的遺傳研究脈絡下，人們從此認為他的研究工作對了解遺傳有著重大貢獻。

| 1900 年至 1950 年的演化論概述 |

本節我們將概述 20 世紀前半期演化論的發展。在這世紀初孟德爾的成果重新出土，關於如何詮釋這成果以及天擇所起的作用（前提是有可察覺的作用），開始有了活躍的論戰。我們先從概述這個爭論開始。

20 世紀早期：漸進主義者和突變論者　　前面提過，在《物種源始》發表後，儘管對於演化進行的手段仍有眾多爭論，演化存在一事已被普遍接受。19 世紀晚期至 20 世紀的頭幾十年，關於演化採取何種手段形成兩個主要陣營。按慣例，本節我將分別稱其為「漸進主義者」和「突變論者」陣營。

這兩個群體之間的爭辯非常活躍，除了在推動演化的主要機制上爭論外，這兩個群體對於科學的哲學態度，也互不相讓。舉例來說，理論訴諸不可觀察的理論實體是否正當？或是那樣的實體是否該出現在嚴謹的科學中？這兩個團體對於演化的變化速度和節奏也看法互異，其中達爾文思想和漸進主義者認為是小規模逐漸進行的，而突變論者則相信是非連續且跳躍地進行（基本上「突變論」的英文意指大動作或大跳躍，因而得名）。這兩個團體也採取了不同的基本研究途徑，其中突變論者專注於實驗工作，這團體產了一些早期的重要遺傳實驗成果，也是現在普遍使用果蠅做為模式有機體的先驅。他們也製造了現在的常用語「基因學」、「基因」和「突變」。相對地，漸進主義者比較像是訓練有素的數學家，其強項在於統計分析，因此他們的方法傾向理論性而非實驗性，這個陣營針對演化能不能運作，產出了大量的關鍵數學結果。

一如科學常常發生的，這兩個陣營展開了激烈的爭論。當孟德爾的成果在

20世紀初重新出土，雙方陣營都意識到其重要性，卻以不同的方式詮釋。簡單來說，突變論者接受孟德爾的結果，並視為所有遺傳進行的模範。不過，他們認為，孟德爾的遺傳模式並不符合「演化藉由緩慢累積天擇的小量改變而進行」的觀點，相反地，演化應該是大幅跳躍間歇進行的。簡單來說，他們接受孟德爾遺傳模型作為遺傳普遍進行方式的代表，這使他們反對天擇在演化中起了重要作用。

相對地，漸進主義者接受天擇，並視為演化背後的主動力，也接受演化藉著小變化的緩慢累積而進行。不過，他們也接受突變論者「孟德爾基因學不符合天擇作為演化發生的主要手段」的論點，因此認為孟德爾模型，應該只適用於有限的特性。簡單來說，他們接受天擇為演化背後的主要機制，但他們反對孟德爾的範例作為普遍的遺傳模式。

作為一個總結，一個陣營（突變論者）接受了孟德爾模式作為所有遺傳的模式，而且從這（結果證明是錯誤的）得出天擇不可能起主要作用的結論。另一個陣營（漸進主義者）接受天擇，作為演化背後的主要機制，但做出了孟德爾模式不可能是一般演化進行的模式（最後證明是錯誤的）的結論。簡單來說，最終證明這兩邊陣營都對了一部分，同時也錯了一部分。

在20世紀的頭幾十年，標準的觀點認為突變論者和漸進主義者的立場是不可能調解的，然而下一個主要發展帶來了驚人的發現，就是這兩個陣營的核心主張其實互相符合。承認兩個陣營的相容促成現在一般所謂的「新綜論」或稱「現代演化綜論」。下一小節會概述這個現代演化綜論。

現代演化綜論　1920年之前不久，未來所謂的「現代演化綜論」中的關鍵早期人物羅納德・費雪（1890～1962）開始進行調查，想了解突變論者和漸進主義者之間的僵局是不是真像看起來那麼難解。順帶一提，費雪並不是第一個走上這條路的人，但他的成果較為豐碩。簡單來說，費雪最後展現出一個同時被突變論者和漸進主義者接受的觀點，即「進化基本上藉著天擇手段進行」和「孟德爾基

因學作為遺傳的普遍模式」其實並非絕不相容。

　　接下來將近十年，費雪成為發展一條數學途徑的關鍵人物，這條數學途徑大半符合漸進主義者陣營的早期結果，但也同樣符合突變論者的經驗發現。重要的是，費雪在這個領域的關鍵著作——1930 年發表的《自然選擇的遺傳學理論》——中指出，和普遍接受的觀點相反，孟德爾基因學其實完全符合「天擇是演化背後基本機制」。

　　費雪的著作以及當時其他關鍵人物的著作，為演化研究的一個重要領域「群體遺傳學」提供了基礎成果。簡而言之，群體遺傳學專注在有機體群體的基因構造，尤其專注於群體中的基因分布如何隨著時間變化，也就是，群體怎麼演化。

　　群體遺傳學早期的工作者察覺到四個促進演化的因素並研究它們，這四個因素分別是：天擇、基因漂變、基因流動，以及基因突變。這四個因素至今仍然廣泛被看作演化發生的四項機制而受到廣泛研究。我們已經討論過了天擇，一般也同意天擇是演化的基本機制。簡短描述其他三個演化因素：基因漂變指的是因為偶然事件造成群體中的基因構造改變。舉例來說，由於天然災害導致大量群體死亡，這樣的偶發事件會造成群體中的基因構造改變。基因流動指的是因為遷移造成全體中的基因構造改變。比如說，五百多年前遷徙至北美大陸的歐洲人口導致新的基因混合。最後，突變是放射能以及影響 DNA 的化學因素造成 DNA 變化，所導致的基因構造改變。

　　群體遺傳學的成果提供了範圍異常廣泛的結果和資料，形成一個綜合體，包括在自然環境裡研究群體數量，所做的田野調查、利用果蠅和其他模式有機體所做的實驗室可操作研究，以及能算出什麼出自演化因素的數學計算，還有各種其他領域的研究等。如前所述，這個綜合體現在一般稱作*現代演化綜論*，而這個綜合體將演化論帶入一個幾乎包含所有生物學研究領域的統一整體。就如群體基因學知名學者費奧多西・多布然斯基（1900～1975）於 1973 年發表的一篇文章標題（經常被引用）所言：「除非有演化論，否則生物學的一切都說不通。」

簡述20世紀早期，遺傳學的物理基礎之研究成果　前面提到，幾乎每個從來沒修過生物課或是對生物學只有一點背景知識的人，至少都聽過遺傳的物理基礎和某種遺傳單位，如染色體、基因和DNA之類的東西。尤其在過去一百年中，我們對這理論的理解發展得最令人印象深刻。這一小節將概述20世紀前半的早期研究成果。

染色體的存在，以及它們在細胞分裂時的分配方式，在19世紀晚期第一次被發現。20世紀初期，研究者開始猜測染色體可能與遺傳有關。沒過多久，就確定這點是正確的。幾乎就在同時，「基因」這個術語也被創造出來指一個遺傳單位。很快地科學家也發現，基因不管其構造為何一定會出現在染色體中。

另外兩個發現對於日後分子基因學領域的起步十分關鍵，因此也值得一提。到了1930年代，已經闡明染色體包含DNA。DNA結構的發現最終成為解開遺傳分子過程的關鍵。此外，科學家也發現蛋白質是不同有機體之間構造功能差異的關鍵核心，而在1940年代闡明了基因必定以某種方式提供蛋白質編碼的方法。

所以到了1950年左右，有關遺傳關鍵結構的整體概述已被確認了。1950年代初期DNA結構的發現，緊接著DNA如何為蛋白質編碼的解密，都為20世紀後半展開了全新而創造力豐富的研究大道。

| 1950年至今的演化論概述 |

1950年代早期發現了DNA的分子結構，且從DNA的結構看來這對遺傳起了關鍵作用。接著，科學家很快就認定DNA確實為維生所需的蛋白質提供了潛在的基因密碼，而這也說明了不同有機體或不同物種之間的差異。一個關鍵的研究計畫揭開了DNA如何為蛋白質編碼的秘密，雖然仍有許多細節要補充，但到了1960年代中期，遺傳分子的基礎全貌已獲得充分了解。

另一個巨大轉變發生在1960年代晚期至1970年代初期，當時發現了所謂

的*限制酶*，這是可以將 DNA 在可預期的點上切斷的酶，它們提供了一種嶄新且好用的研究工具。限制酶讓研究者可依其控制切開並重組 DNA，而將基因開啟或關閉以更了解其功能，並讓 DNA 和基因可以定序（也就是讓人可以獲得詳細到一個分子一個分子的基因結構圖），以及開展了各種其他的研究方向。這又促成了整個基因組（也就是整套基因）的定序。尤其到了 1990 年代初期，人類基因組計畫基本上辨認出人類的整體基因架構，藉著極高的正確度，類似的研究也辨認出其他幾種複雜有機體的完整基因結構。我們現在所擁有的資訊量非常驚人，這一點也不誇大，況且每天都還有大量得新資訊加入，包括範圍極為廣泛的有機體基因詳細構造。

前面提到，在 20 世紀前半，現代演化綜論展現出演化論如何自範圍廣泛的生物學領域完成綜合的工作，包括了調查有機體自然數量的田野生物學家、製造可控實驗的實驗室生物學家、基於數學計算的調查者、已滅絕有機體的研究，以及人類起源研究等。而分子遺傳學在 20 世紀後半的的興起又為這綜論錦上添花。

結語

在本章第一節，我試著以平易的方式提出演化關鍵面貌的一些案例，並釐清什麼是演化而什麼不是。第二節我一路從達爾文和華萊士到現代，追溯演化論的發展，同時指出演化論如何給多種生物學提供關鍵想法。

過去一百五十年裡，我們對我們的起源和整個生命的了解，要說非常龐大一點也不為過。這確實是一段了不起的日子。這一章的焦點主要是放在演化論的基礎事實和歷史發展上。然而開頭時我就提到，演化論興起了一些困難而富爭議的問題，多半是更哲學而概念性的本質問題。下一章我們將探索其中一些難題。

第二十九章
演化的哲學與概念含意

上一章我們專注於相對較無爭議的主題。我們探索了演化論的基礎，包括什麼是演化論、什麼不是，我們也概略看過演化論的歷史發展。本章我們會探索演化發現的含意。這些含意複雜而有爭議，我們將會發現，演化論迫使我們面對問題，其中某些面向可能令人不快。本章的主要目標就是去了解這些問題。

毫不意外地，演化論掀起的問題比我們能在一章篇幅裡討論的還要多。接下來，我將專注在兩個我認為最有價值的問題上，分別是演化論在宗教信仰上以及道德上的含意。

在宗教上的含意

本章的主要目標是探索演化論在宗教信仰上的一些含意，以及對這些含意的不同觀點。我們先從一些背景資訊開始。

背景

回想一下在亞里斯多德的年代，上帝，或至少某個像上帝的什麼，是用來解釋天體持續運動所必須的。藉此，上帝，或某個大概像上帝的什麼，在宇宙運行的關鍵科學理論中起了重要作用。

但就如我們所見，17 世紀的新科學將天體運動完全改以自然術語來解釋，其中以慣性原理，和對萬有引力的理解最為關鍵。簡單來說，17 世紀時的人們

發現，不需要一位上帝或是諸神，就能解釋他們過去兩千年來解釋的事。

藉此，17 世紀的發現有了相當重要的宗教含意，這些發現將每日宇宙運作需要上帝或諸神的地方一個個移除了。儘管如此，有機體可見的組織似乎仍需要一個解釋，很難想像一個純自然的解釋。如許多作者所辯稱的，像是威廉・培雷（1743～1805）所言，有機活體的可見組織和設計，都指出一位設計者的存在。在他最被記得的論證中，培雷以錶需要製錶匠做類比──如果我們突然生出一隻錶，有著精細的設計和分工，各個部件共同完成目的，我們應該會立刻說，這隻錶一定是一位智慧設計者的產物。培雷辯稱，在觀察有機活物時也可以導引出同樣的結論。一個有機活物的明顯設計，包含合力達成目標的各個部位，這同樣也指出這活物必有一位智慧設計者。

這種論證一定會遭來批評，而最知名的批評就在大衛・休謨的《自然宗教對話錄》中（順帶一提，他並沒有針對培雷版本的設計論做評論，即便如此，他的分析仍可適用於培雷的論證）。休謨的結論是，這樣的論證頂多只能推演到一個模糊的設計者，而這一點也不像西方宗教的上帝，好比說猶太教、基督教和伊斯蘭教的上帝。不過，儘管有休謨的批評，培雷這種設計論仍持續受到支持。

但就在這一點上，達爾文和華萊士的成果，對那種「有一位對宇宙的一切，特別是地球上的生命，負起全責的上帝」之宗教觀點有著重大意義。演化思想也質疑了人類是特別的，且宇宙有某種整體目的的這種概念。至少在表面上，演化的想像似乎讓人相信，這樣一位上帝，以及一個讓人類佔有某種特殊地位，且充滿目的的宇宙，即便沒有全然違背經驗證據，也只是多餘的設計。

演化論有著壓倒性的經驗證據支持，因此若要遵守經驗證據，就必須接受演化論所提供的總體想像。所以問題來了，一個人能不能接受整套演化論，並持續以始終如一，且誠實知性的態度，相信上帝仍以某種有意義的方式，涉入宇宙發生的大小事呢？換句話說，達爾文的演化想法是否符合普遍，且恐怕是各種版本西方信仰的中心信念──也就是這宇宙有某種整體目的，而人類在其

中是特別的?

環繞這問題的爭辯近年來特別熱門,其中一邊的某些學者,他們的主張簡單來說,就是在演化的構想下,任何傳統概念中涉及並影響每日宇宙運作的造物主,以及任何一種「人類在有整體目的的宇宙中佔有特殊地位」的傳統概念,就算不被證明全然錯誤,最多也只能算是多餘的存在。相反地,另外一些學者聲稱,可以概括性地接受達爾文的演化論和自然科學,並同時相信上帝以有意義的方式,涉入宇宙中發生的大小事;同時這宇宙是有目的的,而人類在某方面來說是特別的。在本節剩下的部分,我的目標是提供這個問題中雙方的思考和論證。

對宗教觀的一些問題

本節剩餘部分,我想要略述其觀點的學者們都同意一件事,或許我們從這一點共識開始,或許會有幫助。有一種主張不難聽見:演化和傳統的上帝之間,只要讓上帝在演化過程中起作用,兩者就可以兼容。這個想法是說,有一位上帝涉入了演化過程,在有必要的時候,祂會將材料混進演化湯裡攪一攪,如此概括地引導了演化過程,以至於這個過程最終和某種天賜食譜,或神聖計畫一致。在這樣的例子中,對這鍋演化湯進行的涉入,包括保證人類是演化中的一個產物。

然而,幾位學者對此都有共識:若嚴肅看待演化論(一般而言還有自然科學),就不能允許這種想法。底下例子也許可以釐清為何不能。在前面的段落以及第二十章討論過,在牛頓理論中,行星軌道藉著慣性原理和萬有引力原理獲得自然的解釋,而不是依據上帝或諸神或其他「不動的移動者」而得到解釋。這樣強調以自然方式解釋自然現象,而不是訴諸超自然力量或人,便是現代科學的核心。因此一個人如果對於嚴肅看待自然科學、嚴肅看待演化論,而保持知性誠實,就必須接受現代科學的這個面貌。

回想一下天擇在達爾文式的構想中有著核心作用。而接下來所有我們要討論

的學者，都會同意天擇的「自然」部分是核心，如果有誰藉著天擇，在演化中加入超自然干涉，比如說讓一位上帝干涉演化過程，這就不叫天擇了，而此人也就沒有嚴肅看待自然科學與演化論。簡單來說，嚴肅看待自然科學意味著，一個受到超自然力量影響的演化發展，不會是一個知性誠實的選擇。

同樣地，我們等下會討論其觀點的學者們，也都同意這一點。光從這最初的同意，我們就可以看出幾個立即而重要的結果。首先，嚴肅看待演化論要求放棄「我們周圍所看到的具體生命、具體有機體和物種，是因為身為某張神聖藍圖的一部分而存在」的想法。包括人類在內，現存於地球上的物種，都是上億年過程中無數次偶發結果的一部分。這樣的偶然包括影響環境，並接連影響有機體生存能力的偶發事件、在族群中逐漸穩固的隨機突變，以及其他無數種偶發事件。有鑑於此，「我們身邊具體的物種和有機體，從很久之前開始就包含在神聖藍圖中，如此而存在」的這想法，並不符合演化構想。

根據上述的推論，人類不可能是演化過程唯一的刻意產物（更不可能是其中一種）。同樣地，嚴肅看待演化論代表著接受先進物種的發展，是許多偶發事件發生所致。舉一個熟悉的例子，有充分的理由認為六千五百萬年前，一次巨大的小行星撞擊大幅影響了環境，並很有可能是恐龍滅絕的主因。恐龍的滅絕為大型哺乳動物的發展以及最終人類的出現開路，如果小行星偏了，演化史就會變得截然不同，人類很可能就不會出現。小行星撞擊只是對演化史起重大作用的無數偶發事件之一。簡單來說，人類的出現就如其他眾多物種一樣，主要是因為這類的偶發事件。嚴肅看待演化構想，就必須放棄人類是演化刻意的產物這種想法。

另外一個也廣泛獲同意的論點也值得一提。如果一個人想要嚴肅看待自然科學，包括演化構想，那麼他就必須允許事件是根據自然因素進行，而不是超自然因素。同樣地，關於具體事件如何發生，自然科學的「自然」部分並沒有為超自然影響留餘地，由此一個人必須駁回「禱告是一種影響自然事件的手段」，這種在西方宗教傳統常見的觀點。對禱告的信念是一種相信超自然因素，能影響自然

事件的信念,這再次不符合嚴肅看待自然科學的定義。

簡單來說,嚴肅看待演化論和整體自然科學,對於宗教信仰,尤其對那種長久以來都是一般西方宗教觀一部分的信念,有著重要含意。那麼,嚴肅看待演化論到底有沒有給任何一點類似傳統西方上帝觀之類的東西,留下一點點餘地呢?

|丹尼特、道金斯、溫柏格等人:「沒有」|

一些傑出的學者,包括物理學家、生物學家、科學哲學家等等,明確地聲稱上述問題的答案是「沒有」。若嚴肅看待演化論和整體自然科學,就不會為任何類似傳統西方上帝觀之類的東西留餘地。這派學者包括丹尼爾‧丹尼特、理查‧道金斯、愛德華‧奧斯本‧威爾森、史帝芬‧溫柏格以及其他眾多人士。

雖然具體的觀點因人而異,但這些科學家普遍的共識是,至要的問題——關於宇宙起源、生命發展、包括特定連續事件如何開展在內的宇宙每日運作等等——都是經驗問題。要處理經驗問題,並形成我們對這類問題的信念,我們必須仰賴我們最好的經驗理論。

對這些學者來說,主要基於上述理由,我們最好的經驗理論(包括演化論)並沒有為西方普世上帝觀這樣的東西留任何餘地。並沒有什麼地方可以讓上帝,用任何一種詳細的藍圖來策劃宇宙。那種關於宇宙和宇宙中生命的詳細計畫,直接違背了我們發現的生命演化源頭。所以這種宇宙與生命有發展藍圖的信念,無法合乎現代科學發現,尤其是演化論。

至於上帝干涉並影響每日事件進程的這種普遍概念,情形也是一樣的。17世紀以來的科學充分證實了宇宙根據自然原理而開展,而過去一百五十年的演化論發展顯示出,這也適用於生命的開展。簡單來說,現代科學乃至於現代演化論提供的生命構想,都沒有為一位干涉並影響每日事件進程的上帝餘留任何空間。

這樣的一位上帝又再次不符合當代科學發展，尤其是演化論。

再重複上一小節提出的論點，演化構想在任何字面意義上都不符合「人有特殊性」的觀點。相對地，我們對生命演化發展的了解迫使我們接受，所有現存生命能在此出現，都是因為大量的偶發事件，這也沒有為「人在某些意義上很特別，是生命演化發展的產物」的信念留任何餘地。

簡單來說，這些學者聲稱，演化論為已發展一段時日的構想，提供了重要的最後一片拼圖。特別是，演化論為最後一種似乎得用超自然解釋才說得通的現象，提供了自然解釋；也就是說，演化論為我們在生物中發現的複雜性，提供了自然解釋。在這一點上，在一個充分了解科學意義且知性誠實的世界觀裡，「上帝有關鍵角色」這種與西方上帝觀有關的信念，或是「宇宙有大尺度的宏大目的」的信念已不再存留餘地。

同樣地，學者也同意我們在此思考的問題——關於宇宙起源、宇宙中連續事件開展的方式、生命的發展——都是經驗問題。既然這些是經驗問題，我們就應該藉著經驗證據，來決定看待這些問題的最合理觀點為何。如果經驗證據主張（也就是這些學者所聲稱的）西方宗教裡的那種上帝無法存在，那就這樣吧。我們必須接受這一點，然後繼續走下去。

｜浩特、歷程哲學和歷程神學｜

上述的論證看起來很有說服力，但有些學者辯稱，一個人其實能以知性誠實的方法，全盤接受自然科學尤其是演化論，但仍然可以相信上帝，或在某些意義上，相信一個西方宗教普遍想像的重要屬性。本節旨在概述此類學者的觀點。這位學者並非唯一堅守「一個人可以全盤接受演化構想，並持續相信上帝」態度的學者，在他近期的著作中，他比絕大多數人都更全面地闡明這個立場。

約翰・浩特是位現代神學家，他十分熟悉演化論，也願意全面接受演化構想

的整體正確性。浩特對前面兩節所說的內容應該都相當同意，舉例來說，他會同意自然科學的「自然」部分以及天擇是至為關鍵的部分；他也贊同一個人如果夠知性誠實，就得接受自然科學尤其是演化論，並沒有為一位干涉演化過程或直接干涉宇宙運作的上帝，留下什麼餘地。

同樣地，浩特同意現代科學尤其是演化論，沒有為宇宙根據某種詳細藍圖發展的信念留下什麼餘地。他也接受人類不可能像西方宗教傳統看待人類那樣，把人視為特別。特別是，人類不可被想像為演化過程的刻意產物。

簡而言之，浩特確實認為現代科學尤其是演化論，對宗教觀有著重大含意。他也認為這種思考，會讓長久以來人們設想上帝的方式產生重大改變。但他看到了當我們嚴肅看待演化並視其為好的改變時，我們所要做出的改變。浩特聲稱，對演化含意的謹慎思考，反而可以導引出一個比西方世界過往所設想都還要好的上帝。因此，浩特談及了「達爾文為神學帶來的禮物」。接下來幾段，我將概述一些浩特認為是達爾文對神學貢獻的內容。浩特的觀點細緻入微，我必須先提醒，接下來都只是這些觀點的面貌之概述而已。

首先浩特聲稱，放棄「有一位多年前創造出一個已完工（或接近完工）宇宙，並詳細執行藍圖的造物主」這種典型概念，是一件好事。要了解他的論證，可以想想接下來這個比喻。假設我決定建造個什麼，為了方便討論，假設是個搭配平房陽台造景的小池子，我打算用天然石頭建造，也許中間還有一個漂亮的小噴泉。我需要先設計藍圖、收集材料，並花了幾天或幾週的時間來蓋它。一旦完工，接下來我還要做什麼？我太太和我一開始應該會很喜歡它，但一年年下去，變得沒那麼喜歡，新鮮感逐漸磨損。我們也許會在池子裡增添金魚或類似的物種，偶爾增添新花樣。但整體來看，對這種興建後沒多久，基本上就完工的成品而言，一旦完工就沒剩什麼事可做了。

這種創造似乎是典型西方宗教擁護者普遍的觀點。舉例來說，近期的民調指出，美國有將近一半的人相信，宇宙的創造是上帝在不到一萬年前開始的，且基

本上開始沒多久就大功告成了。如果問說，世界在一開始的創造之後，然後呢，普遍的觀點是，這世界是證明一個人值得獲得救贖的試驗場。

浩特本人的描述和前面幾段內容並不完全相同，但仍可以大略知道，對於這個在開始造物後沒多久就完成宇宙的上帝，以及世界持續做為一個試煉場而存在的概念，他自己認為不太有趣。上帝一開頭就創造並完成了這個宇宙，接下來一個又一個的世紀上演同樣的劇碼；人們誕生、接受試煉、通過或沒通過，然後這樣的過程重複重複再重複。這看起來實在不是個有趣的上帝概念或造物概念，或世界的整體目的概念。我認為，這就是浩特說「達爾文為神學帶來禮物」時心裡所想的事情。他所看到的禮物迫使神學家重新思考關於上帝、造物和宇宙目的的大問題。

為了替代按照藍圖造物的上帝，浩特想像了一個非常不同的上帝以及一段不同的造物過程。他聲稱這個上帝以及這個造物過程，不只合於現代科學，也更有趣，和深藏於西方宗教的關鍵原理更為一致。他的神學觀點和哲學家阿爾弗列德·諾斯·懷特海德（1861～1947）以及科學／神學家德日進（皮埃爾·泰亞爾·德·夏爾丹，1881～1955）的著作有些關連。這兩人的學說簡介如下。

20世紀初，除了邏輯與數學的重要成果外，懷特海德最密切關注的就是所謂的「歷程哲學」。簡單來說，歷程哲學將過程看得比目的，還更根本且重要。也就是說，原本目的被看作現實的根本成分，而事件、改變和其他過程，則是與這個基本目的之間的交互作用；但歷程哲學反轉了這個秩序。現在過程被視為根本，目的則是由過程和事件來決定。

當然，這不過是過程哲學一個面向最基本的描繪而已，但這足以看出如何從此觀點，讓世界以及世界的目的，只藉由目的以外持續進行的事件、改變、過程和關係而被了解。那麼，這個世界及世上所有東西就不是靜止的實體，而是持續演化的過程。

當懷特海德密切關注歷程哲學時，德日進則密切關注*歷程神學*。不同的歷

程神學家在細節上稍有不同，但整體而言他們都傾向同意，「上帝作為一個獨立的中介者，在創造世界後與創造之物分離」的舊概念，應該被更符合歷程哲學的概念所取代。在這樣的概念下，上帝不是與世界分離的存在，而是潛藏於世界之下正在進行、持續變化且持續演化的過程之一部分（或是其總合，或是其未來）。上帝不再是一個強制干涉世上事件如何開展的參與者，而是與持續開展且根據自然原理開展的過程有所交涉。

同樣地，這不過是對歷程神學的某方面最粗略的描述而已，但已足夠看出歷程神學家，是怎麼以不同於傳統西方宗教觀點的方式看待上帝。浩特在這個歷程哲學與歷程神學的廣泛傳統之中進行研究，並聲稱演化是一種正在進行的造物過程；新的有機體類型，甚至全新物種都正在這個過程中誕生。因此，演化論不僅合乎這種神學，而且還增強了它。

此外浩特聲稱，演化只能在秩序和隨機性都達到正確平衡的宇宙中發生。秩序過多無法讓地球生命發展所需的偶發事件出現；另一方面，一個有太多機會、太多隨機性的宇宙，無法讓過往演化中那種生命發展所需的規律性出現。有了這種在宇宙中可見的秩序與隨機性的平衡（推測可以追溯至宇宙初始時呈現的狀態），宇宙便能在一條康莊大道上開展。宇宙並不是在一條準確且預定的方向中開展，而是大略朝向某個方向開展，這方向包括了智慧生命的最終發展，而這最終的結果不一定是（甚至未必是）人類，或任何一種今日碰巧活著的特定物種。但有鑑於宇宙最初的狀態，浩特認為生命有可能在宇宙的某處開展，而眾多預期會誕生的芸芸眾生之中，某種能了解並認識宇宙的智慧生命也有可能會出現。

所以在浩特的神學中，宇宙不是像蓋水池噴泉一樣，由造物後沒多久就幾乎全部完工的上帝所創造。宇宙也不是創造了之後就按照特定藍圖開展。上帝不會每天計畫宇宙的運作，也不會干涉宇宙每天的運作。上帝不是某種獨立而分離於宇宙之外的「東西」，而是將演化過程包括在內的一種正在進行的不可預測過程，它讓宇宙隨時不同、且每瞬間都有正在進行的造物過程。這可說是一個始終朝向

未來推進的宇宙。浩特有種感覺,那就是上帝可被視為這個宇宙持續被推進的一個隱喻上的未來。這樣看來,上帝緊密地與宇宙相關,也牽涉到為了混沌與秩序平衡而持續進行的造物過程。因此在這觀點中,宇宙就不只是忙著「無意義地漫步」,而是有目的的,這目的牽繫於宇宙約略朝向某個方向開展的方式;這方向根源於確定性與隨機過程的平衡,而能讓宇宙合乎自然原理(包括在演化論核心的原理)開展,然而過程中又有真正的不確定性與不可預測性。

以上是浩特部分觀點的簡略描述。這是一個徹底在科學之外的觀點(接下來會詳述),但浩特堅持這是一個完全接受演化論、也完全接受現代自然科學整體含意的觀點。此外他也聲稱,這個框架仍為一位參與宇宙的上帝留下餘地。這位上帝不是藉由干涉什麼該發生,而是潛伏在宇宙之下,成為過程的一部分。至於人類,在某種意義上是特別的。並不是說宇宙是為了人類而創造,或人類是演化過程的刻意結果;而是說,有鑑於宇宙初始時的最初狀態,以及隨機性和秩序之間的適當平衡,某種智慧生命應該會產生,而至少有一種已出現的智慧生命碰巧是我們。

| 討論 |

簡短回顧一下,本節從一個問題開始:人能否以知性誠實的態度,完全接受演化論以及更全面的自然科學,卻仍相信某種以有意義的方式,涉及宇宙運行的上帝、人類在某方面來說有其特別性,以及一個有某種整體意義的宇宙的存在?前面我們看到許多聲稱答案簡單來說是「不能」的傑出學者觀點;相對地,浩特聲稱我們可以完全接受演化論和全盤的自然科學,同時也相信某種有意義的上帝、人類(或至少某種智慧生命)在意義上的特殊性,以及我們身處在一個有某種整體目的的宇宙裡。

我們該怎麼看待雙方的爭論點?我認為爭論大部分起於一個差異,就是雙方

認為該注重經驗證據的哪一部分。第一個陣營的學者辯稱，關於宇宙的信念是經驗信念，而這種信念唯一（或至少最初）的證據應該是經驗的。他們聲稱經驗證據，並沒有留下太多餘地（如果有的話）給傳統的上帝。

浩特同意經驗證據非常重要。但他相當清楚地認為，關於宇宙的某些信念——比如說，為宇宙的某些特色提供他所謂的「終極解釋」——是自然科學領域之外神學的一種正當功能，而並非僅是直接的經驗證據。

要留意這兩個陣營，並非針對經驗證據爭論，他們大致上都同意這部分；相反地，他們不同意的地方在於「要多注重經驗證據」。第一個陣營的人認為關於宇宙本質，經驗證據是唯一可依賴的證據，或至少是壓倒性的證據。經驗證據之外就再也沒有什麼可行了。但浩特沒辦法接受對宇宙的探究僅止於經驗證據。

在這一點上，也許回想一下第十七章伽利略和貝拉明的爭論會有幫助。在他們的例子中，我們可以看到類似這兩個陣營的情況（雖然有重大差異）。如果一個人的核心信念像伽利略一樣，那麼當他形成對宇宙的信念時，經驗證據就會壓倒地佔據優先權，這樣一個人就不可能同時接受達爾文演化論，和浩特想像的那種上帝。也就是說，那人無法以一致且知性誠實的態度，在此問題上回答「能」。

但如果一個人有不同套的核心信念，他就可以同時接受演化論和浩特想像的那種上帝。也就是說，如果他有等同於浩特核心信念的拼圖片，他就可能全面接受達爾文的演化構想和整體的自然科學，並同時對這個問題提供肯定的答案。

說到底，我認為這裡我們看到的是先前就看過的，關於個別信念拼圖的差異，就如史蒂夫和他關於月球的信念（第七章），以及伽利略和貝拉明核心信念的差異（第十七章）。這樣的爭辯在此遇到相當困難的問題，不管是爭論中的哪一邊，都無法教條式地斷言，自己偏好的信念體系比較好。我們在第七章討論過，這樣做將會變成對一個人的基本信念體系，採取不可證偽的態度。針對各種信念體系的合理性可以做合乎邏輯的辯論，不過這樣的辯論必須思考許多困難而廣泛的問題，比一般所知還要困難而廣泛。

在結束本節之前，我想稍加說明以免被誤解。事實上，我並非聲稱也絕非主張，上述兩個陣營的觀點都同等地合理。反過來說，我也沒有聲稱哪一個合理的，而另一個不是。相反地，我對這問題（或說試著）抱持全然的不可知論。我想要表達的是這兩個陣營意見不同之處，關鍵來自他們分別（個別）的信念拼圖的關鍵拼圖片。我認為，任何正在進行中、關於雙方陣營各自立場合理性的辯論，都必須思考到他們整套信念體系合理性這問題。

道德觀和倫理學

關於演化論對我們的倫理觀點有什麼含意，過去兩個世紀中有大量著作問世。舉例來說，遠在達爾文《物種源始》發表的五十年前，拉馬克（上一章稍微討論過）就曾撰文探討過演化對倫理的含意（在這裡，「演化」必須以前達爾文的意義來理解，也就是泛指有機體的數量變化，而與天擇無關）。達爾文的祖夫艾拉斯姆斯·達爾文同樣也寫過演化對倫理的含意。達爾文自己也寫過，在他的時代之前、當時或之後都有不少人動筆。

簡單來說，關於這主題的著作遠比我們這節所能探討的多上太多。但我們至少可以稍微領略一下，針對這問題闡述過的立場，並看看近期有關演化與倫理的研究成果。我們會先澄清一些背景要素，尤其是元倫理學和規範倫理學的基本差異。接著，我們會觀察近期關於演化理論的經驗成果，它們闡明了元倫理學問題中，關於合作與利他行為的起源。最後我們要看的問題是，演化思想是怎麼影響規範倫理學。首先，我們從規範倫理學和元倫理學的差異開始。

背景要素：規範倫理學與元倫理學

倫理學研究一般而言分成兩個廣泛的領域：規範倫理學和元倫理學。我們先

來釐清這兩個領域。

規範倫理學是倫理學的分支，首要考慮的是倫理規範，也就是和「一個人應當如何行動」的問題有關。舉例來說，假設你在一個醫療委員會，其任務是在決定誰該獲得器官移植。當只有一個器官卻有許多病人需要時就會引發問題，而這類情形會引發困難的道德問題。為了做出決定，你是否會遵循某種有一致共識的道德規則，好比說，給那個狀況最糟而最可能因為得不到立即移植就會死亡的人？或者你會根據你自己的選擇來作決定，也就是思考各種選項分別會帶來多少好處，然後選擇了那個會因為移植，而延長最多壽命的人？像這樣的問題牽涉到你應當如何行動（在這個例子中，你應當做出哪個選擇），就是和規範倫理學有關的問題。重複一下，一般來說規範倫理學這個倫理學分支，是關於「我們應當如何行動」的問題和理論。

相對地，元倫理學和更廣泛的倫理問題有關。同樣地，舉例會有幫助。思考一下在我們的語言中，我們有不同類型的句子產生不同作用。「太陽離地球九千三百萬英哩」是個直接陳述的句子，明確表達了一個關於世界的客觀事實，一般而言會被看作「是」或「否」。「遞一下番茄醬」或「關門」這類句子起了不一樣的語言作用，也就是引導某人去做某件事。而像「晚餐吃軟殼蟹……嗯！」這種說話方式又起了表達感受的作用，在這例子中，表達了一個人對食物的偏好。

但哪一種表達才是倫理表達呢？當某人說「人工流產是錯的」，這是在表達某個據信為世界的客觀事實嗎？還是這更像一個命令，伴隨著「不要進行也不要支持人工流產」這層意思？還是說這是個人偏好的表達，在這個例子裡，是說出這句話的人自己不喜歡人工流產概念嗎？又或還有其他選項？

辯論哪種陳述才是道德表達，就是元倫理學中的一個主題。元倫理學也和我們倫理傾向的起源以及倫理判斷的本質等問題有關。整體來說，元倫理學和規範倫理學不一樣之處在於，元倫理學和我們應當怎麼行動無關，而是更廣泛地和*倫理問題*有關。

至於演化，我們可以分辨出演化論對倫理可能帶來的各種不同含意。首先，規範倫理學中就衍生出一些問題。舉例來說，最直接的問題是，我們對演化的了解是否闡述了我們應當如何行動？對於哪種行為在道德上比較恰當，演化思考是否引導我們做出嶄新而有趣的結論？這些都和演化可能為規範倫理問題帶來的含意有關。

和這類問題截然不同的是，元倫理學框架內興起的問題。舉個例子，不少研究者的目標是闡明倫理行為中的演化根源。這類研究就在元倫理學的範疇中，接下來我們會探索此類研究的一部分。

針對規範倫理學和元倫理學關注焦點的簡略區分，會在我們探索演化思想對倫理學的可能含意時派上用場。我們會將討論分成兩個大類。首先，我們會看看近期的一些研究成果，這些研究是關於我們通常認為道德上值得稱許的行為，特別是合作和利他行為的演化。這類研究將闡明「我們倫理傾向的起源」這類元倫理問題。接著我們將轉向關於演化和規範倫理學的爭議主題。

| 元倫理學思想：合作和利他行為的演化 |

至於我們某些行為可能的演化起源，包括兩性不同的求偶行為、單配偶制、離婚傾向等等，已有大量相關著作問世，尤以近幾十年更甚。儘管那些著作十分有趣，但我在這一節打算探討的是與廣泛問題相關，但範圍較集中的研究。由於這些研究比上述討論求偶配偶的著作更紮實且奠基於經驗，這些案例便為經驗研究如何闡明元倫理問題提供更好的說明。在這一節，我們將特別探索關於合作與利他行為演化的近期研究其中一小部分，以此來觀察為什麼合作，尤其是利他行為，從演化觀點來看是有問題的。

為什麼利他行為從演化觀點來看是有疑問的？　利他行為是種不利於行為者（或

潛在不利），但對他者有利的行為。這種行為，好比說冒險把一個溺水的小孩從河裡救出來，就是一個我們認為在道德上值得稱許的例子。一個簡單的例子也許有助說明，為什麼利他行為從演化觀點來看十分難解。

我大學畢業後沒多久，在法國居住並工作了一段時間。一個休假下午，我騎單車行經一條偏遠的鄉村道路，一台聯結車忽然在經過我之後失控。整台聯結車翻落到一道陡峭的堤防之下，上下顛倒，引擎還發動著、柴油到處亂噴，駕駛和乘客都困在車廂內。我幾乎想都沒想就爬下堤防幫忙駕駛和乘客逃出，即便我從小是看美國電視電影長大，知道這情節最後可能很慘，好比會來個大爆炸（不過後來我知道事情不是這樣——柴油不會像汽油那樣爆發，所以我們當時並沒有身處那麼大的危機之中。）

這是一個利他行為的例子，即一個不利於行為者（或潛在不利）但對他者有利的行為。有些利他行為對演化來說是再合理不過，比如一隻鳥冒著生命危險，將猛禽引離附近巢中的幼鳥。這種行為被歸類為*親屬利他主義*。天擇會造成這種利他行為並不意外，因為這和有機體的繁殖直接有關。另一種形式的利他行為稱作*互惠利他主義*，從演化觀點來看同樣不困難。互惠利他主義牽涉到，一個人採取行動時，合理地認為自己將獲得某種好報。這就像是「你抓我的背，我也會幫你抓」的利他主義。

前面聯結車的例子，很難符合親屬或互惠利他主義的情況。因為這不是發生在我所屬的國家，因此我幫助的人跟我不太可能有什麼關係。而我當時也缺少有效期限內，能合法留在該國的文件，更不用說我還在那裡非法工作。因此，我應該在確定駕駛和乘客安全之後立刻離開，可別讓警察前來認出我的身分。所以這個行為實際上沒有任何機會可以獲得什麼回報。

現在從演化觀點來看這件事。我當時才二十出頭，面前還有整片大好未來，而我卻為了一個遺傳上和我無關的人、一個我完全沒希望得到回報的場合，冒上斷送未來的風險。不過，這種利他行動一點也不罕見，然而一個目標在於讓個體

成功生存繁殖的演化進程，怎麼可能做出這種從有機體成功存活並繁殖觀點來看不太合理的行動？這樣的行為讓達爾文困惑，也是眾多討論的焦點，近年更導致了不少經驗研究。在本節剩餘部分，我要說明近年少數幾個和合作利他行為演化相關的經驗研究。

重複囚徒困境和合作行為的演化　某些重要且進行中的合作演化研究，和所謂的「重複囚徒困境」有關。這成果中最為人知的是 1970 年代晚期由羅伯特・艾瑟羅德開始進行的電腦模擬研究，其成果在 1980 年一系列文章中首度發表，並在 1984 年出版的《合作的演化》一書中有更詳盡地描述。

簡單來說，艾瑟羅德調查的問題是，合作行為怎麼從以促進個體利益為主要方向的情形（比如說天擇造成的演化）中產生。如前所述，這研究牽涉到重複囚徒困境。要了解重複囚徒困境，先從一般稱作「古典」或「單次」囚徒困境開始會有幫助。古典囚徒困境可追溯至湯馬斯・霍布斯（1588～1679），其關鍵內容如下：

假設有兩個人 A 和 B 有互動的機會，而互動機會只有一次，之後兩人無法再和對方互動。而每個人都在不知道對方會怎麼做的情況下，以行動讓個人利益最大化，來決定在互動中要與對方合作或是不合作。假設 (a,b) 分別代表 A 和 B 獲得的報酬（舉例來說，(13,0) 代表互動的結果是 A 獲得了十三分，而 B 獲得零分）。我們以圖 29.1 的矩陣表示所有可能的報酬結果。

如果 A 不打算理會 B，只想達到自己的最大利益，那麼 A 就會做出以下推論：我不知道 B 會不會合作。如果 B 願意合作，我跟他合作可以拿十分，不合作就拿十三分。既然十三比十好，那在這情況下我最好不要跟他合作。另一方面，如果 B 不願意合作，我合作的話就會拿零分，不合作還有三分可以拿。既然三比零好，那在這情況下我最好也不要合作。所以不管怎樣，無論 B 合作或不合作，我最好都不要合作。

                           B 的選擇

                    合作   不合作

            合作   (10 , 10)   (0 , 13)

A 的選擇

            不合作 (13 , 0)   (3 , 3)

圖 29.1　囚徒困局的報酬矩陣

　　當然，B 也會用完全相同的方式推理。結果就會變成，如果 A 和 B 都不管對方而最大化個人的利益，最後都選擇不合作的話，結果會變成 (3,3)。這個情形很有趣，當兩個個體都企圖讓個人利益最大化，就會導致以共同利益而言最糟糕的結果。

　　重複囚徒困境類似古典囚徒困境，且每一次互動的報酬都和上述矩陣相同。然而，在一個典型的重複囚徒困境情況中會有超過兩人（可能有上百或上千人），而每個人都要和所有人互動多次，並且每次互動都會知道上一次雙方互動的結果。

　　在古典囚徒困境中，個人利益最大化的合理策略可以很簡單地推理出來——兩個人都最大化個人利益而選擇不合作——但重複囚徒困境情況中的最佳策略一般來說不太可能預先想到。在這種情況下會有太多未知數，不過其中最關鍵的

決定因素在於另一個人會採取什麼策略。要洞察這種多互動之中什麼策略才是最好的，1970年代晚期艾瑟羅德向世界各地的研究者徵求策略，然後把各式策略封裝在電腦程式裡，然後在重複囚徒困境裡做一對一的競爭。策略沒有任何限制，要複雜還是簡單都可以，每個策略的唯一目標就是在上百次和其他程式的互動中累積最高分數，只要能在實驗結束時獲得最高分數，那個程式便算獲勝。（順帶一提，艾瑟羅德並不是第一個使用重複囚徒困境當研究工具的人，有段時間這方法被大量使用，但艾瑟羅德的途徑在意義上不同。）

競賽的結果出人意料之外。許多人認為那種秉持「人善被人欺」或「男人不壞，女人不愛」的程式會贏，而那種合作型的「好人」程式會被狡猾、不合作的程式剋死。但事實上，其中最簡單又採取合作策略的程式贏得了比賽。更有趣的是，同樣的程式幾個月後又在另一次比賽中獲勝，而這次競爭的程式範圍更廣、數目更多。在兩場比賽中，大多數人都知道這個好人程式一定會在競賽中出現，所以在設計自己的程式時特別針對好人程式來設計。

這個在頭兩場競賽中勝出，並持續在艾瑟羅德開創的這種比賽中表現良好的程式，叫做以牙還牙（Tit for Tat，簡稱 TfT）。如前所述，TfT 是一種「合作」程式。也就是說，這個程式第一次和其他程式互動時總是會合作，而且絕對不會先和對方不合作。然而 TfT 會回擊——如果一個程式無法和 TfT 合作，那麼在下一次和那個程式互動時，TfT 會不跟它合作。TfT 的整套策略很簡單明瞭：TfT 第一次和其他程式互動時會合作，之後 TfT 就會根據上一次互動時該程式做了什麼而跟著做。

TfT 是所謂的「好人」程式，定義上是說這程式只要其他程式合作，就總是會和其他程式合作。但如果其他程式不和自己合作，好人程式也會還擊，但絕不會第一步就不合作。簡單來說，好人程式是高度合作的程式。

艾瑟羅德的原始成果以及其後進行的研究成果，提供了很好的經驗資料，強力主張合作行為是演化上有力的一種行為模式。對這些競賽的進一步分析，也提

示了一些和行為有關的經驗資料。

不只是 TfT，而是舉凡採取合作行動的好人程式的表現，普遍都壓倒性地比壞人程式好。舉例來說，第二場競賽中艾瑟羅德安排了超過六十種不同策略的程式參賽，有些是好人，有些不是。在頭十五個完成者中（也就是總分最高的頭十五個程式），除了一個（第八名）以外都是好人程式。即便是那個壞人程式（接下來會描述），整體來說仍算是個合作程式。

這個研究也闡明了其他對合作行為來說很重要的因素，像是還擊的作用。舉例來說，剛剛提到那個唯一的非好人程式，即那個在第二場競賽獲得第八名的程式，整體來說會和之前跟它合作的程式再次合作。但和全然的好人程式不一樣，這個程式即便是面對一直合作的程式，有時也會不合作。這個程式基本上想要測試看看，它能從什麼樣的情況下僥倖逃開。如果另一個程式立刻還擊，這個程式就會回到合作的以牙還牙策略。但若對手沒有立即還擊，它就會增加它不合作的頻率。基本上這個程式在利用那些「人太好」的程式，也就是那種當對方無法合作時，會猶豫要不要還擊的程式。

另一個從這些研究中得到的主張，非常有趣且十分普遍，是關於原諒的概念。分析個別程式的互動時，會發現有些程式會卡在一種不斷還擊的循環中。一個能幫助程式打破這種循環的策略是在程式中包含一種「原諒」方針。舉例來說，一個程式也許會試著「原諒」另一個近來都不合作的程式。這個想法大致上說，是試著原諒別的程式，並看看接下來會怎樣。如果其他程式又開始合作，那麼這兩個程式接著就能打破還擊的循環，並回到互利的合作循環中。

但在這互動分析中同樣明顯的是，整體來說，立刻原諒是不智的。像是 TfT 這種會立刻對不合作行為還擊的程式，整體表現比那些不立刻還擊的好。舉例來說，想想一個「一牙還兩牙」程式。這個程式本質上會立刻原諒不合作的行為，行動上是在下一次互動中還是保持合作態度而不會還擊，只在另一個程式連續兩次不合作時才會還擊。這樣的程式和其他好人程式合作愉快，卻傾向被某些不是

好人的程式嚴重剝削。相對地，立刻還擊的程式，或說容易被激怒的程式，表現得比那些不那麼容易被激怒的程式要好。

另一方面，你也許注意到這裡用的詞語像是「好人」、「原諒」、「容易激怒」等，都是我們通常拿來形容人類行為的詞語，其中有些還有倫理暗示。這些詞是如此恰到好處，用來形容程式的行為，讓它變得簡單且容易理解，這真的很耐人尋味。事實上，這領域的研究者傾向使用這些詞語，很明顯就是因為真的恰如其分。

關於合作和利他行為可能在演化上有利的想法，早在達爾文時代就有一些猜測，但猜測是一回事，經驗資料又是一回事。艾瑟羅德實驗成果的一個關鍵是，這個實驗對合作行為如何能在演化上有利（我們等下會看到利他行為也能），以及這種行為怎麼能從一個（說到底來是）自私的演化過程中產生等問題，都提供扎實的相關經驗資料。

最後通牒遊戲　除了重複囚徒困境的研究之外，近十幾年還有更多研究成果增加關於合作和利他趨向的相關資料。接下來三小節的目標，就是對這幾個實驗提供概述。

近年來，一種通稱為「最後通牒遊戲」的情境成為科學家廣泛運用的設計情境，用來收集有關合作和利他行為的資料。接下來，我會提供一個典型最後通牒遊戲情境的簡短描述，以及從這研究得出的基本結果。

假設你和我身處某項研究中，我們兩個要玩一個最後通牒遊戲。這個遊戲設計其實很簡單：有人提供你一定數量的錢，好比十塊。我們稱你為「提案者」，你的工作是提出這十塊錢要如何在我倆之間分配。你可以給我這十塊的一部分，從一塊錢到十塊錢，以一塊錢為單位。我則是「回應者」，我的工作是回應你的提案。我可以接受或拒絕你的提案。如果我接受了，那我們就按照你提出的方式來分錢。如果我拒絕，我倆一毛錢都拿不到。

提案者的選擇

回應者的選擇　　　提案給予回應者總量的多少錢

	$1	$2	$3	$4	$5	$6	$7	$8	$9	$10
接受提案	(1,9)	(2,8)	(3,7)	(4,6)	(5,5)	(6,4)	(7,3)	(8,2)	(9,1)	(10,0)
拒絕提案	(0,0)	(0,0)	(0,0)	(0,0)	(0,0)	(0,0)	(0,0)	(0,0)	(0,0)	(0,0)

圖 29.2　最後通牒遊戲的報酬矩陣

　　最後通牒遊戲的可能報酬情境可總結於圖 29.2 的報酬矩陣。就如古典囚徒困境的情況一樣，這裡也可以看出，兩個只以個人利益最大化為目標的人，會如何做出合理的行動。要注意到，在每一種可能的報酬情境中，我接受你的報價都比駁回能得到更大的利益。所以如果我純然以個人利益考量來行動，不管你提出什麼，我最好都要接受，因為不管你報價有多低，和駁回相比我接受都比沒有好。另一方面，你知道就我的個人利益和理性來說，不管你開價多低我都會接受你的報價，所以如果你出於自私行動且相信我也會如此，那你就應該會提出最低報價，也就是一塊錢，因為這是你能得到最大利益的情境。

　　不過別忘了，有鑑於這樣的設計，如果你提出我認為太低的報價，我也能藉由退回報價讓你喪失所有錢，來懲罰你的選擇。但要注意到，我只能藉著犧牲我自己的利益才能懲罰你，也就是說，我只能藉著讓自己損失到一無所有才能懲罰你。

　　值得注意的是，在這種遊戲的研究中，互動一般來說是匿名進行的，也就是說，你我不會面對面互動，所以你我不會知道彼此是誰。這個設計的一個很重要

的結果是，如果我選擇懲罰你，我就不要期待自己會有任何受益的可能。或許我這樣懲罰你會對別人帶來好處，讓你下次和其他人互動時可能提出較高的報價，但我無法期待這麼做對我有什麼利益。

簡單來說，在這個情境中，我懲罰你是一種利他行為，因為這頂多只會對其他人有利，而我只能以犧牲作為代價。這個利他行為形式還滿適當的，因為不需要偉大到冒著生命危險，去把溺水的小孩從暴漲的河水中救出，但無論如何它仍是一種利他行為。也要注意到，這也是一種無法用親屬利他主義或互惠利他主義來解釋的利他行為。

在這樣的研究中，在眾多情況（如錢的數量可以更動）和眾多研究對象（如不同國家和不同文化的人，接下來會再多描述）之間，自私行為從來都不是普遍得結果。研究顯示，總是有一定比例的對象（通常在百分之二十五上下）表現得很自私，但總是少數。提案者最普遍的報價是百分之五十，也就是說，多數的提案者提議大略平分，雖然他們沒有義務這麼做。至於提案者提出高於百分之五十的報價一點也不會罕見。

此外，研究中也顯示，懲罰報價太低的提案者的利他行為，是種標準行為，即便這樣的行為不利於懲罰者。仍有低於百分之三十的報價會固定被駁回。

簡而言之，不自私的利他行為是普通的結果。這個結果可能不令人意外，也許有人早就推想到結果如此。但前面提過，推想是一回事，經驗資料是一回事。這些研究和其他類似的研究，雖然專注在較為適中的合作和利他行為形式上，但仍提供了這方面的經驗資料。

和前面針對合作行為進行過的討論一樣，針對利他行為也有類似的問題浮現。舉例來說，我們能不能透過研究來闡明，為何最後通牒遊戲中發現的這種利他懲罰會（而且持續會）在演化中有利？我們能不能收集資料來得知，在哪種條件下這種行為會有利，以及哪個條件下這種行為不會有利？如果我們可以指認出哪種條件下這種行為會在演化上有利，那麼，那種條件是否曾經出現在人類的演

化過往歷史中？

最後通牒遊戲的設計過於簡單，所以無法闡明這樣的問題。但接著我們會看到另一個確實可以為這問題提供相關資料的研究。在探討這個研究之前，我們先針對最後通牒遊戲再做一些額外的說明。

多數類似最後通牒遊戲的研究，幾乎都僅限在大學生之間進行，而在英語期刊上發表的研究，研究對象幾乎僅限於美國和英國學生（許多這類的研究是由和大學有聯繫的大學教師進行，所以大學生成為方便的研究對象來源。）值得一提的是，最後通牒遊戲以及其變異的相關研究，已在更多元的對象當中進行了。如今最後通牒遊戲的研究對象，包括來自世界各地大量的大學生（不只是英美），而且也橫跨各個文化。對象甚至包含大量大學生以外的族群，包括印尼東部群島上小型捕鯨社群的成員、坦尚尼亞的獵人社群、遊牧部落、智利與阿根廷南部的原住民文化以及更多成員。

這些研究的結果非常紮實的——不管哪個國家或是哪種文化，都很少觀察到「人不為己，天誅地滅」的結果。藉著懲罰報價過低的提案者而進行的利他行為，則是跨越文化的普世標準行為。

這種跨越文化且在世界各處發現的行為，指出行為不僅是一個人的文化傳承，相反地，這種跨越文化的情形指出，這種行為深植於更根深蒂固的趨向中。這樣根深蒂固的趨向，幾乎就是我們演化的結果。

關於合作和利他的補充研究　研究最後通牒遊戲顯示，某些類型的合作和利他行為是普遍的。這些研究也顯示，有一定比例的對象確實想要表現得自私，因此追加的補充研究探討了這種自私行為，是否受到其他人的行為影響。如果是的話，是哪一種行為影響了他們。結果顯示答案為「是」，而利他行為在影響自私者的行為上發揮了關鍵作用。研究也探究了這種利他影響成功與否的條件，並著眼於「在利他行為之下有效的條件，是不是那些可能出現在我們演化歷史中的條

件?」。接下來我會概述其中一些研究。

　　這類研究的設計，通常比最後通牒遊戲還要複雜些，所以我不會詳述細節，只會提供此類研究的典型概要。在一個標準的研究中，實驗設計有點類似囚徒困境。然而，一般來說，會以四個對象或以上成為一組參與互動，而不是只有兩個對象彼此互動。愈多對象一起合作，整個群體得到的利益愈大。這個研究的設計是，任何單一個體如果要得到最大利益，就是個人要表現得自私，而讓團體中其他個體都表現合作。當團體中多數人表現合作時，整體的利益增加，但此時自私的個體，會從其他人合作行為所獲得的獎賞中，拿走比例最高的一部分。

　　進一步地，這種研究也會設計可以懲罰那些表現自私的個體，但只能以對懲罰者也造成極大損失的方式進行。因為這種懲罰會讓自己損失，卻能造成讓團體受益的結果，所以這也是一種利他行為。

　　在這樣的研究中，有一定比例的人確實展現出這種利他行為的傾向。值得注意的是，利他行為會對自私個體產生效果，導致自私個體停止自私行為，轉而為團體增添利益。簡單來說，展現利他行為的個體和不展現利他行為的人相比，雖然會得到較差的報酬，但整個團體會得到較好的報酬。

　　值得注意的是，這樣的利他行為在演化上未必是種穩定的策略。也就是說，在某些脈絡下可以看到（一般來說是透過電腦模擬）展現利他行為的人，在這種方法下將無法那麼順利繁殖下去，也就是不那麼能確保利他的遺傳能留在群體中。然而在另一個脈絡下，這樣的利他傾向在演化上可以是穩定的策略。

　　補充研究也調查了這些合作和利他行動成功與否背後的條件。研究結果主張，這些行為成功背後的條件，是那種現代人類大約於十萬至二十萬年前，首度出現時就存在的條件。那些條件包括小群體（早期人類幾乎都是一個相對較小群體的成員）、團體成員的遷入遷出相對較少（同樣地，類似這樣的條件出現於早期人類）、可能與其他團體有激烈競爭（關於早期人類團體間的競爭和衝突程度，相較於前兩個條件而言還不清楚。不過，就算存在有這樣的競爭與衝突，且非常

普遍，也不令人感到多意外。）簡單來說，這種利他行為之所以能成功，其背後條件應該是那種現代人類在大約十萬至二十萬年前，與其他人種（現已滅絕）的共同祖先分開時就已經出現的條件。

同樣地，這些都只是初步結果。但這些結果已經好好說明了和我們倫理行為有關的問題——合作、利他、懲罰、信任（以下會再詳述）——可以藉著經驗的方式來研究。尤其是我們演化的過去其實形塑並主宰我們的倫理傾向，這一點已經愈來愈明朗。儘管還有大量的未竟之功，但很清楚的是，前述那種探索所謂倫理行為中演化優勢和劣勢的經驗研究，將會繼續闡明我們倫理傾向的源頭。

信任遊戲　在結束本節之前，我想針對我們道德傾向面貌的相關研究，提供一個簡短的概述。這些研究說明在另一個層面上，可以針對這種道德傾向進行調查的方法。在此案例中，是指生物化學的層面。

信任是人類互動中的一個關鍵要素，其中包括我們的倫理互動。舉例來說，你我會根據我們之間信任的程度而有完全不同的行為表現。這樣的行為包括了牽涉道德元素的行為，比如我們要不要彼此分享食物或是其他資源。同樣地，如果我們相信彼此，我們對彼此的行為就會和我們不相信彼此時的行為相當不同。

近來研究者開始研究一些影響信任行為的生物化學。思考一下這個稱為信任遊戲的相關研究。這個遊戲和最後通牒遊戲一樣，涉及錢如何在兩個玩家之間分配。再次假設你我在玩這個遊戲。遊戲一開始，我們都拿到十二塊錢。現在我的角色是「給予者」，而你的角色為「分享者」。我的角色是要把我的錢分一部分給你（也可能都不給你）。在這裡，我可以給你零、四、八或十二塊錢。

不管我給你多少，實驗進行者都會根據我給你的錢，額外再給你兩倍錢。舉例來說，如果我拿了四塊錢給你，實驗者就會另外再給你兩倍，也就是再給你八塊錢。所以你現在除了你原本的十二塊錢，加上我的四塊，以及實驗者提供的八塊，一共是二十四塊錢。如果我給你我全部的十二塊錢，實驗者就會加碼再給你

給予者的選擇

將某個總數的錢給分享者

	$0	$4	$8	$12
分享者的選擇（以其中一種方式分享錢）	(12,12) (11,13) (10,14) ⋮ (2,22) (1,23) (0,24)	(24,8) (23,9) (22,10) ⋮ (2,30) (1,31) (0,32)	(36,4) (35,5) (34,6) ⋮ (2, 38) (1,39) (0,40)	(48,0) (47,1) (46,2) ⋮ (2,46) (1,47) (0,48)

圖 29.3 信任遊戲的報酬矩陣

二十四塊錢，加上你本來的十二塊錢，你一共有四十八塊錢。

所以，端看我給你零、四、八、十二塊錢，你最後拿到的可能會是十二、二十四、三十六或四十八塊錢。接著，就完全看你要怎麼和我分這筆錢了（如果你願意的話）。從一毛不給到整筆錢給我都可以。重要的是，不像最後通牒遊戲那樣，我沒有能夠駁回你的提案。一旦我給你一部分錢，之後我對接下來的過程就毫無影響力了——我們分別能從這筆錢裡分到多少就完全看你。

本遊戲的報酬情境可以總結於圖 29.3 的報酬矩陣。我給你錢的四種可能底下都有很大一格，裡面列出每種選擇可能得到的報酬。

某種意義上，這是一個比最後通牒遊戲更棘手的遊戲。如果我徹底為自己的利益著想，也認為你會如此，那我就會一毛不拔。我相信你會純粹出於自身利益而行動，所以我認為你會留住所有錢，什麼都不給我。所以我決定什麼都不給你，把錢留給自己。另一方面，如果我相信你不會完全出於自身利益行動，那麼我就會給你一些錢，並且相信你會把研究進行者額外給你的錢分一些給我。簡單

來說，這個遊戲的結果極度仰賴人們是用獨善其身，還是合作的方式行動，以及人們認為對方會如何行動；還有最重要地，給予者有多少信任感以及希望對方能和自己分享多少錢（如果有的話）。

有鑑於前一節討論的結果，實驗發現給予者很少表現出不信任的舉止，而不給分享者錢，且很少有分享者會展現出純然自私的舉止，而完全不分給予者一毛錢（也少有人只分出一點點錢），這好像都不意外。

光是這些結果，就對我們的行為提出了和前面討論相符的補充資料。但在這個研究中，實驗者的主要興趣，放在和信任相關的生物基礎上。某個以化學傳導物質為對象的研究主張，一種叫做催產素的神經傳導物質（一種和神經元傳遞有關的分子）會影響人類的社會行為，因此研究者對於催產素能否影響信任遊戲中兩個玩家的信任程度感到好奇。（順帶一提，不要把催產素和奧施康定搞錯，後者是近期新聞常見的止痛劑。）

這個實驗的研究結果令人注目。催產素大幅提高了信任度。在參與遊戲之前，有一半的給予者被投入催產素，而另一半則被投入安慰劑（在良好的實驗中，這過程是以雙盲的方式進行，也就是研究對象和研究者都不知道誰拿到催產素或安慰劑。）投入催產素的對象其信任度一飛衝天，反映在他們大幅提高願意給另一個的金額上。

研究者接著調查這個效應，是否可歸因於信任以外的因素。簡單來說，補充研究強烈指出，上述的研究結果導因於催產素對對象信任度的影響，而不是任何其他因素。

如前所述，信任在我們的眾多行為中起了很大的作用，包括友誼、政治、經濟，以及幾乎所有的社會互動。信任在我們多數的道德行為中也起了核心作用。前面提過，我們怎麼對待彼此，包括我們認為是值得稱許的行為──彼此分享食物和其他資源，在需要時協助彼此等──極度仰賴你我是否相信彼此。前面概述的研究仍在初步階段，但他們正開始闡明道德行為背後的生物化學影響。

| 演化與規範倫理學 |

前面概述的研究適用於元倫理學的思考，好比我們倫理傾向的起源、這種傾向曾經提供什麼優勢等。但演化思考能否闡明我們應當做什麼呢？簡單來說，演化思考是否闡明了規範倫理學？

有個普遍的論點將這個問題的答案總結為「沒有」。但另一方面，近年學者提出相反的論點。在接下來的三小節裡，我們會先看到認為演化思想無法闡明規範倫理學的傳統觀點。接著，我們會看見兩個對此不同意的陣營，儘管他們針對演化思想能對規範倫理學帶來什麼含意，有著截然不同的結論。

自然主義謬誤　這一小節主要要概述一種標準論點，指出為何演化思想無法（至少無法大幅度地）闡明規範倫理學。這論點背後的基本是以休謨（見第六章）在 18 世紀的說法最為知名。休謨注意到，許多人有缺乏額外正當理由的傾向，會從主張什麼是如此，跳躍到主張什麼*應該*如此。另外他也注意到，除非提供更進一步的正當理由，否則「應該」如此的主張不會邏輯地依據「是」如此的主張而定。

很重要的是，注意到相對於休謨的論點一般是怎麼被呈現的，休謨實際上並沒有說從什麼「是」如此的主張，不可能導出什麼「應該」如此的主張；他其實想指出的是，這樣的論證不應只指出什麼「是」如此，而是還需要額外的前提。此外他也指出，根據什麼「是」如此的主張來提出什麼「應該」如此的主張的人，就算具備這些需要補充的前提，也很少好好說明。

在過去一個世紀裡，從「是」如此推導至「應該」如此的難題，被稱為「自然主義謬誤」。更精確地說，「從是而來的應該」這問題是自然主義謬誤的一個版本（其他版本會在章節摘要中簡單討論，此處先不考慮）。按照慣例，我也會先採用「自然主義謬誤」這個術語來稱呼這個難題，也就是，一個人無法（至少

在沒有進一步正當理由的情況下）從「是」如此推導至「應該」如此。

任何一個基於演化觀察而來的倫理理論簡單版本，和自然主義謬誤之間的關聯都是直截了當的。比如說利他行動，前面討論過，是一種對行動者不利但對其他人有利的舉動（舉例來說，冒著生命危險把他人從燃燒的建築物中救出來）。上一節提到過，針對利他行為如何可能從天擇過程中出現，已有不少有意義的研究。假設這些研究持續下去，便能針對我們的利他趨向如何提供演化上的優勢，補完一個相當完整且具說服力的構想。

這就是一個主張「是」如此的例子，也就是，人類有利他傾向「正是」因為這樣的傾向，在過去提供了演化上的優勢。因此作為一個天擇的結果，這樣的傾向持續呈現在當今的群體中。

但即便這個「是」如此的主張正確，並不就代表一個人就「應該」要表現得利他。像「是」如此這樣的事實主張，頂多告訴我們事情是怎麼樣，而不是事情應該怎麼樣。而且概括而論，「應該」如此的主張，本身並沒有邏輯地依據「是」如此的主張而決定。

針對我們演化源頭的經驗調查，包括本章前面幾節討論到的內容，應該都是純然描述性的，也就是說，它們頂多提供證據，說明我們倫理傾向的道德起源「是」什麼。然而，既然規範倫理學也在研究範圍內，且被看作一個會告訴我們「應該」如何的領域，而人們又同意僅從「是」如此就推導至「應該」如此並不恰當，所以這其中的含意就是，至少在任何表面的意義上，演化思考無法給予規範倫理問題任何洞見。

這就是有關演化論和規範倫理學的普遍立場概述。不是每個人都同意這一點，但這仍是一個相當普遍的觀點。接著我們來探索兩個堅持演化思想能導引我們，洞見規範倫理學的觀點，雖然這兩者大異其趣。

浩特：演化為規範倫理學提供了基礎　我第一個想概述的觀點是約翰・浩特的

觀點。基於這些觀點大半是我們前面在演化與宗教時討論的觀點延伸，在此我便稍稍帶過。

浩特接受我們的規範倫理傾向是演化過程的產物，但他認為演化論可以讓我們更能了解是什麼奠基了我們的倫理行為，而不是以某種方式破壞了道德。浩特聲稱，演化思考對於為什麼我們應當遵循道德行事，提供了更深刻的理解，藉此演化思考直接與規範倫理學相關。

回想一下，對浩特來說，宇宙在過多秩序與過多混亂之間的平衡，是宇宙能根據自然法則開展，且能「邁向未來前進」（朝向嶄新而不可預測的未來前進）的關鍵要素。宇宙的開展並不是在一條設計好的或是已被決定的道路上，而是在一條有著大略方向、允許有意義的目的存在其中的道路上。

前面討論過，浩特聲稱演化不只合乎這個想像，甚至能加強它。我們的演化源頭是我們宇宙開展方式的一部分。特別是，道德是現代人類出現過程的關鍵部分，也是事物如何持續開展的關鍵部分。演化思考幫助我們更了解我們的道德情操，也讓我們更了解我們的倫理行動如何增益並符合這個持續變化開展的宇宙。

假設一個人接受了浩特的構想，那麼為了依循這個我們如今了解來自於演化史的道德傾向——簡而言之，為了合乎倫理地行動——我們便要獻身於那個構成宇宙，並促成浩特在宇宙中看見為了達成目的而持續進行的發展和過程。在這個觀點中，我們的倫理行動便是一個更大想像的一部分，而且，借用浩特在許多場合都用過的詞，藉著這種方式，我們的道德有整個宇宙在撐腰。這樣的話，了解我們道德行為的演化起源，以及了解我們道德行為合乎更廣泛想像的方法，都能幫助我們了解為什麼我們該依道德行動。藉此，演化思想便對我們了解規範倫理學有所貢獻。並不是因為我們從演化思考中演繹出具體的道德行動，而是因為演化思想讓我們更深刻了解為什麼應當遵循道德行動。

魯斯與威爾森：規範倫理學作為我們演化遺傳的錯覺　麥可・魯斯、愛德華・

奧斯本・威爾森、理查・道金斯等人和浩特一樣，聲稱演化思想可以對規範倫理學提出有意義的洞見。但他們洞察的卻相當不同。本小節的主要工作就是簡略描繪他們關於規範倫理學的另類演化含意觀點。

我們先來做一個沒有爭議的觀測，也就是，新發現常會改變我們對牽涉其中的關鍵概念的理解。舉一個例子，想想一個來自牛頓科學的關鍵概念，好比質量。在前面關於萬有引力的那一章（第二十四章），我們討論過兩種質量的表現形式如何在牛頓物理學中被認出，一般稱作「重力質量」（重力質量效應包括在地球這樣的重力場中感受到的重量）和「慣性質量」（慣性質量效應包括你在加速時體驗到的重量感）。在第二十四章時我們接著又看到，我們對於質量的理解，因為愛因斯坦的廣義相對論發展而改變。特別是在廣義相對論中，重力質量和慣性質量的差異消失了，這兩者不再有任何區別。簡單來說，接受廣義相對論導致我們對質量的概念改變。這樣的情況並非不尋常，經常在新發現使我們改變我們對某些概念的理解時發生。

再舉一個例子：在亞里斯多德時代，以及亞里斯多德世界觀主宰的大半時間中，重量的概念相連於一個物體在天秤上產生的效果。重的物體被視為較重，是因為它移動天秤的量比輕的物體多。兩個物體讓天秤改變的相對量，則告訴我們這兩個物體的相對重量。之後按照牛頓的研究成果，重量的概念轉而依照物體質量在重力場內的展現，而得以被了解。

這是兩種非常不一樣的重量概念。在早期的重量概念中，一個物體的重量根據掉下去的速度而不同。如果我們有兩個重量差不多的物體，其中一個掉落的速度比另一個快一倍，那麼，我們會認為那個兩倍速的物體比另一個就會重兩倍（它改變天秤的量也會是另一個的兩倍）。在早期的重量概念中，這是很普通的正確說法，但在日後的重量概念中聽起來就荒唐無稽（而且，沒能察覺概念上的差異，可能導致嚴重誤解將重量與落體速度連結的早期陳述。）

這些關於質量和重量的例子說明了一個關鍵，那就是經驗發現常常改變我們

對基本概念的了解。而本節開頭所有提到的作者都同意,關於演化的經驗發現沒理由會不同。如果有一種共識是,我們的倫理感受、對錯感受、道德正確和不正確的行為、道德上值得稱許或譴責的行為等,都奠基於我們的演化遺傳,那麼我們便更能了解這些倫理傾向的生物與演化基礎。如此一來,這幾乎不可避免地將會改變,而且是大幅改變,我們對這些同樣關鍵的倫理概念之理解。

特別有許多作者,包括那些在本節開頭提過的作者,都聲稱關於我們倫理傾向的演化思考,迫使我們修正對自己倫理傾向關鍵面貌的理解。就以和我們眾多道德判斷相關的「客觀性」之意義作為一個例子,儘管我們常常確實覺得自己的道德判斷很客觀,但實際上根本不是。我們對於道德演化起源的了解,讓這件事(我們的道德判斷根本不客觀)壓倒性地正確。道德來自於人的本質,而我們的本質會如此,是因為我們演化的歷史。簡單來說,這些作者聲稱,我們的道德情操之所以會如此,是因為這些情操提供了演化上的優勢,而不是因為我們的道德情操反映了某個世界的客觀特質。

然而他們也聲稱,「道德是客觀的」這意義,對於正在進行其演化任務的道德來說是很關鍵的。也就是說,道德判斷的明顯客觀性是道德的關鍵成分。當我們聽到謀殺、性侵、虐童等案件時感受到的道德憤慨,那種對徹底錯誤行為的感受——簡單來說,我們那種道德憤慨的表現,其意義不只是偏好的表達,而是對事實的表達——對於道德起的演化作用十分關鍵。這些作者聲稱,如果沒有客觀的感覺,道德就沒有辦法在演化中發揮作用。

但現在我們可以看到,藉著了解我們道德情操的演化源頭,這種客觀的感覺只是錯覺。這是一個重要且想必如此的錯覺,不會一旦點出就消失,而是一個即便點出也依然故我的錯覺。

關於規範倫理學,或說關於我們應該做什麼才對,上述這種觀點帶給我們什麼啟發?重點在於,這些作者宣稱,這個對我們道德傾向的全新理解,並沒有引領我們在道德上做出不同的舉止。也就是說,它並沒有引領我們去做出被視為

不道德的行為。

一個類比也許有助釐清。一般普遍同意，對於可知覺的顏色，比如說我們對紅色的經驗，或者說所謂的紅色，不是在我們看來是紅色的物體的那種客觀特色。相反地，物體之所以看起來是紅色，是我們獨特的視覺系統演化方式，以及我們視覺系統對那道擊中我們視網膜的光線特性的回應方式得到的結果。如果像我們這樣擁有這種視覺系統的有機體從來都不存在，紅色也就不存在。那個紅色是我們的視覺系統（以及某些其他有機體的視覺系統）回應某種特殊光的一種主觀特色，而不是這個世界的客觀特色。

但即便我們徹底了解關於紅色這種顏色的缺乏客觀，我們還是會繼續，也只能繼續把某些類型的物體看成紅色。我們就是這樣被打造出來的。同樣地，像魯斯這樣的學者就聲稱，我們的道德是我們之所以構成的一部分。我們沒有辦法下定決心從此不把某種行為看做道德錯誤，就像我們無法下定決心從此不把典型的熟蘋果看成紅色一樣。

重要的是——這真的是一個很容易錯過的差異——這類學者不是在聲稱道德不是真的。道德是真的。同樣地，紅色也是真的。道德和紅色所不是的，叫做客觀。紅色和道德來自我們生成並導致的主觀特色，是因為這在演化上有優勢。如果人類（或類似的有機體）從未存在，紅色和道德就都不會存在。但人類確實存在，我們確實擁有我們所經歷的演化歷程，我們也確實有視覺系統和道德情操。紅色和道德都是真的，但它們不是這個世界客觀而獨立存在的特色。所以同樣地，客觀的感覺只是錯覺。

下一個關鍵點比較微妙，在此我會大幅聚焦於魯斯提出的觀點。我們先回到前一節，關於自然主義謬誤所提到的*應該如此／是如此*的問題。回想一下這問題的基本論點是，在沒有提供額外前提的情況下，一個人沒辦法從「是」如此的主張，演繹到「該」如此的主張。魯斯同意這點，他應該也同意演化思想是描述性的，也就是說，演化思想為「是」如此的主張。所以對於規範倫理學來說，演

化思想有辦法指引我們些什麼嗎？

要注意到，自然主義者謬誤據稱會在一個人從「是」如此的主張演繹到「該」如此的主張時發生。但魯斯聲稱，演化思想並沒有告訴我們如何*演繹*出規範倫理學主張；相反地，演化思想是在*解釋*規範倫理學的主張。舉例來說，演化思想可以解釋，為什麼我們有我們的規範倫理傾向，以及這種倫理傾向如何（而且未來很可能也會）持續具有優勢，以及為什麼這傾向會有客觀的感覺等等。但解釋了這麼多之後，針對規範倫理問題*沒有別的可解釋的了*，沒有別的事可以做了。

把這觀點和傳統看待規範倫理學的方式做比較，也許對釐清這個問題會有些幫助。一個標準的規範倫理學途徑，往往是為某個特定的規範倫理理論據理力爭，這稱作功利主義的規範倫理理論。基本上，這種規範倫理理論把「為最多人帶來最大利益」觀點當作其原理。也就是說，在這觀點中，一個人應當盡其所能讓最多人得到最大利益。（我這裡描述的實際上是某一類型功利主義的簡化版，但已足夠說明我的立論。）所以，如果你發現自己身處某個獨特的情況中，比如必須決定誰應該最先得到器官移植的機會，而你是一個好的功利主義者，你計算著哪個決定可以對最多人帶來最大的好處，那個選擇就是你該做的選擇。

要注意在這種傳統途徑中，規範倫理學是用來推演我們應當如何行為的方法。但是魯斯等作者辯稱，我們對於道德傾向的演化起源的了解，迫使我們放棄規範倫理學的這種概念。魯斯和其他人聲稱，演化思想顯示道德行為背後並沒有終極目的，沒有可以推導出道德正確行為的基礎規範道德原則。了解我們道德清操的演化起源，意味著我們不再能藉著任何終極、客觀的原則，來證明我們的道德情操具有正當性。這樣的話，演化論的發展就對規範倫理學有了重大含意——迫使我們劇烈改變我們對於規範倫理學如何運作的傳統概念。

簡單來說，就像新的科學發現導致我們先前對於重量和質量的概念改變一樣，演化的發現也迫使我們對於規範倫理學的運作概念有所改變。演化迫使我們放棄傳統從道德原則中演繹出正確行動的規範倫理學概念。在演化思想提供的規

範倫理學解釋之外（毫無疑問地，隨著更多研究完成還會繼續解答更多疑問），沒有留下什麼要解釋的，也沒有規範倫理學還可以做的了。

結語

我們在前面幾章看到，17世紀的發現讓我們的前人重新思考長期被當作經驗事實的核心信念。但近代的發現對我們核心信念帶來的挑戰，至少對我而言，遠比過去更要急劇。過去幾章我們觀察了相對論和量子理論，而前面兩章則專注在演化論上。我們可以說，演化論就像相對論和量子理論一樣，迫使我們大幅重新思考我們長久以來抱持的基本觀點。很明顯地，我們再也無法回到我們早先的觀點。相反地，就像17世紀早期的先人一樣，我們正處在一個可以看見整個世界觀正需要大幅改變的時間點上。至於會產生什麼樣的新世界觀，現在要說還言之過早。因此我們活在一個格外有趣的時代。

在結束這章之前，讓我針對上述問題再做最後一個觀察。似乎有種普遍的信念認為，演化構想迫使我們對宇宙和我們所在的地方採取某種淒涼、無趣的觀點。事實上，我們不需要用負面的眼光來看待演化構想。演化迫使我們在一種更大的計畫下，以一種非常不同的方式，來看待我們所在的地方。我認為，這不會是一種更差的方式。

舉個例子，無可否認地這是我自己的說法：我們只是估計一千萬種現存物種中的一種，我*很喜歡*這個想法。還有，我們和現存的每一物種，還有每個已經滅絕的物種都有關連，這我也喜歡。我有幸可以自由生活在世界任何一個地方，也可以任意前往更多地方，也很樂見不管去哪，我所看到的新的動植物群，都是這個大家庭的一份子。這是個奇妙的想法：*每一個*地球上的有機體，所有的動植物，都是我們的親戚。沒有什麼理由要負面看待這一點。

達爾文似乎也是這樣覺得。在他1844年未發表的論文以及後來在1859年

出版的《物種源始》中,達爾文都以這句常被引用的極美字句作結:

> 生命如是觀之多麼壯麗,起初開始,將數個力量注入少數或單個類型;當這行星按照重力法則持續轉動時,最美麗奇異的生命類型,正從如此簡單的開頭演化而來,並且還持續演化著。(Darwin,1964, p.490)

探索演化對於人類造成的改變相當巨大。但如達爾文所言,如是觀之多麼壯麗。

第三十章

世界觀：總結

在最後一章，我們將縱觀前面所討論的內容，思考全書探討的發現中所蘊含的意義，並思索我們目前的世界觀可能需要做的一些改變。

概觀

最初我們探索了亞里斯多德世界觀。這世界觀是個如拼圖般、相互連鎖的信念體系，這些拼圖片牢牢地相互嵌合，整個宇宙是有道理的。藉著這個拼圖，我們有了某種對於所有重要問題——宇宙的結構，我們在宇宙中的位置，事物為何如此運作等等——徹底了解的感覺。

我們不只對關於世界的個別問題有了答案，我們也對整個宇宙是什麼樣子，也就是說對我們存在於什麼樣的宇宙，有了一種想法。這個宇宙是目的論及本質主義的，這個有意義的宇宙充滿著朝向本質的、內在的、天然的目標前進的物體。這個想像是如此完整，又如此清楚正確，以至於亞里斯多德本人都主張說，對這世界的了解已經接近完整，剩下要做的只有填補一些小小的縫隙。藉此，亞里斯多德說出了一個往後每個時代都重複的看法，直到現在也是。

在亞里斯多德世界觀中，是以日常的譬喻來思考，也就是將宇宙樣貌設想為好似一個有機體，就如同有機體的各部位合理地運作，而能達到目標一樣（好比心臟有抽送血液的功能，消化系統有處理食物的功能等等），宇宙也被設想成有著各個具備天然功能和目標的部位。我們因此得以了解——或自以為了解——我們住著的宇宙是什麼樣子。

從第九章到第二十二章，我們探索了從亞里斯多德世界觀，到牛頓世界觀的轉變。如我們所見，形成亞里斯多德世界觀的信念拼圖，無法在17世紀的新發現下延續。這個世界觀中的某些錯誤信念，例如行星以正圓等速運動，曾經看起來像是相當直接的經驗事實，最後證明是錯誤的哲學性／概念性事實。這個世界觀中的其他錯誤，像是地球為宇宙中心的信念，即便曾受到經驗觀察與紮實論證所強力支持，但後來也被證明是錯誤的。

我們發現亞里斯多德拼圖，並不僅是只要放棄個別、邊緣的拼圖片。相反地，必須放棄拼圖核心的那幾片，接著則是整個拼圖隨著中間那幾片，跟著全盤放棄。值得注意的是，最後證明亞里斯多德世界觀錯得相當廣泛；換句話說，並非只是亞里斯多德拼圖的個別信念被證明為誤，而是整個亞里斯多德的拼圖最後被證明全盤錯誤。最後證明出宇宙完全不是亞里斯多世界觀所設想的那個樣子，宇宙完全不像是一個有機體。

我們接著看到，亞里斯多德拼圖被一個能夠符合全新發現的新拼圖所取代，這個全新拼圖——牛頓世界觀，看起來挺有效的。每一片拼圖片彼此都牢牢相嵌，整個宇宙看起來很有道理。再一次地，我們對於我們的最主要問題——宇宙的構造、事物的運作等等——又有了答案。

再一次地，我們不只對宇宙的個別問題有了答案，我們對於所住的宇宙是什麼樣子也清楚了然。我們住在一個機械式的宇宙，物體會如此運作，大半是作用在那些物體上的外力所致，而我們可以藉著精確、數學的法則，來了解這些力，並定義它們。

然後再一次地，我們有一個很好的譬喻，來總結這個我們所存在的宇宙。我們開始相信，這個宇宙像一台機器。我們曾經認為，這個宇宙包含了像機器各部位零件一樣交互作用的物體。就如零件可以藉由彼此推拉，來和其他零件交互作用一樣，我們認為宇宙中的物體是這樣機械式地交互產生作用。在這個有如機械的觀點中，又隱含了一種概念是，交互作用是局部的互動，一個物體只能在有某

種連結的情況下才能影響另一個物體。這些部分用我們認為我們所能理解的方式共同合作，而且像亞里斯多德一樣，我們認為我們幾乎要徹底了解這個世界了。

而且我們對於我們在某種大計畫中的位置，有一個普遍化的感覺，我們不再位於整個宇宙的物理中心，但在另一個意義上，我們仍然覺得我們是造物的中心。從整體的觀點來看，生命是天賜影響的產物，不然有機生命體身上如此顯見的設計要怎麼解釋？隨著這個觀點，很自然地會認為人類位於生命的頂端因而特別。

曾經有一陣子這些也說得過去，但一些更晚近的發現得到的結果是，相對論和量子理論對我們住在何種宇宙有了重要含意，而演化論同樣對於我們在宇宙中的定位有了重大的意義。這些新的發現，是否只迫使舊的牛頓拼圖改變一些邊緣的信念呢？還是就像17世紀新發現的情況一樣，我們被迫要放棄這拼圖的核心拼圖片呢？接下來我們就來探討這個議題。

反思相對論

初見時，相對論的含意看起來相當重大。相對論的含意——如空間和時間對不同觀測者來說，會有所不同——違背了我們對時間與空間本質上的堅定直覺。同樣地，我們傾向於相信，而且通常堅信時間與空間是絕對的：大致上來說，我們認為，對某個人在每個地方而言，時間與空間都是一樣的。

這些對時間與空間的觀點——時間與空間是絕對的——在牛頓的《原理》中已有明確記載。但事實上，這觀點可以追溯至牛頓以前，認為時間與空間是絕對的信念，是個至少在古希臘時代就可以隱約發現的信念。簡單來說，絕對時間與空間至少從隱約出現的時間來看，可以追溯到十分久遠以前，而且可以明確地在牛頓的框架中找到。

但若我們思考在牛頓拼圖中，絕對空間和絕對時間是核心信念，還是邊緣信念這問題，對牛頓來說，這不是什麼大問題，對我們多數人來說也是一樣，我們

都深信絕對的空間與時間。但回想一下我們在第一章所討論的,核心和邊緣信念的區別,並不在於我們對此信念相信的深淺。相反地,其區別在於屬於這拼圖上某一片的信念,能否在不大幅更換整面拼圖的情況下被替換掉。

由此來看,絕對空間與絕對時間的信念儘管受到強力支持,卻不是核心信念。在牛頓框架中,這些信念可以在不大幅度更動整個牛頓拼圖的情況下被替換掉。替換這個信念,當然需要改變其他一些信念,但用相對空間與時間的信念來替代絕對空間與時間的信念,並不要求把上述機械式的牛頓觀點整個替換掉。人們可以繼續認為,宇宙包含彼此以機械方式互動的物體,並能藉由精準的定律來描述。需要改變的只是我們對於發生事件的地點時間問題的了解,除此之外,整個牛頓拼圖大致上可以保持完整。簡單來說,儘管發現時間和空間不是絕對的,這令人有點意外(至少我覺得相當意外),但這樣的事實仍合乎整體機械式的牛頓拼圖。

至於時空彎曲帶來的含意也是類似情形,相對論之下相當不一樣的重力構想(也就是和牛頓世界觀完全不同的構想)也是。發現時空會被物質的出現影響而扭曲,已令人意外;同樣地,我們過去習以為常的重力構想,也就是對於重力是吸引力的實在主義態度,因為相對論的構想而頂多只能維持在一種工具主義的態度,這點相當令人訝異。

但這些含意驚人歸驚人,還是無法迫使牛頓拼圖的核心部分被駁回。也就是說,我們可以在不改變整個機械式、牛頓式的拼圖下,接受相對論的時空彎曲和重力構想。

這並不是說相對論沒有重大含意。即便上述討論的含意不需要駁回牛頓拼圖的核心部分,這不代表它們的含意完全不重要(舉例來說,它們在拼圖上的邊緣,並非像冰淇淋口味偏好那樣的純然邊緣)。但先把相對論迫使我們改變哪一個信念的問題放一邊,我認為相對論更重要的含意或真正的寓意,在於急遽地顯示出,我們對看起來如此明顯的問題可以錯到什麼程度。或者換句話說,可以看出哲學性/概念性事實有多麼容易假扮成明顯的經驗事實。舉例來說,每一個

我認識的人在認識相對論之前,都把時空對每個人而言都一樣這點當成是明顯的經驗事實。每個人就是知道——實在太明顯了——時間不會以不同的速度流逝,人不可能只因為誰或是哪個東西正好在移動,就神奇地老得比較慢。每個人也知道空間不會像氣球被放氣一樣縮小,這些看起來都是如此明顯的經驗事實。但最後證明了,這些事實不只一點也不明顯,甚至根本是錯誤的。

再次想想,前人對於正圓等速運動的信念,並試著把這個信念和我們對於絕對空間與絕對時間的信念相比,前人將天體以正圓等速運動,視為明顯的經驗事實——每個人就是知道,就算對那些最沒有常識的人來說,都如此明顯。這些看起來再明顯不過的經驗事實。從我們的觀點(一個相當不同的世界觀來看),會有人如此堅信正圓等速的事實,實在很奇怪。很多人第一次學到正圓等速運動時,反應一面倒地都是「怎麼會有人相信這種東西?」

但想想我們的後代。某個時候他們也會用同樣的方式,回顧我們的信念。我們的孫子與玄孫,會回顧我們時會納悶,為何我們會相信「時空對每個人都一樣」這種怪事。

簡單來說,我們錯誤地將絕對空間與時間當作經驗事實,就有如我們的祖先錯誤地把正圓等速運動當成經驗事實。在這兩個案例中,看起來像是明顯經驗事實的,最終都證明是錯誤的哲學性/概念性事實。我認為,這就是相對論最重要的含意。它栩栩如生地說明了一個看起來如此常識且如此明顯正確的信念,是如何被證明錯得徹底。這應該可以讓我們更為**警覺**,對於其他看起來明顯、無可質疑的事實我們能有多麼確信。相對論迫使我們改變的世界觀,主要面貌並沒有那麼多,但它卻引領我們重新思考,對這個世界想像的自信程度。

反思量子理論

和相對論不同,有關量子理論的新發現,尤其是貝爾定理和阿斯佩實驗的含

意，似乎足以讓整體牛頓世界觀的想像大幅改變。在牛頓世界觀中，宇宙被視為一個機器式的連續事件。在所有機器概念核心的，是一種部位之間推與拉的相互作用。齒輪推動一個齒輪，滑輪拉動另一個滑輪，但總是透過某種皮帶之類的連結來運作。或者更概括地說，機器的一個部位，只能影響那些彼此有連結的其他部位。對宇宙來說也是如此。我們曾經確信我們活在一個類似這種推拉互動的宇宙中，物體和事件同樣以這種機器式的方法影響其他物體和事件，其互動是局部性的互動，影響只限於彼此有某種連結的物體或事件。

但在阿斯佩實驗揭露的新量子事實下，這個牛頓宇宙觀的核心特色，再也無法維持。我們也許還不了解這如何可能，但我們確實活在允許事件之間有著即時的且非局部影響的一個宇宙，即便事件分隔著遙遠的距離，且其中顯然沒有任何種類的聯絡或連結。沒有人知道宇宙*怎麼會這樣*，只知道宇宙*就是這樣*。

為了採取一個比較方便的說法，我將阿斯佩實驗中所確定、遠距事件間瞬間即時的影響，稱作「似貝爾影響」。值得注意的是，迄今確立的似貝爾影響（如那些在阿斯佩和類似實驗中確立的影響）都涉及我們可能認為是微觀層次的實體，而不是我們平日較會注意的普通物體。也就是說，儘管瞬間影響已在光子、電子等這類實體上確立，但迄今還沒有實驗能在桌子、樹、岩石這類普通尺寸的物體上展現出似貝爾影響。那麼，有沒有可能即時、非機械式的影響只局限在微觀實體上呢？如果是這樣的話，即便我們得放棄微觀實體如此的行為觀念，我們能否維持巨觀物體以牛頓機械式的行為觀點呢？

這問題要下確切的結論還言之過早，然而我個人的感覺是，答案會是否定的。自從阿斯佩實驗以來，物理學家已成功地在更大的實體，和更長的距離間確立了似貝爾影響。舉例來說，這樣的影響已在兩個分開的、大約有高爾夫球大小的原子集合上確立了。而在其他實驗中，這樣的影響也已在相隔數哩，而非僅僅一間實驗室的距離間確立起來。似貝爾影響已用愈來愈多次、愈來愈的實體、愈來愈長的距離，來確立的這個事實，這就是我們將無法把非機械的似貝爾影響，

局限在世界一小部分的一個理由。

另一個理由來自觀看過去的歷史。歷史讓我們學到的一課是，我們不應該低估科學家找到新鮮方法，開拓新發現的巧思。過去，基礎的新發現導致了改變——包括理論的、技術的，還有概念上的改變——在首次發現時根本無法想到。發現我們住在一個實際上允許似貝爾影響的宇宙，儘管就只是這樣一個基本而重要的新發現，也足已大大震撼我。這是一種很有可能如雪球般愈滾愈大的新發現。現在這個雪球還挺小的，但我懷疑它會愈來愈大，以至於引領改變——同樣也是理論的、技術的以及概念上的改變——即便此刻我們連輪廓都無法看清楚。

如果這一點是我對了，那我們便活在一個許多地方都像17世紀早期的時代。當時伽利略與望遠鏡有關的新發現，最終導致對我們住在何種宇宙的全新思考方式。今日，似貝爾影響至少迫使我們放棄宇宙是個完全機械性宇宙的牛頓觀點。而我更懷疑這只是冰山的一角，這個發現，就像17世紀的發現一樣，將帶來一個關於我們住在何種宇宙的不同觀點。

反思演化論

如果說相對論和量子理論對我們所住的宇宙有著重要的含意，那麼演化論則是對我們在宇宙中所處位置有著重要含意。如果我們要接受經驗證據所說的事——我認為一定得如此——那麼演化論的發現，迫使我們放棄我們長期以來所抱持人類是特別的這個觀點。我們必須接受我們是一個自然過程，而非超自然過程的結果，同時我們並不是生命的頂點。從演化觀點來看，我們只是大約一千萬種同等地位的現存物種裡的其中一種有機體。

就如先人在17世紀，要面對我們不再是宇宙物理中心的發現一樣，我們也得處理我們不管從哪一點看，都不在宇宙中心的這個新發現。這個領會就像其他事情一樣，迫使人重新思考宗教觀。但這並不是有經驗發現，第一次迫使我們進

行這樣的思考。在第二十章，我們討論過牛頓的天體運動構想是怎麼移除了那種運動原本所需的超自然解釋，這首次迫使人們重新思考上帝角色。（特別是解釋天體運動的作用）。但那一章也提到，當時的宗教信念傾向於固守傳統。17世紀的發現迫使人們重新思考上帝的概念，但這並沒有導致宗教信念被揚棄。而我懷疑接下來的日子裡情況也會一樣。我希望對於演化含意逐漸增加的領略，至少能引導至一種對傳統宗教信念的重新思考，如同17世紀一樣，這些不太可能導致宗教信念的全面棄守。

我們某些基本倫理概念也有一樣的情形。前一章討論過，當我們更了解我們倫理傾向的演化源頭，這理解便會導致對關鍵倫理概念的重新思考。簡單來說，我們對我們演化源頭的了解，迫使我們重新思考我們在宇宙中的位置，也幾乎確定得讓我們重新思考宗教和倫理的傳統觀點。現在要完全預測這樣的改變將怎麼發展都還太早，但就如17世紀發生的一樣，這樣的改變幾乎可以確定一定會來臨。我前面已提過好幾次，我們正活在一個精彩刺激的時代。

不過我們沒有理由對新的展望悲觀，如達爾文想表達的，以及我試圖在第二十九章說的，生命如是觀之多麼壯麗。先人想出了符合他們當時經驗發現的、令人佩服的全新哲學與概念觀點，我想我們未來也可以。

隱喻

我將以最後一個觀察作為總結。如前所述，世界觀常傾向於伴隨著一個盛行的隱喻或類比。在亞里斯多德世界觀中，宇宙被看成一個有機體，每個部位共同發揮功能，以達到自然的目標和意圖。在牛頓世界觀中，宇宙被視為一台機器，每個部位互相推拉，就像一台機器各部位互動著的樣子。

很容易理解此種隱喻的魅力及用處，它們提供了一個適當且簡單的方式，來概述宇宙外形的總整體觀。但最近發現一個有趣的特色：新發現者所主張的宇

宙，並不像任何我們所經驗過的事物。也就是說，阿斯佩實驗所確立的非局部影響，呈現出一個不像任何我們所熟悉事物的宇宙。它允許任意兩個沒有連結的事件，卻可有瞬間相互影響的宇宙，這是一個完全不像任何我們熟悉的宇宙。

顯然地，正因為這樣，近期發展表明的宇宙可能是個無法讓自己能被任何方便的隱喻所總結的宇宙。我們所住的宇宙現在可能像一個——好吧，沒有什麼我們熟悉的東西像這個宇宙。有史以來（至少自有紀錄以來）我們可能是第一次無法使用隱喻，而且我們可能來到了再也無法訴諸簡單隱喻，來概括我們宇宙的那一刻。

即便如此，雖然新興的觀點可能無法被一個合適的隱喻所概括，但這宇宙的普遍觀未來應該還是會出現。儘管現在難以預測這個觀點會是什麼樣子，但顯然我們的子孫將會發展出一個和我們截然不同的宇宙觀。這個觀點可能不只由本書最後所討論的發現來形塑，也可由現在以及不遠的未來的發現所形塑。再次，我們是活在有趣的時代裡，敬請期待！

章節注解和建議閱讀

緊接著，我們將來到本書章節注解和建議閱讀。但在進入個別的章節注解與建議閱讀之前，先提供一些整體建議。之所以優先推薦此處列出的著作，是期待你若有興趣進一步探索這些主題，這些著作都很適合當作起始點。

科學史

說到科學總史，梅森的《科學史》（Mason, 1962）是本絕佳的單冊讀物。梅森提供了從古巴比倫與埃及直到 20 世紀的科學概觀，儘管是單冊讀物，卻包含驚人的大量細節。林德堡的《西方科學之起源：西元前 600 年至 1450 年，哲學、宗教與制度脈絡下的歐洲科學傳統》（Lindberg, 1992）提供了上古與中古世紀更細節的科學案例。而孔恩的《哥白尼革命：西方思想發展中的行星天文學》（Kuhn, 1957）是探索 16 至 17 世紀變革的經典之作。柯亨的《新物理學的誕生》（Cohen, 1985）則是關於此變革的著作中，較為廣泛且相當易讀的一本。至於更晚近的發展，克拉格的《量子世代：20 世紀物理學史》（Kragh, 1999）是本傑出而全面、從 19 世紀末至今日的物理史。片森以及他和席茲合著的《自然的僕人：科學制度、企業與感知》（Pyenson, 1999）對科學企業，提供了一段迥異但重要的歷史觀點。

科學史中的女性

你或許有注意到，除了在第二十一章稍微提到居里夫人外，本書幾乎沒有提到女性。這絕非指女性在科學史中毫無發揮，但無疑地，有史以來的社會形態大多阻礙女性，在本書關心的科學領域中扮演突出角色，特別是在物理學和天文學上。但同樣地，這並不代表女性在這些科學中沒有重要作用，舉一個例子，17 世紀開始的天文學研究有賴大量精細（更別提其單調沉悶）的觀察與計算，而其中多數觀察和計算是由女性進行（如蘇菲亞·布拉赫是第谷的妹妹，就為第谷的觀測提供了重要協助）。女性在科學哲學與科學史中扮演的

角色，也許會是你會想探索的另一個領域，若你有興趣，我會推薦艾利斯的《希帕提婭的遺產：從上古至 19 世紀的科學女性史》（Alic, 1986）作一個好的起點。

物理學與天文學中的哲學議題

若有興趣進一步探索本書討論過的問題，特別是關於天文學與物理學的相關歷史案例和問題，庫新的《物理學中的哲學概念：哲學與科學理論之間的歷史關連》（Cushing, 1998）是個很好的出發點。庫新（1937～2002）是位物理學家，但對哲學問題一直很有興趣。他的書詳細觀察了多種物理學發現，著重在闡明這些發現中牽涉的哲學問題。關於物理學中的哲學問題探索，克索的《現象與實際：物理學哲學入門》（Kosso, 1998）也非常有趣而易讀。同樣地，藍吉的《物理學哲學入門：局部性、場、能量和質量》（Lange, 2002a）除了同樣易讀外，還更詳細探討在當代物理學脈絡下浮現的關鍵哲學問題。有意進一步探索天文學相關問題的話，前面提到孔恩的《哥白尼革命》（Kuhn, 1957），是個好的開頭。

物理學和天文學以外的領域

儘管本書（除了第二十八章討論的演化論歷史發展外）提到的歷史案例，都以物理學及天文學為優先，但這兩個領域絕非科學的一切。當然，科學哲學也不只和這兩個領域有關。克里的《科學哲學入門》（Klee, 1997）就是一本對科學哲學有著有趣的全面介紹，但特別關注生物學（尤其是免疫學）的著作。霍爾和魯斯的《生物學的哲學》（Hull, 1998）是本不錯的選集，由生物學哲學中的核心主題所構成，是探索生物學哲學問題的一個好的起點。布洛迪和葛蘭迪的《科學哲學讀本》（Brody, 1971）的第四部分，也提供一整份生物學哲學的入門讀物。至於與演化論密切相關的哲學問題，一個不錯的起點是魯斯的《認真看待達爾文》（Ruse, 1998）。

近年來，化學的歷史與哲學在更廣泛的科學史與科學哲學之下，逐漸成為一個卓著的領域。這領域主要的期刊是《原質：化學哲學國際期刊》，閱讀該期刊可說是領略該領域

研究主題的最佳起點。該期刊可上網於 www.hyle.org 瀏覽。

　　近幾十年來逐漸發展茁壯的其他領域，是科學哲學中的女性主義議題。科學哲學的女性主義者途徑包含廣泛的領域，包括（但不僅限於）廣義的方法論和認識論問題，也包括更多有關個別學科的專門問題（好比關於女性主義者考古學的著作可看到的內容）。克里的《科學調查：科學哲學讀物》（Klee, 1999）第五節，提供了科學哲學中女性主義問題的入門讀物。哈丁的《女性主義中的科學問題》（Harding, 1986）提供另一個不錯的出發點。哈丁討論的問題，從爭議極小到極大都有，有鑑於此，她的書為科學與科學哲學的女性主義者途徑，提供了不錯的問題範圍界定。

其他著作

　　蓋爾的《科學理論：科學的歷史、邏輯與哲學入門》（Gale, 1979）是一本不錯的科學哲學整體入門，善用了許多科學史上的例子。另一本不錯的入門書也著重在歷史案例，是洛斯的《科學哲學的歷史入門》（Losse, 1972）。還有一本書儘管視野較廣而難以分類，但一直受到我的偏愛，就是潘恩的《科學與人類前景》（Pine, 1989）。金傑利的《天之眼：托勒密、哥白尼、克卜勒》（Gingerich, 1993）提供科學史與科學哲學中更具體詳細的絕佳研究案例。林德堡的《中世紀的科學》（Lindberg, 1978）以及克拉蓋特的《科學史的批判問題》（Clagett, 1969），也提供了較為特定問題的研究論文集，但同時為非專業人士保持文字易讀性。

　　介紹完這些總論書籍後，接著就進入更專門的注解，和個別章節的延伸閱讀建議。

Part I
基本問題

　　第一部分所概括的問題，幾乎都在幾本入門書和文集（這類文集一般包含了論文選集，通常是由科學哲學家所著，根據主題編排且由編輯導讀）中有所討論。入門書有魯斯（Losse, 1972）、蓋爾（Gale, 1979）和克里（Klee, 1997），而文集則包括了布洛迪和葛蘭迪（Brody and Grandy, 1971）、克蘭姆克、霍林格與克蘭（Klemke, Hollinger, and Kline, 1988），庫德與卡沃（Curd and Cover, 1998），以及克里（Klee, 1999）。

第一章：世界觀

　　值得注意的是，世界觀的概念與湯馬斯·孔恩（1922～1996）於1962年首度在《科學革命的結構》中提出的眾多想法有關。此書一個關鍵概念是「典範」，簡要來說，是共享的信念集合（由相關的科學家社群共享）以及共享的解決問題途徑（所以在某種意義上，典範是共享世界觀的子集）。孔恩認為，當一個既有的科學典範被一個新典範替換，既有世界觀被一個新世界觀取代時，「典範轉移」就會發生。本書第二部分探索17世紀從亞里斯多德到牛頓科學的轉變，就是這種典範轉移的例子。值得一提的是，根據孔恩所言，典範轉移非常罕見，因此他對人們過度廣泛使用該詞提出警告。儘管如此，他的典範轉移概念還是成為近年最普遍且濫用的一種概念。孔恩的著作，尤其是《科學革命的結構》，已是近幾十年來科學史與科學哲學上最有影響力的一部著作，如果你有興趣進一步探索這領域的問題，那就必然推薦閱讀孔恩的這本書。

　　世界觀的概念，特別是拼圖的比喻，也和威拉德·凡·歐曼·奎因（Quine, 1964）書中的概念（例如信念網）有關。奎因偏好的比喻是網，核心信念是網的內裡部分。他的想法是，當網的內裡部分改變，整個網都必須作出改變；就有如改變核心信念，會使一個人的整體信念體系全都改變。相對地，網外圍區域的改變，可以在不大幅改變網內的情況下完成；就像邊緣信念的改變，可以在不造成整個信念體系大幅改變的情況下完成。前面提

到的那些文集裡，多半都會包含奎因的論文選以及奎因觀點的討論。本書的第五章同樣也討論過一些奎因的觀點。

如本書所述，亞里斯多德的觀點不僅複雜，而且其文體十分困難。最接近原著的翻譯可能是阿波斯特所完成，可以在亞里斯多德（Aristotle, 1966、1969、1991）中找到，但這也是最難讀懂的版本。麥凱安的譯本（Aristotle, 1973）較易讀，可能也是最廣泛流通的譯本。如要概略了解亞里斯多德，可以看羅賓森（Robinsin, 1995）。若要看亞里斯多德之前的希臘科學以及亞里斯多德之後的希臘科學，可以看洛伊德（Lloyd, 1970，1973），書裡有著簡要但不錯的討論。

關於牛頓著作和牛頓世界觀的討論和參考，會在第二十章的注解中提及。

第二章：真理

整個來說，科學家，尤其是物理學家，在其工作範圍內面對真理的討論，總是顯得猶豫躊躇，他們通常（帶著一些辯解）將真理定義為哲學問題，而非科學問題。但有一個著名的例外是史蒂芬・溫柏格（當代首要物理學家之一），他毫不掩飾地說出「像我這樣的科學家……認為科學的任務，是帶領我們愈來愈接近客觀真實」之類的話（《紐約時報書評》，45(15)，1998）。溫柏格的進一步反思，包括對更廣泛物理學問題的反思，可在溫柏格（Weinberg, 1992）中找到，這也是相當易讀的當代物理學技術發展水平概要。

至於真理理論的哲學看法，科克漢（Kirkham. 1992）是針對真理理論相關問題最近期最綜合的討論，對於有興趣探索真理理論的人來說，這本書也是也是最徹底的來源。至於本章中笛卡兒的討論部分，較新的笛卡兒《沉思集》譯本是笛卡兒（Descartes, 1960）。費爾德曼（Feldman, 1986）是一本有趣的《沉思集》入門，從笛卡兒的著作來探索眾多哲學問題。

第三章：經驗事實與哲學性／概念性事實

本章討論的問題和一般所謂「觀察的理論負載性」密切相關。概括而論就是，即便明顯直接的經驗觀察，通常也會和許多理論相互交織。例如，如果我們用電壓表，測量書桌旁

電燈插座裡電流的電壓，我們確實觀察到的僅有表上那根針的位置。要從這觀察結果推斷出有一百一十伏特，必須接受關於電流本質、電流與測量儀器（電壓表）的互動、電壓表運作方式等種種理論。孔恩（Kuhn, 1984）提出的許多更有爭議的議題，都和這種「觀察與理論的互動」有關。雷蒙（Laymon, 1984）則是從 20 世紀頗具盛名的實驗（即星光彎曲實驗，會在下一章進一步介紹），來對理論和觀察的各種交織方法，作了十分有趣的觀察。

第四章：確證或否證的證據和論證

論證，特別是確證論證和否證論證，其相關問題範圍的延伸討論，可在科學哲學最基本的入門書，或是在科學哲學的論文集入門中找到。這些專書和文選包括了布洛迪和格蘭迪（Brody and Grandy, 1971）、蓋爾（Gale, 1979）、克蘭姆克、霍林格，以及克蘭（Klemke, Hollinger, and Kline, 1988）、克里（Klee, 1997）、克德與卡沃（Curd and Cover, 1998），以及克里（Klee, 1999）。

前面也提過，雷蒙（Laymon, 1984）特別有趣之處，在於針對 1919 年日食的星光彎曲觀測中的複雜性，提供了詳細的分析，仔細說明了理論和觀測如何緊密交織，以及要確認一個理論預測的觀測結果，是否真的曾被觀測到，其實是相當複雜的。

第五章：奎因─杜亨論題與科學方法的含意

有關奎因─杜亨論題的問題，主要資料來自於杜亨（Duhem, 1954，最早於 1906 出版）以及奎因（Quine, 1964、1969、1980）。許多相關問題在克里（Klee, 1997）中有不錯的討論。與這些問題相關的論文，可在克德與卡沃（Curd and Cover, 1998），以及克里（Klee. 1999）中找到。

關於亞里斯多德的科學途徑，羅賓森（Robinson, 1995）有不錯的介紹。關於笛卡兒思想要素的最佳原典是笛卡兒（Descartes, 1960），至於更全面的著作集則在笛卡兒（Descartes, 1931）。前面提到，費爾德曼（Feldman, 1986）提供了入門且非常易讀的笛卡兒方法之討論。波普（Popper, 1992）這本書是他科學觀的經典來源，至於有關波普的延

伸討論，以及其整體科學途徑，可在前面提到的文集中找到，特別是克蘭姆克、霍林格，還有克蘭（Klemke, Hollinger, and Kline, 1988）、克德與卡沃（Curd and Cover, 1998），以及克里（Klee, 1999）。

第六章：哲學序曲：歸納的問題與難題

所謂「休謨歸納難題」的原典就在休謨（Hume, 1992，1739 年首度出版），尤其是第一冊第三部分（雖然歸納問題是整部著作普遍出現的主題）。亨佩爾的烏鴉悖論可在他自己的〈邏輯論證研究〉中找到，這篇首度於 1945 年發表，並在亨佩爾（Hempel, 1965）中再度出現。古德曼關於「新」歸納問題的觀點（也就是關於「綠藍」這謂詞）可在古德曼（Goodman, 1972、1983）中找到。海萊因小說《約伯大夢》可在海萊因（Heinlein, 1990）中找到。針對更多樣歸納相關問題的討論，包括針對亨佩爾和古德曼的討論，可以在布洛迪和格蘭迪（Brody and Grandy, 1971），還有克德與卡沃（Curd and Cover, 1998）中找到。

第七章：可證偽性

此章開頭提到，圍繞可證偽性的問題意外地十分複雜，要進一步探索這主題的最好方法，就是看這些問題在科學史案例中如何開展。在第十七章更完整討論的伽利略與教會之爭，就是這樣的案例。桑提拉那（Santillana, 1955）、比亞吉歐里（Biagioli, 1993）、馬坎墨（Machamer, 1998）以及索貝爾（Sobel, 2000），是幾本針對伽利略案例探討的傑作。其他與本章討論的問題相關的案例，包括 1980 年代的創造論判決；關於本案的討論，克德與卡沃（Curd and Cover, 1998）的第一部分是不錯的起點。還有一個例子也說明了本章討論的眾多問題，那就是仍在持續的冷核融合爭議（特別在這個例子中，雙方都主張對方將自己的理論視為不可證偽）。帕克（Park, 2001）是說明這個冷核融合問題的不錯來源。可在 www.lenr-canr.org 尋找冷核融合支持者的觀點。最後，地心說目前的支持者提供了另一個例子，說明本章討論的多數主題，可在 www.geocentricity.com 找到他們的觀點。

第八章：工具主義和實在主義

在前面幾章的建議閱讀清單中，提到許多本標準文選，包括布洛迪和格蘭迪（Brody and Grandy, 1971）、克蘭姆克、霍林格、克蘭（Klemke, Hollinger, and Kline, 1997）、克德與卡沃（Curd and Cover, 1998），都提供本章核心問題的進一步討論，特別是關於解釋的問題。要更全面看待這些問題，可以嘗試賽門（Salmon, 1998）。

有一個近來常在特定科學哲學領域中被討論，且與工具主義者／實在主義者區別有關的問題，就是實在主義／反實在主義的爭論。實在主義／反實在主義的區別和爭論，和實在主義者／工具主義者的問題類似，但不相同。實在主義／反實在主義爭論的明確焦點，多年來一再變化，但大致上來說，實在主義者堅持，我們科學理論（至少我們已成熟的科學理論）所提出的描述，反映了事物真正的樣貌，這些理論核心內的本質實體是真正存在的。反實在主義者則堅持：即便在我們最完善的理論中，儘管這些理論方便且有效，但仍不足以認為這樣的理論反映了事物真實的面貌，也不足以認為這些理論主張的那種實體真的存在。瓊斯（Jones, 1991）提供了這些相關爭論的絕佳入門（瓊斯的文章並非有意作為入門用，但我認為它還是具備有趣易讀的入門功效）。克里（Klee, 1997）針對許多關鍵問題也提供了不錯的入門討論。萊普林（Leplin, 1984）以及法蘭奇、魏何林與維特斯坦（French, Uehling, and Wettstein, 1988）是集中在實在主義／反實在主義問題的優秀論文集。

Part II
從亞里斯多德世界觀到牛頓世界觀的轉變

第二部分包含的整體問題，可以在梅森（Mason, 1962）、柯亨（Cohen, 1985）和林德堡（Lindberg, 1992）找到不錯的科學發展概觀。科學發展與哲學發展彼此互織的過程概觀，則可看畢特（Burtt, 1954）、孔恩（Kuhn, 1957）、狄斯特休斯（Dijksterhuis, 1961）、托敏與古德菲（Toulmin and Goodfield, 1961、1962）、馬修（Matthews, 1989）。

第九章：亞里斯多德世界觀中的宇宙結構

柯亨（Cohen, 1985）為亞里斯多德宇宙觀，尤其是宇宙的物理結構觀，提供了入門易讀的介紹。德雷爾（Dreyer, 1953）、孔恩（Kuhn, 1957）、狄斯特休斯（Dijksterhuis, 1961）、托敏與古德菲（Toulmin and Goodfield, 1961）、林德堡（Lindberg, 1992），針對宇宙的物理結構和概念信念，提供了許多更詳細的討論。如果有興趣探索西方科學史更具體的問題，特別是中世紀的科學史，林德堡（Lindberg, 1978）是不錯的開始。

第十章：托勒密《天文學大成》；前言：球形、靜止、位於宇宙中心的地球

托勒密（Ptolemy, 1998）提供《天文學大成》的近期翻譯。《天文學大成》的前言可以在慕尼茲（Munitz, 1957）找到，這本書也是本章摘要的來源。慕尼茲的書也包含《論天》中亞里斯多德的論點，包括地球是球體、固定、位在宇宙中心。整體來說，慕尼茲的書對從巴比倫早期文字到 20 世紀的宇宙觀，作了一番不錯的摘要整合。

第十一章：天文資料：經驗事實；第十二章：天文資料：哲學性／概念性事實

若要進一步探討第十一與十二章的要素，德雷爾（Dreyer, 1953）、孔恩（Kuhn, 1957）

都是不錯的起點。對這些主題更廣泛的討論可看柯亨（Cohen, 1985）或潘恩（Pine, 1989）。

第十三章：托勒密系統；第十四章：哥白尼系統；第十五章：第谷系統；第十六章：克卜勒的系統

第十三章到第十六章所討論的要素，其原典大多有便利易得的譯本。托勒密（Ptolemy, 1998）是新譯本，還有譯者對《天文學大成》的注解。同樣地，哥白尼（Copernicus, 1995）是新譯本，也有關於哥白尼主要著作《論天體運行》的注解。克卜勒（Kepler, 1995）則是他關鍵著作的新譯本。

德雷爾（Dreyer, 1953）、孔恩（Kuhn, 1957）是這些系統整體描述的最佳第二手來源。金德理奇（Gingerich, 1993）是由該領域領頭學者所整理收集的、更為專門詳盡的論文集，也針對科學史上做過的詳盡研究，提供了不錯的指引。

第十五章結尾提到，第谷系統是那些（一般來說基於宗教理由）仍堅持地球是宇宙中心的人所偏愛的系統。更多當代第谷系統支持者的資料，可在 www.geocentricity.com 找到。地心說支持者的著作，為第一部分所討論的問題，特別是彼此對立競爭的世界觀、可證偽性、證據、確證論證和否證論證等問題，都提供了有趣的說明。

第十七章：伽利略和來自望遠鏡的證據

伽利略本人的文字很好讀，而伽利略關於望遠鏡成果的主要著作，以及他對地心與日心這兩種對立觀點的看法，都可在伽利略（Galilep, 1957、2001）中找到。方托利（Fantoli, 1996）這本關於伽利略的著作，更為詳細且旁徵博引，尤其是在教會的問題上，也特別推薦給想要更了解伽利略的讀者。桑提拉那（Santillana, 1955）是一本較為概括的伽利略相關著作，也強調了伽利略與教會之間的問題。麥卡莫（Machamer, 1998）的文選比較集中聚焦在探討伽利略著作面向的論文，可以讓讀者體會伽利略學識的細節。比亞吉歐里（Biagioli, 1993）和索貝爾（Sobel, 2000）又不太一樣，但都是關於伽利略生平與著作的好讀物。前者專注於伽利略著作中殿堂政治所起的作用（本章有提到，伽利略是麥地奇家族殿堂的成

員），後者則強調了他和他女兒的關係，使用來自他女兒的現存信件，以一種不一樣的觀點，來看伽利略與她女兒的生平和著作。

第十八章：面對亞里斯多德世界觀的問題總結

針對 17 世紀早期面對亞里斯多德世界觀所產生的問題，孔恩（Kuhn, 1957）和柯亨（Cohen, 1985）提出全面的記載。關於這段期間較為詳細的發展記錄，可以在狄斯特休斯（Dijksterhuis, 1961）和梅森（Mason, 1962）中看到。

第十九章：新科學發展下之哲學的與概念的連結

孔恩（Kuhn, 1957）針對本章討論的許多主題都提供了進一步討論。梅森（Mason, 1962）雖然優先專注於科學史，但也為本章討論的一些較廣泛問題提供了詳盡的討論。狄斯特休斯（Dijksterhuis, 1961）、陶敏與古德菲（Toulmin and Goodfield, 1961）同樣為本章提及的主題提供了較詳細的記錄，也是進一步探索這些主題的好資料。

第二十章：新科學與牛頓世界觀的概觀

備受推崇的牛頓《原理》，有牛頓（Newton, 1999）這本新譯本，附有譯者提供的大量注解。柯漢（Cohen, 1985）也為這些科學發展提供了整體概觀，而狄斯特休斯（Dijksterhuis, 1961）和梅森（Mason, 1962）則提供了較詳細的內容。我也要特別感謝查爾斯·艾斯建議我在本章包含討論工具主義者和實在主義者對牛頓重力概念的態度。

第二十一章：哲學插曲：什麼是科學定律？

關於定律的一部較早但依舊經典的著作是亨佩爾與歐本海姆（Hempel and Oppenheim, 1948）。阿姆斯壯（Armstrong, 1983）和卡羅爾（Carroll, 1994）對本問題提出了全面的

處理，而藍吉（Lange, 2000）則替標準觀點提供了不錯的摘要，以及不同的例子。卡特萊特（Cartwright, 1983）對於某些對定律的普遍態度提出了一個有趣而略有不同的觀點，吉列（Gierre, 1999）也作到了這一點。關於反事實難題的早期討論，奎因（Quine, 1964）和古德曼（Goodman, 1983）是不錯的來源，此外還有路易斯（Lewis, 1973）。要進一步了解「其他因素不變」的條件，可以看藍吉（Lange, 2002b）和易爾曼、葛里莫、米歇爾（Earmen, Glymour, and Mitchell, 2003）。

第二十二章：1700 年至 1900 年間牛頓世界觀的發展

梅森（Mason, 1962）為本章時代中的科學發展提供了良好記錄，而克拉格（Kragh, 1999）則是為 19 世紀末的物理學狀況，提供了不錯的來源。庫新（Cushing, 1998）也針對本章包含的主題提供了好的探討，其中著重在科學疑問和哲學問題之間的互動。要更了解馬克士威的貢獻的詳細內容，可以看艾佛利特（Everitt, 1975）。

Part III
科學與世界觀的近代發展

概括討論第三部分要素的來源中，克拉格（Kragh, 1999）相較之下是比較新且詳細的 20 世紀物理學史，範圍包括了 19 世紀晚期到 20 世紀末的物理學情況。梅森（Mason, 1962）則同時含括了生物學和物理學兩種科學發展，但較為簡要。近年來哲學和物理之間的相互作用，在庫新（Cushing, 1998）的許多研究案例中有不錯的說明。

第二十三章：狹義相對論

狹義相對論的原典便是愛因斯坦（Einstein, 1905），而愛因斯坦（Einstein, 1920）為這理論提供了易讀本。墨敏（Mermin, 1968）是狹義相對論的絕佳呈現，全面而精確，且在基本代數外不作更多預設。此書的新版本墨敏（Mermin, 2005）也是不錯的來源。狄亞布羅（D'Abro, 1950）是另一本狹義相對論的優秀作品，而克索（Kosso, 1998）提供了狹義相對論的整體概要，並著重某些特定的哲學意義。

值得注意的是，通常使用「絕對空間」和「絕對時間」的方式，會和我在本章的用法不同。從牛頓到萊布尼茲直至今日，人們一直爭論空間的本質，是不是一種與（想必是的）存在於空間中的物質截然不同的東西；也就是問，空間到底是一種獨立於物質而存在的實體，還是說空間除了物質之間的關係外，就什麼也不是？第一種觀點通常被稱作空間實質論，後者則是空間關係論。打一個普通的比方，實質論觀點堅持，空間就像一個容器，而物質就存在其中；重要的是，在這觀點中，容器──也就是空間──獨立於容器中的物質之外，也有獨立於那些物質的屬性。關係論觀點反駁這種空間的「容器」觀點，堅持空間就僅是物質之間的關係而已。「絕對空間」這個詞，有時候是用來指實質論者的觀點，而這也和我在本章使用的方式不同。時間也會有類似的問題──時間是某種獨立於物質和事件之外的東西，還是時間不過就是物質和事件的關係而已？

最後，在本章主要部分中，我提及了勞侖茲轉換式，但沒有具體說明轉換式的內容。

在此為有興趣的人說明：假設我們讓 x、y、z、t 在一個靜止座標系中代表空間和時間維度，而 x'、y'、x'、t' 代表在一個朝 x 方向，以光速 v 移動的坐標系（也就是相對於第一個坐標系移動，且一如常例地以等速直線移動），若定義 γ 如下：

$$\gamma = \frac{1}{\sqrt{1-\left(\frac{v}{c}\right)^2}}$$

那勞侖茲轉換式便是：

$$t' = \gamma\left(t - \frac{vx}{c^2}\right)$$

$$x' = \gamma(x - vt)$$

$$y' = y$$

$$z' = z$$

這些是在本章討論喬與莎拉的坐標系時，將坐標從一個系統轉到另一個系統時所使用的轉換式。

第二十四章：廣義相對論

廣義相對論的原典便是愛因斯坦（Einstein, 1916），而愛因斯坦（Einstein, 1920）是該理論較易讀的討論。狄亞布羅（D'Abro, 1950）也是討論廣義相對論的不錯來源。

本章主要部分提到，像 24.2 這樣的圖，一般稱作四維時空的二維「切片」。雖然這不是本章討論的要點，但你可能注意到，在這示意圖中，二維的切片「鑲嵌」在一個三維的空間內，因此這樣的示意圖通常稱作「嵌入示意圖」。此外，我要感謝一位不具名的評論者，找到了我在本章草稿描述測地線時所犯的明顯錯誤。

第二十五章：量子理論的經驗事實與數學概觀

量子事實、量子理論本身以及量子理論的詮釋，對於區分這三者，有很大一部分是源自賀伯特（Herbert, 1985）。我認為在閱讀龐大的量子理論文獻之前，要牢牢地把這三者的區分放在心中。

本章所描述的量子事實，是用來說明量子事實奇異之處的最常用標準案例。潘恩（Pine, 1989）也討論了類似的實驗。

針對量子理論數學的概括描述，也可以在賀伯特（Herbert, 1985）找到類似本章的內容。若需要更詳細的數學記載，最合適的方式可能非常仰賴個人的數學背景。我的最愛是休斯（Hughes, 1989）和巴格特（Baggott, 1992、2004）。

最後，在本章主要部分，我曾提到我會針對量子理論的數學提供更詳細的摘要。我會摘要：(a) 量子系統的一個（純粹）狀態是，由希柏特空間的一個向量所呈現；(b) 一個人在一個量子系統中進行的每一種測量，都和希柏特空間中的一個特定的運算符號有關；(c) 對於一個測量量子系統的結果預測，要藉由尋找與那個運算符號（也就是與那個測量有關的算符）有關的特徵向量才能達成。

要了解 (a)，可以想想我們以前數學學過的二維笛卡兒坐標系，假設我們有一條從點（0，0）畫到任意一個點的線，好比（11，7），這樣一條線就是「向量」的範例，而這種向量的集合就是「實數二維空間中的向量空間」。向量空間可以是三維、四維或任意（包括無限多）維度，維度空間也可以是實數以外的數字；而在量子理論的數學中，某些特定的重要向量空間涉及複雜的數字（也就是 a+b 形式下的數字，其中 a、b 是實數，而是等同於 -1 開根號的虛數）。

我們用一個比喻來概略了解「希柏特空間」的意思。想像一下實數二維空間中的向量空間集合。要注意到其中有一些向量空間會滿足多個坐標。這其中有一些向量空間會只有正數所說明的向量，有一些空間可能只有某些數學運算符號能夠符合的向量。一個希柏特空間，就是一個滿足某些定義明確、清楚了解的坐標，並承認某些特定類型數學運算符號的向量空間。至於是哪些特定的坐標，這超出了我們討論的範圍，但這應該足夠讓你稍微了解一點希柏特空間的意思。

希柏特空間中的「運算符號」是在向量上運作、將一個向量變成另一個向量的函數。要了解一個特徵值背後的意思，就再回頭想像實數二維空間中所有的向量組合。想像一下某個特定算符 O 和某特定向量 v。假設 Ov 的結果是一個比 v 長兩倍的向量，而寫成 2v。要注意到 O 可能不只是一個加倍的運算符號，也就是說，它可能不是所有向量的兩倍長度。但也可能有某個向量，好比 v，使 O 成為原本向量的兩倍長。也就是說，對這個特定的向量來說，Ov=2v。在這例子中，如果 Ov=3v，那 v 就是一個 O 的特徵向量，而 3 就是對應特徵值。也有些算符沒有特徵向量，也因此就沒有對應的特徵值。希柏特空間是更複雜的向量空間，而這空間的特徵向量和特徵值更難描繪。但這個使用二維笛卡兒坐標系、使用較簡單向量空間來做的比喻，可以讓你稍微體會一下這些意義。

回想一下，算符是將一個向量變成另一個的函數。而且，從前面的 (b)，我們知道一個量子系統可能的測量，是和希伯特空間上特定的算符有關。至於前面的 (c)：大部分時候（但並非所有時候）與測量相關的算符會有特徵向量和對應的特徵值。這特徵值呈現了和運算符號相關的可能測量結果。特別是，藉特徵值和呈現系統狀態的向量，加上一種稱作射影算符的特殊算符，就可算出介於 0 和 1 的機率。而這個機率，就代表了觀測某個與該特徵值相關特定測量結果的機率。

第二十六章：量子理論詮釋的概觀

有大量品質參差不齊的書，都圍繞著量子理論詮釋問題，在此提出幾本我認為品質較好的書。賀伯特（Herbert, 1985）是由物理學家寫給一般讀者的書，儘管他有自己偏好的詮釋方式，但他對於其他詮釋也一視同仁。巴格特（Baggott, 1992）對於量子理論和其詮釋相關問題，都有著不錯的討論。順帶一提，巴格特的書名副標是〈化學與物理學生指南〉。但不管你是不是理化學生，這本書都是量子理論和量子理論詮釋的優良指南，所以我會忽略這個副標。巴格特（Baggott, 2004）是前書的大幅改版和延伸，我也同樣推薦。藍吉（Lange, 2002a）的最後一章對這些問題有些不錯的討論。最後我想要感謝馬克・藍吉指出我在上一版的本章裡，討論波恩詮釋時所犯的大錯誤。

第二十七章：量子理論與局部性：EPR、貝爾定理和阿斯佩實驗

賀伯特（Herbert, 1985）對本章主題有著不錯的總括討論，我也提過，我對貝爾定理的解釋很多都是根據賀伯特的內容而來。

巴格特（Baggott, 1992、2004）也提供了較為詳細，但也一樣傑出的相關問題內容。至於局部性的問題，毛德林（Maudlin, 1994）針對其中的複雜問題有著全面而謹慎的分析，我強烈推薦給有興趣進一步探索局部性與非局部性這主題的每一個人。

最後，貝爾的著作絕對值得一讀。他關於本主題的關鍵論文，收錄在貝爾（Bell, 1988）。

第二十八章：演化論概要

德斯蒙與摩爾（Desmond and Moore, 1991）是較近期、全面且備受推崇的達爾文及其著作之傳記。昆曼（Quammen, 2006）內容較少，但易讀且博識，我也相當推薦。至於達爾文關鍵著作的最初版本，達爾文（Darwin, 1964）是《物種源始》初版的優良副本。

梅爾（Mayr, 1982）是一本討論近幾世紀來，包括演化論在內之生物學發展的博大精深著作。普羅文（Provine, 1971）也是不錯的來源。若要比較簡要的概觀，梅森（Mason, 1962）或西爾維（Silver, 1998）都針對關鍵發展提供了簡略的概要。威爾森（Wilson, 1969）和葛林恩（Greene, 1969）在達爾文與華萊士發表關鍵著作的時代中，更廣泛的生物學發展脈絡下，提供了較詳盡的討論。

費雪（Fisher, 1999）是群體遺傳學最終發展的關鍵著作，而威廉斯（Williams, 1966）與哈托（Hartl, 1981）對這領域提供了全面的紀錄。梅爾（Mayr, 1982）中幾個相關的章節也對這主題提供了不錯的補充資訊。

華生與克里克（Watson and crick, 1953）是發表發現 DNA 結構的經典論文，值得一讀。歐比（Olby, 1974）對這一發現有不錯的全面記錄。這時代也是探索科學結構各種更廣泛問題的黃金年代，特別是在承認本領域中女性工作者存有阻礙的這件事上。賽爾（Sayre, 1975）和福克斯．凱勒（Keller, 1983）都為進一步探索提供了不錯的起點。

本章主要部分提到，近年來各研究領域的發現所能達到的成就，再怎麼稱讚都不為過，尤其是在限制酶和藉此實現的 DNA 操作工具上，柏格曼和席格爾（Bergman and Siegal, 2003）、阿布贊諾夫等人（Abzhanov, 2006），還有麥克連柏格（Mecklenburg, 2010）都是很好的例子。

最後，我想感謝吉姆‧隆格的協助：他針對本章所提及的達爾文筆記之拉丁辭彙翻譯，與我進行的討論，同樣讓我裨益良多。

第二十九章：演化的哲學與概念含意

本章所討論到的、演化和整個當代科學不為傳統上帝之類留下任何餘地的這種觀點，有幾本不錯的來源是丹尼特（Dennett, 1995、2006）、道金斯（Dawkins, 2006），另外還有幾本範圍較小但預示了未來的著作，就是道金斯（Dawkins, 1976）和溫柏格（Weinbergm 1992）。還有兩位論點略有不同，雖然本文中沒有提到但都十分突出的寫作者，分別是哈里斯（Harris, 2004、2007）以及希陳斯（Hitchens, 2007）。關於浩特的觀點，首先要看浩特（Haught, 2008a、2008b），還有浩特（Haught, 2001）。歷程哲學的早期著作可看懷特海德（Whitehead, 1978）。其他調和宗教與演化的相關途徑，可以看姆尼（Mooney, 1996）和米勒（Miller, 1999）。米勒（Miller, 2008）比較遠離本章要素，但仍是演化與宗教的有趣觀點。

重複囚徒困境的早期著作，最好的來源是艾瑟羅德（Axelrod, 1980a、1980b、1984）。最後通牒遊戲、信任遊戲及其他的研究可以看金提斯等人（Gintis, 2002）、柏聶特與傑克豪瑟（Bohnet and Zeckhauser, 2004），還有克斯費爾德等人（Kosfeld, 2005）。索柏與威爾森（Sober and Wilson, 1998）中可以找到針對利他主義、無私行為的一系列詳細而全面的研究。

自然主義者謬誤的經典來源是摩爾（Moore, 1962），這本書 1903 年首度發行，不過本章討論的版本可以追溯到休謨（Hume, 1992），於 1739 年首度發行。另一個常常被稱作自然主義者謬誤的版本，也是摩爾首選的版本，就是「任何為規範倫理主張提供自然主義者基礎的企圖都是誤導」這樣的論點。為了支持這樣的論點，摩爾指出一個現在普遍稱作「開放問題」的論點：若有任何定義聲稱可鑑別出某個東西的道德善有自然特性，那麼去

問含有那個自然特性的東西是不是善,就算是合理。換句話說,若「某物具不具備那特性」有疑問,那它是不是善的,就依然是個開放問題;既然這是開放問題,善就不應該含有那個自然特性。

關於本章概略提出的浩特觀點,浩特(Haught, 2008a)仍是最佳來源。魯斯和威爾森的觀點在魯斯(Rise, 1998)和威爾森(Wilson, 1978)中最為清楚。魯斯(Ruse, 2009)是針對此類相關問題的傑出文選。

第三十章:世界觀:總結

對隱喻和比喻在科學中之作用有興趣的讀者,賀塞(Hesse, 1966)是不錯的起點。除此之外,本章是我們已經討論過的主題,以及未來可能會帶來什麼的概觀,所以應不太需要注解、來源和建議讀物。我認為,最後到了本章我也只能這麼說:抱歉了提摩西·李瑞,讓我們關(電視)機,努力探索吧!

參考書目

Abzhanov, A., Kuo, W, Hartmann, C., Grant, B., Grant, P., and Tabin, C. (2006) "The Calmodulin Pathway and Evolution of Elongated Beak Morphology in Darwin's Finches," *Nature* 442, 563-567.

Alic, M. (1986) *Hypatia's Heritage: A History of Women in Science from Antiquity through the Nineteenth Century,* Beacon Press, Boston.

Aristotle (1966) *Aristotle's Metaphysics*, translated by H. Apostle, Indiana University Press, Bloomington.

Aristotle (1969) *Aristotle's Physics*, translated by II, Apostle, Indiana University Press, Bloomington.

Aristotle (1973) *Introduction to Aristotle*, second edition, translated by R. McKeon, University of Chicago Press, Chicago.

Aristotle (1991) *Aristotle: Selected Works*, third edition, translated by H. Apostle and L. Gerson, Peripatetic Press, Grinnell, IA.

Armstrong, D. (1983) *What is a Law of Nature?* Cambridge University Press, Cambridge.

Axelrod, R. (1980a) "Effective Choice in the Prisoner's Dilemma," *Journal of Conflict Resolution* 24(1), 3-25.

Axelrod, R. (1980b) "More Effective Choice in the Prisoner's Dilemma," *Journal of Conflict Resolution* 24(3), 379-403.

Axelrod, R. (1984) *The Evolution of Cooperation*, Basic Books, New York.

Baggott, J. (1992) *The Meaning of Quantum Theory*, Oxford University Press, Oxford,

Baggott, J. (2004) *Beyond Measure: Modern Physics, Philosophy and the Meaning of Quantum Theory*, Oxford University Press, Oxford.

Bell, J. S. (1964) "On the Einstein Podolsky Rosen Paradox," *Physics* 1, 195-200.

Bell, J. (1988) *Speakable and Unspeakable in Quantum Mechanics: Collected Papers on Quantum Philosophy*, Cambridge University Press, Cambridge.

Bergman, A., and Siegal, M. L. (2003) "Evolutionary Capacitance as a General Feature of Complex Gene Networks," *Nature* 424, 549-552.

Biagioli, M. (1993) *Galileo, Courtier*, University of Chicago Press, Chicago.

Bohnet, I., and Zeckhauser, R. (2004) "Trust, Risk and Betrayal," *Journal of Economic Behavior and Organization* 55, 467-484.

Brody, B., and Grandy, R. (eds.) (1971) *Readings in the Philosophy of Science*, Prentice Hall, Englewood Cliffs, NJ.

Burtt, E. (1954) *The Metaphysical Foundations of Modern Science*, Doubleday, New York.

Carroll, J. (1994) *Laws of Nature*, Cambridge University Press, Cambridge.

Cartwright, N, (1983) *How the Laws of Physics Lie*, Oxford University Press, Oxford.

Clagett, M. (ed.) (1969) *Critical Problems in the History of Science*, University of Wisconsin Press, Madison.

Cohen, 1. (1985) *The Birth of a New Physics*, W W Norton, New York.

Copernicus, N. (1995) *On the Revolution of Heavenly Spheres*, translated by C. Wallis, Prometheus Books, Buffalo, NY, W.

Curd, M., and Cover, J. (eds.) (1998) *Philosophy of Science: The Central Issues*, W Norton, New York.

Cushing, J. (1998) *Philosophical Concepts in Physics: The Historical Relation between Philosophy and Scientific Theories*, Cambridge University Press, Cambridge.

D'Abro, A. (1950) *The Evolution of Scientific Thought*, Dover Publications, New York,

Darwin, C. (1964) *On the Origin of Species by Means of Natural Selection*, Harvard University Press, Cambridge, MA.

Dawkins, R. (1976) *The Selfish Gene*, Oxford University Press, New York.

Dawkins, R. (2006) *The God Delusion*, Houghton Mifflin, Boston.

Dennett, D. (1995) *Darwin's Dangerous Idea: Evolution and the Meanings of Life*, Simon and Schuster, New York.

Dennett, D. (2006) *Breaking the Spell: Religion as a Natural Phenomenon*, Penguin Books, New York.

Descartes, R. (1931) *The Philosophical Works of Descartes*, volume 1, translated by E. Haldane and G. Ross, Cambridge University Press, Cambridge.

Descartes, R. (1960) *Meditations on First Philosophy*, translated by L. LaFleur, Prentice Hall, Englewood Cliffs, NJ.

Deschanel, P. (1885) *Elementary Treatise on Natural Philosophy*, eighth edition, translated by J. Everett, Mackie and Son, London.

Desmond, A., and Moore, J. (1991) *Darwin: The Life of a Tormented Evolutionist*, W W , Norton, New York.

Dijksterhuis, E. (1961) *The Mechanization of the World Picture*, translated by C, Dikshoorn, Oxford University Press, London.

Dobzhansky, T. (1973) "Nothing in Biology Makes Sense. Except in the Light of Evolution,"

American Biology Teacher 35, 125-129.

Dreyer, J. (1953) *A History of Astronomy from Thales to Kepler*, Dover Publications, New York.

Duhem, P. (1954) *The Aim and Structure of Physical Theory* [1906], translated by P. Wiener, Princeton University Press, Princeton, NJ.

Earman, J., Glymour, C., and Mitchell, S. (eds.) (2003) *Ceteris Paribus Laws*, Springer Verlag, Berlin.

Einstein, A. (1905) "On the Electrodynamics of Moving Bodies," *Annalen der Physik* 17.

Einstein, A. (1916) "The Foundations of the General Theory of Relativity," *Annalen der Physik* 49.

Einstein, A, (1920) *Relativity: The Special and General Theory*, Henry Holt, New York.

Einstein, A., Podolsky, 13., and Rosen, N. (1935) "Can Quantum-Mechanical Description of Physical Reality be Considered Complete?" *Physical Review* 47, 777-780.

Everitt, C. (1975) *James Clerk Maxwell: Physicist and Natural Philosopher*, Charles Scribner's Sons, New York.

Fantail, A. (1996) *Galileo: For Copernicanism and for the Church*, translated by G. Coyne, University of Notre Dame Press, Notre Dame, IN.

Feldman, F. (1986) *A Cartesian Introduction to Philosophy*, McGraw-Hill, New York.

Fisher, R. A. (1999) *The Genetical Theory of Natural Selection*, Oxford University Press, Oxford.

Fox Keller, E. (1983) *A Feeling for the Organism: The Life and Work of Barbara McClintock*, Freeman Publishers, San Francisco.

French, P., Uehling, T., and Wettstein, H. (eds.) (1988) *Realism and Antirealism*. Midwest Studies in Philosophy 12. University of Minnesota Press, Minneapolis.

Gale, G. (1979) *Theory of Science: An Introduction to the History, Logic, and Philosophy of Science*, McGraw-Hill, New York.

Galileo (1957) *Discoveries and Opinions of Galileo*, including The Starry Messenger, translated by S. Drake, Anchor Books, New York.

Galileo (2001) *Dialogue concerning the Two Chief World Systems*, translated by S. Drake, Modern Library, New York.

Gierre, R. (1999) *Science without Laws*, University of Chicago Press, Chicago.

Gingerich, 0, (1993) *The Eye of Heaven: Ptolemy, Copernicus, Kepler, Springer* Verlag, Heidelberg.

Gintis, H., Bowles, S., Boyd, R., and Fehr, E. (2004) "Explaining Altruistic Behavior in

Humans," *Evolution and Human Behavior* 24, 153-172.
Goodman, N. (1972) *Problems and Projects*, Bobbs-Merrill, Indianapolis.
Goodman, N. (1983) *Fact, Fiction, and Forecast*, Harvard University Press, Cambridge, MA.
Greene, J. (1969) "Biology and Social Theory in the Nineteenth Century: Auguste Comte and Herbert Spencer," in M. Clagett (ed.), *Critical Problems in the History of Science*, University of Wisconsin Press, Madison.
Harding, S. (1986) *The Science Question in Feminism*, Cornell University Press, Ithaca, NY.
Harris, S. (2004) *The End of Faith: Religion, Terror, and the Future of Reason*, W. W Norton, New York.
Harris, S. (2007) *Letter to a Christian Nation*, Knopf Publishers, New York.
Hard, D. (1981) *A Primer of Population Genetics*, Sinauer Associates, Sunderland, MA.
Haught, J. (2001) *Responses to 101 Questions on God and Evolution*, Paulist Press, New York.
Haught, J. (2008a) *God After Darwin: A Theology of Evolution*, Westview Press, Boulder, CO.
Haught, J. (2008b) *God and the New Atheism: A Critical Response to Dawkins, Harris, and Hitchens*, Westminster John Knox Press, Louisville, KY.
Heinlein, R. (1990) *Job: A Comedy of Justice*, Ballantine Books, New York.
Hempel, C., and Oppenheim, P. (1948) "Studies in the Logic of Explanation," *Philosophy of Science* 15, 135-175.
Hempel, G. (1965) *Aspects of Scientific Explanation*, Macmillan Publishing, New York.
Herbert, N. (1985) *Quantum Reality: Beyond the New Physics*, Doubleday, New York.
Hesse, M. (1966) *Models and Analogies in Science*, University of Notre Dame Press, Notre Dame, IN.
Hitchens, C. (2007) *God is Not Great: How Religion Poisons Everything*, Hachette, New York.
Hughes, R. (1989) *The Structure and Interpretation of Quantum Mechanics*, Harvard University Press, Cambridge, MA.
Hull, D., and Ruse, M. (eds,) (1998) *The Philosophy of Biology*, Oxford University Press, Oxford.
Hume, D. (1992) *Treatise of Human Nature* [1739], Prometheus Books, Buffalo, NY.
Hume, D. (1998) *Dialogues Concerning Natural Religion* [1779], Hackett Publishing, Indianapolis.
Jones, R. (1991) "Realism about What?" *Philosophy of Science* 58, 185-202.

Kepler, J. (1995) *Epitome of Copernican Astronomy and Harmonies of the World*, translated by C. Wallis, Prometheus Books, Buffalo, NY.

Kirkham, R. (1992) *Theories of Truth*, MIT Press, Cambridge, MA.

Klee, R. (1997) *Introduction to the Philosophy of Science*, Oxford University Press, Oxford.

Klee, R. (1999) *Scientific Inquiry: Readings in the Philosophy of Science*, Oxford University Press, Oxford.

Klemke, E., Hollinger, R., and Kline, A. (eds.) (1988) *Introductory Readings in the Philosophy of Science*, Prometheus Books, Buffalo, NY.

Kosfeld, M., Heinrichs, M., Zak, P., Fischbacher, U., and Fehr, E. (2005) "Oxytocin Increases Trust in Humans," *Nature* 435, 673-676.

Kosso, P. (1998) *Appearance and Reality: An Introduction to the Philosophy of Physics*, Oxford University Press, New York.

Kragh, H. (1999) *Quantum Generations: A History of Physics in the Twentieth Century*, Princeton University Press, Princeton, NJ.

Kuhn, T (1957) *The Copernican Revolution: Planetary Astronomy in the Development of Western Thought*, Harvard University Press, Cambridge, MA.

Kuhn, T. (1962) *The Structure of Scientific Revolutions*, University of Chicago Press, Chicago.

Lange, M. (2000) *Natural Laws in Scientific Practice*, Oxford University Press, New York.

Lange, M. (2002a) A*n Introduction to the Philosophy of Physics: Locality, Fields, Energy, and Mass*, Blackwell Publishers, Oxford.

Lange, M. (2002b) "Who's Afraid of Ceteris-Paribus Laws? Or: How I Learned to Stop Worrying and Love Them," *Erkenntnis* 57, 407-423.

Laymon, R. (1984) "The Path from Data to Theory" in J. Leplin, *Scientific Realism*, University of California Press, Berkeley, pp. 108-123.

Leplin, J. (ed.) (1984) *Scientific Realism*, University of California Press, Berkeley.

Lewis, D. (1973) *Counterfactuals*, Harvard University Press, Cambridge, MA.

Lindberg, D. (ed.) (1978) *Science in the Middle Ages*, University of Chicago Press, Chicago.

Lindberg, D. (1992) *The Beginnings of Western Science: The European Scientific Tradition in Philosophical, Religious, and Institutional Context, 600 BC to AD 1450*, University of Chicago Press, Chicago.

Lloyd, G. (1970) *Early Greek Science: Thales to Aristotle*, W W Norton, New York.

Lloyd, G. (1973) *Greek Science After Aristotle*, W W Norton, New York.

Losse, J. (1972) *A Historical Introduction to the Philosophy of Science*, Oxford University

Press, Oxford.

Machamer, P. (ed.) (1998) *The Cambridge Companion to Galileo*, Cambridge University Press, Cambridge.

Mason, S. (1962) *A History of the Sciences*, Macmillan Publishing, New York.

Matthews, M. (ed.) (1989) *The Scientific Background to Modern Philosophy*, Hackett Publishing, Indianapolis.

Maudlin, T. (1994) *Quantum Non-Locality and Relativity*, Blackwell Publishers, Oxford.

Mayr, E. (1982) *The Growth of Biological Thought*, Harvard University Press, Cambridge, MA.

Mecklenburg, K. (2010) "Retinophilin is a Light-Regulated Phosphoprotein Required to Suppress Photoreceptor Dark Noise in Drosophila," *Journal of Neuroscience* 30(4), 1238-1249.

Mermin, D. (1968) *Space and Time in Special Relativity*, McGraw-Hill, New York.

Mermin, D. (2005) I*t's About Time: Understanding Einstein's Relativity*, Princeton University Press, Princeton, NJ.

Miller, K. (1999) *Finding Darwin's God: A Scientist's Search for Common Ground between God and Evolution*, Harper Press, New York.

Miller, K. (2008) *Only a Theory: Evolution and the Battle for America's Soul*, Viking Press, New York.

Mooney, C. (1996) *Theology and Scientific Knowledge*, University of Notre Dame Press, Notre Dame, IN.

Moore, G. E. (1962) *Principia Ethica*, Cambridge University Press, Cambridge.

Munits, M. (ed.) (1957) *Theories of the Universe: From Babylonian Myth to Modern Science*, Free Press, New York.

Newton, I. (1999) *The Principia: Mathematical Principles of Natural Philosophy*, translated by B. I. Cohen and A. Whitman, University of California Press, Berkeley.

Olby, R. (1974) *The Path to the Double Helix*, University of Washington Press, Seattle.

Park, R. (2001) *Voodoo Science: The Road from Foolishness to Fraud*, Oxford University Press, Oxford.

Pine, R. (1989) *Science and the Human Prospect*, Wadsworth Publishing, Belmont, CA. At http://home.honolulu.hawaii.edu/~pine/book1-2.htm1 (accessed Apr. 26, 2010).

Popper, K. (1992) *Conjectures and Refutations: The Growth of Scientific Knowledge*, Routledge, London.

Provine, W (1971) *Origins of Theoretical Population Genetics*, University of Chicago Press,

Chicago.

Ptolemy, C. (1998) *Ptolemy's Almagest*, translated by G. Toomer, Princeton University Press, Princeton, NJ.

Pyenson, L., and Sheets-Pyenson, S. (1999) *Servants of Nature: A History of Scientific Institutions*, Enterprises, and Sensibilities, W. W Norton, New York.

Quammen, D. (2006) *The Reluctant Mr. Darwin: An Intimate Portrait of Charles Darwin and the Making of His Theory of Evolution*, W. W Norton, New York.

Quine, W. (1964) *Word and Object*, MIT Press, Cambridge, MA.

Quine, W. (1969) *Ontological Relativity and Other Essays*, Columbia University Press, New York.

Quine, W. (1980) *From a Logical Point of View*, second edition, Harvard University Press, Cambridge, MA.

Robinson, T (1995) *Aristotle in Outline*, Hackett Publishing, Indianapolis.

Ruse, M. (1998) *Taking Darwin Seriously*, Prometheus Books, Amherst, NY.

Ruse, M. (ed.) (2009) *Philosophy After Darwin*, Princeton University Press, Princeton, NJ.

Salmon, W (1998) *Causality and Explanation*, Oxford University Press, New York.

Santillana, G. (1955) *The Crime of Galileo*, University of Chicago Press, Chicago.

Sayre, A. (1975) *Rosalind Franklin and DNA*, W W Norton, New York.

Silver, B, (1998) *The Ascent of Science*, Oxford University Press, New York.

Sobel, D. (2000) *Galileo's Daughter*, Penguin Books, New York.

Sober, E., and Wilson, D. S. (1998) *Unto Others: The Evolution and Psychology of Unselfish Behavior*, Harvard University Press, Cambridge, MA.

Toulmin, S., and Goodfield, J. (1961) *The Fabric of the Heavens: The Development of Astronomy and Dynamics*, Harper and Row, New York.

Toulmin, S., and Goodfield, J. (1962) *The Architecture of Matter*, Harper and Row, New York.

Watson, J. D., and Crick, F. H. (1953). "Molecular Structure of Nucleic Acids: A Structure for Deoxyribose Nucleic Acid," *Nature* 171, 737-738.

Weinberg, S. (1992) *Dreams of a Final Theory*, Pantheon Books, New York.

Whitehead, A. N. (1978) *Process and Reality*, Free Press, New York.

Williams, G. (1966) *Adaptation and Natural Selection*, Princeton University Press, Princeton, NJ.

Wilson, E. 0. (1978) *On Human Nature*, Harvard University Press, Cambridge, MA.

Wilson, J. W (1969) "Biology Attains Maturity in the Nineteenth Century" in M. Clagett (ed.), *Critical Problems in the History of Science*, University of Wisconsin Press, Madison.

中英名詞對照

EPR / 貝爾 / 阿斯佩三部曲
EPR/ Bell / Aspect trilogy

EPR 思想實驗 EPR thought experiment

X 光 X-rays

三畫

三段論 syllogism

土星環 rings of Saturn

大本輪 major

小小的烏雲 minor clouds

小本輪 minor

小獵犬號 Beagle, HMS

工具主義 instrumentalism

四畫

不充分決定論 underdetermination

不變數屬性 invariant properties

丹尼特 Dennett, Daniel

互惠利他主義 reciprocal altruism

元倫理學 metaethics

公設化的趨近法 axiomatic approach

分光鏡實驗 beam splitter experiment

分層觀點 hierarchical outlook

化學 chemistry

反事實條件 counterfactual conditionals

天文表 astronomical tables

天擇 natural selection

天體運動 movement of heavenly bodies

《天論》On the Heavens

太陽黑子 sunspots

太陽運動 movement of the sun

孔恩 Kuhn, Thomas

日食 solar eclipse

月下區域 sublunar region

月相 phases of the moon

月球的山脈 mountains on the moon

月球運動 movement of the moon

木星的衛星 moons of Jupiter

水星凌日 perihelion of Mercury

牛頓 Newton, Isaac

牛頓第一運動定律
irst law of motion(Newton)

牛頓第二運動定律
second law of motion(Newton)

牛頓第三運動定律
third law of motion(Newton)

世界觀 Worldviews

五畫

以太 ether

冬至 winter solstice

占星術 astrology

去氧核糖核酸 DNA

古典囚徒困境 classical prisoner's dilemma

古德曼 Goodman, Nelson

可投射謂詞 projectible predicates

可證偽性 Falsifiability

囚徒困境 prisoner's dilemma

尼安德塔人 Neanderthals

布魯諾 Bruno, Giordano

本質 essential natures

本質主義 essentialism

本輪 epicycles

正多面體 perfect solids

正圓事實 perfect circle fact

生存競爭 struggle for existence

生命遊戲 Game of Life

生機論 vitalism

目的論 teleology

目的論解釋 teleological explanation

仰賴意識的現實 consciousness-dependent reality

六畫

伏打 Volta, Alessandro

休謨 Hume, David

光子槍 photon gun

光速 speed of light

光速不變原理 principle of the constancy of the velocity of light

再現的準確性 representations, accuracy of

合作的演化 cooperation, evolution of

向量 vectors

向量空間 vector space

因果局部性 causal locality

地心協會 Geocentric Society

地平協會 Flat Earth Society

多布然斯基 Dobzhansky, Theodosius

多重世界詮釋 many-worlds interpretation

托勒密 Ptolemy, Claudius

托勒密《天文學大成》 Almagest (Ptolemy)

托勒密系統 Ptolemaic system

有機化學 organic chemistry

自然主義謬誤 naturalistic fallacy

自然位置 natural places

自然定律 laws of nature

《自然宗教對話錄》 *Dialogues on Natural Religion*

《自然哲學的數學原理》 Mathematical Principles of Natural Philosophy

艾瑟羅德 Axelrod, Robert

行星運動 movement of the planets

七畫

亨佩爾 Hempel, Carl

似貝爾影響 Bell-like influences

伽伐尼 Galvani, Luigi

伽利略 Galileo

克卜勒 Kepler, Johannes

克卜勒行星第一運動定律 first law of planetary motion(Kepler)

克卜勒行星第二運動定律 second law of planetary motion(Kepler)

克卜勒行星第三運動定律 third law of planetary motion(Kepler)

克拉烏 Clavius, Christopher

克爾文爵士 Kelvin, Lord

冷核融合 cold fusion

利他主義 altruism

否證論證 disconfirmation reasoning

均輪 deferent

完美 perfection

局部性 locality

希伯特空間 Hilbert space

我思，故我在 cogito, ergo sum

杜亨 Duhem, Pierre

貝拉明主教 Bellarmine, Cardinal

貝爾 Bell, John

貝爾定理（貝爾不等式） Bell's theorem (Bell's inequality)

八畫

事實 facts

亞里斯多德 Aristotle

其他因素不變的條件 ceteris paribus clause

取決於測量的現實 measurement-dependent reality

孟德爾 Mendel, Gregor

宗教改革 Protestant reformation

居里夫婦 Curie, Marie and Pierre

弦論 string theory

拉瓦節 Lavoisier, Antoine

拉馬克 Lamarck, Jean Baptiste

明考斯基 Minkowski, Hermann

法拉第 Faraday, Michael

波 waves

波干涉 wave interference

波方程式 wave equation

波函數 wave function

波函數瓦解 collapse of the wave function

波恩 Bohm, David

波效應 wave effect
波普爾 Popper, Karl
波數學 wave mathematics
物種 species
《物種源始》 Origin of Species
知覺再現理論
representational theory of perception
空間（長度）收縮 space(length) contraction
金星相位 phases of Venus
長度收縮 length contraction
阿斯佩 Aspect, Alain

九畫
信任遊戲 trust game
奎因 Quine, Williard
奎因—杜亨論題 Quine-Duham thesis
威爾森 Wilson, E. O.
客觀性 objectivity
思想實驗 thought experiment
恆星 fixed stars
恆星視差 stellar parallax
恆星運動 movement of the stars
拼圖 jigsaw puzzle
星光彎曲 bending of starlight
春分（或秋分） equinox
柏拉圖 Plato

染色體 chromosomes
查理一世 Charles I
洞窟寓言 allegory of the cave
相對主義 relativism
相對同時 relativity of simultaneity
相對性 relativity
相對原理 principle of relativity
科學方法 scientific method
科學定律 scientific law
突變 mutations
突變論者 saltationists
紅移 redshift
迪香奈爾 Deschanel, Privat
重力 gravity
重複囚徒困境 iterated prisoner's dilemma
限制 restriction enzymes

十畫
倫理學 ethics
原子論 atomism
哥本哈根（標準）詮釋
Copenhagen (standard) interpretation
哥白尼 Copernicus Nicholas
哥白尼系統 Copernican system
哲學性／概念性事實
philosophical/conceptional facts

夏至 summer solstice
庫薩的尼古拉 Cusa, Nicholas de
《原理》 Principia
時空 spacetime
時空彎曲 curvature of spacetime
時間膨脹 time dilation
核心信念 core beliefs
浩特 Haught, John
烏鴉悖論 raven paradox
狹義相對論 special theory of relativity
留基柏 Leucippus
真理符應論 correspondence theories
真理融貫論 coherence theories
真實理論 truth, theories of
神經纖維 nerve fibers
脈絡依賴 context dependence
逆行運動 retrograde motion
馬克士威 Maxwell, James
馬修斯 Matthews Patrick
馬爾薩斯 Malthus, Thomas

十一畫

假設演繹法
hypothetico-deductive method
偏心點 equant point
參考系　reference frames
培根 Bacon, Francis

培雷 Paley, William
基因 genes
基因型 genotype
基因流動 gene flow
基因漂變 genetic drift
基督信仰 Christianity
救恩 salvation
望遠鏡 telescope
現代演化綜論 modern synthesis
畢氏定理 Pythagorean theorem
異端 hersey
笛卡兒 Descartes, Rene
笛卡兒坐標系
Cartesian coordinate system
第一原理 first principles
第谷 Tycho
第谷系統 Tychoic system
粒子效應 particle effect
粒子數學 particle mathematics
規範倫理學 normative
陰極射線 cathode rays
麥地奇家族 Medici family

十二畫

勞倫茲—費茲傑羅方程式
Lorentz-Fitzgerald equation
勞倫茲轉換式 Lorentz transformations

善的形式（柏拉圖）form of the Good (Plato)
場線 field lines
富蘭克林 Franklin, Benjamin
幾何途徑 geometrical approach
最後共同祖先 last common ancestor
最後通牒遊戲 ultimatum game
測地線 geodesic
測量問題 measurement problem
無例外的規律 regularities, exceptionless
無限宇宙 infinite universe
猶太教 Judaic
發現脈絡 context of discovery
等效原理 principle of equivalence
等速運動 uniform motion
絕對空間 absolute space
絕對時間 absolute time
萊布尼茲 Leibniz, Gottfri
虛數 imaginary numbers
費雪 Fisher, R. A.
超月區域 superlunar region
量子事實 quantum facts
量子理論 quantum theory
量子理論的數學
mathematics of quantum theory
量子理論詮釋
interpretation of quantum theory

量子實體 quantum entities
黑猩猩 chimpanzee
黑體輻射 black body radiation

十三畫

催產素 oxytocin
微粒子觀點 corpuscular view
微積分 calculus
愛因斯坦 Einstein, Albert
愛因斯坦局部性 Einstein locality
愛因斯坦的實在主義 Einstein's realism
愛因斯坦場方程式 Einstein's field equations
新柏拉圖主義 Neoplatonism
極化 polarization
溫伯格 Weinberg, Stephen
煉金術 alchemy
猿 ape
經驗事實 empirical
群體遺傳學 population genetics
聖奧古斯丁 Augustine, Saint
萬有引力 universal gravitation
詭異的遠距作用
spooky action at a distance
資訊局部性 informational locality
資訊局部性 informational locality
運動定律 laws of motion

運算符號 operators
過程哲學 process philosophy
道金斯 Dawkins, Richard
道耳頓 Dalton, John
達爾文 Darwin, Charles
達爾文 Darwin, Erasmus
電子偵測器 electron detector
電子槍 electron gun
電流 electricity
電磁理論 electromagnetic theory
電磁輻射 electromagnetic radiation
預測假定 projection postulate

十四畫

演化 evolution
演化的宗教含意
religious implications of evolution
演繹論證 deductive reasoning
漸進主義者 gradualists
磁力 magnetism
綠藍色 grue
維勒 Wohler, Friedrich
認識論 epistemology
赫伯特 Herbert, Nick
輔助假設 auxiliary hypotheses
遠距作用 action at a distance

廣義協變原理
principle of general covariance
廣義相對論 general theory of relativity
銀河系 Milky Way Galaxy

十五畫

實在主義 realism
實在主義者 realist
實數 real nmbers
慣性 inertia
慣性原理 principle of inertia
慣性參考系坐標 inertial frames
墨敏 Mermin, David
德謨克利特 Democritus
標準詮釋 standard interpretation
確證論證 confirmation reasoning
魯斯 Ruse, Michael

十六畫

導引波 guidance wave
機械主義的宇宙觀
mechanistic view of universe
機械主義解釋 mechanistic explanation
機械論者 mechanists
機器的比喻 machine metaphor
橢圓 ellipse
橢圓軌道 elliptical orbit

歷程神學 process theology

親屬利他主義 kin altruism

輻射性 radioactivity

遺傳學 genetics

霍布斯 Hobbes, Thomas

靜態屬性 static attributes

十七畫

薛丁格 Schrödinger

薛丁格方程式 Schrödinger's equation

薛丁格的貓 Schrödinger's Cat

邁克遜—莫雷實驗 Michelson-Morley experiment

隱喻 metaphors

隱藏變數 hidden variables

十八畫

歸納問題 problem of induction

歸納論證 inductive reasoning

雙縫實驗 two slit experiment

十九畫

離心 eccentric

懷特海德 Whitehead, Alfred North

羅素 Wallace, Alfred Russel

邊緣信念 peripheral beliefs

關鍵實驗 crucial experiment

《關於托勒密和哥白尼兩大世界體系的對話》Dialogues Concerning the Two Chief World Systems

類星體 quasars

二十二畫

魔鬼塔 Devil's Tower

《魔鬼總動員》(電影) Total Recall (movie)

《魔鬼總動員》劇情 Total Recall scenario

孿生狀態 twin state

疊加 superposition

二十三畫

變異 variation

顯型 phenotype

驗證脈絡 context of justification

國家圖書館出版品預行編目

世界觀：現代年輕人必懂的科學哲學和科學史 / 理查.迪威特(Richard DeWitt)
作；唐澄暐譯. -- 初版. -- 新北市：夏日出版：遠足文化發行, 2015.07
　面；　公分. -- (Alpha；6)

譯自：Worldviews : an introduction to the history and philosophy of science

ISBN 978-986-91005-5-7（平裝）

1.科學 2.科學哲學 3.歷史

309　　　　　　　　　　　　　　　104010393

ALPHA 06

世界觀：現代年輕人必懂的科學哲學和科學史
Worldviews : An Introduction to the History and Philosophy of Science

作者／理查・迪威特 Richard DeWitt
譯者／唐澄暐
副總編輯暨執行編輯／成怡夏

出版／夏日出版社／遠足文化事業股份有限公司
發行／遠足文化事業股份有限公司（讀書共和國出版集團）
地址／231 新北市新店區民權路 108 之 2 號 9 樓
電話／02-22181417　　傳真／02-86611891
客服專線／0800-221029

法律顧問／華洋法律事務所 蘇文生律師
印刷／成陽印刷股份有限公司
初版一刷／2015 年 7 月
初版四十刷／2025 年 3 月
定價／700 元　　特價／550 元
ISBN／978-986-91005-5-7

版權所有・翻印必究

特別聲明：有關本書中的言論內容，不代表本公司／出版集團之立場與意見，文責由作者自行承擔

All Rights Reserved. Authorised translation from the English language edition published by John Wiley & Sons Limited. Responsibility for the accuracy of translation rests solely with Walkers Cultural Enterprise Limited Company (Summer Festival Press) and is not the responsibility of John Wiley & Sons Limited. No part of this book may be reproduced in any form without the written permission of the original copyright holder, John Wiley & Sons Limited.